河合塾SERIES

やさしい
理系数学

三訂版

河合塾講師
三ツ矢和弘 =著

河合出版

はじめに

　大学入試数学と，教科書で学ぶ高校数学との間にはかなりのレベル差があるから，合格するためには，そのギャップを埋めるための有効な早期入試対策が必要になります．

　中堅以上の大学の入試対策は，ただひたすら多くの問題に挑んで解けばよいというものではありません．また，つまらない問題をいくら解いてみたところで大学入試問題を解くための真の学力向上は望めません．したがって，中堅からやや難関大学入試の頻出重要問題を確実に解く学力を，短期間でいかに効率よく修得するかが，入試突破の鍵になります．

　中堅以上の大学入試ともなれば，問題の核心を見抜く洞察力，広い視野から問題にアプローチできる柔軟な発想力，結論を導き出すための正確な論証力と計算力が要求されます．ところが，市販の問題集は入試問題を羅列しただけのものが多く，その解答も，答だけのものや，途中が詳しくないもの，ただ一通りの解答だけのものや，略解程度の別解しかないものが殆どです．そのため，解答を見てもよくわからないとか，自分の解法で行き詰り，その後をどうすればよいのか，など受験生からよく質問を受けます．また，数学Ⅲまで入った理系受験生用のまとまった，やさしめの，わかりやすい問題集を紹介して欲しいとよく頼まれますが，なかなか手頃なものが見当たりません．

　そこで，この要望に答えるために，中堅からやや難関大学の入試の合否を左右する頻出重要問題で，柔軟な発想力と数学的センスを磨くための良問200題（50例題＋150演習問題）を精選し，問題解法のアプローチの仕方に重点を置き，一般性があって応用範囲の広い解法はできるだけ多く取り入れて作成したのが，この問題集です．

　この問題集の200題をきちんと学習すれば，優に500題に相当する良問を学習したのと同じ学習効果が得られ，中堅からやや難関大学の入試にも十分対応できると確信しています．無味乾燥になりがちな受験勉強に色々な発想の工夫をする楽しみを味わいつつ，数学の真の実力を自然に身につけ，合格の栄冠に輝かれることを期待しています．

三ツ矢和弘

もくじ

第1章　数　と　式，論　証 ……………………………… 6
　　　　例題 1〜4，　演習問題 1〜14

第2章　関数と方程式・不等式 ……………………………… 16
　　　　例題 5〜7，　演習問題 15〜23

第3章　平面・空間図形 ……………………………… 22
　　　　例題 8〜10，演習問題 24〜33

第4章　図　形　と　方　程　式 ……………………………… 30
　　　　例題 11〜13，演習問題 34〜43

第5章　三角・指数・対数関数 ……………………………… 38
　　　　例題 14〜15，演習問題 44〜51

第6章　微　　　分　　　法 ……………………………… 44
　　　　例題 16〜18，演習問題 52〜58

第7章　積　　　分　　　法 ……………………………… 50
　　　　例題 19〜23，演習問題 59〜68

第8章　数　　　　　　列 ……………………………… 60
　　　　例題 24〜26，演習問題 69〜78

第9章　ベ　ク　ト　ル ……………………………… 68
　　　　例題 27〜29，演習問題 79〜88

第10章　場　合　の　数　と　確　率 ……………………………… 76
　　　　例題 30〜33，演習問題 89〜99

第11章　複　素　数　平　面 ……………………………… 84
　　　　例題 34〜36，演習問題 100〜109

第12章　式　　と　　曲　　線 ……………………………… 92
　　　　例題 37〜38，演習問題 110〜117

第13章　関数と数列の極限 ……………………………… 100
　　　　例題 39〜41，演習問題 118〜125

第14章　微分法とその応用 ……………………………… 110
　　　　例題 42〜44，演習問題 126〜133

第15章　積分法とその応用 ……………………………… 118
　　　　例題 45〜50，演習問題 134〜150

本書の特色と学習法

特色

本書は，50の例題（小問集合を含む）と150の演習問題を学習効果を配慮して15章に振り分けて構成してあります．

(1) **理系受験生に欠かせない50の例題**

50の**例題**は，理系受験生必須の重要典型問題を選んであります．必ず全問に目を通し，解法のポイントが定着するまで学習して下さい．なお，例題の下の[考え方]で，解法の着眼点・道具をワンポイントで示しました．

(2) **計算力・論証力・発想力・数学的センスを磨く150の演習問題**

演習問題は，理系受験生として必須の計算力，論証力，発想力を養い，数学的センスを磨くための良問で，頻出・重要問題から厳選した150題です．

問題番号の右上の＊印は「やや難」であることを示します．

＊印の問題は，学力がまだ十分でない人が1回目の学習をするときは飛ばしても構いませんが，学習が一通り進めば2回目には必ず解くようにして下さい．

(3) **良問200題の典型的な重要解法による効果的学習**

例題・演習問題の全200題に対して，自然なアプローチによる重要かつ応用の効く典型的解法をできるだけ多く採用し，知っていると有利な基本事項の[解説]や〈出題の背景〉の説明を適宜入れました．また，各自で自学自習できるように，簡潔でわかり易い解答を書くように心掛けました．これらは従来の市販の問題集にはなかったもので，本問題集の最大の特色です．

学習法

(1) 本問題集はある一定レベル以上の比較的内容のある良問を多く取り揃えていますから，問題を解くのにある程度の学力と根気と時間が必要です．初めは，解けない問題が多い人もあると思います．

学力の伸び難い人には

問題が解けないのは基礎学力がないからと思いこみ，すぐ教科書や易しい基本問題集に後戻りを繰り返す傾向があります．それでは中堅レベル以上の大学入試問題を解く学力がなかなか身につきません．問題が解けないのは，実は基礎学力がないからではなく，本問レベルの問題を解く練習不足が主な

原因で，苦しくてもしばらく本問レベルの問題を解く訓練を続けることが大切です．早めに良問に取り組み，つまらない計算ミスや勘違いなど，多くの失敗を繰り返しながらもそのうち次第に要領のよい計算力や本当の応用力が身につくものです．これが学力向上の近道です．

　学力の伸びる人は

　　問題が解けなくても，解答をよく読み問題の本質をきちんと把握し直し，なるほどうまく出来ているなと感動しながらどんどん学習を進められる人で，こういう人は集中して学習すれば，比較的短期間でも本当の実力が身につき，高い学力向上が望めます．

(2) 一応各章は独立していますから，履修済みの分野ならどの章から学習を始めても構いません．学習する際，興味を持続しながら集中して能率よく学ぶことが大切です．

　得意分野から学習を始めるか，あるいは得意分野と不得意分野を交互に気分を一新しながら"めりはり"をつけて学習するのも有効な学習方法です．

　また，学習する際，完璧主義はよくありません．各章の重要概念が理解でき，7，8割が解けるようになれば解けない問題やわからない箇所が残っていても，取り敢えず次の章に進むようにし，一通りまず15章全体をやりきるように努力して下さい．そうすれば，2回目はかなりのスピードで15章を学習できるようになり，解けない問題も少なくなるはずです．大体，2，3回やれば自信もつき，学力も向上しますから，それを信じて学習して下さい．

(3) できるだけ自分の解答ができてから，【解答】を見るように心掛けて下さい．しかし，1題につき30分程度考えてもわからなければ【解答】を見て理解すればよいでしょう．中堅以上のやや難関大学の入試問題1題当たりの解答所要時間は大体25分位ですから，30分以上長々と1問に時間を掛けるのは入試に関する限り時間の無駄です．入試は限られた時間内での勝負ですから，問題の核心を突いたアプローチをするように心掛けて下さい．同じ問題でもアプローチの仕方によって難易度や計算量が随分変わります．別解を開拓することで解ける問題の範囲が飛躍的に広がり多大な学習効果が得られます．別解を流し読みし，それを吸収するのも大切な学習法で，それによって，柔軟な発想力や数学的センスが養われます．

　なお，本問題集である程度自信がついた人は，是非姉妹編の『ハイレベル理系数学』にも挑戦して，さらに上の難関大学を目指して下さい．

(注) 大学入試問題文を変更したり，問題の一部を省略または追加したものがあります．その度合の大きい場合に大学名の後に「改」を付しました．

第1章 数と式，論証

例題 1

① a, b, c は整数で，$0<a<b$ とする．整式
$$f(x)=x(x-a)(x-b)-17$$
が $x-c$ で割り切れるとき，a, b, c の値を求めよ． (九州工業大)

② 整式 $(x+1)^{10}$ を次の式で割ったときの余りをそれぞれ求めよ．
(1) $1-x^2$. (2) $(x-1)^2$. (宇都宮大)

③ $x^n+y^n+z^n-nxyz$ が $x+y+z$ で割り切れるような正の整数 n を求めよ． (室蘭工業大)

考え方
① 因数定理の利用，因数分解．
② 整式の除法の原理，剰余の定理，二項定理，微分法の利用．
③ 与式に $z=-(x+y)$ を代入すれば 0．

【解答】

① 因数定理より，$f(c)=0$． ∴ $c(c-a)(c-b)=17$． …①

ここで，$c, c-a, c-b$ は，整数で 17 の約数だから，$\pm 1, \pm 17$ のいずれかである．

また，$0<a<b$ より，$c-b<c-a<c$．これと ① より，

(i) $0<c-b<c-a<c$，または，(ii) $c-b<c-a<0<c$．

(i) の場合，素数 17 が異なる 3 個の自然数を因数にもつことになり，不適．

(ii) の場合，$c-b=-17, c-a=-1, c=1$．

∴ $a=2, b=18, c=1$． (答)

② (1)$_1$ $1-x^2$ で割ったときの商を $Q_1(x)$，余りを $px+q$ とすると，
$$(x+1)^{10}=(1-x^2)Q_1(x)+px+q.$$

ここで，$x=1, -1$ とすると，
$$2^{10}=p+q, \quad 0=-p+q. \quad ∴ \quad p=q=2^9.$$

よって，求める余りは，
$$2^9(x+1). \quad \text{(答)}$$

(1)$_2$ $(x+1)^9$ を $1-x$ で割った余りは，剰余の定理より，$(1+1)^9=2^9$．

∴ $(x+1)^9=(1-x)Q_2(x)+2^9$． ($Q_2(x): x$ の整式)

この両辺に $x+1$ を掛けると，$(x+1)^{10}=(1-x^2)Q_2(x)+2^9(x+1)$．

∴ 余りは，$2^9(x+1)$． (答)

(2)$_1$ $(x+1)^{10}=\{2+(x-1)\}^{10}$
$$={}_{10}C_0 \cdot 2^{10} + {}_{10}C_1 \cdot 2^9(x-1) + \underline{{}_{10}C_2 \cdot 2^8(x-1)^2 + \cdots + {}_{10}C_{10}(x-1)^{10}}.$$

ここで，〜〜〜の部分は $(x-1)^2$ で割り切れるから，求める余りは，

$$2^{10}+10\cdot 2^9(x-1)=2^{10}(5x-4).$$ (答)

(2) $_2 (x-1)^2$ で割った商を $Q_3(x)$, 余りを $rx+s$ とすると,
$$(x+1)^{10}=(x-1)^2\cdot Q_3(x)+rx+s. \quad \cdots ①$$
この両辺を x で微分すると,
$$10(x+1)^9=2(x-1)\cdot Q_3(x)+(x-1)^2\cdot Q_3'(x)+r. \quad \cdots ②$$
①, ② で $x=1$ とすると,
$$2^{10}=r+s, \quad 10\cdot 2^9=r. \quad \therefore \quad s=2^{10}-10\cdot 2^9=-4\cdot 2^{10}.$$
$\therefore$ 求める余りは, $2^{10}(5x-4)$. (答)

[3] $\quad x^n+y^n+z^n-nxyz=(x+y+z)f(x,y,z) \quad \cdots ①$
$\qquad\qquad (f(x,y,z)$ は x,y,z の整式)

がすべての x,y,z について成り立つような自然数 n を求めればよい.

① で, $z=-(x+y)$ とすると, $x^n+y^n+(-1)^n(x+y)^n=-nxy(x+y).$
この左辺は x,y の n 次式, 右辺は x,y の 3 次式だから, $n=3$.
逆に, $n=3$ のとき,
$$x^3+y^3+z^3-3xyz=(x+y+z)(x^2+y^2+z^2-xy-yz-zx)$$
であるから, $x+y+z$ で割り切れる. $\quad \therefore \quad n=3.$ (答)

(注) ① で, $x=y=1, z=-2$ のとき, $2+(-2)^n+2n=0. \quad \cdots ②$

① で, $x=y=\dfrac{1}{-2}, z=1$ のとき, $\dfrac{2}{(-2)^n}+1-\dfrac{n}{4}=0. \quad \cdots ③$

②, ③ から, $(-2)^n$ を消去すると, $1=\dfrac{1}{n+1}+\dfrac{n}{4}. \quad \therefore \quad n=3 \; (>0).$

┌例題 2 ─────────────────────

1 以上の整数全体の集合を N とし, その部分集合
$$S=\{3x+7y\,|\,x,y\in N\}$$
を考える. S はある整数 n 以上のすべての整数を含むことを示し, そのような n の最小値を求めよ. (横浜市立大)

└────────────────────────

[考え方] ・$3x+7y=n$ とおき, これをみたす x,y の 1 組の整数解 (特殊解) の利用.
・幅が 1 より大きい開区間には必ず整数が含まれる.
・3 で割った余りが 0, 1, 2 である整数全体の集合 (剰余類) の利用.

【解答 1】

$S\ni n$ とすると, $\quad 3x+7y=n. \; (x,y\in N) \quad \cdots ①$
$3\cdot(-2)+7\cdot 1=1$ であるから, $\quad 3\cdot(-2n)+7\cdot n=n. \quad \cdots ②$
①$-$② より, $\quad 3(x+2n)+7(y-n)=0.$
ここで, 3 と 7 は互いに素であるから, 整数 m を用いて
$$\begin{cases} x+2n=7m, \\ y-n=-3m \end{cases} \iff \begin{cases} x=-2n+7m, \\ y=n-3m. \end{cases}$$
と表せる.

この x, y は自然数だから, $x>0, y>0$ より, $\frac{2}{7}n < m < \frac{n}{3}$ であることが必要.

これをみたす整数 m がつねに存在するための条件は, $\left(\frac{2n}{7}, \frac{n}{3}\right)$ の幅が少なくとも 1 つの整数を含む最小開区間の幅 1 より大きいこと, すなわち, $\frac{n}{3} - \frac{2n}{7} = \frac{n}{21} > 1$.

よって, S は 22 以上のすべての自然数 n を含む.　　　　　　　　　　(終)

しかし, $3x+7y=21$ をみたす自然数 x, y はないから, S は 21 を含まない.

∴　求める n の最小値は, 22.　　　　　(答)

【解答 2】

$y=1, 2, 3$ として
$\{3x+7 \mid x \in N\} = \{10, 13, 16, 19, 22, 25, 28, \cdots\}$ (3 で割ると 1 余る 10 以上の整数),
$\{3x+14 \mid x \in N\} = \phantom{\{}\{17, 20, 23, 26, 29, \cdots\}$ (3 で割ると 2 余る 17 以上の整数),
$\{3x+21 \mid x \in N\} = \phantom{\{10,}\{24, 27, 30, \cdots\}$ (3 で割り切れる 24 以上の整数).

S は, これら 3 つの集合の和集合であるから, 21 を含まず, 22 以上のすべての整数を含む.　　　∴　求める n の最小値は, 22.　　　　(終)(答)

【解答 3】

$7\cdot1, 7\cdot2, 7\cdot3 (=21)$ を 3 で割ったときの余りは順に 1, 2, 0 で, これらは整数を 3 で割ったときの余りのすべてである.

したがって, 22 以上の任意の整数を n とすると, 次の 3 つの自然数
$$n - 7\cdot1,\ n - 7\cdot2,\ n - 7\cdot3$$
の中には必ず 3 で割り切れるものがあるから, それを $n - 7y$ と表すと,
$$n - 7y = 3x \iff n = 3x + 7y \quad (x, y \in N)$$
と表せる. よって, S は 22 以上のすべての整数を含む.　　　　　(終)

しかし, $21 = 3x + 7y$ をみたす自然数 x, y はないから,

求める n の最小値は, 22.　　　　　(答)

[解 説]

$$n = 3x + 7y \quad (x, y \in N) \qquad \cdots(*)$$

の形で表せる 21 以下の自然数 n の個数は,
$$(x, y) = (1, 1),\ (2, 1),\ (3, 1),\ (4, 1),\ (1, 2),\ (2, 2)$$
に対応する 6 個である.

よって, $(*)$ の形で表せない自然数 n の個数は, $21 - 6 = 15$ (個).

(あるいは【解答 2】において, 直接数えて, 15 個.)

なお, 一般に次の定理が成り立つ.

〈重要定理〉

(i)　整数 a, b の最大公約数を d とすると, d の倍数 n は, すべて
$$n = ax + by \quad (x, y \in Z)$$
の形で表せる.

(ii)　a, b を互いに素な自然数とするとき, $ab+1$ 以上の整数 n は, すべて
$$n = ax + by \quad (x, y \in N)$$

の形で表せる．また，この形で表せない自然数は
$$ab - \frac{1}{2}(a-1)(b-1) = \frac{1}{2}(a+1)(b+1) - 1 \text{ (個)}$$
あり，その最大数は ab である．

この定理について興味のある方は，『ハイレベル理系数学』の**例題 3** と**演習問題 14** を参照されたい．

例題 3

正の整数 a, b, c が
$$a^2 + b^2 = c^2$$
をみたすとき，次の (1), (2), (3) を証明せよ．
(1) a, b のいずれかは 3 の倍数である．
(2) a, b のいずれかは 4 の倍数である．
(3) a, b, c のいずれかは 5 の倍数である．

(有名問題)

[考え方] 任意の整数は，$3m, 3m \pm 1$ (m は整数) などの形で表せる．

【解答】
(1) 任意の整数は $3m, 3m \pm 1$ ($m \in Z$) のいずれかの形で表せ，
$$\begin{cases} (3m)^2 \equiv 0, \\ (3m \pm 1)^2 \equiv 1. \end{cases} \pmod{3}$$
よって，a, b がともに 3 の倍数でないとすると，
$$\begin{cases} (a^2+b^2) \div 3 \text{ の余りは，} 2 \\ c^2 \div 3 \text{ の余りは，} \quad 0, 1 \end{cases}$$
であるから，$a^2 + b^2 \not\equiv c^2$ となり矛盾．
ゆえに，$a^2 + b^2 = c^2$ のとき，a, b のいずれかは 3 の倍数である． (終)

(2) 任意の整数は $4m, 4m \pm 1, 4m + 2$ ($m \in Z$) のいずれかの形で表せ，
$$\begin{cases} (4m)^2 = 8 \cdot 2m^2 \equiv 0, \\ (4m \pm 1)^2 = 8(2m^2 \pm m) + 1 \equiv 1, 9, \\ (4m+2)^2 = 8(2m^2 + 2m) + 4 \equiv 4. \end{cases} \pmod{16}$$
よって，a, b がともに 4 の倍数でないとすると，
$$\begin{cases} (a^2+b^2) \div 16 \text{ の余りは，} 2, 5, 8, 10, 13 \\ c^2 \div 16 \text{ の余りは，} \quad 0, 1, 4, 9 \end{cases}$$
であるから，$a^2 + b^2 \not\equiv c^2$ となり矛盾．
ゆえに，$a^2 + b^2 = c^2$ のとき，a, b のいずれかは 4 の倍数である． (終)

(3) 任意の整数は $5m, 5m \pm 1, 5m \pm 2$ ($m \in Z$) のいずれかの形で表せ，
$$\begin{cases} (5m)^2 \equiv 0, \\ (5m \pm 1)^2 \equiv 1, \\ (5m \pm 2)^2 \equiv 4. \end{cases} \pmod{5}$$
よって，a, b, c がすべて 5 の倍数でないとすると，

$$\begin{cases} (a^2+b^2) \div 5 \text{ の余りは,} & 0,\ 2,\ 3 \\ c^2 \div 5 \text{ の余りは,} & 1,\ 4 \end{cases}$$

であるから,$a^2+b^2 \neq c^2$ となり矛盾.

ゆえに,$a^2+b^2=c^2$ のとき,a,b,c のいずれかは 5 の倍数である. (終)

─── 合同式 ───

m を 2 以上の整数とする.

整数 a, b について,$a-b$ が m で割り切れることを
(すなわち,a, b を m で割った余りが等しいことを)
$$a \equiv b \pmod{m} \quad (a \text{ 合同 } b \text{ modulus } m, \text{ と読む})$$
と表し,a と b は m を法(modulus)として合同であるという.

((2) の別証)

a, b がともに偶数ならば与式より c も偶数だから,両辺を a, b, c の最大公約数の 2 乗で割り,a, b の少なくとも一方は奇数として証明すればよい.

このとき,もし a, b がともに奇数で,$a=2l+1,\ b=2m+1$ とすると,
$$a^2+b^2 = 4(l^2+l+m^2+m)+2 \quad (l, m \in Z)$$
となり,これは平方数でないから不適.

よって,a, b の一方は奇数,他方は偶数(したがって,与式から c は奇数)であるから,
$$a=2l+1,\ b=2m,\ c=2n+1 \quad (l, m, n \in Z) \qquad \cdots (*)$$
と表しても一般性を失わない.

∴ 与式 $\iff 4l^2+4l+1+4m^2 = 4n^2+4n+1$
$\iff m^2 = n(n+1)-l(l+1)$.

右辺は偶数だから,m は偶数である.したがって,$b=2m$ は 4 の倍数となり,題意は成り立つ. (終)

[解説]

$$a^2+b^2=c^2 \qquad \cdots ①$$

をみたす自然数 a, b, c の組 (a, b, c)(これを**ピタゴラス数**という)を求めておこう.

(解答)

もし,a, b, c に公約数 l があれば
$$a=la_0,\ b=lb_0,\ c=lc_0$$
と表せるから
$$① \iff a_0^2+b_0^2=c_0^2. \qquad \cdots ②$$

さらに,a_0, b_0, c_0 のうちの 2 つに共通因数 k があれば,② より,k は残りの 1 つの因数にもなるから,以下においては a, b, c のどの 2 数も互いに素であるとして,① を取り扱うことにする.

本問の((2) の別証)からわかるように,① のとき,$(*)$ のように a は奇数,b は偶数,c は奇数としてよい.

このとき，
$$c+a,\ c-a$$
はともに偶数であるから，
$$b=2p,\ c+a=2q,\ c-a=2r \quad (p,q,r：整数)$$
とおくと，
$$a=q-r,\ b=2p,\ c=q+r. \qquad \cdots ③$$
これらを ① に代入して
$$(q-r)^2+4p^2=(q+r)^2. \quad \therefore\ p^2=qr. \qquad \cdots ④$$
ここで，a,c は互いに素として考えているから，③ より q,r も互いに素である．したがって，④ より，q,r はともに平方数であるから，
$$q=m^2,\ r=n^2\ (m,n：互いに素な整数)\ \text{と表すと，}\ p=mn.$$
これらを ③ に代入して，
$$a=m^2-n^2,\ b=2mn,\ c=m^2+n^2.\ (m,n\in N;\ m>n) \qquad \cdots ⑤$$
ここで，m,n は互いに素であるが，さらに偶奇が異なるとき，a,b,c はどの 2 数も互いに素となり，既約なピタゴラス数になる．

一般のピタゴラス数は ⑤ の a,b,c のそれぞれに共通の自然数 l を掛けたものである．　**(答)**

(注) ① の式は a,b について対称式であるから，⑤ の式で a,b の式を入れ換えてもよい．なお，ピタゴラス数 ⑤ は，次のようにしても得られる．

(方法 1)
$$\text{恒等式}:(p-q)^2+4pq=(p+q)^2 \quad (p,q：自然数)$$
において，$4pq$ が平方数 r^2 になれば，$p-q,r,p+q$ がピタゴラス数になる．そこで $4pq$ が平方数になるためには，p,q がともに平方数になればよい．

すなわち，$p=m^2,\ q=n^2$ とすると $r=2mn$.

以上から，$m,n\in N$ で，$m>n$ として，ピタゴラス数
$$a=m^2-n^2,\ b=2mn,\ c=m^2+n^2\ \text{を得る}. \qquad \textbf{(答)}$$

(方法 2)
$$c^2=a^2+b^2=(a+ib)(a-ib) \quad (\text{ただし，}i=\sqrt{-1}) \qquad \cdots ⑥$$
と因数分解し，
$$a+ib=(m+in)^2$$
をみたす整数 m,n を導入すると，
$$\begin{cases} a+ib=m^2-n^2+i\cdot 2mn, \\ a-ib=m^2-n^2-i\cdot 2mn. \end{cases} \qquad \cdots ⑦$$
⑥, ⑦ より，
$$c^2=(m^2-n^2)^2+(2mn)^2=(m^2+n^2)^2.$$
以上から，$m,n\in N$ で，$m>n$ としてピタゴラス数
$$a=m^2-n^2,\ b=2mn,\ c=m^2+n^2\ \text{を得る．} \qquad \textbf{(答)}$$

(注) $m=2,\ n=1$ のとき，代表的なピタゴラス数 $a=3,\ b=4,\ c=5$ が得られ，**例題 3** の (1), (2), (3) の有名な定理が直接確認できる．

例題 4

n は 2 よりも大きい整数とし，$a_1, a_2, \cdots, a_n$; $b_1, b_2, \cdots, b_n$ は正の数で
$$\sum_{i=1}^{n} a_i = \sum_{i=1}^{n} b_i, \quad \frac{b_1}{a_1} < \frac{b_2}{a_2} < \cdots < \frac{b_n}{a_n}$$
をみたすものとする．

このとき，$0 < m < n$ であるすべての整数 m に対して
$$\sum_{i=1}^{m} a_i > \sum_{i=1}^{m} b_i$$
が成り立つことを証明せよ．

(早稲田大)

【解答 1】

(i) $\dfrac{b_m}{a_m} < 1$ とすると，条件から $\dfrac{b_1}{a_1} < \dfrac{b_2}{a_2} < \cdots < \dfrac{b_m}{a_m} < 1$．

$\therefore \ b_i < a_i \ (i=1, 2, \cdots, m)$． $\quad \therefore \ \sum_{i=1}^{m} a_i > \sum_{i=1}^{m} b_i$．

(ii) $\dfrac{b_m}{a_m} \geqq 1$ とすると，条件から $1 \leqq \dfrac{b_m}{a_m} < \dfrac{b_{m+1}}{a_{m+1}} < \cdots < \dfrac{b_n}{a_n}$．

$\therefore \ a_i < b_i \ (i=m+1, m+2, \cdots, n)$． $\quad \therefore \ \sum_{i=m+1}^{n} (-a_i) > \sum_{i=m+1}^{n} (-b_i)$．

これと $\sum_{i=1}^{n} a_i = \sum_{i=1}^{n} b_i$ を辺々加えて， $\sum_{i=1}^{m} a_i > \sum_{i=1}^{m} b_i$． (終)

【解答 2】

$$\frac{b_1}{a_1} < \frac{b_2}{a_2} \implies \frac{b_1}{a_1} < \frac{b_1+b_2}{a_1+a_2} < \frac{b_2}{a_2} < \frac{b_3}{a_3},$$
$$\implies \frac{b_1}{a_1} < \frac{b_1+b_2}{a_1+a_2} < \frac{b_1+b_2+b_3}{a_1+a_2+a_3} < \frac{b_3}{a_3} < \frac{b_4}{a_4}.$$

$\left(\begin{array}{l} \text{(加比の理)} \\ a, b, c, d > 0 \text{ のとき} \\ \dfrac{b}{a} < \dfrac{d}{c} \implies \dfrac{b}{a} < \dfrac{b+d}{a+c} < \dfrac{d}{c} \end{array} \right)$

以下同様にして（正しくは数学的帰納法で），$0 < m < n$ のとき

$$\frac{b_1}{a_1} < \frac{b_1+b_2}{a_1+a_2} < \cdots < \frac{\sum_{i=1}^{m} b_i}{\sum_{i=1}^{m} a_i} < \cdots < \frac{\sum_{i=1}^{n} b_i}{\sum_{i=1}^{n} a_i} = 1. \quad \therefore \ \sum_{i=1}^{m} a_i > \sum_{i=1}^{m} b_i.$$

【解答 3】

$\vec{r_i} = (a_i, b_i) \ (i=1, 2, \cdots, n)$ とすると
$$\vec{r_1} + \vec{r_2} + \cdots + \vec{r_n} = (\sum_{i=1}^{n} a_i, \sum_{i=1}^{n} b_i)$$
を位置ベクトルにもつ点は直線 $y=x$ 上にあり，
かつ，$\vec{r_1}, \vec{r_2}, \cdots, \vec{r_n}$ の傾きは順に増加する．

$\therefore \ \vec{r_1} + \vec{r_2} + \cdots + \vec{r_m} = (\sum_{i=1}^{m} a_i, \sum_{i=1}^{m} b_i) \ (m < n)$

を位置ベクトルにもつ点は直線 $y=x$ より下側にある．

$\therefore \ \sum_{i=1}^{m} a_i > \sum_{i=1}^{m} b_i$．

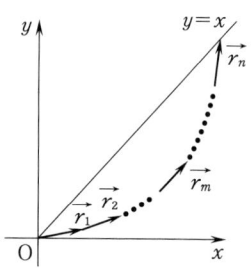

—— **MEMO** ——

演習問題

1 整式 $f(x)$ と実数 a があり，条件 (i), (ii), (iii) をみたしている．
 (i) $f(x)$ を x^2+3x+2 で割ると $5x+7$ 余る．
 (ii) $f(x)$ を x^2+4x+3 で割ると $2x+a$ 余る．
 (iii) $f(x)$ は (i), (ii) をみたす整式の中で次数が最小である．
  このとき，a の値と $f(x)$ を求めよ．

2 $f_n(x)=x^{2n}-x^n+1$ とし，n は自然数とする．
 (1) α が方程式 $f_1(x)=0$ の解であるとき，α^3 と $f_5(\alpha)$ の値を求めよ．
 (2) n を6で割った余りが5であるとき，$f_n(x)$ は x^2-x+1 で割り切れることを示せ． (宮崎大)

3 $f(x+1)-f(x)=x(x+1)$，$f(0)=0$ をみたす整式 $f(x)$ を求めよ．

4 $\dfrac{12}{11}<\dfrac{y}{x}<\dfrac{11}{10}$ (x, y は自然数)

をみたす分数 $\dfrac{y}{x}$ のうち，分母 x が最小のものを求めよ．

5 (1) ユークリッドの互除法を用いて 217 と 68 は互いに素であることを示せ．
 (2) $217x+68y=1$ をみたす整数 x, y のうちで $|3x+y+30|$ を最小にする x, y を求めよ．

6 (1) x が整数のとき，x^4 を5で割った余りを求めよ．
 (2) 方程式 $x^4-5y^4=2$ をみたす整数の組 (x, y) は存在しないことを示せ． (岩手大)

7 自然数 m, n に対して，$S=\dfrac{1}{m}+\dfrac{1}{n}$ とおく．m, n が $m\geq n$ および $S<\dfrac{1}{3}$ をみたしながら変わるとき，S の最大値を求めよ． (和歌山大)

8 n を正の整数とする．
 (1) n^2 と $2n+1$ は互いに素であることを示せ．
 (2) n^2+2 が $2n+1$ の倍数になるような n を求めよ． (一橋大)

9 (1) $\sqrt{2}$ は無理数であることを証明せよ．
(2) $\sqrt{2}$, $\sqrt{3}$, $\sqrt{6}$ を項として含むような等差数列は存在しないことを証明せよ．
(三重大)

10 $0 < a_k < 1$ $(k=1, 2, \cdots, n)$ のとき，不等式
$$a_1 a_2 \cdots a_n > a_1 + a_2 + \cdots + a_n + 1 - n \quad (n = 2, 3, 4, \cdots)$$
が成り立つことを示せ．
(お茶の水女子大)

11 自然数 n, p に対し，n^p を10進法でかいたときの1の位の数を $f_p(n)$ で表す．ただし，自然数とは1, 2, 3, … のことである．
(1) n が自然数の全体を動くとき，$f_2(n)$ のとる値を全部求めよ．
(2) あらゆる自然数 n に対して，$f_5(n) = f_1(n)$ が成り立つことを証明せよ．
(3) n が自然数の全体を動くとき，$f_{100}(n)$ のとる値を全部求めよ． (東京大)

12* n 枚のカードを並べておいて，2人で次のゲームをする．
「交互に1枚以上5枚以下のカードを取り続け，最後にカードを取る方を負けとする．」
(1) $n=7$ のとき，後手は必ず勝てることを示せ．
(2) $n=52$ のとき，先手が勝つためには1手目に何枚取ればよいか．
(3) (1), (2)の結果を n 枚の場合に一般化すると，どのような n に対してどのような必勝法があるか．ただし，$n \geq 2$ とする．
(芝浦工業大・改)

13* 自然数 n に対して，1から n までのすべての自然数の集合を N とする．N から N への写像 f が次の条件
「i, j が N の要素で，$i \leq j$ ならば，つねに $f(i) \leq f(j)$」
をみたすとき，$f(k) = k$ となる N の要素 k が存在することを示せ．

14* 座標平面上で x, y 座標がともに整数である点を格子点という．4頂点がすべて格子点である平行四辺形を格子平行四辺形ということにする．
次の(1), (2)を証明せよ．
(1) 格子平行四辺形の面積は1以上の整数値である．
(2) 内部に格子点を含む格子平行四辺形の面積は2以上の整数値である．

第2章　関数と方程式・不等式

例題 5

① 2次方程式
$$x^2 + mx - 12 = 0$$
の2解がともに有理数となるような自然数 m の値を求めよ．　　　（東海大）

② 実数係数の3次方程式
$$2x^3 - 3ax^2 + 2(a+7)x + a^2 - 9a + 8 = 0$$
の解がすべて自然数であるとき，a の値と3解を求めよ．　　　（防衛大）

[考え方]　① 解の公式の利用，または有理数解は整数解になることに注目．
　　　　② 解と係数の関係の利用．

【解答】

①₁　2解 $\dfrac{-m \pm \sqrt{m^2 + 4 \cdot 12}}{2}$ がともに有理数になる条件は，

$$m^2 + 4 \cdot 12 = l^2 \iff l^2 - m^2 = (l+m)(l-m) = 3 \cdot 2^4 \quad (l, m \in N, l > m)$$

と表せることである．ここで，

$$(l+m) - (l-m) = 2m, \quad (l+m)(l-m) = 3 \cdot 2^4$$

はともに偶数だから，$l+m$, $l-m$ はともに偶数で，$l+m > l-m$．

よって，右の素因数分解が可能である．

$l+m$	$3 \cdot 2^3$	$3 \cdot 2^2$	2^3
$l-m$	2	2^2	$3 \cdot 2$
$2m$	22	8	2

$$\therefore \quad m = 1, 4, 11. \quad \text{（答）}$$

①₂　有理数の解は，$\dfrac{q}{p}$（p, q は互いに素な整数で，$p > 0$）と表せるから，

$$\left(\dfrac{q}{p}\right)^2 + m\left(\dfrac{q}{p}\right) - 12 = 0 \iff \dfrac{q^2}{p} = 12p - mq. \quad \text{（右辺は整数）}$$

よって，q^2 は p で割り切れるが，p と q は互いに素であるから，$p = 1$．すなわち，2つの有理数解を α, β とすると，α, β はともに整数解である．

また，解と係数の関係から，$\alpha\beta = -12$．

$$\therefore \quad \{\alpha, \beta\} = \{\pm 1, \mp 12\}, \{\pm 2, \mp 6\}, \{\pm 3, \mp 4\}. \quad \text{（複号同順）}$$

このうち，$m = -(\alpha + \beta)$ が自然数になるのは，上側の符号の3組で，

$$m = 1, 4, 11. \quad \text{（答）}$$

2 3解を α, β, γ $(\alpha \leq \beta \leq \gamma)$ とすると，解と係数の関係から
$$\alpha+\beta+\gamma=\frac{3}{2}a \cdots \text{①}, \quad \alpha\beta+\beta\gamma+\gamma\alpha=a+7 \cdots \text{②}, \quad \alpha\beta\gamma=-\frac{1}{2}(a-1)(a-8). \cdots \text{③}$$
α, β, γ は自然数だから，①，③ より，
$$a \text{ は偶数で，} 1<a<8. \quad \therefore \quad a=2, 4, 6.$$

(i) $a=2$ のとき，①，③ は，$\alpha+\beta+\gamma=3, \alpha\beta\gamma=3$.
これらをみたす自然数 α, β, γ は存在しない.

(ii) $a=4$ のとき，①，②，③ は
$$\alpha+\beta+\gamma=6, \quad \alpha\beta+\beta\gamma+\gamma\alpha=11, \quad \alpha\beta\gamma=6.$$
これらと $\alpha \leq \beta \leq \gamma$ をみたす自然数 α, β, γ は
$$\alpha=1, \beta=2, \gamma=3.$$

(iii) $a=6$ のとき，①，③ は，$\alpha+\beta+\gamma=9, \alpha\beta\gamma=5$.
これらをみたす自然数 α, β, γ は存在しない.

以上から，
$$a=4 \text{ で，3解は } 1, 2, 3. \tag{答}$$

例題 6

正の実数 x, y が $x^2-2x+4y^2=0$ をみたしながら変わるとき，xy の最大値を求めよ． (埼玉大)

[考え方] 相加・相乗平均の大小関係，微分法，楕円の媒介変数表示の利用，etc.

【解答 1】
$4y^2=2x-x^2>0$ より，$0<x<2$. …①
$$\therefore \quad x^2y^2=\frac{1}{4}x^2(2x-x^2)=\frac{1}{4}\cdot\frac{1}{3}\cdot x\cdot x\cdot x\cdot(6-3x). \quad \cdots \text{②}$$
$x>0, 6-3x>0$ ($\because$ ①) であるから，相加平均≧相乗平均より
$$\sqrt[4]{x\cdot x\cdot x\cdot(6-3x)} \leq \frac{x+x+x+(6-3x)}{4}=\frac{3}{2}.$$
よって，$x=6-3x \iff x=\frac{3}{2}$（これは① をみたし適する）のとき，
$$x^3(6-3x) \text{ は最大値 } \left(\frac{3}{2}\right)^4 \text{ をとる.} \quad \cdots \text{③}$$
ゆえに，$x=\frac{3}{2}$ $\left(\therefore y=\frac{\sqrt{3}}{4}\right)$ のとき，xy は最大で，②，③ から
$$(xy \text{ の最大値})=\sqrt{\frac{1}{4\cdot 3}\left(\frac{3}{2}\right)^4}=\frac{3\sqrt{3}}{8}. \tag{答}$$

【解答 2】
$$xy = \sqrt{x^2 y^2} = \sqrt{x^2 \cdot \frac{2x-x^2}{4}} = \frac{1}{2}\sqrt{2x^3 - x^4}. \quad (0 < x < 2)$$

$f(x) = 2x^3 - x^4 \ (0 < x < 2)$ とおくと，
$f'(x) = 2x^2(3 - 2x)$.

よって，$f(x)$ は $x = \dfrac{3}{2}$ のとき最大で，

最大値 $f\left(\dfrac{3}{2}\right) = \left(\dfrac{3}{2}\right)^3 \cdot \left(2 - \dfrac{3}{2}\right) = \dfrac{3^3}{2^4}$.

x	(0)	$\cdots$	$\dfrac{3}{2}$	$\cdots$	(2)
$f'(x)$		$+$	0	$-$	
$f(x)$		$\nearrow$		$\searrow$	

∴ (xy の最大値) $= \dfrac{1}{2}\sqrt{\dfrac{3^3}{2^4}} = \dfrac{3\sqrt{3}}{8}$. （答）

【解答 3】
$$x^2 - 2x + 4y^2 = 0 \iff (x-1)^2 + 4y^2 = 1. \quad (x > 0, y > 0)$$

∴ $x - 1 = \cos\theta, \ y = \dfrac{1}{2}\sin\theta \ (0 < \theta < \pi)$ と表せる．

∴ $xy = \dfrac{1}{2}\sin\theta(1 + \cos\theta) = f(\theta) \ (0 < \theta < \pi)$ とおくと

$f'(\theta) = \dfrac{1}{2}\{\cos\theta(1 + \cos\theta) - \sin^2\theta\} = \dfrac{1}{2}(2\cos^2\theta + \cos\theta - 1)$

$= \dfrac{1}{2}(2\cos\theta - 1)(\cos\theta + 1)$.

∴ $\max xy = f\left(\dfrac{\pi}{3}\right) = \dfrac{3\sqrt{3}}{8}$.　（答）

θ	(0)	$\cdots$	$\dfrac{\pi}{3}$	$\cdots$	(π)
$f'(\theta)$		$+$	0	$-$	
$f(\theta)$		$\nearrow$		$\searrow$	

例題 7

任意の正の数 a, b に対して，つねに
$$\sqrt{a} + \sqrt{b} \leq k\sqrt{a+b}$$
が成り立つような実数 k の最小値を求めよ． （高知大）

[考え方]　相加・相乗平均の大小関係，凸関数の利用，etc.

【解答 1】（(相加平均) $\geq$ (相乗平均) の利用）

与不等式 $\iff k \geq \dfrac{\sqrt{a} + \sqrt{b}}{\sqrt{a+b}} \ (> 0)$　　　　　　　　　　　　…①

$\iff k^2 \geq \dfrac{a + b + 2\sqrt{ab}}{a+b} = 1 + \dfrac{2\sqrt{ab}}{a+b} \ (= I \text{ とおく}). \ (k > 0)$

ここで，$a > 0, b > 0$ より

$$a + b \geq 2\sqrt{ab} \iff 1 \geq \dfrac{2\sqrt{ab}}{a+b} \ (\text{等号は } a = b \text{ のとき})$$

であるから，I の最大値は 2．

よって，与不等式がつねに成り立つ条件は $k^2 \geq 2$．

∴ $k \geq \sqrt{2}$. (∵ $k > 0$)　　∴ k の最小値は $\sqrt{2}$.　（答）

第2章 関数と方程式・不等式　19

【解答2】（三角関数の利用とその合成）

$$\text{与不等式} \iff k \geq \frac{\sqrt{a}+\sqrt{b}}{\sqrt{a+b}}.$$

ここで，$\left(\dfrac{\sqrt{a}}{\sqrt{a+b}}\right)^2+\left(\dfrac{\sqrt{b}}{\sqrt{a+b}}\right)^2=1$ であるから，

$$\frac{\sqrt{a}}{\sqrt{a+b}}=\cos\theta,\ \frac{\sqrt{b}}{\sqrt{a+b}}=\sin\theta\ \left(0<\theta<\frac{\pi}{2}\right)\ \text{とおける}.$$

∴ （右辺）$=\sqrt{2}\sin\left(\theta+\dfrac{\pi}{4}\right)\leq\sqrt{2}$.　　∴ $k\geq\sqrt{2}$.　　∴ $\min k=\sqrt{2}$.　　（答）

【解答3】（微分法の利用）

$$\text{与不等式} \iff k \geq \frac{\sqrt{a}+\sqrt{b}}{\sqrt{a+b}}=\frac{1+\sqrt{x}}{\sqrt{x+1}}.\ \left(\text{ただし，}x=\frac{b}{a}>0\right)$$

ここで，$f(x)=\dfrac{1+\sqrt{x}}{\sqrt{x+1}}$ とすると，

$$f'(x)=\frac{1}{x+1}\left(\frac{\sqrt{x+1}}{2\sqrt{x}}-\frac{1+\sqrt{x}}{2\sqrt{x+1}}\right)$$
$$=\frac{1-\sqrt{x}}{2\sqrt{x}\sqrt{x+1}(x+1)}.$$

x	(0)	$\cdots$	1	$\cdots$
$f'(x)$		$+$	0	$-$
$f(x)$		↗	$\sqrt{2}$	↘

よって，与不等式がつねに成り立つ条件は，$k\geq\max f(x)=f(1)=\sqrt{2}$.

∴ $\min k=\sqrt{2}$.　　（答）

【解答4】（凸関数の利用）

$f(x)=\sqrt{x}$ のグラフは上に凸．（右図）

∴ $\dfrac{\sqrt{a}+\sqrt{b}}{2}\leq\sqrt{\dfrac{a+b}{2}} \iff \dfrac{\sqrt{a}+\sqrt{b}}{\sqrt{a+b}}\leq\sqrt{2}$.

（等号は $a=b$ のとき）

よって，与不等式がつねに成り立つ条件は，

$\sqrt{2}\leq k$.　　∴ $\min k=\sqrt{2}$.　　（答）

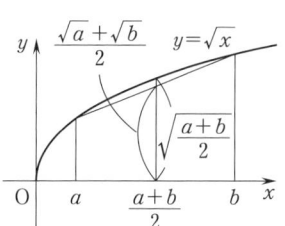

【解答5】（ベクトルの内積の利用）

（これはコーシー・シュワルツの不等式の利用と同値）

2つのベクトル $(1, 1),\ (\sqrt{a},\ \sqrt{b})$ のなす角を θ とすると，

$$(1^2+1^2)(\sqrt{a}^2+\sqrt{b}^2)\geq\{|(1, 1)|\cdot|(\sqrt{a},\ \sqrt{b})|\cdot\cos\theta\}^2=|(1, 1)\cdot(\sqrt{a},\ \sqrt{b})|^2$$
$$=(\sqrt{a}+\sqrt{b})^2.$$

∴ $2(a+b)\geq(\sqrt{a}+\sqrt{b})^2 \iff \sqrt{2}\geq\dfrac{\sqrt{a}+\sqrt{b}}{\sqrt{a+b}}$. （等号は $a=b$ のとき）

よって，与不等式がつねに成り立つ条件は $k\geq\sqrt{2}$.　　∴ $\min k=\sqrt{2}$.　　（答）

【解答6】（必要条件から，まず k の範囲をうまく絞り込む）

$a=b=1$ でも与不等式が成り立つためには，$2\leq k\sqrt{2}$.　　∴ $\sqrt{2}\leq k$.

∴ $\min k=\sqrt{2}$ が必要．

逆に，$k=\sqrt{2}$ のとき，$(\sqrt{2}\sqrt{a+b})^2-(\sqrt{a}+\sqrt{b})^2=(\sqrt{a}-\sqrt{b})^2\geq 0$ より

$$\sqrt{a}+\sqrt{b} \leqq \sqrt{2}\sqrt{a+b}$$ となり，与不等式はつねに成り立つ．（十分）

以上から， $\min k = \sqrt{2}$ ． **(答)**

演習問題

15 方程式 $x^2+ax+\dfrac{1}{b}=0$ は2つの実数解 $\alpha, \beta\ (\alpha<\beta)$ をもち，方程式 $x^2+bx+\dfrac{1}{a}=0$ は2つの実数解 $\gamma, \delta\ (\gamma<\delta)$ をもつとする．

$a<0<b$ のとき，$\alpha, \beta, \gamma, \delta$ を大小の順に並べよ． （早稲田大）

16 x の2次関数 $f(x)=ax^2+bx+c$ において，$f(0)>0$ とし，この関数のグラフは点 $(1, 1)$ および $(3, 5)$ を通るものとする．このとき，$f(x)$ の最小値を最大にする定数 a, b, c の値を求めよ． （京都大）

17 3次方程式 $x^3-3x+1=0$ …(*) について考える．
(1) (*)は異なる3つの実数解をもつことを示せ．
(2) (*)の解で最大のものを α とし，$\beta=\alpha^2-2, \gamma=\beta^2-2$ とする．
このとき，β, γ は(*)の α 以外の2解であることを示せ． （早稲田大）

18 n が整数であるとき，
$$S=|n-1|+|n-2|+|n-3|+\cdots+|n-100|$$
の最小値を求めよ．また，そのときの n の値を求めよ． （京都大）

19 $f(x)=x^3+ax^2+bx\ (a, b$ は実数$)$ とする．
$$1 \leqq f(1) \leqq 2 \text{ かつ } 2 \leqq f(2) \leqq 4$$
が成り立つとき，$f(3)$ のとり得る値の範囲を求めよ． （東京学芸大）

20 a, b, c, d は実数で，
$$|a| \leqq 2,\ |b| \leqq 2,\ |c| \leqq 2,\ |d| \leqq 2,\ a+b=1,\ c+d=1$$
をみたす．
このとき，$ac+bd$ のとり得る値の範囲を求めよ． （名城大）

21 a を実数とする．xy 平面における 2 曲線
$$C_1: y=x^2-a, \quad C_2: x=y^2-a$$
の異なる共有点の個数を求めよ．

22[*] 整数係数の n 次の整式
$$f(x)=x^n+a_1x^{n-1}+\cdots+a_{n-1}x+a_n \quad (n>1)$$
について，次の (1), (2) を証明せよ．
(1) 有理数 α が方程式 $f(x)=0$ の 1 つの解ならば，α は整数である．
(2) ある自然数 $k\ (>1)$ に対して，k 個の整数 $f(1),\ f(2),\ \cdots,\ f(k)$ がいずれも k で割り切れなければ，方程式 $f(x)=0$ は有理数の解をもたない．

（九州大）

23[*] x に関する方程式
$$(x^2-2x+a)^2+(x^2-2x+a)+b=0 \quad (a,\ b \text{ は実数の定数})$$
の実数解はちょうど 2 個であり，$0<x<1$ の範囲にはただ 1 つの解しかないという．ただし，$b<\dfrac{1}{4}$ とする．

このとき，点 $(a,\ b)$ の存在する範囲を図示せよ． （同志社大）

第3章　平面・空間図形

例題 8

⃞1　三角形 ABC の内部の 1 点を O とし，OA, OB, OC の延長がそれぞれ辺 BC, CA, AB と交わる点を順に D, E, F とするとき，
$$\frac{OD}{AD}+\frac{OE}{BE}+\frac{OF}{CF}=1$$
が成り立つことを証明せよ．

⃞2　三角形 ABC の辺 BC の延長上の点 P を通る直線が AB, AC と交わる点をそれぞれ D, E とし，BE, CD の交点と点 A を通る直線が BC と交わる点を Q とするとき，
$$PB:PC=QB:QC$$
であることを証明せよ．

⃞3　四角形 ABCD のどの頂点も通らず，どの辺とも平行でない直線 l がある．l と直線 AB, BC, CD, DA との交点をそれぞれ P, Q, R, S とするとき，
$$\frac{AP}{PB}\cdot\frac{BQ}{QC}\cdot\frac{CR}{RD}\cdot\frac{DS}{SA}=1.$$
が成り立つことを証明せよ．

[考え方]　⃞1 平行線による比の移動と面積比．　⃞2 メネラウスの定理，チェバの定理．
　　　　　⃞3 メネラウスの定理．

【解答】

⃞1　A, O から辺 BC へ下ろした垂線の足を A′, O′ とすると，
$$\frac{OD}{AD}=\frac{OO'}{AA'}=\frac{\triangle BOC}{\triangle ABC}.$$
同様に，$\dfrac{OE}{BE}=\dfrac{\triangle COA}{\triangle ABC},\ \dfrac{OF}{CF}=\dfrac{\triangle AOB}{\triangle ABC}.$

これらを辺々加えて
$$\frac{OD}{AD}+\frac{OE}{BE}+\frac{OF}{CF}=\frac{\triangle BOC+\triangle COA+\triangle AOB}{\triangle ABC}$$
$$=\frac{\triangle ABC}{\triangle ABC}=1.$$

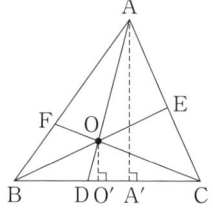

(終)

2 三角形 ABC と割線 PED にメネラウスの定理
を用いると

$$\frac{BP}{PC} \cdot \frac{CE}{EA} \cdot \frac{AD}{DB} = 1. \qquad \cdots ①$$

また，三角形 ABC にチェバの定理を用いると

$$\frac{BQ}{QC} \cdot \frac{CE}{EA} \cdot \frac{AD}{DB} = 1. \qquad \cdots ②$$

①，② より， $\dfrac{BP}{PC} = \dfrac{BQ}{QC} \Longleftrightarrow PB:PC = QB:QC.$ (終)

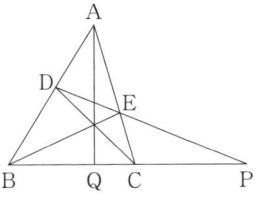

3₁ 右図において，三角形 ABD と直線 l にメネラウスの定理を用いると，

$$\frac{AP}{PB} \cdot \frac{BM}{MD} \cdot \frac{DS}{SA} = 1. \qquad \cdots ①$$

三角形 BCD と直線 l にメネラウスの定理を用いると， $\dfrac{DM}{MB} \cdot \dfrac{BQ}{QC} \cdot \dfrac{CR}{RD} = 1. \qquad \cdots ②$

①，② を辺々掛けると $\dfrac{AP}{PB} \cdot \dfrac{BQ}{QC} \cdot \dfrac{CR}{RD} \cdot \dfrac{DS}{SA} = 1.$ (終)

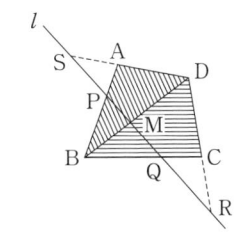

3₂ 右図において

$$\frac{AP}{PB} = \frac{AA'}{BB'}, \quad \frac{BQ}{QC} = \frac{BB'}{CC'},$$

$$\frac{CR}{RD} = \frac{CC'}{DD'}, \quad \frac{DS}{SA} = \frac{DD'}{AA'}.$$

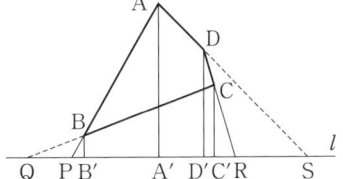

$$\therefore \quad \frac{AP}{PB} \cdot \frac{BQ}{QC} \cdot \frac{CR}{RD} \cdot \frac{DS}{SA} = \frac{AA'}{BB'} \cdot \frac{BB'}{CC'} \cdot \frac{CC'}{DD'} \cdot \frac{DD'}{AA'} = 1. \qquad (終)$$

(3の(注)) 本問は三角形のメネラウスの定理の拡張で，五角形，六角形についても同様な等式が成り立つことが容易に解る．

[解 説]

◇ **メネラウスの定理**

直線 l が 3 辺 BC, CA, AB（ただし，頂点を除く）またはその延長とそれぞれ点 P, Q, R で交わるとき，

$$\frac{AR}{RB} \cdot \frac{BP}{PC} \cdot \frac{CQ}{QA} = 1.$$

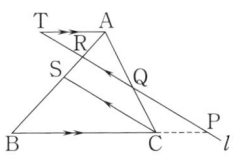

(証明 1) $\dfrac{AR}{RB} \cdot \dfrac{BP}{PC} \cdot \dfrac{CQ}{QA} = \dfrac{AR}{RB} \cdot \dfrac{BR}{RS} \cdot \dfrac{SR}{RA} = 1.$ ($\because$ PR∥CS)

(証明 2) $\dfrac{AR}{RB} \cdot \dfrac{BP}{PC} \cdot \dfrac{CQ}{QA} = \dfrac{AT}{PB} \cdot \dfrac{BP}{PC} \cdot \dfrac{PC}{AT} = 1.$ ($\because$ AT∥PB)

◇ チェバの定理

3辺 BC, CA, AB（ただし，頂点を除く）上のそれぞれの点 P, Q, R に対して，3線分 AP, BQ, CR が1点 O で交わるとき， 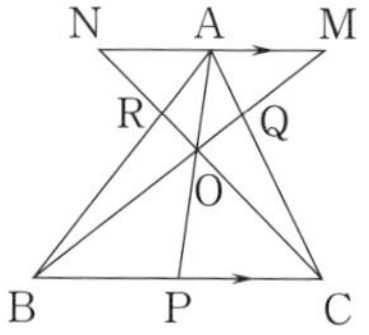
$$\frac{AR}{RB} \cdot \frac{BP}{PC} \cdot \frac{CQ}{QA} = 1.$$

（証明1）（平行線による比の移動）
$$\frac{AR}{RB} \cdot \frac{BP}{PC} \cdot \frac{CQ}{QA} = \frac{AN}{CB} \cdot \frac{AM}{NA} \cdot \frac{CB}{MA} = 1.$$

（証明2）（面積比） $\dfrac{AR}{RB} \cdot \dfrac{BP}{PC} \cdot \dfrac{CQ}{QA} = \dfrac{\triangle OCA}{\triangle OBC} \cdot \dfrac{\triangle OAB}{\triangle OAC} \cdot \dfrac{\triangle OBC}{\triangle OAB} = 1.$

例題 9

[1] 三角形 ABC の外接円の中心を O とし，B, C から対辺に下ろした垂線の足をそれぞれ D, E とすると，OA⊥DE であることを証明せよ．

[2] 円 O の周上の1点 C を中心とする円 C と円 O との交点を A, B とする．円 O の周上に点 P をとり，直線 PA, PB が円 C と再び交わる点をそれぞれ Q, R とする．このとき，AR∥BQ であることを証明せよ．

[考え方] [1] 接線と接点における半径は垂直． [2] 中心角は円周角の2倍．

【解答】

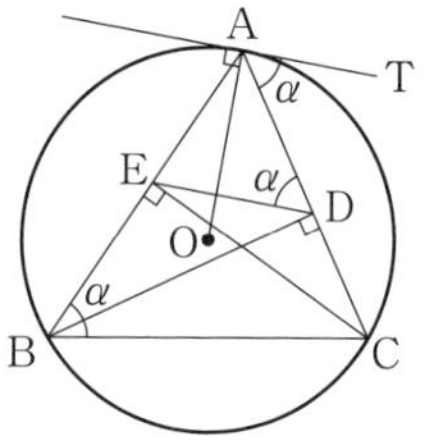

[1] 接点 A における接線を AT とすると，接弦定理より
　　　　∠TAC＝∠ABC＝α．　　…①
また，BD⊥AC，CE⊥AB より，4点 B, C, D, E は同一円周上にあるから
　　　　∠ADE＝∠ABC＝α．　　…②
①，②より，　　AT∥DE．　　…③
また，OA は A における半径だから，
　　　　OA⊥AT．　　…④
③，④より，　　OA⊥DE．　　　　　　　　　　　　　　　　　　（終）

[2] 4点 A, R, B, Q は同一円周上にあるから，
　　　　∠PRA＝∠AQB＝α．　　…①
三角形 APR の内角の和は π だから
　　　　∠P＋α＋∠PAR＝π．　　…②
また，∠ACB は円 C の中心角だから，∠ACB＝2α であり，4点 P, A, C, B は円 O 上にあるから，
　　　　∠P＋2α＝π．　　…③
②，③から，　　∠PAR＝α．
これと①より，∠PAR＝∠AQB．　∴　AR∥BQ．　（終）

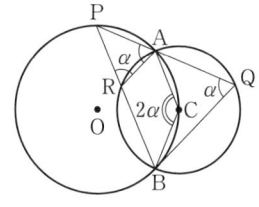

第3章 平面・空間図形 25

例題 10

[1] 三角錐 OABC があり，
 OA＝OB＝OC＝2, BC＝CA＝AB＝1
とする．辺 OB，OC 上にそれぞれ点 P，Q を
 $l = AP + PQ + QA$
が最小になるようにとる．

(1) l の最小値を求めよ．
(2) 三角形 APQ の面積を求めよ．
(3) 三角錐 OAPQ の体積 V_1 と元の三角錐 OABC の体積 V との比の値を求めよ．

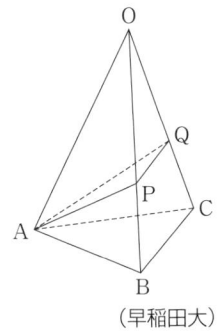

(早稲田大)

[2] S を半径1の球面とし，その中心を O とする．頂点 A を共有し，大きさの異なる2つの正四面体 ABCD，APQR が次の2条件をみたすとする．
　　点 O，B，C，D は同一平面上にある．
　　点 B，C，D，P，Q，R は球面 S 上にある．
このとき，線分 AB と線分 AP の長さを求めよ． (大阪大)

[考え方] [1] 展開図を利用して考える． [2] 平面 BCD，平面 ABO による切断面を利用．

【解答】

[1]₁ (1) 右の展開図において，
 △OAB ∽ △ABE．
 ∴ $\dfrac{OA}{AB} = \dfrac{AB}{BE}$．　∴ $BE = \dfrac{1}{2}$．
 △OEF ∽ △OBC．
 ∴ $\dfrac{EF}{BC} = \dfrac{OE}{OB}$．　∴ $EF = \dfrac{3}{4}$．
 ∴ $l = AP + PQ + QA \geq AA' = 1 + \dfrac{3}{4} + 1 = \dfrac{11}{4}$．　(答)

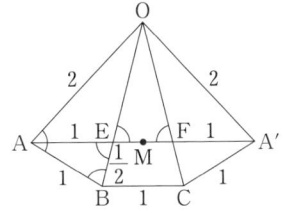

(2) l が最小になるのは P＝E，Q＝F のときだから，
 $AM = \sqrt{1 - \left(\dfrac{3}{8}\right)^2} = \dfrac{\sqrt{5 \cdot 11}}{8}$．
 ∴ $\triangle APQ = \dfrac{1}{2} \cdot AM \cdot EF = \dfrac{1}{2} \cdot \dfrac{\sqrt{55}}{8} \cdot \dfrac{3}{4} = \dfrac{3\sqrt{55}}{64}$．　(答)

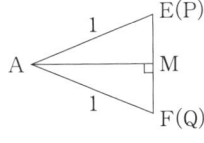

(3) A から △OBC に下ろした垂線の足を H とすると，
$$\dfrac{V_1}{V} = \dfrac{\dfrac{1}{3} \cdot \triangle OEF \cdot AH}{\dfrac{1}{3} \cdot \triangle OBC \cdot AH} = \dfrac{OE}{OB} \cdot \dfrac{OF}{OC}$$
$$= \left(\dfrac{3}{4}\right)^2 = \dfrac{9}{16}．\quad (答)$$

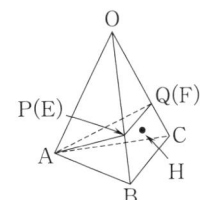

1₂ (1) 右図において，余弦定理より，
$$\cos\theta = \frac{2^2+2^2-1^2}{2\cdot 2\cdot 2} = \frac{7}{8}.$$
$$\therefore\ \cos 3\theta = 4\cos^3\theta - 3\cos\theta$$
$$= \left(4\cdot\frac{7}{8}\cdot\frac{7}{8}-3\right)\cdot\frac{7}{8} = \frac{7}{8\cdot 16}.$$
$$\therefore\ l^2 \geqq (\mathrm{AA}')^2 = 2^2+2^2-2\cdot 2\cdot 2\cdot\cos 3\theta = 8(1-\cos 3\theta)$$
$$= 8\left(1-\frac{7}{8\cdot 16}\right) = \frac{121}{16}. \quad \therefore\ (l\ \text{の最小値}) = \frac{11}{4}. \quad \text{(答)}$$

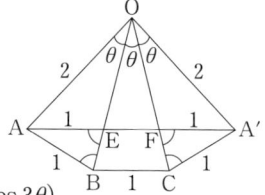

(2) $\mathrm{EF} = \mathrm{AA}' - (1+1) = \frac{3}{4}$.
$$\therefore\ \triangle\mathrm{APQ} = \frac{1}{2}\cdot 1\cdot 1\cdot\sin 2\varphi = \frac{1}{2}\cdot 2\sin\varphi\cdot\cos\varphi$$
$$= \frac{3}{8}\cdot\frac{\sqrt{55}}{8} = \frac{3\sqrt{55}}{64}. \quad \text{(答)}$$

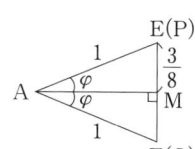

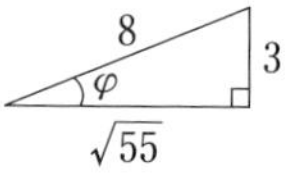

(3) $\dfrac{V_1}{V} = \dfrac{V(\mathrm{OAEF})}{V(\mathrm{OABF})}\cdot\dfrac{V(\mathrm{OABF})}{V(\mathrm{OABC})}$
$$= \frac{\mathrm{OE}}{\mathrm{OB}}\cdot\frac{\mathrm{OF}}{\mathrm{OC}} = \left(\frac{3}{4}\right)^2 = \frac{9}{16}. \quad \text{(答)}$$

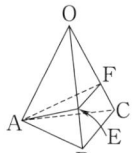

2

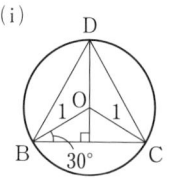 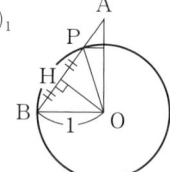 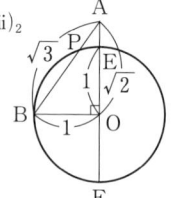

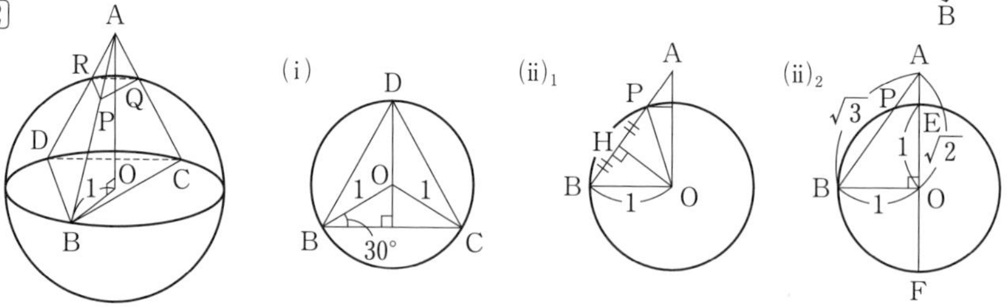

(i) 三角形 BCD は，点 O を通る平面と球面 S の交線である半径 1 の大円に内接する正三角形である．
$$\therefore\ \mathrm{BC} = 2\mathrm{OB}\cos 30° = \sqrt{3}. \quad \therefore\ \mathrm{AB} = \mathrm{BC} = \sqrt{3}. \quad \text{(答)}$$

(ii)₁ 正四面体 APQR と正四面体 ABCD において，A, P, B は一直線上にあるとしてよい．上図 (ii)₁ において，$\triangle\mathrm{ABO} \backsim \triangle\mathrm{OBH}$.
$$\therefore\ \mathrm{AB}:\mathrm{BO} = \mathrm{OB}:\mathrm{BH}. \quad \therefore\ \mathrm{BH} = \frac{\mathrm{BO}^2}{\mathrm{AB}} = \frac{1}{\sqrt{3}}.$$
$$\therefore\ \mathrm{AP} = \mathrm{AB} - \mathrm{BP} = \sqrt{3} - 2\mathrm{BH} = \sqrt{3} - \frac{2}{\sqrt{3}} = \frac{1}{\sqrt{3}}. \quad \text{(答)}$$

(ii)₂ 上図 (ii)₂ において，EF を直径とすると，方べきの定理より
$$\mathrm{AP}\cdot\mathrm{AB} = \mathrm{AE}\cdot\mathrm{AF}.$$
$$\therefore\ \mathrm{AP} = \frac{\mathrm{AE}\cdot\mathrm{AF}}{\mathrm{AB}} = \frac{(\sqrt{2}-1)(\sqrt{2}+1)}{\sqrt{3}} = \frac{1}{\sqrt{3}}. \quad \text{(答)}$$

―――― **MEMO** ――――

演習問題

24 円に内接する四角形 ABCD において,
$$AB=7,\ BC=5,\ CD=5,\ \angle ABC=60°$$
とする.
(1) 線分 AC の長さを求めよ.
(2) この円の半径を求めよ.
(3) 線分 AD の長さを求めよ.
(4) 2つの対角線 AC, BD の交点を E とするとき, $\dfrac{BE}{ED}$ の値を求めよ.
(5) 四角形 ABCD の面積を求めよ.

25 四角形 ABCD の 2 辺 AD および BC の 3 等分点を,それぞれ E, F および G, H とする.すなわち,
$$AE=EF=FD,\quad BG=GH=HC.$$
このとき,線分 AB, EG, FH, DC の各中点 I, J, K, L は同一直線上にあることを証明せよ.
(典型問題)

26 1 辺の長さ a の正方形 OABC の頂点 O を,辺 OA, OC と交わる直線を折り目として折り返すとき,O と重なる点を P とする.P の存在する範囲を求めて図示せよ.
(大阪市立大)

27 ある三角形 ABC の底辺 BC 上の定点を D とする.このとき,
$$\triangle PAB + \triangle PCD = \frac{1}{2}\triangle ABC$$
をみたす,線分 AD 上の点 P の位置を求めよ.

28 円 O 外の点 P から 2 本の接線を引いて接点をそれぞれ A, B とし,また P を通る 1 本の割線を引いて円周との交点を C, D とする.
このとき,AD・BC=AC・BD であることを証明せよ.
(お茶の水女子大)

29　AB=4, AC=3 である鋭角三角形 ABC において，
　　　　B から対辺 AC に下ろした垂線の足を D，
　　　　C から対辺 AB に下ろした垂線の足を E
とする．また，線分 BD と CE の交点を F とすると，F は線分 BD を 5:1 に内分するとし，$\dfrac{AD}{AC} > \dfrac{3}{5}$ であるとする．

　このとき，線分 AD, AE, AF, BC の長さと ∠A を求めよ．

30　大きさが 30° の ∠XOY の内部 (OX, OY を含む) に，1 辺の長さが 1 の正三角形 PQR がある．P は O を除く OX 上を，Q は O を除く OY 上を動き，R は PQ に関して O と同じ側にある．
(1)　∠OPR=θ とするとき，OP を θ を用いて表せ．
(2)　点 R はどのような図形を描くか．　　　　　　　　　　　（同志社大）

31　平面上の 2 定点 A, B に対し，点 C は線分 AB を直径とする円周上を動く．直線 AB に関して C と同じ側に 3 点 A′, B′, C′ を次の 2 条件をみたすようにとる．
(i)　三角形 CBA′，三角形 ACB′，三角形 ABC′ はいずれも正三角形である．
(ii)　三角形 CBA′，三角形 ACB′ は三角形 ABC と重なりがない．
　このとき，四角形 CA′C′B′ の面積が最大となる θ=∠CAB の値を求めよ．
　　　　　　　　　　　　　　　　　　　　　　　　　　　　（京都大）

32* 　長さ 2 の線分 NS を直径とする球面 K がある．点 S において球面 K に接する平面の上で，S を中心とする半径 2 の 4 分円 (円周の 1/4 の長さをもつ円弧) $\overset{\frown}{AB}$ と線分 AB を合わせて得られる曲線上を，点 P が 1 周する．このとき，線分 NP と球面 K との交点 Q の描く曲線の長さを求めよ．（東京大）

33* 　右図のように，半径 1 の球 O_1, O_2, O_3 が互いに外接し，同時に平面 π に接している．さらに，これら 3 つの球は，平面 π 上に中心をもつ半球面 S に内接している．
(1)　半球面 S の半径 R を求めよ．
(2)　(1)において，さらに小球 O_4 が 3 つの球 O_1, O_2, O_3 に外接し，半球面 S に内接しているとき，小球 O_4 の半径 r を求めよ．

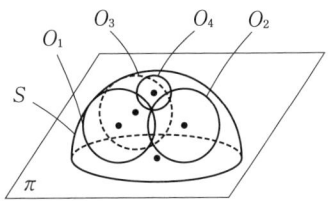

第4章　図形と方程式

━━ 例題 11 ━━━━━━━━━━━━━━━━━━━━━━━━━━

① xy 平面上の点 $(1, 2)$ と，直線
$$ax - y = 2a - 1$$
との距離の最大値とそのときの実数 a の値を求めよ．

② O を原点とする座標平面上の点 $A(1, 2)$ を通る直線が両座標軸の正の部分と P, Q において交わるとする．三角形 OPQ の面積を最小にするには，P, Q をどこにとればよいか．
（類題頻出）

考え方 ① 距離公式の利用, etc.　② 相加・相乗平均の大小関係, etc.

【解答】

①₁ 距離を d とすると，距離公式より
$$d = \frac{|a - 2 - 2a + 1|}{\sqrt{a^2 + 1}} = \frac{|a + 1|}{\sqrt{a^2 + 1}} = \sqrt{1 + \frac{2a}{a^2 + 1}}.$$

ここで，$a^2 + 1 - 2a = (a - 1)^2 \geq 0$ より，$a^2 + 1 \geq 2a \Longleftrightarrow 1 \geq \dfrac{2a}{a^2 + 1}$.

∴ d の最大値は $\sqrt{2}$，そのときの a の値は 1．　　（答）

①₂ $d = \dfrac{|a + 1|}{\sqrt{a^2 + 1}}$ (>0) より，$(d^2 - 1)a^2 - 2a + d^2 - 1 = 0$.　　…①

(i) $d = 1$ のとき，$a = 0$．

(ii) $d \neq 1$ のとき，a の実数条件より
$$\frac{D}{4} = 1 - (d^2 - 1)^2 = d^2(2 - d^2) \geq 0.\quad ∴\ d^2 \leq 2.$$

以上の (i), (ii) より，$\max d = \sqrt{2}$ で，このとき，① は $a^2 - 2a + 1 = 0$.

∴ $\max d = \sqrt{2}$，$a = 1$．　　（答）

①₃ 直線 $l : ax - y = 2a - 1 \Longleftrightarrow y - 1 = a(x - 2)$.
よって，l は点 $A(2, 1)$ を通り，傾き a の直線である．
2点 $A(2, 1)$, $B(1, 2)$ を結ぶ直線 AB の傾きは -1．
よって，右図より，直線 l の傾き a が
$$a = 1 \text{ のとき，} \max d = \sqrt{2}.\quad（答）$$

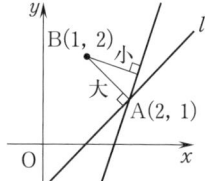

②₁ $P(p, 0)$, $Q(0, q)$ ($p > 0$, $q > 0$) とすると，直線 $PQ : \dfrac{x}{p} + \dfrac{y}{q} = 1$ は $A(1, 2)$ を通るから，
$$\frac{1}{p} + \frac{2}{q} = 1.\quad …①$$

① の条件の下で, $\triangle \text{OPQ} = \dfrac{1}{2}pq$ を最小にすればよい.

相加・相乗平均の大小関係から,
$$1 = \dfrac{1}{p} + \dfrac{2}{q} \geq 2\sqrt{\dfrac{1}{p} \cdot \dfrac{2}{q}}. \qquad \therefore \ pq \geq 8.$$

ここで, 等号(最小)は $\dfrac{1}{p} = \dfrac{2}{q} = \dfrac{1}{2}$ ($\because$ ①) すなわち $p=2$, $q=4$ のときに成り立つ. $\qquad \therefore \ \text{P}(2, 0), \ \text{Q}(0, 4).$ **(答)**

$\boxed{2}_2$ ① から $q = \dfrac{2p}{p-1}$ $(p>1)$.

$\therefore \quad \triangle \text{OPQ} = \dfrac{1}{2}pq = \dfrac{p^2}{p-1} = p-1 + \dfrac{1}{p-1} + 2 \geq 2\sqrt{(p-1) \cdot \dfrac{1}{p-1}} + 2 = 4.$

よって, $p-1 = \dfrac{1}{p-1}$ $(p>1) \iff p=2$ (このとき $q=4$) のときに最小.

$\therefore \ \text{P}(2, 0), \ \text{Q}(0, 4).$ **(答)**

$\boxed{2}_3$ A が PQ の中点になるとき, 三角形 OPQ の面積が最小になる.

($\because$) 右図のように, 中点になる場合からずれると, 斜線部分の面積だけ増加する.

$\therefore \ \text{P}(2, 0), \ \text{Q}(0, 4).$ **(答)**

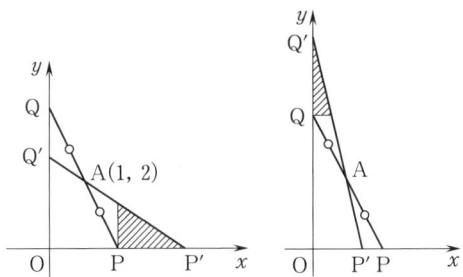

例題 12

xy 平面上の 2 直線
$$l_1 : mx - y + 2m = 0, \ l_2 : x + my - 2 = 0$$
の交点を P とする. m がすべての実数値をとって変わるとき, 交点 P の軌跡を求めよ.

(類題頻出)

考え方 直線の定点通過, $m = \tan\dfrac{\theta}{2}$ の置換, etc.

【解答 1】

$l_1 : m(x+2) - y = 0$ は, 点 $\text{A}(-2, 0)$ を通り,
　　　ベクトル $\vec{e_1} = (1, m)$ に平行な直線.

$l_2 : x - 2 + my = 0$ は, 点 $\text{B}(2, 0)$ を通り,
　　　ベクトル $\vec{e_2} = (-m, 1)$ に平行な直線.

また, $\vec{e_1} \cdot \vec{e_2} = 0$ であるから $l_1 \perp l_2$.

よって, l_1, l_2 の交点 P の軌跡は線分 AB を直径とする
　　円 $C : x^2 + y^2 = 4$

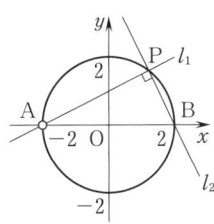

である．ただし，l_1 は直線 $x=-2$ を，l_2 は直線 $y=0$ を表せないから，この2直線の交点 $(-2, 0)$ を除く． **(答)**

【解答2】

l_1, l_2 の交点を $P(x, y)$ とすると，
$$\begin{cases} l_1 : m(x+2)=y, & \cdots ① \\ l_2 : -my=x-2. & \cdots ② \end{cases}$$

①$\times y$ + ②$\times (x+2)$ により，2式から m を消去すると，$y^2+(x^2-4)=0$．
よって，交点 P の軌跡は，
$$C : x^2+y^2=4. \qquad \cdots ③$$

ただし，$x=-2, y=0$ は ①, ② を同時にはみたさないから，点 $(-2, 0)$ を除く．

逆に，点 $(-2, 0)$ を除く円 ③ 上の任意の点 $T(x, y)$ に対して，③ を導いた式変形を逆にたどり，
$$③ \iff y^2+(x^2-4)=0 \iff \frac{x-2}{-y}=\frac{y}{x+2}=m$$

とおくと，2直線 ①, ② の方程式が得られるから，T は2直線 ①, ② の交点である．

よって，交点 P の軌跡は
  円 $C : x^2+y^2=4$．（ただし，点 $(-2, 0)$ を除く．） **(答)**

【解答3】

l_1, l_2 の2式を x, y について解くと
$$x=\frac{2(1-m^2)}{1+m^2}, \quad y=\frac{4m}{1+m^2}.$$

ここで，$m=\tan\frac{\theta}{2}$ （ただし，$-\pi<\theta<\pi$）とすると，
$$x=\frac{2\left(1-\tan^2\frac{\theta}{2}\right)}{1+\tan^2\frac{\theta}{2}}=\frac{2\left(\cos^2\frac{\theta}{2}-\sin^2\frac{\theta}{2}\right)}{\cos^2\frac{\theta}{2}+\sin^2\frac{\theta}{2}}=2\cos\theta,$$

$$y=\frac{4\tan\frac{\theta}{2}}{1+\tan^2\frac{\theta}{2}}=\frac{4\sin\frac{\theta}{2}\cdot\cos\frac{\theta}{2}}{\cos^2\frac{\theta}{2}+\sin^2\frac{\theta}{2}}=2\sin\theta.$$

よって，交点 P の軌跡は
  円：$x^2+y^2=4$．（ただし，$-\pi<\theta<\pi$ より点 $(-2, 0)$ を除く．） **(答)**

例題 13

① xyz 空間内の球面 S は 2 点 A$(0, 0, 1)$, B$(0, 1, 2)$ を通り，xy 平面と接しながら動くとき，S と xy 平面との接点 C の軌跡 F を求めよ．
(横浜国立大)

② 相異なる 3 直線 $a_k x + b_k y = 1$ $(k=1, 2, 3)$ が 1 点で交わるならば，3 点 (a_k, b_k) $(k=1, 2, 3)$ は同一直線上にあることを示せ． (典型問題)

[考え方] ① S の中心を M(x, y, r) とおき，r を消去し x, y の関係式を導く．
② ベクトルの内積利用，etc.

【解答】

① 条件から，$\begin{cases} \text{中心を } M(x, y, r) \\ \text{接点を } C(x, y, 0) \end{cases}$ と表せるから，

$\begin{cases} AM^2 = x^2 + y^2 + (r-1)^2 = r^2, & \cdots ① \\ BM^2 = x^2 + (y-1)^2 + (r-2)^2 = r^2. & \cdots ② \end{cases}$

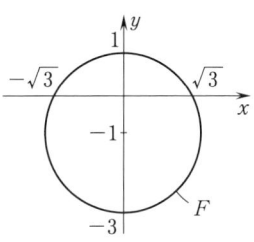

①−② から，$\qquad y = 2 - r.\qquad\cdots③$

①, ③ から，$x^2 = r^2 - \{(2-r)^2 + (r-1)^2\} = -r^2 + 6r - 5 \geq 0.\quad\cdots④$

$\therefore\ r^2 - 6r + 5 = (r-1)(r-5) \leq 0 \Longleftrightarrow 1 \leq r \leq 5.\quad\cdots⑤$

接点 C$(x, y, 0)$ の軌跡 F は，③, ④, ⑤ から，

$F: \begin{cases} x^2 = -r^2 + 6r - 5 = -(r-1)(r-5), \\ y = 2 - r \end{cases} (1 \leq r \leq 5)$

$r = 2 - y$ を消去して，

$F: \begin{cases} x^2 = -(y-1)(y+3), \\ 1 \leq 2 - y \leq 5. \end{cases} \Longleftrightarrow F: \begin{cases} x^2 + (y+1)^2 = 4, \\ -3 \leq y \leq 1. \end{cases}$

よって，接点 C$(x, y, 0)$ の軌跡 F は

円 $F: x^2 + (y+1)^2 = 4,\ z = 0.$ **(答)**

②₁ 交点を $\vec{p} = (p, q) \neq \vec{0}$ とし，$A_i(a_i, b_i)$ $(i=1, 2, 3)$ とすると

$a_1 p + b_1 q = 1,\ a_2 p + b_2 q = 1,\ a_3 p + b_3 q = 1.$

$\Longleftrightarrow \overrightarrow{OA_1} \cdot \vec{p} = \overrightarrow{OA_2} \cdot \vec{p} = \overrightarrow{OA_3} \cdot \vec{p} = 1.$

$\therefore\ \overrightarrow{A_1 A_2} \cdot \vec{p} = 0,\ \overrightarrow{A_1 A_3} \cdot \vec{p} = 0,\ $ かつ $\vec{p} \neq \vec{0}.$

よって，$\overrightarrow{A_1 A_2} /\!/ \overrightarrow{A_1 A_3}$，すなわち，3 点 $A_i(a_i, b_i)$ $(i=1, 2, 3)$ は同一直線上にある． **(終)**

②₂ 交点を $(p, q) \neq (0, 0)$ とすると

$a_k p + b_k q = 1\ (k=1, 2, 3).$

これは 3 点 (a_k, b_k) $(k=1, 2, 3)$ が

直線 $px + qy = 1\ ((p, q) \neq (0, 0))$

上にあることを示している． **(終)**

〈本問 [2] の出題の背景〉

(i) 点 $A(a, b)$ が単位円 C の外側にある場合

A から C に引いた 2 接線の 2 接点を $T_i(x_i, y_i)$ $(i=1, 2)$ とすると，

2 接線 $\begin{cases} AT_1 : x_1 x + y_1 y = 1, \\ AT_2 : x_2 x + y_2 y = 1 \end{cases}$

はともに点 $A(a, b)$ を通るから

$$ax_1 + by_1 = 1, \quad ax_2 + by_2 = 1.$$

すなわち，直線 $l(A) : ax + by = 1$ は 2 接点 $T_1(x_1, y_1)$, $T_2(x_2, y_2)$ を通る． …(*)

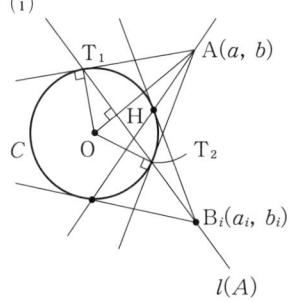

この直線 $l(A)$ を点 $A(a, b)$ の（円 C に関する）**極線**（polar）といい，点 A を（円 C に関する）**極**（pole）という．

逆に，円 C 外の $l(A)$ 上の任意の点 $B_i(a_i, b_i)$ $(i=1, 2, 3)$ から円 C に引いた接線の 2 接点を通る直線（すなわち，極 B_i の円 C に関する極線 $l(B_i)$）$(i=1, 2, 3)$ は，(*) により，すべて点 $A(a, b)$ を通る．

ところで，三角相似により，$\triangle OT_1 H \sim \triangle OAT_1$ であるから，

$$OT_1 : OH = OA : OT_1 \iff OH = \frac{OT_1{}^2}{OA} = \frac{1}{OA}.$$

$$\therefore \quad \overrightarrow{OH} = \frac{1}{OA} \frac{\overrightarrow{OA}}{OA} = \left(\frac{a}{a^2 + b^2}, \frac{b}{a^2 + b^2} \right). \quad (H \in C)$$

よって，円外の点 A(pole) の極線 $l(A) : ax + by = 1$ は円 C 内の点 H を通り，OA に垂直な直線であるから，円 C と交わる．

(ii) 点 $A(a, b)$ が単位円 C の内側にある場合

点 $H\left(\dfrac{a}{a^2+b^2}, \dfrac{b}{a^2+b^2} \right)$ は円 C 外の点であるから，点 H を通り OA に垂直な直線である極線 $l(A) : ax + by = 1$ は円 C の外側にある．

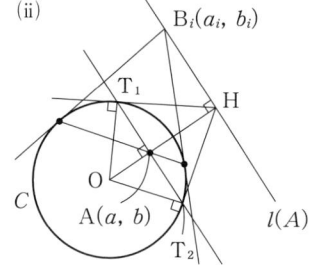

しかし，この場合でも，$l(A)$ 上の任意の点 $B_i(a_i, b_i)$ $(i=1, 2, 3)$ から円 C に引いた 2 接線の 2 接点を通る直線はすべて点 $A(a, b)$ を通ることは (*) から，わかる．

以上の (i), (ii) から「点 A の極線 $l(A)$ が点 B を通るとき，点 B の極線 $l(B)$ は点 A を通る」ことがわかる．なお，極と極線の概念は一般の 2 次曲線についても言える．

（**例題 37** [2] の **解説** も参照）

― **MEMO** ―

演習問題

34 s, t が $0 \leq s \leq 1, 0 \leq t \leq 1$ の範囲を動くとする．このとき，
$$\begin{cases} x = s+t \\ y = s^2 \end{cases}$$
により定義される xy 平面上の点 (x, y) が動く範囲を求め図示せよ．

(札幌医科大)

35 xy 平面上の点 (x, y) が不等式
$$x \geq 0, \ y \geq 0, \ 3 \geq x+y \geq 1$$
で表される領域内をくまなく動くとき，$I = xy + 2x + y$ の最大値と最小値，およびそれらを与える x, y の値をそれぞれ求めよ．

36 1 辺の長さ a の正三角形 ABC に右図のように長方形 ADEF を外接させる．

このとき，長方形 ADEF の面積の最大値を求めよ． (防衛大)

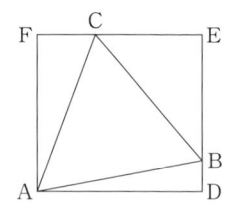

37 θ が実数全体を動くとき，xy 平面上の直線 $y = (\cos\theta)x + \cos 2\theta$ の通り得る範囲を求め，これを図示せよ． (横浜市立大)

38 (1) c を実数の定数とし，点 P の座標を $(0, c)$ とする．点 Q が放物線 $y = x^2$ 上を動くとき，PQ の最小値を求めよ．

(2) a, b は実数で $a \neq 0$ とする．円 $x^2 + (y-b)^2 = a^2$ が領域 $y \geq x^2$ に含まれるとき，a, b がみたす条件を求め，その条件をみたす点 (a, b) の存在する領域を ab 平面上に図示せよ． (甲南大)

39 面積が S である三角形 ABC の辺 AB, BC, CA 上（ただし，両端を除く）に，それぞれ点 P, Q, R をとって，$\dfrac{\text{AP}}{\text{AB}} + \dfrac{\text{BQ}}{\text{BC}} + \dfrac{\text{CR}}{\text{CA}} = 1$ をみたしながら P, Q, R を各辺上で動かすとき，三角形 PQR の面積の最大値を求めよ． (一橋大)

40　k を実数の定数として，直線 $l:(x-2y+3)+k(x-y-1)=0$ を考える．
(1) 直線 l は，k の値によらずある定点を通る．その定点の座標を求めよ．
(2) 2点 P, Q を，それぞれ $(1, 3)$, $(5, 1)$ とする．線分PQ と直線 l が共有点をもつような k の値の範囲を求めよ．また，線分PQ 上の点で l との共有点となり得ない点の座標を求めよ．ただし，線分PQ は両端の点 P, Q を含むものとする．
(慶應義塾大)

41　2つの放物線 $y=x^2$ と $y=ax^2+bx+c$ とは2点で交わり，交点におけるこれら2つの放物線の接線は互いに直交するという．a, b, c が変化するとき，このような放物線 $y=ax^2+bx+c$ の頂点の全体はどのような集合を作るかを調べ，その集合を図示せよ．
(名古屋大)

42*　底辺BC の長さが2，高さが a（a は定数）の二等辺三角形 ABC がある．頂点 B を xy 平面の半直線 $y=x$, $x\geq 0$ 上に，C を半直線 $y=-x$, $x\geq 0$ 上に置き，頂点 A は直線BC に関して，原点 O の反対側にくるようにする．

三角形 ABC を可能な限り動かすとき，頂点 A の軌跡を求めよ． (名古屋大)

43*　平面上に点 O を中心とする半径1の円 C がある．また，この平面上の O と異なる点 A を通って直線 OA と垂直な空間直線 l があり，平面とのなす角が $\dfrac{\pi}{4}$ である．

このとき，円 C と直線 l の間の最短距離を，2点 O, A 間の距離 a を用いて表せ．
(東京大)

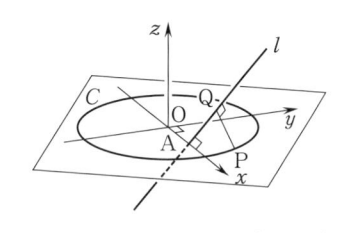

第5章　三角・指数・対数関数

例題 14

① 連立方程式
$$x^y = y^x, \quad \log_x y + \log_y x = \frac{5}{2}$$
を解け.

② 実数 x, y, z が関係式
$$2^{x+1} + 3^y - 5^z = 10, \quad 2^{x+3} + 3^y + 5^{z+1} = 58$$
をともにみたしながら変わるとき,
$$2^x \text{ および } 4^x + 3^{y+1} + 5^z$$
のとり得る値の範囲を求めよ.

③ 関数 $y = \dfrac{3\sin x + 1}{\sin x + 2}$ $(0 \leqq x \leqq 2\pi)$ のとり得る値の範囲を求めよ.

④ $\begin{cases} \sin x + \sin y = 1, \\ \cos x + \cos y = 1 \end{cases}$ のとき, $\sin x + \cos x$ および $\sin(x-y)$ の値を求めよ.

⑤ 連立方程式
$$\frac{\sin x}{\sin y} = \sqrt{3} \quad \cdots ①, \quad \frac{\tan x}{\tan y} = 3 \quad \cdots ②$$
を解け. ただし, $-\dfrac{\pi}{2} < x < \dfrac{\pi}{2}$, $-\dfrac{\pi}{2} < y < \dfrac{\pi}{2}$ とする.

考え方　① 底の変換公式.　② 置き換え.　③ 式変形.　④ 1文字消去, etc.
　　　　　⑤ 1文字消去.

【解答】

① 底および真数条件から, $x > 0$, $y > 0$, $x \neq 1$, $y \neq 1$.

与式を同値変形すると, $\begin{cases} y \log x = x \log y, & \cdots ① \\ \dfrac{\log y}{\log x} + \dfrac{\log x}{\log y} = \dfrac{5}{2}. & \cdots ② \end{cases}$ （対数の底は 10）

② から　$2(\log y)^2 - 5 \log x \cdot \log y + 2(\log x)^2 = 0$
$\iff (\log y - 2\log x)(2\log y - \log x) = 0.$
$\therefore \ \log y = 2\log x \quad \cdots ③,$ または, $\log x = 2\log y.$

(i) $\log y = 2\log x$ のとき,
① は, $y \log x = 2x \log x.$　$\therefore \ y = 2x.$　$(\because \ x \neq 1)$

これと ③ より，$\log 2x = 2\log x = \log x^2$. ∴ $2x = x^2$.
$x \neq 0$ であるから，$x = 2$. ∴ $y = 2x = 4$.

(ii) $\log x = 2\log y$ のとき，
 (i)の場合で x と y が入れ換わるだけであるから $x = 4,\ y = 2$.
以上から $\quad (x,\ y) = (2,\ 4),\ (4,\ 2)$. (答)

2 $2^x = X,\ 3^y = Y,\ 5^z = Z$ とおくと，$X > 0,\ Y > 0,\ Z > 0,$ …①

$$\text{与式} \iff \begin{cases} 2X + Y - Z = 10, & \cdots ② \\ 8X + Y + 5Z = 58. & \cdots ③ \end{cases}$$

③−② より，$6X + 6Z = 48$. ∴ $X = 8 - Z < 8$. (∵ $Z > 0$) …④

②×5+③ より，$18X + 6Y = 108$. ∴ $X = 6 - \dfrac{Y}{3} < 6$. (∵ $Y > 0$) …⑤

①，④，⑤ から，X のとり得る値の範囲は $0 < X < 6$.
∴ $0 < 2^x < 6$. (答)

また，④，⑤ から，$Z = 8 - X,\ Y = 18 - 3X$.
∴ $4^x + 3^{y+1} + 5^z = (2^x)^2 + 3 \cdot 3^y + 5^z$
 $= X^2 + 3(18 - 3X) + 8 - X$
 $= X^2 - 10X + 62$
 $= (X - 5)^2 + 37$
 $(= f(X)$ とおく).

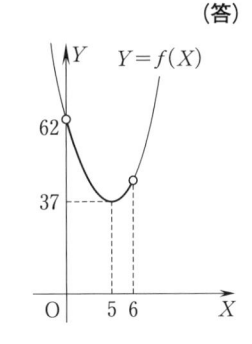

$0 < X < 6$ の範囲では，右の $f(X)$ のグラフから
$\quad 37 \leq 4^x + 3^{y+1} + 5^z < 62$. (答)

3 $y = \dfrac{3(\sin x + 2) - 5}{\sin x + 2} = 3 - \dfrac{5}{\sin x + 2}$.

ここで，$-1 \leq \sin x \leq 1 \iff 1 \leq \sin x + 2 \leq 3 \iff -5 \leq \dfrac{-5}{\sin x + 2} \leq -\dfrac{5}{3}$.

∴ $3 - 5 \leq y \leq 3 - \dfrac{5}{3} \iff -2 \leq y \leq \dfrac{4}{3}$. (答)

(注) $\sin x = X$ とおくと
$\quad y = 3 - \dfrac{5}{X + 2} \quad (-1 \leq X \leq 1)$

右のグラフから，$-2 \leq y \leq \dfrac{4}{3}$.

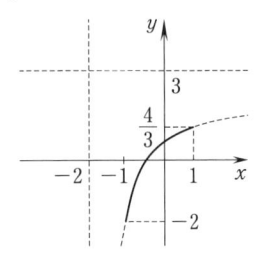

4 $\sin^2 y + \cos^2 y = (1 - \sin x)^2 + (1 - \cos x)^2 = 1$.
∴ $2 - 2(\sin x + \cos x) + \sin^2 x + \cos^2 x = 1$.
∴ $\sin x + \cos x = 1$. (答)

次に，$\left.\begin{array}{l} \sin x + \cos x = 1 \\ \sin^2 x + \cos^2 x = 1 \end{array}\right\}$ から $\begin{pmatrix} \cos x \\ \sin x \end{pmatrix} = \begin{pmatrix} 1 \\ 0 \end{pmatrix},\ \begin{pmatrix} 0 \\ 1 \end{pmatrix}$.

$\therefore \quad \sin(x-y) = \sin x \cdot \cos y - \sin y \cdot \cos x$
$\qquad = \sin x(1-\cos x) - (1-\sin x)\cos x = \sin x - \cos x = \pm 1.$ （答）

（注） 与式の両辺を 2 乗して辺々加えると
$$1 + 1 + 2(\cos x \cdot \cos y + \sin x \cdot \sin y) = 1^2 + 1^2.$$
$\therefore \quad \cos(x-y) = 0. \ \left(\therefore \ x-y = \pm\dfrac{\pi}{2} + 2n\pi\right) \quad \therefore \ \sin(x-y) = \pm 1.$

⑤ ①, ② から
$$3 = \dfrac{\tan x}{\tan y} = \dfrac{\sin x}{\sin y} \cdot \dfrac{\cos y}{\cos x} = \sqrt{3}\,\dfrac{\cos y}{\cos x}. \qquad \therefore \ \dfrac{\cos y}{\cos x} = \sqrt{3}. \qquad \cdots ③$$

① と ③ から y を消去すると
$$1 = \sin^2 y + \cos^2 y = \dfrac{\sin^2 x}{3} + 3\cos^2 x = \dfrac{1}{3}(9 - 8\sin^2 x).$$
$\therefore \quad \sin x = \pm\dfrac{\sqrt{3}}{2}, \ \sin y = \pm\dfrac{1}{2} \ （複号同順）.$

これらをみたす (x, y) のうち，①, ② の解となるものは
$$(x, y) = \left(\dfrac{\pi}{3}, \dfrac{\pi}{6}\right), \ \left(-\dfrac{\pi}{3}, -\dfrac{\pi}{6}\right). \qquad\text{（答）}$$

例題 15

α, β は $0 < \alpha < \beta < 2\pi$ をみたす実数とする．すべての実数 x について，等式
$$\cos x + \cos(x+\alpha) + \cos(x+\beta) = k$$
が成り立つような定数 α, β, k の値を求めよ． （類題頻出）

[考え方] 三角関数の合成，数値代入でまず必要条件を求める，etc.

【解答1】
$(左辺) = \cos x + (\cos x \cdot \cos\alpha - \sin x \cdot \sin\alpha) + (\cos x \cdot \cos\beta - \sin x \cdot \sin\beta)$
$\qquad = (1 + \cos\alpha + \cos\beta)\cos x - (\sin\alpha + \sin\beta)\sin x$
$\qquad = \sqrt{(1+\cos\alpha+\cos\beta)^2 + (\sin\alpha+\sin\beta)^2}\,\sin(x+\gamma) \quad (\gamma：定角)$
$\qquad = k\ （一定）$ となる条件は，
$$1 + \cos\alpha + \cos\beta = 0, \ \sin\alpha + \sin\beta = 0, \ k = 0.$$

β を消去すると，$(-1-\cos\alpha)^2 + (-\sin\alpha)^2 = 1.$

$\therefore \quad \cos\alpha = -\dfrac{1}{2}. \quad \therefore \ \sin\alpha = \pm\dfrac{\sqrt{3}}{2}.$

$\therefore \ \left\{\begin{array}{l}\cos\beta = -1 - \cos\alpha = -\dfrac{1}{2}. \\ \sin\beta = -\sin\alpha = \mp\dfrac{\sqrt{3}}{2}.\end{array}\right\}$ （複号同順）

$0 < \alpha < \beta < 2\pi$ であるから，
$$\alpha = \dfrac{2}{3}\pi, \ \beta = \dfrac{4}{3}\pi. \ \text{また，} k = 0. \qquad\text{（答）}$$

【解答 2】

与式は　　　　　$x=0$ のとき，　　$1+\cos\alpha+\cos\beta=k.$　　　　…①
　　　　　　　　$x=\pi$ のとき，　　$-1-\cos\alpha-\cos\beta=k.$　　　…②
　　　　　　　　$x=-\alpha$ のとき，$\cos\alpha+1+\cos(\beta-\alpha)=k.$　…③
　　　　　　　　$x=-\beta$ のとき，$\cos\beta+\cos(\alpha-\beta)+1=k.$　…④

①，② より，$k=0$. また，③，④ より，$\cos\alpha=\cos\beta$.　…⑤

よって，① は，$1+2\cos\alpha=0$.　∴　$\cos\alpha=-\dfrac{1}{2}$.　…⑥

$0<\alpha<\beta<2\pi$ と ⑤，⑥ から，$\alpha=\dfrac{2}{3}\pi,\ \beta=\dfrac{4}{3}\pi$.

　　　　∴　$\alpha=\dfrac{2}{3}\pi,\ \beta=\dfrac{4}{3}\pi,\ k=0.$　（必要条件）

逆に，このとき，任意の x に対して，
$$\cos x+\cos\left(x+\dfrac{2}{3}\pi\right)+\cos\left(x+\dfrac{4}{3}\pi\right)$$
$$=\cos x+\left(\cos x\cdot\dfrac{-1}{2}+\sin x\cdot\dfrac{\sqrt{3}}{2}\right)+\left(\cos x\cdot\dfrac{-1}{2}+\sin x\cdot\dfrac{-\sqrt{3}}{2}\right)=0$$

となり，題意は成り立つ．（十分条件）

以上から，求める $\alpha,\ \beta,\ k$ の値は
$$\alpha=\dfrac{2}{3}\pi,\ \beta=\dfrac{4}{3}\pi,\ k=0.\qquad（答）$$

【解答 3】

$$\dfrac{d}{dx}\begin{cases}\cos x+\cos(x+\alpha)+\cos(x+\beta)=k,&\cdots①\\ \sin x+\sin(x+\alpha)+\sin(x+\beta)=0,&\cdots②\\ \cos x+\cos(x+\alpha)+\cos(x+\beta)=0.&\cdots③\end{cases}$$

①，③ より，$k=0$．よって，

　　$A(\cos x,\ \sin x),\ B(\cos(x+\alpha),\ \sin(x+\alpha)),\ C(\cos(x+\beta),\ \sin(x+\beta))$

とすると，円に内接する三角形 ABC の重心 G は，
$$\overrightarrow{OG}=\dfrac{1}{3}(\overrightarrow{OA}+\overrightarrow{OB}+\overrightarrow{OC})=\vec{0}$$

をみたすから，外心 O と一致する．

よって，三角形 ABC は正三角形である．

また，$0<\alpha<\beta<2\pi$ であるから，
$$\alpha=\dfrac{2}{3}\pi,\ \beta=\dfrac{4}{3}\pi.\ \text{また，}k=0.\qquad（答）$$

逆に，このとき，与式が成り立つことは，右図より明らかである．

〈本問の出題の背景〉

右図において，単位円に内接する正三角形の重心は原点である．

すなわち，
$$\begin{cases} \cos x + \cos\left(x+\dfrac{2}{3}\pi\right) + \cos\left(x+\dfrac{4}{3}\pi\right) = 0, \\ \sin x + \sin\left(x+\dfrac{2}{3}\pi\right) + \sin\left(x+\dfrac{4}{3}\pi\right) = 0. \end{cases}$$

$$\therefore \quad \alpha = \dfrac{2}{3}\pi, \ \beta = \dfrac{4}{3}\pi, \ k = 0.$$

本問の発展的応用例として，例えば，

「 $\cos\dfrac{2\pi}{5} + \cos\dfrac{4\pi}{5} + \cos\dfrac{6\pi}{5} + \cos\dfrac{8\pi}{5}$ の値を求めよ．」

ならば，円に内接する正五角形の重心が原点 O であることから，重心の x 座標に注目すると直ちに

$$\cos\dfrac{2\pi}{5} + \cos\dfrac{4\pi}{5} + \cos\dfrac{6\pi}{5} + \cos\dfrac{8\pi}{5} = -\cos\dfrac{10\pi}{5} = -1$$

が得られる．

演習問題

44 自然数 a, b, c と実数 x, y, z, w に対して，
$$a^x = b^y = c^z = 30^w \quad \cdots\text{①}, \qquad \dfrac{1}{x} + \dfrac{1}{y} + \dfrac{1}{z} = \dfrac{1}{w} \quad \cdots\text{②}$$
が成り立つとき，a, b, c の値を求めよ．ただし，$a \leqq b \leqq c$ とする．　（新潟大）

45 正の数 x, y が $x < y^2 < x^2$ の関係をみたすとき，3つの実数
$$\log_y \sqrt{x}, \ \log_x \dfrac{x^2}{y}, \ \log_x y$$
の大小関係を調べよ．

（東京理科大）

46 $f(x)=\log_{\sqrt{2}}(x-1)$ とする．
(1) $f(2)$, $f(3)$, $f(5)$ の値を求めて，$y=f(x)$ のグラフをかけ．
(2) (1)のグラフを利用して，不等式 $f(x)<2x-4$ を解け．
(3) $y=f(x)$ の逆関数のグラフを x 軸方向に 1，y 軸方向に -1 だけ平行移動してできるグラフを表す関数 $y=g(x)$ を求めよ．
さらに，方程式 $f(x)=g(x)$ の解を求めよ． （岩手大）

47 方程式 $\left(\log\dfrac{x}{3}\right)\left(\log\dfrac{3}{x}\right)=\log\dfrac{x}{9}$ …① について，次の問に答えよ．
ただし，対数の底は 10 とする．
(1) ① は 2 つの相異なる実数解をもつことを示せ．
(2) ① の 2 つの実数解を α, β $(\alpha<\beta)$ とするとき，α, β, 3, 10 を大小の順に並べよ． （神奈川大）

48 $N=2^{35}+3^{23}$ とする．
(1) N の一の位の数を求めよ．
(2) $\log_{10}2=0.301$, $\log_{10}3=0.477$ であるとき，N の桁数と最高位の数を求めよ． （類題頻出）

49 三角形 ABC の 3 つの内角 A, B, C に対して，
$$\sin 4A+\sin 4B+\sin 4C=0$$
が成り立つとき，三角形 ABC はどのような三角形か． （香川大）

50 長さ a の弦 AB に対する円周角が 120° であるような弓形の弧上の点を P とする．P がこの弧（両端を含む）の上を動くとき，3AP+2BP の最大値と最小値を求めよ． （滋賀大）

51* 不等式 $a\sin\theta+\cos\theta<a$ をみたす θ が，区間 $0<\theta<\dfrac{\pi}{2}$ の中に少なくとも 1 つあるような実数 a の値の範囲を求めよ． （神戸商科大）

第6章 微分法

例題 16

曲線 $y=x^3-x$ に3本の接線が引けるような点 (a, b) の存在範囲を求めて，xy 平面上に図示せよ。 （類題頻出）

[考え方] 接点の x 座標は3次方程式の解である．

【解答】
曲線上の点 (t, t^3-t) における接線
$$y=(3t^2-1)(x-t)+t^3-t$$
が点 (a, b) を通る条件は
$$b=(3t^2-1)a-2t^3 \iff 2t^3-3at^2+a+b=0. \quad \cdots ①$$

3次関数のグラフの接点と接線は1対1に対応するから，求める条件は t の3次方程式 ① が異なる3つの実数解をもつこと，すなわち，
$$f(t)=2t^3-3at^2+a+b$$
が異符号の極値をもつことである．

$f'(t)=6t(t-a)$ であるから，求める条件は
$$a \neq 0 \text{ かつ } f(0)\cdot f(a)=(b+a)(b+a-a^3)<0.$$

よって，点 (a, b) の存在範囲は右図の（境界線を除く）網目部分である．　**（答）**

（注1）直線 $y=-x$ は，曲線 $y=x^3-x$ の凹凸の変わり目の点（変曲点という．この点は，点対称である3次関数のグラフの点対称の中心でもある）におけるこの曲線の接線である．

（注2）本問の曲線に，2本の接線が引けるような点の存在範囲と，1本の接線が引けるような点の存在範囲を求めると右図のようになる．

これらの結果はグラフよりほとんど自明である．

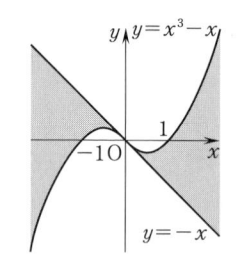

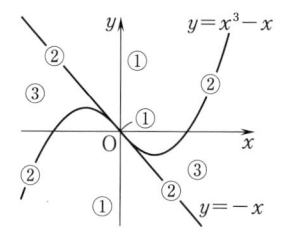

例題 17

放物線 $C: y=x^2$ 上の点 P を通り，かつ P における C の接線に垂直な直線を l_1 とする．同様に，C 上の点 Q を通り，かつ Q における C の接線に垂直な直線を l_2 とする．l_1 と l_2 が直交するとき，l_1 と l_2 の交点 R の軌跡を求めよ．

（関西学院大）

[考え方] 交点 $R(x, y)$ の x, y 座標がみたす関係式を，直交条件を利用して求める．

【解答】

$P(p, p^2)$, $Q(q, q^2)$ とおくと，題意から
$$p \neq 0, \quad q \neq 0, \quad p \neq q$$
であり，2 法線は

$$l_1: y = \frac{1}{-2p}(x-p) + p^2$$
$$= \frac{-1}{2p}x + p^2 + \frac{1}{2}, \quad \cdots ①$$

$$l_2: y = \frac{-1}{2q}x + q^2 + \frac{1}{2}. \quad \cdots ②$$

$l_1 \perp l_2$ より，$\dfrac{-1}{2p} \cdot \dfrac{-1}{2q} = -1.$ ∴ $pq = -\dfrac{1}{4}.$ $\cdots ③$

l_1, l_2 の交点を $R(x, y)$ とすると，

① $-$ ② から，$\left(\dfrac{1}{2q} - \dfrac{1}{2p}\right)x + p^2 - q^2 = 0.$

∴ $p + q = -\dfrac{x}{2pq} = 2x.$ （∵ ③）　$\cdots ④$

① $+$ ② から，$2y = -\left(\dfrac{1}{2p} + \dfrac{1}{2q}\right)x + p^2 + q^2 + 1$

$$= -\frac{p+q}{2pq}x + (p+q)^2 - 2pq + 1$$

$$= -\frac{2x}{\frac{-1}{2}} \cdot x + (2x)^2 + \frac{1}{2} + 1 \quad (\because ③, ④)$$

$$= 8x^2 + \frac{3}{2}. \quad \cdots ⑤$$

ところで，p, q は，③，④ より t の 2 次方程式
$$t^2 - 2xt - \frac{1}{4} = 0$$
の 0 でない相異なる 2 実数解であるから，
$$\frac{1}{4}(判別式\ D) = x^2 + \frac{1}{4} > 0.$$

これをみたす x は任意の実数値をとり得るから，⑤ より

点 R の軌跡は，放物線 $y = 4x^2 + \dfrac{3}{4}$．（全体） **(答)**

例題 18

(1) n 次式 $f(x)$ は任意の実数 α を用いて
$$f(x)=f(\alpha)+\frac{f'(\alpha)}{1!}(x-\alpha)+\frac{f''(\alpha)}{2!}(x-\alpha)^2+\cdots+\frac{f^{(n)}(\alpha)}{n!}(x-\alpha)^n$$
と表せることを証明せよ．

(2) n 次式 $f(x)$ が $(x-\alpha)^l$ (l は n 以下の自然数) で割り切れるための条件を求めよ．

(3) (i) 3次関数 $f(x)=ax^3+bx^2+cx+d$ ($a\neq 0$) のグラフは点対称であることを示し，点対称の中心を求めよ．

(ii) 4次関数 $f(x)=ax^4+bx^3+cx^2+dx+e$ ($a\neq 0$) のグラフが y 軸に平行な対称軸 l をもつための条件，および l の方程式を求めよ．

（有名問題）

[考え方] (1) 二項定理を用いて展開し，両辺を k 回微分 ($1\leq k\leq n$) する．
(2), (3) は (1) の応用．

【解答】

(1) $f(x)=a_0+a_1x+a_2x^2+\cdots+a_nx^n$ ($a_n\neq 0$)
$= a_0+a_1\{(x-\alpha)+\alpha\}+a_2\{(x-\alpha)+\alpha\}^2+\cdots+a_n\{(x-\alpha)+\alpha\}^n$
（これを二項展開して，昇べきの順に整理し直して）
$= b_0+b_1(x-\alpha)+b_2(x-\alpha)^2+\cdots+b_n(x-\alpha)^n$ ……①

と書き直せる．

① で $x=\alpha$ とすると， $f(\alpha)=b_0$. ……②

① の両辺を k 回 ($1\leq k\leq n$) 微分して $x=\alpha$ とすると，
$$f^{(k)}(\alpha)=k(k-1)\cdots 2\cdot 1\cdot b_k. \quad \therefore \quad b_k=\frac{f^{(k)}(\alpha)}{k!}. \quad (k=1, 2, \cdots, n) \quad \cdots ③$$

②, ③ を ① に代入して
$$f(x)=f(\alpha)+\frac{f'(\alpha)}{1!}(x-\alpha)+\frac{f''(\alpha)}{2!}(x-\alpha)^2+\cdots+\frac{f^{(n)}(\alpha)}{n!}(x-\alpha)^n. \quad \textbf{(終)}$$

(2) $f(x)$ が $(x-\alpha)^l$ で割り切れる条件は，(1) より，$f(x)$ を $(x-\alpha)^l$ で割ったときの余りが 0 であること，すなわち，
$$f(\alpha)+\frac{f'(\alpha)}{1!}(x-\alpha)+\frac{f''(\alpha)}{2!}(x-\alpha)^2+\cdots+\frac{f^{(l-1)}(\alpha)}{(l-1)!}(x-\alpha)^{l-1}=0$$
$$\Longleftrightarrow \quad f(\alpha)=f'(\alpha)=\cdots=f^{(l-1)}(\alpha)=0. \quad \textbf{(答)}$$

(3) (i) (1) の結果より，任意の実数 α を用いて
$$f(x)=ax^3+bx^2+cx+d \quad (a\neq 0) \quad \cdots ④$$
$$=f(\alpha)+\frac{f'(\alpha)}{1!}(x-\alpha)+\frac{f''(\alpha)}{2!}(x-\alpha)^2+\frac{f'''(\alpha)}{3!}(x-\alpha)^3 \quad \cdots ④'$$

と表せる．ここで，α を
$$f''(\alpha)=3\cdot 2\cdot a\alpha+2\cdot 1\cdot b=0 \quad \Longleftrightarrow \quad \alpha=-\frac{b}{3a}$$

と選び，④′を降べきの順に書き直すと
$$f(x)=a(x-\alpha)^3+\left(c-\frac{b^2}{3a}\right)(x-\alpha)+f(\alpha). \quad \left(\alpha=-\frac{b}{3a}\right) \quad \cdots ④''$$

この曲線 $y=f(x)$ は，原点 O に関して点対称な曲線
$$y=ax^3+\left(c-\frac{b^2}{3a}\right)x$$

をベクトル $(\alpha, f(\alpha))$ $\left(\alpha=-\dfrac{b}{3a}\right)$ だけ平行移動したものである．

よって，3次関数④（したがって，④″）のグラフは点 $(\alpha, f(\alpha))$ $\left(\alpha=-\dfrac{b}{3a}\right)$ に関して点対称で，点対称の中心は $\left(-\dfrac{b}{3a}, f\left(-\dfrac{b}{3a}\right)\right)$ である． **(終)**

(ii) $f(x)=ax^4+bx^3+cx^2+dx+e \ (a\neq 0)$ $\quad\cdots ⑤$
$\quad =f(\alpha)+\dfrac{f'(\alpha)}{1!}(x-\alpha)+\dfrac{f''(\alpha)}{2!}(x-\alpha)^2$
$\quad\quad +\dfrac{f'''(\alpha)}{3!}(x-\alpha)^3+\dfrac{f^{(4)}(\alpha)}{4!}(x-\alpha)^4 \quad (\because (1)) \quad \cdots ⑤'$

と表せる．ここで，α を
$$\begin{cases} f'(\alpha)=4a\alpha^3+3b\alpha^2+2c\alpha+d=0, \text{ かつ} \\ f'''(\alpha)=4\cdot3\cdot2\cdot a\alpha+3\cdot2\cdot1\cdot b=0 \ \left(\Leftrightarrow \alpha=-\dfrac{b}{4a}\right) \end{cases}$$

と選ぶと， $4a\left(-\dfrac{b}{4a}\right)^3+3b\left(-\dfrac{b}{4a}\right)^2+2c\left(-\dfrac{b}{4a}\right)+d=0$
$\quad\quad\quad \Leftrightarrow b^3-4abc+8a^2d=0. \quad \cdots ⑥$

このとき，⑤′を降べきの順に書き直すと，
$$f(x)=a(x-\alpha)^4+\left(c-\frac{3b^2}{8a}\right)(x-\alpha)^2+f(\alpha). \quad \left(\alpha=-\frac{b}{4a}\right) \quad \cdots ⑤''$$

この曲線 $y=f(x)$ は，y 軸に関して対称な曲線
$$y=ax^4+\left(c-\frac{3b^2}{8a}\right)x^2$$

をベクトル $(\alpha, f(\alpha))$ $\left(\alpha=-\dfrac{b}{4a}\right)$ だけ平行移動したものである．

よって，4次関数⑤（したがって，⑤″）のグラフは y 軸に平行な対称軸 $l: x=\alpha=-\dfrac{b}{4a}$ をもつ．

以上から，対称軸をもつ条件は⑥，すなわち，$b^3-4abc+8a^2d=0$．**(答)**

$\quad\quad\quad y$ 軸に平行な対称軸 l の方程式は，$l: x=-\dfrac{b}{4a}$． **(答)**

(注) (1)は**整式のテイラー展開**の証明問題である．

超越関数（三角関数，指数関数，対数関数 etc.）**のテイラー展開**について興味のある方は，『ハイレベル理系数学』の例題43の 解説 を参照されたい．

演習問題

52 3次関数 $f(x)=x^3+ax^2+bx+c$ は $x=\alpha$ で極大値をとり $x=\beta$ で極小値をとる．また，2点 $(\alpha, f(\alpha))$, $(\beta, f(\beta))$ は直線 $y=-2x+7$ 上にあり，2点 $(\alpha, f(\beta))$, $(\beta, f(\alpha))$ は直線 $y=2x-1$ 上にある．このとき，

(1) $\alpha+\beta$ の値を求めよ．

(2) a, b, c の値を求めよ． （一橋大）

53 2曲線 $y=x-x^3$, $y=x^3+px^2+qx+r$ は点 P$(-1, 0)$ で共通の接線をもち，その接線上の，P以外の点で交わるような p, q, r の値を求めよ．
（工学院大）

54 2つの放物線
$$y=x^2-2x+2 \quad \cdots ①, \quad y=-x^2+ax+b \quad \cdots ②$$
は，それらの交点の1つ P で，接線が互いに直交しているものとする．

このとき，放物線 ② は，a, b の値に無関係な一定の点 Q を通ることを証明し，Q の座標を求めよ． （東京大）

55 曲線 $C: y=x^3$ 上の点 P(a, a^3) $(a>0)$ における接線を l とし，l が再び C と交わる点を Q とする．また，Q における C の接線を m とし，l と m がなす角を θ $\left(0<\theta<\dfrac{\pi}{2}\right)$ とする．

(1) $\tan\theta$ を a を用いて表せ．

(2) a が正の実数値をとりながら変化するとき，θ を最大にする a の値，および，そのときの $\tan\theta$ の値を求めよ． （類題頻出）

56 4次関数 $y=f(x)$ のグラフ上に 2点 P$(1, f(1))$, Q$(-1, f(-1))$ があり，点 P における接線と点 Q における接線が一致している．このとき，

(1) x の4次式 $f(x)-\dfrac{f(1)-f(-1)}{2}x-\dfrac{f(1)+f(-1)}{2}$ は $(x-1)^2(x+1)^2$ で割り切れることを証明せよ．

(2) 曲線 $y=f(x)$ には変曲点が2つあることを証明せよ．

(3) その2つの変曲点を結ぶ直線は PQ に平行であることを証明せよ．

（立教大）

57* 関数 $f_n(x)$ を
$$f_n(x) = 1 + x + \frac{x^2}{2} + \frac{x^3}{3} + \cdots + \frac{x^n}{n} \quad (n=1, 2, 3, \cdots)$$
で定める．
(1) n が偶数のとき，x の方程式 $f_n(x) = 0$ は実数解をもたないことを示せ．
(2) n が3以上の奇数のとき，x の方程式 $f_n(x) = 0$ は $-2 < x < -1$ の範囲にただ1つの実数解をもつことを示せ．　　　　　　　　　　　　　　　（一橋大）

58* 正の定数 a に対して，3次方程式
$$x^3 - 3x + a = 0$$
が相異なる3つの実数解 α, β, γ （ただし，$\alpha < \beta < \gamma$ とする）をもつとき，
(1) a のとり得る値の範囲，および3解 α, β, γ の各存在範囲を求めよ．
(2) a, $|\alpha|$, $|\beta|$, $|\gamma|$ の大小を調べよ．
(3) $|\alpha| + |\beta| + |\gamma|$ のとり得る値の範囲を求めよ．　　　　　　　　　　　　（類題頻出）

第7章 積分法

例題 19

(1) 4次関数
$$f(x)=ax^4+bx^3+cx^2+dx+e$$
のグラフが y 軸に関して対称な2点において極小となるならば,このグラフは y 軸に関して対称であることを示せ.

(2) $x=-1$ および $x=1$ のとき極小値 -1 をとり,極大値が 4 であるような x の4次関数を求めよ.

(広島大)

考え方　曲線 $y=f(x)$ が y 軸に関して対称 $\iff$ $f(x)$ は偶関数.

【解答1】

(1) 題意より $x=\pm\alpha$ $(\alpha>0)$ において同じ極小値をもつから,
$$f(\alpha)=f(-\alpha), \cdots\text{①} \qquad f'(\alpha)=f'(-\alpha)=0. \cdots\text{②}$$
ここで,$f(x)=ax^4+bx^3+cx^2+dx+e$,$f'(x)=4ax^3+3bx^2+2cx+d$ であるから,　①より,$b\alpha^3+d\alpha=0$,　②より,$3b\alpha^2+d=0$.
$\alpha\,(>0)$ に対して,この2式がともに成り立つことから,
$$b=d=0.$$
$\therefore\ f(x)=ax^4+cx^2+e.\quad \therefore\ f(-x)=f(x).$
よって,$y=f(x)$ のグラフは y 軸に関して対称である. (終)

(2) 求める4次関数 $f(x)$ は,(1)の結果から
$$f(x)=ax^4+cx^2+e.\quad \therefore\ f'(x)=2x(2ax^2+c).$$
題意から,$f(x)$ は $x=\pm 1$ で極小値 -1,$x=0$ で極大値 4 をとる.
$\therefore\ \begin{cases} f'(1)=2(2a+c)=0, \\ f(1)=a+c+e=-1,\ f(0)=e=4. \end{cases}$
$\therefore\ a=5,\ c=-10,\ e=4.\quad \therefore\ f(x)=5x^4-10x^2+4.$ (答)

【解答2】

(1) 題意から $f'(x)=4a(x+\alpha)(x-\alpha)(x-\beta)\quad (a\neq 0,\ \alpha>0,\ |\beta|\neq\alpha)$
$\qquad\qquad\qquad =4a(x^3-\beta x^2-\alpha^2 x+\alpha^2\beta)$
と表せる.　$\therefore\ f(x)=ax^4-\dfrac{4}{3}a\beta x^3-2a\alpha^2 x^2+4a\alpha^2\beta x+\gamma.$ (γ:積分定数)

$f(\alpha)=f(-\alpha)$ から $\beta=0$.　$\therefore\ f(x)=ax^4-2a\alpha^2 x^2+\gamma.$ (偶関数)
よって,　　　曲線 $y=f(x)$ は y 軸に関して対称である. (終)

(2) 題意から $f(x)=a(x+1)^2(x-1)^2-1\quad (a\neq 0)$
と表せる.対称性から極大値 $f(0)=4$.　$\therefore\ a-1=4 \iff a=5$.
$\therefore\ f(x)=5(x+1)^2(x-1)^2-1=5x^4-10x^2+4.$ (答)

例題 20

α, β は，任意の1次関数 $g(x)$ に対して，つねに
$$\int_{-1}^{1}(x-\alpha)(x-\beta)g(x)dx=0$$
が成り立つような実数で，$\alpha>\beta$ とする．
(1) α, β の値を求めよ．
(2) 任意の3次関数 $f(x)$ に対して，次の等式が成り立つことを示せ．
$$\int_{-1}^{1}f(x)dx=f(\alpha)+f(\beta).$$
(名古屋大)

[考え方] (1) 与式が $g(x)=px+q$ の係数 p, q の恒等式となる条件は？

【解答】
(1) $g(x)=px+q$ (p, q：任意の実数，$p \neq 0$) とすると，題意より
$$\int_{-1}^{1}(x-\alpha)(x-\beta)(px+q)dx=\int_{-1}^{1}\{x^2-(\alpha+\beta)x+\alpha\beta\}(px+q)dx$$
$$=2\int_{0}^{1}[\{q-p(\alpha+\beta)\}x^2+q\alpha\beta]dx=2\left[\frac{1}{3}\{q-p(\alpha+\beta)\}+q\alpha\beta\right]$$
$$=2\left\{-\frac{1}{3}p(\alpha+\beta)+q\left(\alpha\beta+\frac{1}{3}\right)\right\}=0.$$
これが任意の実数 p, q ($p \neq 0$) に対して成り立つ条件は
$$\alpha+\beta=0, \quad \alpha\beta=-\frac{1}{3}. \quad (\alpha>\beta) \quad \therefore \quad \alpha=\frac{1}{\sqrt{3}}, \quad \beta=-\frac{1}{\sqrt{3}}. \qquad \text{(答)}$$

$(2)_1$ $f(x)=ax^3+bx^2+cx+d$ ($a \neq 0$) とすると，
$$\int_{-1}^{1}f(x)dx=2\int_{0}^{1}(bx^2+d)dx=2\left(\frac{b}{3}+d\right).$$
$$f(\alpha)+f(\beta)=f\left(\frac{1}{\sqrt{3}}\right)+f\left(-\frac{1}{\sqrt{3}}\right)=2\left\{b\left(\frac{1}{\sqrt{3}}\right)^2+d\right\}=2\left(\frac{b}{3}+d\right). \quad \Bigg\} 等しい.$$
$$\therefore \int_{-1}^{1}f(x)dx=f(\alpha)+f(\beta). \qquad \text{(終)}$$

$(2)_2$ 3次式 $f(x)$ を $(x-\alpha)(x-\beta)$ で割ったときの商を $g(x)$，余りを $mx+n$ とすると，
$$f(x)=(x-\alpha)(x-\beta)g(x)+mx+n$$
とおける． $\therefore f(\alpha)=m\alpha+n, \quad f(\beta)=m\beta+n.$
$$\therefore f(\alpha)+f(\beta)=m(\alpha+\beta)+2n=2n. \quad (\because \alpha+\beta=0) \qquad \cdots ①$$
$$\int_{-1}^{1}f(x)dx=\int_{-1}^{1}(x-\alpha)(x-\beta)g(x)dx+\int_{-1}^{1}(mx+n)dx$$
$$\left(\int_{-1}^{1}(x-\alpha)(x-\beta)g(x)dx=0 \text{ だから}\right)$$
$$=2\int_{0}^{1}ndx=2n. \qquad \cdots ②$$
①，②より， $\displaystyle\int_{-1}^{1}f(x)dx=f(\alpha)+f(\beta).$ (終)

[解説]

$(n-1)$ 次以下の任意の多項式 $Q(x)$ に対して，つねに
$$\int_{-1}^{1} P_n(x) Q(x) dx = 0$$
が成り立つような n 次の多項式 $P_n(x)$ が存在する．$P_n(x)$ を n 次の**ルジャンドル** (Legendre) **の多項式**という．

本問(1)の $P_2(x) = (x-\alpha)(x-\beta) = x^2 - \dfrac{1}{3}$ は2次のルジャンドルの多項式である．

本問の(1)と同様にして，とくに最高次の係数が1であるルジャンドルの多項式 $P_n(x)$ を求めると，
$$P_1(x) = x, \quad P_2(x) = x^2 - \frac{1}{3}, \quad P_3(x) = x^3 - \frac{3}{5}x, \quad \cdots.$$
$$\left(\text{一般に, } P_n(x) = \frac{n!}{(2n)!} \cdot \frac{d^n}{dx^n}(x^2-1)^n\right)$$

例題 21

関数 $f(x) = x^4 - 2x^3 - 3x^2$, $g(x) = lx + m$ （ただし，l, m は実数の定数）がある．

(1) 曲線 $y = f(x)$ と直線 $y = g(x)$ とが相異なる2点で接するように，l, m の値を定めよ．

(2) (1)のとき，曲線 $y = f(x)$ と直線 $y = g(x)$ とによって囲まれる部分の面積を求めよ．

（立命館大）

[考え方] 係数比較，または，2次式の平方式を作る．

【解答1】

(1) 2接点の x 座標を，α, β $(\alpha < \beta)$ とすると
$$\begin{aligned}
&x^4 - 2x^3 - 3x^2 - (lx + m) \\
&= (x-\alpha)^2 (x-\beta)^2 \\
&= \{x^2 - (\alpha+\beta)x + \alpha\beta\}^2 \\
&= x^4 - 2(\alpha+\beta)x^3 + \{(\alpha+\beta)^2 + 2\alpha\beta\}x^2 \\
&\quad - 2\alpha\beta(\alpha+\beta)x + \alpha^2\beta^2.
\end{aligned}$$

係数比較より
$$\begin{cases} \alpha + \beta = 1, \\ (\alpha+\beta)^2 + 2\alpha\beta = -3, \\ 2\alpha\beta(\alpha+\beta) = l, \\ \alpha^2\beta^2 = -m. \end{cases} \quad \therefore \quad \alpha+\beta = 1, \ \alpha\beta = -2.$$
$$(\Longleftrightarrow \alpha = -1, \ \beta = 2)$$
$$\therefore \quad l = -4, \ m = -4. \quad \textbf{(答)}$$

(2)
$$S = \int_{-1}^{2} (x+1)^2 (x-2)^2 dx \quad (x+1 = t \text{ の置換})$$
$$= \int_{0}^{3} t^2 (t-3)^2 dt = \int_{0}^{3} (t^4 - 6t^3 + 9t^2) dt$$

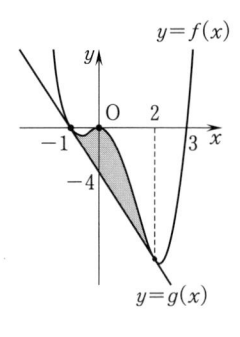

$$= \frac{3^5}{5} - \frac{3^5}{2} + 3^4 = 81 \cdot \frac{6-15+10}{10} = \frac{81}{10}.$$ (答)

【解答2】
(1) $f(x) = x^4 - 2x^3 - 3x^2 = (x^2-x-2)^2 - 4x - 4$
 $\Leftrightarrow f(x) - (-4x-4) = (x^2-x-2)^2 = (x+1)^2(x-2)^2$

と変形できる．

よって，曲線 $y=f(x)$ は，直線 $y=-4x-4$ と $x=-1, 2$ である2点で接する． $\therefore l=-4, m=-4.$ (答)

(2) $S = \int_{-1}^{2} \{(x^4-2x^3-3x^2)-(-4x-4)\}dx$

$= \left[\frac{x^5}{5} - \frac{x^4}{2} - x^3 + 2x^2 + 4x\right]_{-1}^{2} = \frac{81}{10}.$ (答)

例題 22

xyz 空間内の3点 A(1, 0, 0)，B(0, 1, 0)，C(0, 1, 1) を頂点とする三角形の周および内部を，z 軸のまわりに1回転してできる立体の体積を求めよ． (類 名古屋大)

[考え方] 回転軸から最も遠い点および近い点までの距離は？

【解答1】

平面 $z=t$ $(0 \leq t \leq 1)$ と，

・線分 AC：$\begin{pmatrix} x \\ y \\ z \end{pmatrix} = \begin{pmatrix} 1 \\ 0 \\ 0 \end{pmatrix} + s\begin{pmatrix} -1 \\ 1 \\ 1 \end{pmatrix}$ $(0 \leq s \leq 1)$

との交点は，Q$(1-t, t, t)$．

・線分 BC：$y=1, x=0$ との交点は，R$(0, 1, t)$．

よって，三角形 ABC の平面 $z=t$ による切り口は，$\begin{cases} 0 \leq t < 1 \text{ のとき，線分 QR,} \\ t=1 \text{ のとき，点 C}(0, 1, 1) \end{cases}$

である．これを z 軸のまわりに1回転してできる図形の面積 $S(t)$ は，

$$S(t) = \begin{cases} \pi \cdot 1^2 - \pi\left(\frac{1}{\sqrt{2}}\right)^2 = \frac{\pi}{2}, & \left(0 \leq t < \frac{1}{2}\right) \\ \pi \cdot 1^2 - \pi\{t^2 + (1-t)^2\} = \pi(2t-2t^2). & \left(\frac{1}{2} \leq t \leq 1\right) \end{cases}$$

よって，求める立体の体積 V は，

$$V = \int_0^1 S(t) dt = \int_0^{\frac{1}{2}} \frac{\pi}{2} dt + \int_{\frac{1}{2}}^1 \pi(2t-2t^2) dt$$

$$= \frac{\pi}{4} + \pi\left[t^2 - \frac{2}{3}t^3\right]_{\frac{1}{2}}^1 = \frac{5\pi}{12}.$$ (答)

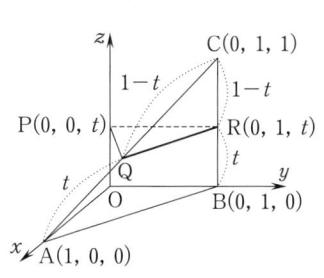

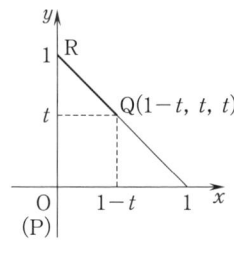

【解答2】

右図の長さ $2p$ の線分 MN（x 軸に平行とする）を y 軸のまわりに1回転して得られる図形の面積 S は
$$S=\pi\{(\sqrt{h^2+p^2})^2-h^2\}=\pi p^2.$$
すなわち，線分 MN を xy 平面上に正射影した線分 M′N′ を y 軸のまわりに1回転して得られる円の面積と同じである．

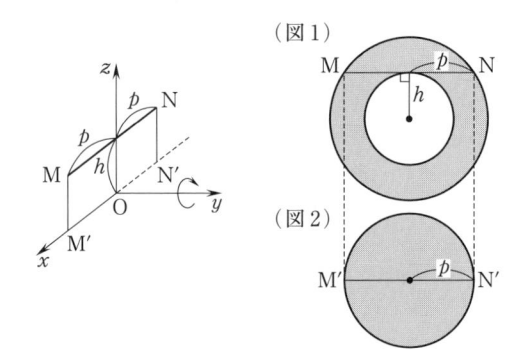

したがって，本問の場合，三角形 ABC の板と，回転軸（z 軸）との距離をなくして，z 軸にくっついた三角形 ABC の板を z 軸のまわりに1回転してできる立体の体積と同じである．

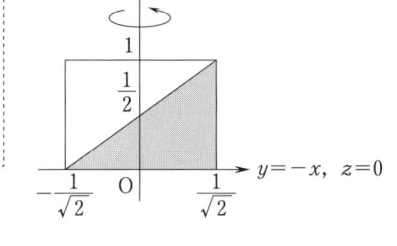

$$\therefore\ V=\pi\cdot\left(\frac{1}{\sqrt{2}}\right)^2\times 1-\frac{1}{3}\cdot\pi\left(\frac{1}{\sqrt{2}}\right)^2\times\frac{1}{2}$$
$$=\frac{\pi}{2}\left(1-\frac{1}{6}\right)=\frac{5}{12}\pi. \qquad \text{（答）}$$

[解説]

【解答2】の（図1）と（図2）の斜線部分の面積が同じであるから，上の破線で囲んだ事柄が成り立つ．したがって，例えば，平面 $z=h$ 上にある中心 $(0, 0, h)$，半径 r の円板を y 軸のまわりに1回転してできる立体の体積 V は，xy 平面上に正射影した円板を y 軸のまわりに1回転した半径 r の球の体積に等しいから，$V=\dfrac{4}{3}\pi r^3$ である．

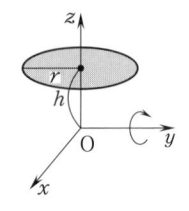

例題 23

[1] 放物線 $C: y=f(x)=ax^2+bx+c$ 上の2点 $A(\alpha, f(\alpha))$, $B(\beta, f(\beta))$ $(\alpha<\beta)$ における接線 $y=l_A(x)$, $y=l_B(x)$ と C とで囲まれる図形の面積 S_1，直線 $AB: y=l_{AB}(x)$ と C とで囲まれる図形の面積 S_2，および面積比 $S_1:S_2$ を求めよ．

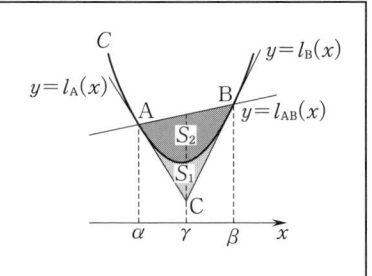

2 放物線 $C: y=ax^2+bx+c$ と放物線 $C': y=ax^2+b'x+c'$ $(b \neq b')$ との共通接線を $l: y=l(x)$ とし，l と C, C' との2接点 A，B の x 座標を α, β $(\alpha < \beta)$ とするとき，C, C' および l とで囲まれる図形の面積 S を求めよ．

3 3次曲線 $C: y=f(x)=ax^3+bx^2+cx+d$ 上の点 $A(\alpha, f(\alpha))$ における C の接線 $y=l_A(x)$ と C との交点を $B(\beta, f(\beta))$ とし，B における C の接線 $y=l_B(x)$ と C との交点を $C(\gamma, f(\gamma))$ とする．

α, β, γ が相異なるとき，l_A と C とで囲まれる図形の面積 S_1，l_B と C とで囲まれる図形の面積 S_2，および面積比 $S_1 : S_2$ を求めよ．

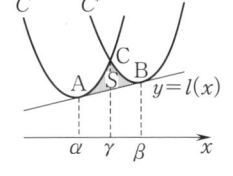

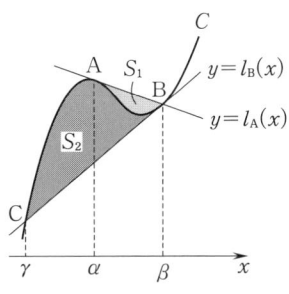

[考え方]　1, 2 因数分解と係数比較より，$2\gamma = \alpha + \beta$．
　　　　　3 因数分解と係数比較より，$2(\beta - \alpha) = \beta - \gamma$．

【解答】

1
$$\begin{cases} ax^2+bx+c-l_A(x) = a(x-\alpha)^2, \\ ax^2+bx+c-l_B(x) = a(x-\beta)^2 \end{cases} (\alpha < \beta) \quad \cdots \text{①} \\ \cdots \text{②}$$

と表せる．① − ② より，
$$l_B(x) - l_A(x) = a(2x - \alpha - \beta)(\beta - \alpha).$$

これより，2接線の交点 C の x 座標 γ は，$\gamma = \dfrac{\alpha+\beta}{2}$．

$$S_1 = \left| \int_\alpha^\gamma a(x-\alpha)^2 dx + \int_\gamma^\beta a(x-\beta)^2 dx \right|$$

$$= |a| \cdot \left| \left[\frac{(x-\alpha)^3}{3} \right]_\alpha^{\frac{\alpha+\beta}{2}} + \left[\frac{(x-\beta)^3}{3} \right]_{\frac{\alpha+\beta}{2}}^\beta \right|$$

$$= |a| \cdot \left| \frac{1}{3}\left(\frac{\beta-\alpha}{2}\right)^3 - \frac{1}{3}\left(\frac{\alpha-\beta}{2}\right)^3 \right| = \frac{|a|}{12}(\beta-\alpha)^3. \quad \text{(答)}$$

$$S_2 = \left| \int_\alpha^\beta \{l_{AB}(x) - f(x)\} dx \right|$$

$$= \left| \int_\alpha^\beta -a(x-\alpha)(x-\beta) dx \right| = \frac{|a|}{6}(\beta-\alpha)^3. \quad \text{(答)}$$

$$\therefore \quad S_1 : S_2 = 1 : 2. \quad \text{(答)}$$

2
$$\begin{cases} ax^2+bx+c-l(x) = a(x-\alpha)^2, \\ ax^2+b'x+c'-l(x) = a(x-\beta)^2 \end{cases} \quad \cdots \text{①} \\ \cdots \text{②}$$

と表せる．① − ② より，$(b-b')x + c - c' = a(2x - \alpha - \beta)(\beta - \alpha)$．

よって，C と C'（C を平行移動したもの）との交点 C の x 座標 γ は
$$\gamma = \frac{\alpha+\beta}{2}.$$

$$\therefore\ S=\left|\int_\alpha^\gamma a(x-\alpha)^2 dx+\int_\gamma^\beta a(x-\beta)^2 dx\right|\quad (\boxed{1}\ \text{の}\ S_1\ \text{と同じ})$$

$$=\frac{|a|}{12}(\beta-\alpha)^3. \tag{答}$$

$\boxed{3}$
$$\begin{cases} ax^3+bx^2+cx+d-l_A(x)=a(x-\alpha)^2(x-\beta), & \cdots ① \\ ax^3+bx^2+cx+d-l_B(x)=a(x-\beta)^2(x-\gamma) & \cdots ② \end{cases}$$

と表せる．①，② の x^2 の係数比較より，

$$-\frac{b}{a}=2\alpha+\beta=2\beta+\gamma.\quad \therefore\ 2(\beta-\alpha)=\beta-\gamma. \tag{③}$$

$$S_1=\left|\int_\alpha^\beta -a(x-\alpha)^2(x-\beta)dx\right|\quad (\underline{x-\beta=x-\alpha-(\beta-\alpha)})$$

$$=|a|\cdot\left|\int_\alpha^\beta\{(x-\alpha)^3-(\beta-\alpha)(x-\alpha)^2\}dx\right|=\frac{|a|}{12}(\beta-\alpha)^4. \tag{答}$$

$$S_2=\left|\int_\beta^\gamma a(x-\beta)^2(x-\gamma)dx\right|\quad (S_1\ \text{で}\ \alpha\to\beta,\ \beta\to\gamma\ \text{として})$$

$$=\frac{|a|}{12}(\gamma-\beta)^4=\frac{|a|}{12}\cdot 2^4(\beta-\alpha)^4.\quad (\because\ ③) \tag{答}$$

$$\therefore\ S_1:S_2=1:2^4=1:16. \tag{答}$$

[解説]

$$I(m,n)=\int_\alpha^\beta (x-\alpha)^m(\beta-x)^n dx\quad (\alpha<\beta)\quad (m,n\in N)$$

$$=\frac{m!n!}{(m+n+1)!}(\beta-\alpha)^{m+n+1}$$

の値は，曲線 $y=(x-\alpha)^m(\beta-x)^n$ と x 軸とで囲まれた部分（右図の網目部分）の面積である．

（例題 45 の $\boxed{5}$ を参照．）

— **MEMO** —

演習問題

59 2つの整式 $f(x)$, $g(x)$ が次の3つの条件をみたしている．このとき，$f(x)$, $g(x)$ を求めよ．
(i) $f(0)=1$.
(ii) $\int_0^x \{f(t)+g(t)\}dt = \dfrac{x^3}{3}+x^2$.
(iii) 積 $f(x)g(x)$ の導関数は $3x^2$ である．

60 2次関数 $f(x)=x^2+ax+b$ が
$$\int_0^1 xf(x)dx = \int_0^1 x^2 f(x)dx$$
をみたすとき，

(1) $\int_0^1 f(x)dx$ の値を求めよ．
(2) 2次方程式 $x^2+ax+b=0$ は相異なる実数解をもち，そのうちの少なくとも1つは0と1の間にあることを示せ． (広島大)

61 2次関数 $y=f(x)$ のグラフが2点 $P(p, 1)$, $Q(q, 1)$ を通っている．ただし，$p<q$ とする．このとき，
$$\int_p^q f(x)dx = (q-p)f(r)$$
をみたす r を，p, q を用いて表せ． (東北大)

62 2つの放物線 $y=x^2+6x+12a$, $y=x^2-6x+12b$ と，これら2放物線の共通接線とで囲まれる部分の面積を求めよ．

63 2つの関数 $f(x)=x^4-x$, $g(x)=ax^3+bx^2+cx+d$ が $f(1)=g(1)$, $f(-1)=g(-1)$ をみたすとき，積分
$$\int_{-1}^1 \{f(x)-g(x)\}^2 dx$$
を最小にする a, b, c, d の値を求めよ． (東京工業大)

64 放物線 $y=x^2$ 上の異なる2点 P, Q における接線の交点を R とする．点 P, Q がこの放物線上を動くとき，放物線と2つの接線で囲まれた部分の面積がつねに18になるような点 R の描く図形の方程式を求めよ． (山口大)

65 実数 a, b が，不等式
$$\int_{-1}^{1}|ax+b|dx \leq 2$$
をみたしながら変わるとき，点 (a, b) の存在する領域を ab 平面上に図示して，その面積を求めよ．
(上智大・改)

66 曲線 $C_1: y=px^4+qx^2+1$ は点 $A(1, 0)$ を通り，曲線 $C_2: y=a(x^2-1)$ と点 A において共通の接線をもつとする．ただし，$a > -1$ とする．
(1) 定数 p, q を定数 a を用いて表せ．
(2) 曲線 C_1 と x 軸とで囲まれた x 軸より上の部分の面積と x 軸より下の 2 つの部分の面積の和とが等しくなるような a の値を求めよ．

67 xy 平面上に 3 点 $A(1, 0)$, $B(0, 1)$, $C(2, 1)$ が与えられている．点 P は線分 BA 上を，点 Q は線分 AC 上を，同時にそれぞれ P は B を出発して A まで，Q は A を出発して C まで，同じ速さで進むものとする．
このとき，線分 PQ がおおう図形を F とする．
(1) 図形 F と直線 $x=k$ ($0 \leq k \leq 1$) との交わりである図形の長さ $l(k)$ を求めよ．
(2) 図形 F の面積を求めよ．
(3) 図形 F を x 軸のまわりに 1 回転させてできる回転体の体積を求めよ．
(山形大)

68* 1 辺の長さが a である正方形を底面とする正四角錐 V に対し，底面上に中心をもち，V のすべての辺と接する球 B がある．
(1) V の高さを求めよ．
(2) B と V の共通部分の体積を求めよ．
ただし，正四角錐とは，正方形を底面とし，その各辺を底辺とする 4 つの合同な二等辺三角形と底面とで囲まれる図形とする．
(東京大)

第8章 数　列

例題 24

$\boxed{1}$ 次の漸化式によって定められる数列の一般項を求めよ．
  (1) $a_1=1$, $a_{n+1}=2a_n+3$. $(n=1, 2, 3, \cdots)$
  (2) $a_1=1$, $a_{n+1}=2a_n+(-1)^n$. $(n=1, 2, 3, \cdots)$
  (3) $a_1=a_2=1$, $a_{n+2}-a_{n+1}-2a_n=0$. $(n=1, 2, 3, \cdots)$

$\boxed{2}$ 次の数列の和を求めよ．
  (1) $\sum_{k=1}^{n} k(k+1)(k+2)$.
  (2) $\sum_{k=1}^{n} \frac{1}{k(k+1)(k+2)}$.
  (3)* $\sum_{k=1}^{n} \frac{2k+1}{k^2(k+1)^2}$.

$\boxed{3}$ (1) 不等式 $2^{n+2}>n^2$ $(n=1, 2, 3, \cdots)$ が成り立つことを証明せよ．
  (2) $3^{2n}-8n-1$ $(n=1, 2, 3, \cdots)$ は 64 の倍数であることを証明せよ．

[考え方] $\boxed{2}$ $a_k=f(k+1)-f(k)$ のとき，$\sum_{k=1}^{n}a_k=f(n+1)-f(1)$.
  $\boxed{3}$ 二項定理の利用，数学的帰納法の利用．

【解答】
$\boxed{1}$ (1)
$$a_{n+1}=2a_n+3. \qquad \cdots ①$$
$$\alpha=2\alpha+3. \qquad \cdots ②$$
②をみたす $\alpha=-3$ があるから，①-② より
$$a_{n+1}+3=2(a_n+3).$$
よって，$\{a_n+3\}$ は初項 $a_1+3=4$，公比 2 の等比数列だから，
$$a_n+3=4\cdot 2^{n-1}. \quad \therefore\ a_n=2^{n+1}-3. \ (n\geqq 1) \qquad \textbf{(答)}$$

$(2)_1$ 与式 $\Leftrightarrow \dfrac{a_{n+1}}{2^{n+1}}-\dfrac{a_n}{2^n}=\dfrac{1}{2}\cdot\left(\dfrac{-1}{2}\right)^n=-\dfrac{1}{4}\cdot\left(\dfrac{-1}{2}\right)^{n-1}$.

$\therefore\ \dfrac{a_n}{2^n}=\dfrac{a_1}{2}+\sum_{k=1}^{n-1}\left\{-\dfrac{1}{4}\left(\dfrac{-1}{2}\right)^{k-1}\right\}=\dfrac{1}{2}-\dfrac{1}{4}\cdot\dfrac{1-\left(\dfrac{-1}{2}\right)^{n-1}}{1+\dfrac{1}{2}}$

$\qquad =\dfrac{1}{2}-\dfrac{1}{6}\left\{1-\left(\dfrac{-1}{2}\right)^{n-1}\right\}=\dfrac{1}{3}-\dfrac{1}{3}\left(\dfrac{-1}{2}\right)^n$. $(n\geqq 2)$

$a_1=1$ も含めて， $\qquad a_n=\dfrac{1}{3}\{2^n-(-1)^n\}$. $(n\geqq 1)$ **(答)**

$(2)_2$　　　　与式 $\iff (-1)^{n+1}\cdot a_{n+1} = -2\cdot(-1)^n\cdot a_n - 1.$　　　…③
　　　　　　　　　　　$\alpha = -2\alpha - 1.$　　　　　　　　　…④

④ をみたす $\alpha = -\dfrac{1}{3}$ があるから，③−④ より
$$(-1)^{n+1}\cdot a_{n+1} + \dfrac{1}{3} = -2\left\{(-1)^n\cdot a_n + \dfrac{1}{3}\right\}.$$
$\therefore\ (-1)^n\cdot a_n + \dfrac{1}{3} = (-2)^{n-1}\cdot\left\{(-1)\cdot a_1 + \dfrac{1}{3}\right\} = \dfrac{(-2)^n}{3}.$
$$\therefore\ a_n = \dfrac{1}{3}\{2^n - (-1)^n\}.\ (n\geqq 1)\quad \textbf{(答)}$$

(3)　($x^2 - x - 2 = 0$ の解と係数の関係を利用して漸化式を変形すると)
$$a_{n+2} - \{2+(-1)\}a_{n+1} + 2\cdot(-1)a_n = 0.$$
$\therefore\ \begin{cases} a_{n+2} - 2a_{n+1} = (-1)(a_{n+1} - 2a_n), \\ a_{n+2} + a_{n+1} = 2(a_{n+1} + a_n). \end{cases}$

よって，$\{a_{n+1} - 2a_n\}$，$\{a_{n+1} + a_n\}$ はそれぞれ公比 -1，2 の等比数列であるから
$\begin{cases} a_{n+1} - 2a_n = (a_2 - 2a_1)\cdot(-1)^{n-1} = (-1)^n, & \cdots ⑤\\ a_{n+1} + a_n = (a_2 + a_1)\cdot 2^{n-1} = 2^n. & \cdots ⑥ \end{cases}$

⑥−⑤ より，　　　$a_n = \dfrac{1}{3}\{2^n - (-1)^n\}.\ (n\geqq 1)$　　　**(答)**

$\boxed{2}$ (1)　与式 $= \displaystyle\sum_{k=1}^{n}\dfrac{1}{4}\{k(k+1)(k+2)(k+3) - (k-1)k(k+1)(k+2)\}$
　　　　　$= \dfrac{1}{4}\{n(n+1)(n+2)(n+3) - 0\} = \dfrac{1}{4}n(n+1)(n+2)(n+3).$　　**(答)**

(2)　与式 $= \displaystyle\sum_{k=1}^{n}\dfrac{1}{2}\left\{\dfrac{1}{k(k+1)} - \dfrac{1}{(k+1)(k+2)}\right\}$
　　　　$= \dfrac{1}{2}\left\{\dfrac{1}{1\cdot 2} - \dfrac{1}{(n+1)(n+2)}\right\} = \dfrac{n(n+3)}{4(n+1)(n+2)}.$　　**(答)**

(3)　与式 $= \displaystyle\sum_{k=1}^{n}\left\{\dfrac{1}{k^2} - \dfrac{1}{(k+1)^2}\right\} = 1 - \dfrac{1}{(n+1)^2} = \dfrac{n(n+2)}{(n+1)^2}.$　　**(答)**

$\boxed{3}$ $(1)_1$　$(1+a)^{n+1} = \displaystyle\sum_{r=0}^{n+1}{}_{n+1}C_r\cdot a^r > {}_{n+1}C_2\cdot a^2.$　(ただし，$a > 0,\ n \geqq 1$)

　　$a = 1$ とすると，$2^{n+1} > \dfrac{(n+1)n}{2} > \dfrac{n^2}{2}.$　　$\therefore\ 2^{n+2} > n^2.$　　**(終)**

$(1)_2$ (i)　$n = 1,\ 2,\ 3$ のとき，
　　　　　　　$2^3 > 1^2,\ 2^4 > 2^2,\ 2^5 = 32 > 3^2 = 9$ で題意成立.

　　(ii)　$n = k\ (\geqq 3)$ のとき，$2^{k+2} > k^2$ であると仮定すると，
　　　　　　　$2^{(k+1)+2} = 2\cdot 2^{k+2} > 2k^2 > (k+1)^2$
　　　　($\because\ 2k^2 - (k+1)^2 = k^2 - 2k - 1 = (k-1)^2 - 2 > 0\ (k\geqq 3)$)
となり，$n = k+1$ でも題意成立.
以上の (i), (ii) より，
$$2^{n+2} > n^2.\ (n = 1,\ 2,\ 3,\ \cdots)\quad \textbf{(終)}$$

$(2)_1$ $n=1$ のとき，$3^{2n}-8n-1=0$ は 64 の倍数．
$n \geq 2$ のとき，
$$3^{2n}-8n-1=9^n-1-8n$$
$$=(9-1)(9^{n-1}+9^{n-2}+\cdots+9+1)-8n$$
$$=8\{(9^{n-1}-1)+(9^{n-2}-1)+\cdots+(9-1)+(9^0-1)\} \text{ は } 64 \text{ の倍数．} \quad \text{(終)}$$

$(2)_2$ 　与式$=(8+1)^n-8n-1$
$$=\{8^n+{}_nC_1\cdot 8^{n-1}+\cdots+{}_nC_{n-2}\cdot 8^2+\underline{{}_nC_{n-1}\cdot 8+1}\}-8n-1$$
$$=64\{8^{n-2}+n\cdot 8^{n-3}+\cdots+{}_nC_{n-2}\} \ (n\geq 2) \text{ は } 64 \text{ の倍数．} \quad \text{(終)}$$

$(2)_3$ (i) $n=1$ のとき，$3^{2n}-8n-1=0$ は 64 の倍数．
　(ii) $n=k(\geq 1)$ のとき，$3^{2k}-8k-1=64m$ （m：整数）と仮定すると，
$$3^{2(k+1)}-8(k+1)-1=9\cdot 3^{2k}-8k-9$$
$$=9(3^{2k}-1)-8k=9(8k+64m)-8k$$
$$=64(k+9m) \ (64 \text{ の倍数})$$
となり，$n=k+1$ でも題意成立．
以上の (i), (ii) より，$3^{2n}-8n-1 \ (n=1, 2, 3, \cdots)$ は 64 の倍数．　(終)

▶ 例題 25

1 から始まる奇数を
$$1, \ |3, \ 5, \ |7, \ 9, \ 11, \ |13, \ 15, \ 17, \ 19, \ | \cdots$$
のように区切って群に区分するとき，
(1) 第 n 群の初項を求めよ．
(2) 第 n 群に含まれる数の総和を求めよ．
(3) 1001 は第何群の第何項目か． 　　　　　　　　　　　　　　（類題頻出）

[考え方] 　群数列，階差数列の利用．

【解答1】
(1) 第 k 群には k 個の項がある．ゆえに，第 n 群の初項は，
$$\left(\sum_{k=1}^{n-1}k+1=\right)\frac{n(n-1)}{2}+1 \text{ 番目の奇数．}$$
$$\therefore \ 2\left\{\frac{n(n-1)}{2}+1\right\}-1=n^2-n+1. \quad \text{(答)}$$

(2) 第 n 群に含まれる数は
　　　　初項 n^2-n+1，公差 2，項数 n の等差数列
であるから，それらの総和は
$$\frac{1}{2}n\{2(n^2-n+1)+(n-1)\cdot 2\}=n^3. \quad \text{(答)}$$

(3) 1001 が第 k 群に入るとすると (1) の結果から
$$k^2-k+1 \leq 1001 < (k+1)^2-(k+1)+1.$$
これをみたす自然数 k は 32．したがって，1001 は 32 群に属する．

32 群の初項は $32^2-32+1=993$ であり，993, 995, 997, 999, 1001 より
1001 は第 32 群の第 5 項目．　　　　　　　　　　　　　　　　（答）

【解答 2】

(1) 各群の初項からなる数列
$$\{a_n\}: 1,\ 3,\ 7,\ 13,\ 21,\ \cdots$$
の階差数列は　　$\{b_n\}: 2,\ 4,\ 6,\ 8,\ \cdots.\quad \therefore\ b_n=2n.$

$$\therefore\ a_n=a_1+\sum_{k=1}^{n-1}b_k=1+\sum_{k=1}^{n-1}2k=n^2-n+1.\ (n\geqq 2)$$

$a_1=1$ も含めて，$\quad a_n=n^2-n+1.\ (n\geqq 1)$　　　　　　　（答）

(2) k 群には k 個の奇数があり，初めの n 項の奇数の和は
$$\sum_{k=1}^{n}(2k-1)=n^2$$
であるから，第 n 群の奇数の総和は
$$\left(\sum_{k=1}^{n}k\right)^2-\left(\sum_{k=1}^{n-1}k\right)^2=\left\{\frac{n(n+1)}{2}\right\}^2-\left\{\frac{n(n-1)}{2}\right\}^2=n^3.$$
　　　　　　　　　　　　　　　　　　　　　　　　　　　　　　（答）

(3) $1001=2\cdot 501-1$ であるから，1001 は 501 番目の奇数である．
1001 が第 n 群に属するとすると，n は
$$501\leqq \frac{n(n+1)}{2}$$
をみたす最小の自然数であるから，$n=32.$

第 31 群までの項数は，$\frac{1}{2}\cdot 31\cdot 32=496.$ また，$501-496=5$ であるから

1001 は第 32 群の第 5 項目．　　　　　　　　　　　　　　　　（答）

例題 26

xyz 空間において，座標成分がすべて整数であるような点を格子点とよぶことにする．この空間における領域 D を，次の不等式をみたす部分として定める．
$$x\geqq 0,\ y\geqq 0,\ z\geqq 0,\ x+y+z\leqq n.\quad (n：正の整数)$$

(1) 領域 D を平面 $x=i$ ($0\leqq i\leqq n$, i は整数)で切った切り口にある格子点の個数を i と n を用いて表せ．

(2) 領域 D に含まれる格子点の個数を n を用いて表せ．　　（津田塾大）

[考え方] 直接計算，対称性の利用，1 対 1 対応の利用．

【解答 1】

(1) $\qquad x+y+z\leqq n\quad (x\geqq 0,\ y\geqq 0,\ z\geqq 0)$

において，$x=i$ ($0\leqq i\leqq n$) のとき，$y+z\leqq n-i$．

よって，$y=0$ のとき，$z=0,\ 1,\ 2,\ \cdots,\ n-i$ の $n-i+1$ (個)．

$\qquad\quad y=1$ のとき，$z=0,\ 1,\ 2,\ \cdots,\ n-i-1$ の $n-i$ (個)．

⋮

$y = n-i$ のとき，$z=0$ の 1（個）．

∴ $1+2+\cdots+(n-i+1) = \dfrac{(n-i+1)(n-i+2)}{2}$（個）． **(答)**

(2) D 内の格子点の総数を N とすると，

$$N = \sum_{i=0}^{n} \dfrac{1}{2}(n-i+1)(n-i+2) = \dfrac{1}{2}\sum_{i=0}^{n}\{i^2 - (2n+3)i + (n+1)(n+2)\}$$

$$= \dfrac{1}{2}\left\{\dfrac{n(n+1)(2n+1)}{6} - (2n+3)\cdot\dfrac{n(n+1)}{2} + (n+1)^2(n+2)\right\}$$

$$= \dfrac{1}{6}(n+1)(n+2)(n+3)\text{（個）．} \quad \textbf{(答)}$$

【解答 2】

(1)

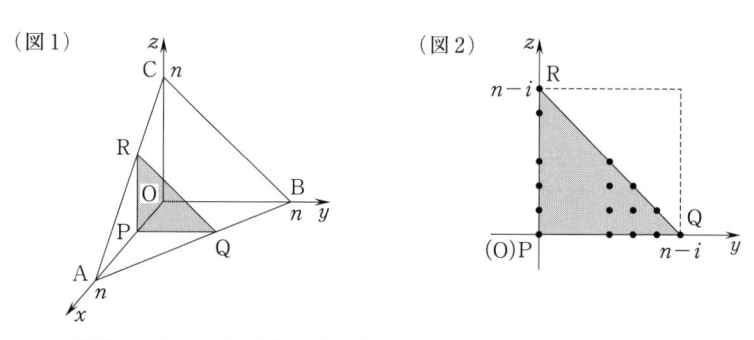

（図 1）　（図 2）

D の平面 $x=i$ による切り口は，次の 3 点

$$P(i, 0, 0),\ Q(i, n-i, 0),\ R(i, 0, n-i)$$

を頂点とする（図 1）の三角形 PQR で，その内部の格子点の個数は，（図 2）より

$$1+2+3+\cdots+(n-i+1) = \dfrac{(n-i+1)(n-i+2)}{2}\text{（個）．} \quad \textbf{(答)}$$

(2) $N = \sum_{i=0}^{n}\dfrac{1}{2}(n-i+1)(n-i+2)$　（$n-i+1 = l$ とおくと）

$$= \dfrac{1}{2}\sum_{l=1}^{n+1} l(l+1) = \dfrac{1}{2}\sum_{l=1}^{n+1}\dfrac{1}{3}\{l(l+1)(l+2) - (l-1)l(l+1)\}$$

$$= \dfrac{1}{6}(n+1)(n+2)(n+3)\text{（個）．} \quad \textbf{(答)}$$

【解答 3】

(1) （図 2）の正方形の対角線 QR に関する対称性より，

$$\dfrac{(n-i+1)^2 + (n-i+1)}{2} = \dfrac{(n-i+1)(n-i+2)}{2}\text{（個）．} \quad \textbf{(答)}$$

(2) 　　　$x+y+z \leqq n$　（$x \geqq 0,\ y \geqq 0,\ z \geqq 0$）　　　……①

をみたす整数解 (x, y, z) の個数（すなわち，D 内の格子点の総数 N）と

$\underbrace{\bigcirc\bigcirc\cdots\bigcirc}_{n\text{個}}$ と $\underbrace{|\ |\ |}_{3\text{個}}$ の順列 …②

の総数とは同数である.

$\left(\begin{array}{l}(\because)\ \text{①の整数解}\ (x,\ y,\ z)\ \text{と②の順列とは}\ 1\ \text{対}\ 1\ \text{に対応する.}\\ \underbrace{\bigcirc\bigcirc\cdots\bigcirc}_{x}\ |\ \underbrace{\bigcirc\bigcirc\cdots\bigcirc}_{y}\ |\ \underbrace{\bigcirc\bigcirc\cdots\bigcirc}_{z}\ |\ \bigcirc\cdots\bigcirc\end{array}\right)$

$$\therefore\ N=\frac{(n+3)!}{n!3!}={}_{n+3}\mathrm{C}_3=\frac{(n+3)(n+2)(n+1)}{6}\ \text{(個)}.\quad\textbf{(答)}$$

(注)　$w=n-(x+y+z)$ とすると
$$x+y+z+w=n\quad(x\geqq 0,\ y\geqq 0,\ z\geqq 0,\ w\geqq 0)$$
これより, N はこの非負整数解の個数 ${}_4\mathrm{H}_n\ (={}_{n+3}\mathrm{C}_3)$ と同数である.

演習問題

69 右のように並んだ数がある．いま，そこから数字を
(1), (2, 3), (4, 6, 5), (8, 12, 10, 7), (16, 24, 20, 14, 9), …
のように斜めにとり出し，これらを順に第1群，第2群，第3群，… と呼ぶことにする．

1	3	5	7	9	…
2	6	10	14	18	…
4	12	20	28	36	…
8	24	40	56	72	…
16	48	80	112	144	…

(1) 第 n 群の中の第 k 項を求めよ．
(2) 第 n 群中にある n 個の数の和を求めよ．

(名古屋市立大)

70 n を 2 以上の自然数とするとき，次の等式(1), (2), (3)を証明せよ．
(1) ${}_nC_1 + 2\cdot{}_nC_2 + 3\cdot{}_nC_3 + \cdots + n\cdot{}_nC_n = n\cdot 2^{n-1}$.
(2) $1^2\cdot{}_nC_1 + 2^2\cdot{}_nC_2 + 3^2\cdot{}_nC_3 + \cdots + n^2\cdot{}_nC_n = n(n+1)\cdot 2^{n-2}$.
(3) ${}_nC_0{}^2 + {}_nC_1{}^2 + {}_nC_2{}^2 + {}_nC_3{}^2 + \cdots + {}_nC_n{}^2 = {}_{2n}C_n$.

(頻出問題)

71 n を 1 より大きい整数とする．1 から n までの整数 $1, 2, 3, \cdots, n$ の中から異なる 2 つの整数をとり出す仕方の各々に対して，とり出されたそれら 2 つの整数の和を s，積を t とする．
(1) とり出し方すべてを考えたときの s の総和 S を n の式で表せ．
(2) とり出し方すべてを考えたときの t の総和 T を n の式で表せ．

(横浜国立大)

72 (1) 方程式 $x+y+z=28$ をみたす負でない整数の組 (x, y, z) の個数を求めよ．また，その中で z が偶数である場合の個数を求めよ．
(2) いくつかの 10 円玉，50 円玉，100 円玉を用いて 1400 円をつくりたい．このつくり方の総数を求めよ．ただし用いる個数は 0 個でもよい．

(慶應義塾大)

73 各項が正である数列 $\{a_n\}$ が，任意の自然数 n に対して，
$$(a_1+a_2+\cdots+a_n)^2 = a_1{}^3 + a_2{}^3 + \cdots + a_n{}^3$$
をみたしている．この数列の一般項を求めよ．

(頻出問題)

74 整数の数列 $\{a_n\}$, $\{b_n\}$ が
$$5a_n + b_n = 2^n + 3^n, \quad 0 \leq b_n \leq 4 \quad (n=1, 2, 3, \cdots)$$
をみたすとき,
(1) b_1, b_2, b_3, b_4 を求めよ.
(2) $b_{n+4} = b_n$ であることを示し, b_n を求めよ.
(3) 自然数 m に対して, $S = \sum_{k=1}^{4m} a_k$ を求めよ. （新潟大）

75 2つの数列 $\{a_n\}$, $\{b_n\}$ の一般項をそれぞれ
$$a_n = 2^n, \quad b_n = 3n+2 \quad (n=1, 2, 3, \cdots)$$
とする. $\{a_n\}$ のうち $\{b_n\}$ の項でもあるものを小さいものから順に並べて得られる数列を $\{c_n\}$ $(n=1, 2, 3, \cdots)$ とするとき, $\{c_n\}$ は等比数列であることを示せ. （大阪大）

76 $x_1, x_2, \cdots, y_1, y_2, \cdots$ の各々が0または1をとるとき, これらの数の組 $(x_1, y_1, x_2, y_2, \cdots, x_n, y_n)$ のうちで
$$x_1 y_1 + x_2 y_2 + \cdots + x_n y_n$$
が偶数 (0を含む), 奇数となるものの個数をそれぞれ a_n, b_n とおく.
このとき,
(1) a_{n+1}, b_{n+1} をそれぞれ a_n, b_n を用いて表せ.
(2) a_n, b_n を求めよ. （東京工業大）

77* n は正の整数とする. n 桁の自然数のうち, 次の(I)〜(III)の条件をすべてみたすものが a_n 通りあるとする.
(I) 最高位の数は1である.
(II) 1, 2, 3以外の数字は現れない.
(III) 数字2は2個以上連続して現れることはない.
このとき, a_n を求めよ. （名古屋文理大）

78* 0と1からできる数字の列の全体を次のように一列に並べる.
 0, 1, 00, 01, 10, 11, 000, 001, 010, 011, 100, 101, 110, 111, 0000, $\cdots$.
このとき,
(1) 1101001 は何番目の項か.
(2) X が n 番目の項であるとき, X の後に1を加えた項 $X1$ は何番目に現れるか. n の式で表せ.（例えば, X が00ならば, $X1$ は001を表す.）
（名古屋大）

第9章 ベクトル

例題 27

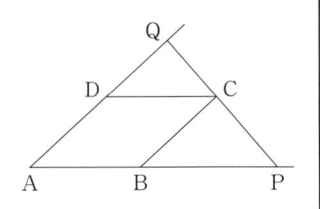

面積10の平行四辺形 ABCD がある．その頂点 C を通り，辺 AB, AD の延長と交わる任意の直線を引き，それぞれの交点 P, Q に対して
$$\overrightarrow{AP} = x\overrightarrow{AB}, \quad \overrightarrow{AQ} = y\overrightarrow{AD} \quad (x>0, \; y>0)$$
とする．

(1) $\dfrac{1}{x} + \dfrac{1}{y}$ の値は一定であることを示し，その一定の値を求めよ．

(2) $\dfrac{1}{\triangle ACP} + \dfrac{1}{\triangle ACQ}$ の値も一定であることを示し，その一定の値を求めよ．

[考え方] 共線条件の利用，平行線による比の移動とベクトルの面積公式，等積変形．

【解答1】

(1) 条件より $x \neq 0, \; y \neq 0$ であるから， $\overrightarrow{AB} = \dfrac{1}{x}\overrightarrow{AP}, \; \overrightarrow{AD} = \dfrac{1}{y}\overrightarrow{AQ}$.

$$\therefore \quad \overrightarrow{AC} = \overrightarrow{AB} + \overrightarrow{AD} = \frac{1}{x}\overrightarrow{AP} + \frac{1}{y}\overrightarrow{AQ}.$$

P, C, Q は一直線上にあるから， $\dfrac{1}{x} + \dfrac{1}{y} = 1$．（一定）　　…①　　**(答)**

(2)
$$\frac{\triangle ACB}{\triangle ACP} = \frac{AB}{AP} = \frac{1}{x}, \quad (\because \overrightarrow{AP} = x\overrightarrow{AB})$$

$$\frac{\triangle ACD}{\triangle ACQ} = \frac{AD}{AQ} = \frac{1}{y}. \quad (\because \overrightarrow{AQ} = y\overrightarrow{AD})$$

また， $\triangle ACB = \triangle ACD = \dfrac{1}{2}\square ABCD = 5$．　　　　　　　　　　　　…②

$$\therefore \quad \frac{1}{\triangle ACP} + \frac{1}{\triangle ACQ} = \frac{1}{5}\left(\frac{1}{x} + \frac{1}{y}\right) = \frac{1}{5}. \quad (\because ①)\text{（一定）} \quad \textbf{(答)}$$

【解答2】（平行線による比の移動と平行四辺形の面積公式の利用）

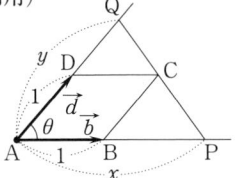

(1) $\overrightarrow{AB} = \vec{b}, \; \overrightarrow{AD} = \vec{d}, \; \overrightarrow{AP} = x\vec{b}, \; \overrightarrow{AQ} = y\vec{d}$ とおくと，

$$(PC : CQ =) \; PB : BA = AD : DQ$$
$$\iff (x-1) : 1 = 1 : (y-1)$$
$$\iff 1 = (x-1)(y-1)$$

第9章 ベクトル　69

$$\iff x+y=xy \iff \frac{1}{x}+\frac{1}{y}=1. \text{（一定）}\textbf{（答）}$$

(2)
$$\square ABCD=\sqrt{|\vec{b}|^2|\vec{d}|^2-(\vec{b}\cdot\vec{d})^2}=10. \quad \cdots ③$$

$$\triangle ACP=\frac{1}{2}\sqrt{|\overrightarrow{AP}|^2|\overrightarrow{AC}|^2-(\overrightarrow{AP}\cdot\overrightarrow{AC})^2}$$

$$=\frac{1}{2}\sqrt{|x\vec{b}|^2|\vec{b}+\vec{d}|^2-\{(x\vec{b})\cdot(\vec{b}+\vec{d})\}^2}$$

$$=\frac{x}{2}\sqrt{|\vec{b}|^2|\vec{d}|^2-(\vec{b}\cdot\vec{d})^2}=5x. \quad (\because ③)$$

同様にして，
$$\triangle ACQ=5y.$$

$$\therefore \quad \frac{1}{\triangle ACP}+\frac{1}{\triangle ACQ}=\frac{1}{5}\left(\frac{1}{x}+\frac{1}{y}\right)=\frac{1}{5}. \text{（一定）}\quad\textbf{（答）}$$

【解答 3】

(1) $\angle PAQ=\theta$ とすると，条件から

$$\frac{1}{x}+\frac{1}{y}=\frac{AB}{AP}+\frac{AD}{AQ}=\frac{AB\cdot AQ+AD\cdot AP}{AP\cdot AQ}$$

$$=\frac{\frac{1}{2}AB\cdot AQ\cdot\sin\theta+\frac{1}{2}AD\cdot AP\cdot\sin\theta}{\frac{1}{2}AP\cdot AQ\cdot\sin\theta}=\frac{\triangle ABQ+\triangle ADP}{\triangle APQ}$$

$$=\frac{\triangle ACQ+\triangle ACP}{\triangle APQ}=\frac{\triangle APQ}{\triangle APQ}=1. \text{（一定）}\quad\textbf{（答）}$$

(2)
$$\frac{1}{\triangle ACP}+\frac{1}{\triangle ACQ}=\left(\frac{\triangle ACB}{\triangle ACP}+\frac{\triangle ACD}{\triangle ACQ}\right)\cdot\frac{1}{\frac{1}{2}\square ABCD} \quad (\because ②)$$

$$=\left(\frac{AB}{AP}+\frac{AD}{AQ}\right)\cdot\frac{1}{5}=\frac{1}{5}\left(\frac{1}{x}+\frac{1}{y}\right)=\frac{1}{5}. \text{（一定）}\quad\textbf{（答）}$$

例題 28

　平面上に平行四辺形 OACB があり，この平面上の点 P に対して，
$$\overrightarrow{OP}=s\overrightarrow{OA}+t\overrightarrow{OB}$$
の形に表す．

(1) s, t が関係式 $5s+2t=3$ をみたしながら変わるとき，P はある定直線上を動く．その直線と 2 辺 OA，BC との交点をそれぞれ A′，B′ とするとき，$\overrightarrow{OA'}, \overrightarrow{OB'}$ を $\overrightarrow{OA}, \overrightarrow{OB}$ を用いて表せ．

(2) P が平行四辺形 OACB の周上または内部にあって，$5s+2t\leq 3$ をみたしながら動くとき，P が動く領域の面積は，平行四辺形 OACB の面積の何倍か．

(3) 線分 A'B' 上の点 P を通り,2辺 OA, OB のそれぞれに平行な2直線を l, m とし,l, m, OA, OB で定まる平行四辺形の面積を S とする.点 P が線分 A'B' 上を動くとき,S を最大にするような点 P について,$\overrightarrow{OP}$ を $\overrightarrow{OA}$ と $\overrightarrow{OB}$ を用いて表せ.

[考え方] 係数を調整して共線条件の利用,平方完成または相加・相乗平均の大小関係の利用.

【解答】

$(1)_1$ $\quad 5s+2t=3 \iff \dfrac{5}{3}s+\dfrac{2}{3}t=1.$ $\quad\cdots$ ①

$$\overrightarrow{OP}=s\overrightarrow{OA}+t\overrightarrow{OB}$$
$$=\dfrac{5}{3}s\left(\dfrac{3}{5}\overrightarrow{OA}\right)+\dfrac{2}{3}t\left(\dfrac{3}{2}\overrightarrow{OB}\right).$$

① より点 P は $\dfrac{3}{5}\overrightarrow{OA}$ の終点 A' と $\dfrac{3}{2}\overrightarrow{OB}$ の終点 D を結ぶ直線上にある. $\therefore\ \overrightarrow{OA'}=\dfrac{3}{5}\overrightarrow{OA}.$ (答)

また,$\overrightarrow{OD}=\dfrac{3}{2}\overrightarrow{OB}$ より OB:BD$=2:1$.

$\quad\quad\therefore$ A'B':B'D$=2:1$. ($\because$ BB'∥OA')

$\therefore\ \overrightarrow{OB'}=\dfrac{\overrightarrow{OA'}+2\overrightarrow{OD}}{2+1}=\dfrac{1}{3}\overrightarrow{OA'}+\dfrac{2}{3}\overrightarrow{OD}=\dfrac{1}{5}\overrightarrow{OA}+\overrightarrow{OB}.$ (答)

$(1)_2$ P が A' と一致するのは $t=0$ のときで,これと $5s+2t=3$ より $s=\dfrac{3}{5}$.

$$\therefore\ \overrightarrow{OA'}=\dfrac{3}{5}\overrightarrow{OA}.$$ (答)

P が B' と一致するのは,$\overrightarrow{OB'}=\overrightarrow{OB}+\overrightarrow{BB'}=\overrightarrow{OB}+s\overrightarrow{OA}$ より,$t=1$ のときで,これと $5s+2t=3$ より $s=\dfrac{1}{5}$. $\quad\therefore\ \overrightarrow{OB'}=\dfrac{1}{5}\overrightarrow{OA}+\overrightarrow{OB}.$ (答)

(2) $\quad 5s+2t\leqq 3.$ $\quad\therefore\ \dfrac{5}{3}s+\dfrac{2}{3}t\leqq 1.$

したがって,(1)より点 P は,直線 A'B' に関して点 O と同じ側(直線 A'B' も含む.)に存在する.

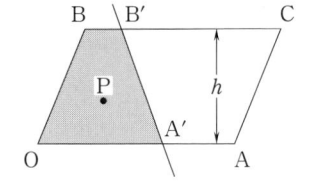

さらに,点 P は平行四辺形の周上または内部にあるから,P の動く領域は右図の網目部分である.

$$\therefore\ \dfrac{\square \text{OA'B'B}}{\square \text{OACB}}=\dfrac{\dfrac{1}{2}(\text{OA'}+\text{BB'})\cdot h}{\text{OA}\cdot h}=\dfrac{\dfrac{1}{2}\cdot\left(\dfrac{3}{5}+\dfrac{1}{5}\right)\text{OA}}{\text{OA}}=\dfrac{2}{5}.$$

よって,台形 OA'B'B の面積は平行四辺形の面積の $\dfrac{2}{5}$ 倍. (答)

(3)$_1$ l, m, OA, OB で定まる平行四辺形を右図
のように $\square$OMPL とし, $\angle$AOB$=\theta$ とおく.
$\overrightarrow{OP}=s\overrightarrow{OA}+t\overrightarrow{OB}$ において

$$5s+2t=3,\ \frac{1}{5}\leq s\leq\frac{3}{5},\ 0<t\leq 1. \quad\cdots\text{②}$$

また, $\overrightarrow{OM}=s\overrightarrow{OA},\ \overrightarrow{OL}=t\overrightarrow{OB}$.

$\therefore\ S=\text{OM}\cdot\text{OL}\sin\theta=s\cdot t|\overrightarrow{OA}||\overrightarrow{OB}|\sin\theta.$

ここで, $|\overrightarrow{OA}||\overrightarrow{OB}|\sin\theta$ は一定であるから, S を最大にするには, 条件②の下で $s\cdot t$ を最大にすればよい.

$$s\cdot t=s\cdot\frac{3-5s}{2}=-\frac{5}{2}\left(s-\frac{3}{10}\right)^2+\frac{9}{40}.$$

よって, $s\cdot t$ は $s=\dfrac{3}{10}$ $\left(\text{したがって }t=\dfrac{3}{4}\text{ となり, これらは②をみたす}\right)$ のとき最大となり, S の最大値は $\dfrac{9}{40}\cdot\square$OACB となる. このとき,

$$\overrightarrow{OP}=\frac{3}{10}\overrightarrow{OA}+\frac{3}{4}\overrightarrow{OB}. \qquad\text{(答)}$$

(3)$_2$ (相加平均≧相乗平均)

$$s\cdot t=\frac{5s\cdot 2t}{10}\leq\frac{1}{10}\left(\frac{5s+2t}{2}\right)^2=\frac{9}{40}.\quad (\because\ 5s+2t=3)$$

等号成立条件は, $5s=2t=\dfrac{3}{2}$. $\therefore\ s=\dfrac{3}{10},\ t=\dfrac{3}{4}$.

これらの $s,\ t$ は②をみたし適する.

$$\therefore\ \overrightarrow{OP}=\frac{3}{10}\overrightarrow{OA}+\frac{3}{4}\overrightarrow{OB}. \qquad\text{(答)}$$

例題 29

座標空間に, 4点
$$A(0,\ 0,\ -1),\ B(3,\ 2,\ 1),\ C(1,\ 0,\ 3),\ D(5,\ 1,\ 3)$$
があり, 点 P は線分 AB 上を動き, 点 Q は線分 CD 上を動く.
このとき,

(1) 線分 PQ の中点はどんな図形を描くか.
(2) 線分 PQ の存在する領域の体積を求めよ.
ただし, 線分はいずれも両端を含むものとする.

[考え方] 平行四辺形のベクトル表示の利用.

四面体の高さ $\text{DH}=|\overrightarrow{AD}||\cos\angle\text{ADH}|=\left|\overrightarrow{AD}\cdot\dfrac{\vec{n}}{|\vec{n}|}\right|.$

【解答】

(1)$_1$ $\overrightarrow{OP} = \overrightarrow{OA} + p\overrightarrow{AB}$. $(0 \leq p \leq 1)$
$\overrightarrow{OQ} = \overrightarrow{OC} + q\overrightarrow{CD}$. $(0 \leq q \leq 1)$
∴ $\overrightarrow{OM} = \dfrac{1}{2}(\overrightarrow{OP} + \overrightarrow{OQ})$

$= \begin{pmatrix} \frac{1}{2} \\ 0 \\ 1 \end{pmatrix} + p\begin{pmatrix} \frac{3}{2} \\ 1 \\ 1 \end{pmatrix} + q\begin{pmatrix} 2 \\ \frac{1}{2} \\ 0 \end{pmatrix}$.

$(0 \leq p \leq 1,\ 0 \leq q \leq 1)$

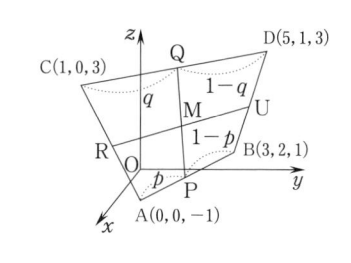

よって，中点 M の存在範囲は，右下図の平行四辺形 RTUS の周と内部． **(答)**

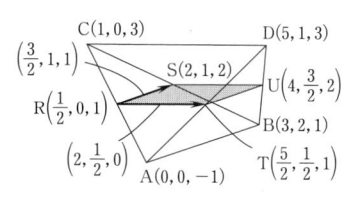

(1)$_2$ まず，点 Q を点 C に固定して点 P を A→B と動かすと，中点 M は R→S と動く．

次に，点 Q を C→D と動かすと，線分 RS は線分 TU まで平行に動く．

よって，中点 M の存在範囲は，平行四辺形 RTUS の周と内部． **(答)**

(2) 線分 PQ の存在範囲は四面体 ABCD である． 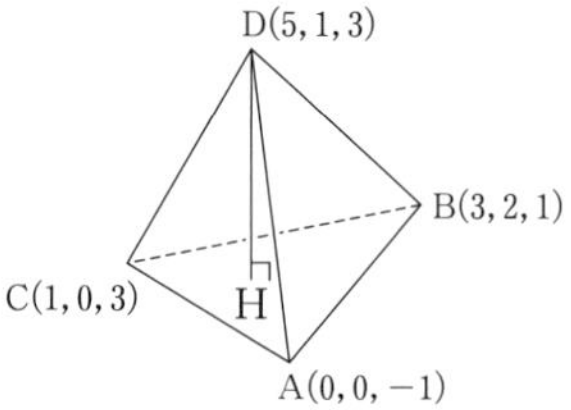
$\overrightarrow{AB} = (3, 2, 2)$, $\overrightarrow{AC} = (1, 0, 4)$, $\overrightarrow{AD} = (5, 1, 4)$.

∴ $\triangle ABC = \dfrac{1}{2}\sqrt{|\overrightarrow{AB}|^2 |\overrightarrow{AC}|^2 - (\overrightarrow{AB} \cdot \overrightarrow{AC})^2}$

$= \dfrac{1}{2}\sqrt{(9+4+4)(1+16) - (3+8)^2} = \sqrt{42}$.

また，平面 ABC の法線ベクトル $\vec{n}$ は，$\overrightarrow{AB}$, $\overrightarrow{AC}$ の両方に垂直だから，$\vec{n} = (4, -5, -1)$ ととれる．

∴ 高さ $DH = \left| \overrightarrow{AD} \cdot \dfrac{\vec{n}}{|\vec{n}|} \right| = \dfrac{|20 - 5 - 4|}{\sqrt{16+25+1}} = \dfrac{11}{\sqrt{42}}$.

∴ $V = \dfrac{1}{3}\triangle ABC \times DH = \dfrac{1}{3}\sqrt{42} \cdot \dfrac{11}{\sqrt{42}} = \dfrac{11}{3}$. **(答)**

MEMO

演習問題

79 三角形 OAB において，辺 OA の垂直二等分線と辺 OB の垂直二等分線との交点を P とし，$\overrightarrow{OA}=\vec{a}$，$\overrightarrow{OB}=\vec{b}$，$\overrightarrow{OP}=\vec{p}$ とする．
$$|\vec{a}|=2, \ |\vec{b}|=4, \ \vec{a}\cdot\vec{b}=6$$
であるとき，$\vec{p}$ を $\vec{a}$，$\vec{b}$ を用いて表せ． (佐賀大)

80 平面上の三角形 ABC と実数 k に対して，点 P は
$$3\overrightarrow{PA}+2\overrightarrow{PB}+\overrightarrow{PC}=k\overrightarrow{BC}$$
をみたしている．
(1) k が実数全体を動くとき，点 P の軌跡を求めよ．
(2) 点 P が三角形 ABC の内部にあるような k の値の範囲を求めよ． (類題頻出)

81 平面上に $BC=a$，$CA=b$，$AB=c$ である三角形 ABC がある．その重心を G とし，$\overrightarrow{GA}=\vec{\alpha}$，$\overrightarrow{GB}=\vec{\beta}$，$\overrightarrow{GC}=\vec{\gamma}$ とする．
(1) $\vec{\alpha}\cdot\vec{\alpha}+\vec{\beta}\cdot\vec{\beta}+\vec{\gamma}\cdot\vec{\gamma}$ および $\vec{\alpha}\cdot\vec{\beta}+\vec{\beta}\cdot\vec{\gamma}+\vec{\gamma}\cdot\vec{\alpha}$ を a，b，c を用いて表せ．
(2) 平面上の点 P が $\overrightarrow{PA}\cdot\overrightarrow{PB}+\overrightarrow{PB}\cdot\overrightarrow{PC}+\overrightarrow{PC}\cdot\overrightarrow{PA}=k$（$k$ は定数）をみたしながら動くとき，点 P の軌跡を求めよ． (三重大)

82 原点 O を中心とする半径 1 の円周上に 4 点 A，B，C，D があって，$\overrightarrow{OC}=-\overrightarrow{OA}$，$|\overrightarrow{AB}|=1$ をみたしている．線分 AB を $t:(1-t)$ に内分する点を P とし，線分 CP と線分 OB の交点を Q とする．ただし，$0<t<1$ である．
(1) $\overrightarrow{OQ}$ を t と $\overrightarrow{OB}$ を用いて表せ．
(2) $\overrightarrow{OA}+\sqrt{3}\,\overrightarrow{OQ}+\sqrt{3}\,\overrightarrow{OD}=\vec{0}$ が成り立つとき，t の値と四角形 ABCD の面積を求めよ． (福島県立医科大)

83 xy 平面上に，3 定点 $A(4, 2)$，$B(3, 5)$，$C(2, 2)$ と円 $x^2+y^2=9$ の周およびその内部を自由に動く点 P がある．このとき，
$$|\overrightarrow{AP}+2\overrightarrow{BP}+3\overrightarrow{CP}|$$
の最大値 M および最小値 m を求めよ．

84 三角形 OAB と正の定数 k が与えられている.動点 P, Q は,
$$\overrightarrow{OP}=a\overrightarrow{OA},\ \overrightarrow{OQ}=b\overrightarrow{OB},\ \frac{1}{a}+\frac{1}{b}=\frac{1}{k}\ (a,\ b\ は実数)$$
をみたしている.
(1) 直線 PQ は $a,\ b$ の値にかかわらず定点を通ることを示せ.また,その定点を R とするとき,$\overrightarrow{OR}$ を $\overrightarrow{OA},\ \overrightarrow{OB},\ k$ で表せ.
(2) $|\overrightarrow{OA}|=1,\ |\overrightarrow{OB}|=1,\ |\overrightarrow{OR}|=\sqrt{3},\ k=1$ のとき,$\overrightarrow{OA}$ と $\overrightarrow{OB}$ のなす角 $\theta\ (0\leqq\theta\leqq\pi)$ を求めよ. (愛媛大)

85 正四面体 ABCD において,AB, CD, AD, BC の中点をそれぞれ E, F, G, H とする.
(1) EF と GH は交わることを示せ.
(2) EF と GH の交点を O とし,$\angle \mathrm{AOB}=\theta\ (0\leqq\theta\leqq\pi)$ とするとき,$\cos\theta$ の値を求めよ. (横浜市立大)

86 空間内に定点 A(1, 1, 1) がある.xy 平面上に原点を中心とする半径 1 の円があり,点 P, Q はこの円周上を PQ が直径となるように動く.
(1) $\angle$PAQ の最大値と最小値を求めよ.
(2) 三角形 PAQ の面積の最大値と最小値を求めよ. (一橋大)

87* 座標空間において,直線 l は 2 点 A(1, 1, 0), B(2, 1, 1) を通り,直線 m は 2 点 C(1, 1, 1), D(1, 3, 2) を通る.
　定点 E(2, 0, 1) を通り $l,\ m$ の両方と交わる直線 n を求めよ.また,l と n の交点,および m と n の交点を求めよ. (東京大)

88* 四面体 OABC において,辺 AB を 1 : 2 に内分する点を D,線分 CD を 3 : 5 に内分する点を E,線分 OE を 1 : 3 に内分する点を F,直線 AF と平面 OBC との交点を G,直線 OG と辺 BC との交点を H とする.
(1) AF : FG および BH : HC を求めよ.
(2) 3 点 A, E, H は同一直線上にあることを示し,AE : EH を求めよ.
(3) 四面体 GDEH および四面体 DEFG の体積は,四面体 OABC の体積の何倍か.

第10章 場合の数と確率

例題 30

8個の正の符号＋と6個の負の符号－とを，左から順に並べ，符号の変化が5回起こるようにする仕方は全部で何通りあるか．　　　　　（滋賀大）

[考え方]　組合せ，重複組合せの利用．

【解答1】

符号の変化が5回起こる並べ方は，8個の＋から3つのかたまり$\oplus$, $\oplus$, $\oplus$と6個の－から3つのかたまり$\ominus$, $\ominus$, $\ominus$を作り，これらの6つのかたまりを前から順に$\oplus$, $\ominus$または$\ominus$, $\oplus$と交互にくり返し3回並べる方法だけある．

```
＋|＋＋＋＋＋|＋＋
－－|－－－|－
{ $\oplus\ominus\oplus\ominus\oplus\ominus$
  $\ominus\oplus\ominus\oplus\ominus\oplus$
```

$$\therefore\ 2\times {}_7C_2\times {}_5C_2=420\ （通り）．\quad\text{(答)}$$

（注）8個の＋から3つのかたまりを作る方法は，8個並べた＋の中間7箇所に2本の仕切り｜を入れる方法だけあるから，＋の3つのかたまりは${}_7C_2$個できる．同様に，6個の－から，－の3つのかたまりは${}_5C_2$個できる．

【解答2】

＋，－を交互にくり返し3回並べると符号の変化が5回起こる．

よって，符号の変化が5回起こる並べ方は，

　　　　残り5個の＋を右の㋐，㋒，㋔に，
　　　　残り3個の－を右の㋑，㋓，㋕に

```
＋－＋－＋－
㋐ ㋑ ㋒ ㋓ ㋔ ㋕
```

それぞれ重複を許して入れる方法だけある．

－＋－＋－＋の場合も同数あるから，求める並べ方は

$$2\times {}_3H_5\times {}_3H_3=2\times {}_7C_2\times {}_5C_2=420\ （通り）．\quad\text{(答)}$$

（重複組合せ${}_nH_r$については，[解 説] 参照）

【解答3】

まず，8個の＋を並べて置き，その中間の7箇所のうちの2箇所に－を入れ，次に，両端の一方に－を置くと符号の変化が5回起こる．

```
＋＋▽＋＋＋▽＋＋＋▽
```

よって，符号の変化が5回起こる並べ方は，これに，残り3個の－を，すでに置いた3個の－の箇所に重複を許して入れる方法と同数だけある．

$$\therefore\ {}_7C_2\times {}_2C_1\times {}_3H_3=21\cdot 2\cdot {}_5C_3=420\ （通り）．\quad\text{(答)}$$

[解説] 異なる n 個のものから重複を許して r 個とる組合せの数（これは r 個のものを，異なる n 個の箱に空箱があってもよい入れ方の数でもある）を**重複組合せ**といい，${}_n\mathrm{H}_r$ と表す．例えば，
$$\text{方程式 } x_1+x_2+\cdots+x_n=r \quad (r\geqq 0) \qquad \cdots\text{①}$$
の負でない整数解は，${}_n\mathrm{H}_r$ の定義から，明らかに ${}_n\mathrm{H}_r$ 個ある．

方程式①の負でない整数解の個数を利用して，${}_n\mathrm{H}_r$ と ${}_n\mathrm{C}_r$ との間に，公式
$$\quad {}_n\mathrm{H}_r={}_{n+r-1}\mathrm{C}_r \qquad \cdots\text{②}$$
が成り立つことを次の問題を通して説明しておこう．

> $x+y+z=5$ をみたす負でない整数解の組 (x, y, z) の個数を求めよ．

(解答) 例えば，整数解 $(x, y, z)=(1, 2, 2)$ を ○|○○|○○ のように2本の仕切り | を入れて表すことにすると，
$$\text{○○||○○○ は整数解 }(x, y, z)=(2, 0, 3)$$
に対応する．よって，負でない整数解の個数は，5個の○と2本の仕切り || の7個を1列に並べる方法の数に等しく，それは7箇所のうちから，5個の○（または，2個の |）の並ぶ位置を選ぶ方法の数だけあるから，
$$\quad {}_3\mathrm{H}_5={}_{3+5-1}\mathrm{C}_5={}_7\mathrm{C}_5={}_7\mathrm{C}_2=21. \qquad \textbf{(答)}$$

これを一般化すると，②が得られる．すなわち，

異なる n 個のものから，重複を許して r 個とる組合せ（**重複組合せ**）の数 ${}_n\mathrm{H}_r$ は，r 個の○と $n-1$ 個の仕切り | とを並べる方法の数に等しく，それは，合計 $n+r-1$ 個の場所のうちから，○の並ぶ r 個の場所を選ぶ方法の数 ${}_{n+r-1}\mathrm{C}_r$ だけある．よって，公式②が成り立つ．

例題 31

1つのサイコロを n 回 $(n\geqq 1)$ 振るとき，1の目が偶数回（0回も含む）出る確率を p_n とする．

(1) p_{n+1} を p_n を用いて表せ．

(2) p_n を n を用いて表せ．
 （名古屋大）

[考え方] 漸化式，二項定理の利用．

【解答】
(1) 1つのサイコロを $(n+1)$ 回振ったとき，1の目が偶数回出るのは，
 (i) n 回振ったとき，1の目が偶数回出て，$(n+1)$ 回目に1の目が出ない，
 (ii) n 回振ったとき，1の目が奇数回出て，$(n+1)$ 回目に1の目が出る，
のいずれかの場合で，(i), (ii) は互いに排反事象である．
$$\therefore \quad p_{n+1}=\frac{5}{6}p_n+\frac{1}{6}(1-p_n)=\frac{2}{3}p_n+\frac{1}{6}. \qquad \cdots\text{①} \quad \textbf{(答)}$$

$(2)_1$
$$\left(\alpha = \frac{2}{3}\alpha + \frac{1}{6}. \quad \cdots ② \quad \therefore \alpha = \frac{1}{2}.\right)$$

①－② より，　　　　　$p_{n+1} - \frac{1}{2} = \frac{2}{3}\left(p_n - \frac{1}{2}\right).$

また，1回振って1の目が出ない（1の目が0回出る）確率は，$p_1 = \frac{5}{6}$.

$$\therefore \quad p_n - \frac{1}{2} = \left(\frac{2}{3}\right)^{n-1}\left(p_1 - \frac{1}{2}\right) = \frac{1}{3}\left(\frac{2}{3}\right)^{n-1} = \frac{1}{2}\left(\frac{2}{3}\right)^n.$$

$$\therefore \quad p_n = \frac{1}{2}\left\{1 + \left(\frac{2}{3}\right)^n\right\}. \quad \textbf{(答)}$$

$(2)_2$ 1つのサイコロを n 回振ったとき，1の目が奇(偶)数回出る確率を $q_n(p_n)$ とすると，

$$\begin{cases} p_{n+1} = \frac{5}{6}p_n + \frac{1}{6}q_n, \\ q_{n+1} = \frac{1}{6}p_n + \frac{5}{6}q_n. \end{cases} \quad \therefore \begin{cases} p_n + q_n = 1, \quad \cdots ③ \\ p_n - q_n = \frac{2}{3}(p_{n-1} - q_{n-1}). \end{cases}$$

$$\therefore \quad p_n - q_n = \left(\frac{2}{3}\right)^{n-1}(p_1 - q_1) = \left(\frac{5}{6} - \frac{1}{6}\right)\left(\frac{2}{3}\right)^{n-1} = \left(\frac{2}{3}\right)^n. \quad \cdots ④$$

（③＋④）$\times \frac{1}{2}$ より，　　　　　$p_n = \frac{1}{2}\left\{1 + \left(\frac{2}{3}\right)^n\right\}.$　　**(答)**

$(2)_3$ n 回中，1の目が偶数回 $\left(0, 2, 4, \cdots, 2\left[\frac{n}{2}\right]\right)$ 出る確率 p_n は，

$$p_n = \sum_{r=0}^{\left[\frac{n}{2}\right]} {}_nC_{2r}\left(\frac{5}{6}\right)^{n-2r} \cdot \left(\frac{1}{6}\right)^{2r}$$

$$= \frac{1}{2}\left\{\sum_{k=0}^{n} {}_nC_k\left(\frac{5}{6}\right)^{n-k} \cdot \left(\frac{1}{6}\right)^k + \sum_{k=0}^{n} {}_nC_k\left(\frac{5}{6}\right)^{n-k} \cdot \left(-\frac{1}{6}\right)^k\right\}$$

$$= \frac{1}{2}\left\{\left(\frac{5}{6} + \frac{1}{6}\right)^n + \left(\frac{5}{6} - \frac{1}{6}\right)^n\right\} = \frac{1}{2}\left\{1 + \left(\frac{2}{3}\right)^n\right\}. \quad \textbf{(答)}$$

例題 32

点 Q が数直線上の原点から出発して，1秒ごとに正または負の方向に同じ確率 $\frac{1}{2}$ で1だけ移動し，3 または -3 に到着すると動きを止めるものとする．n 秒後に点 Q が 3 または -3 にある確率 P_n を求めよ．　　（岐阜大）

考え方　漸化式を立てて解くか，工夫して等比級数で求める．

【解答1】（漸化式1）

点 Q が n 秒後に数直線上の点 x にある確率を $Q_n(x)$ とすると，対称性から
$$Q_n(x) = Q_n(-x). \quad \cdots ①$$

点 Q は奇数秒後には，$x = -3, -1, 1, 3$ のいずれかにあるから，$2m-1$ 秒後に $x = -3$ または $x = 3$ にある確率 P_{2m-1} は

$$P_{2m-1} = 1 - \{Q_{2m-1}(1) + Q_{2m-1}(-1)\}$$
$$= 1 - 2Q_{2m-1}(1). \quad (\because ①)$$

ここで，前頁の図より，

$$Q_{2m-1}(1) = 2 \times \left(\frac{1}{2}\right)^2 \cdot Q_{2m-3}(1) + \left(\frac{1}{2}\right)^2 \cdot Q_{2m-3}(-1)$$

$$= \frac{3}{4} Q_{2m-3}(1) \quad (\because ①)$$

$$= \left(\frac{3}{4}\right)^{m-1} \cdot Q_1(1) = \frac{1}{2}\left(\frac{3}{4}\right)^{m-1}. \quad \left(\because Q_1(1) = \frac{1}{2}\right)$$

$$\therefore \quad P_{2m-1} = 1 - \left(\frac{3}{4}\right)^{m-1}.$$

また，点 Q が $x = -3$ または 3 に初めて到達するのは奇数秒後であるから，

$$P_{2m} = P_{2m-1} = 1 - \left(\frac{3}{4}\right)^{m-1}.$$

$$\therefore \quad \begin{cases} n = 2m-1 \text{ (奇数) のとき,} & P_n = 1 - \left(\frac{3}{4}\right)^{\frac{n-1}{2}}, \\ n = 2m \text{ (偶数) のとき,} & P_n = 1 - \left(\frac{3}{4}\right)^{\frac{n}{2}-1}. \end{cases}$$ **(答)**

【解答2】（漸化式 2）

点 Q は奇数秒後には，$x = -3, -1, 1, 3$ のいずれかにあるから，$2m-1$ 秒後に
　$x = -3$ または 3 にある確率は P_{2m-1}，
　$x = -1$ または 1 にある確率は $1 - P_{2m-1}$．

よって，点 Q がその 2 秒後に $x = -3$ または 3 にある確率は

$$P_{2m+1} = P_{2m-1} + \left(\frac{1}{2}\right)^2 \cdot (1 - P_{2m-1}) = \frac{3}{4} P_{2m-1} + \frac{1}{4}.$$

$$\therefore \quad P_{2m+1} - 1 = \frac{3}{4}(P_{2m-1} - 1).$$

$$\therefore \quad P_{2m-1} - 1 = \frac{3}{4}(P_{2m-3} - 1) = \left(\frac{3}{4}\right)^{m-1} \cdot (P_1 - 1) = -\left(\frac{3}{4}\right)^{m-1}. \quad (\because P_1 = 0)$$

$$\therefore \quad P_{2m-1} = 1 - \left(\frac{3}{4}\right)^{m-1}.$$

点 Q が $x = -3$ または 3 に初めて到達するのは奇数秒後であることを考慮すると

$$P_{2m} = P_{2m-1} = 1 - \left(\frac{3}{4}\right)^{m-1}.$$

$$\therefore \quad P_n = \begin{cases} 1 - \left(\frac{3}{4}\right)^{\frac{n-1}{2}}, & (n \text{ が奇数のとき}) \\ 1 - \left(\frac{3}{4}\right)^{\frac{n}{2}-1}. & (n \text{ が偶数のとき}) \end{cases}$$ **(答)**

【解答3】（直接計算）

1秒後に $x=1$（または $x=-1$）にある確率は $\dfrac{1}{2}$ である．

その後，各2秒ごとに，$x=1$（または $x=-1$）に戻る確率は，つねに $\dfrac{3}{4}$ である．

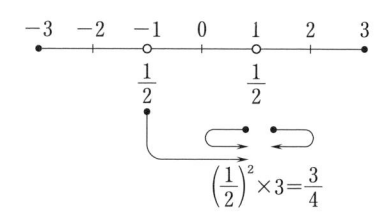

よって，点 Q が $1, 3, 5, \cdots, 2m-1$ 秒後に $x=1$（または $x=-1$）に達し，その各2秒後に $x=3$（または $x=-3$）に達して，$2m+1$ 秒後に $x=-3$ または3 にある確率 P_{2m+1} は，対称性を考慮すると

$$P_{2m+1}=\dfrac{1}{2}\cdot\left\{1+\dfrac{3}{4}+\left(\dfrac{3}{4}\right)^2+\cdots+\left(\dfrac{3}{4}\right)^{m-1}\right\}\cdot\left(\dfrac{1}{2}\right)^2\times 2$$

$$=\dfrac{1}{4}\cdot\dfrac{1-\left(\dfrac{3}{4}\right)^m}{1-\dfrac{3}{4}}=1-\left(\dfrac{3}{4}\right)^m.$$

また，点 Q が $x=-3$ または 3 に初めて到達するのは奇数秒後であるから

$$P_{2m}=P_{2m-1}=1-\left(\dfrac{3}{4}\right)^{m-1}.\qquad\text{（以下，同様）}$$

例題 33

点 P が数直線上を原点から出発して動く．硬貨を投げて表が出れば P は正の方向に 2 だけ動き，裏が出れば負の方向に 1 だけ動く．n 回硬貨を投げたときの点 P の座標を確率変数 X_n とする．

(1) $n=4$ のとき，確率変数 X_4 の確率分布を求め，X_4 の期待値，分散を求めよ．

(2) 確率変数 X_n の期待値，分散を求めよ． （類題頻出）

[考え方] 二項分布 $B(n, p)$ の期待値と分散の公式 $E(X)=np$, $V(X)=npq$ の利用．

【解答】

(1) 硬貨を n 回投げたとき，表が k 回（したがって，裏が $(n-k)$ 回）出る確率は

$$p_k={}_nC_k\left(\dfrac{1}{2}\right)^{n-k}\left(\dfrac{1}{2}\right)^k={}_nC_k\left(\dfrac{1}{2}\right)^n. \qquad \cdots\text{①}$$

このとき，点 P の x 座標は

$$X_n=2k-(n-k)=3k-n. \qquad \cdots\text{②}$$

①，② で，$n=4$；$k=0, 1, 2, 3, 4$ として

X_4	-4	-1	2	5	8
p_k	$\dfrac{1}{16}$	$\dfrac{1}{4}$	$\dfrac{3}{8}$	$\dfrac{1}{4}$	$\dfrac{1}{16}$

(答)

$$\therefore \begin{cases} E(X_4) = (-4)\cdot\dfrac{1}{16} + (-1)\cdot\dfrac{1}{4} + 2\cdot\dfrac{3}{8} + 5\cdot\dfrac{1}{4} + 8\cdot\dfrac{1}{16} = 2. \\ V(X_4) = (-4-2)^2\cdot\dfrac{1}{16} + (-1-2)^2\cdot\dfrac{1}{4} + (2-2)^2\cdot\dfrac{3}{8} \\ \qquad\qquad + (5-2)^2\cdot\dfrac{1}{4} + (8-2)^2\cdot\dfrac{1}{16} = 9. \end{cases}$$ (答)

(2) n 回投げたとき，表が出る回数を確率変数 Z_n とすると，Z_n は ① より二項分布 $B\left(n, \dfrac{1}{2}\right)$ に従うから，Z_n の期待値 $E(Z_n)$ と分散 $V(Z_n)$ は

$$E(Z_n) = \dfrac{n}{2}, \quad V(Z_n) = n\cdot\dfrac{1}{2}\cdot\dfrac{1}{2} = \dfrac{n}{4}.$$

また，② より

$$X_n = 3Z_n - n.$$

$$\therefore \begin{cases} E(X_n) = E(3Z_n - n) = 3E(Z_n) - n = \dfrac{n}{2}. \\ V(X_n) = V(3Z_n - n) = 3^2 V(Z_n) = \dfrac{9n}{4}. \end{cases}$$ (答)

[解説]

期待値・分散の重要公式
$E(aX+b) = aE(X) + b,$
$V(aX+b) = a^2 V(X), \quad V(X) = E(X^2) - \{E(X)\}^2.$

演習問題

89 1個のサイコロを続けて4回振るとき，出た目の数を順に x, y, z, u とする．このとき，
$$(x-y)(y-z)(z-u) = 0$$
となる確率を求めよ． （類題頻出）

90 袋の中に数字 1, 2, 3 を書いたカードがそれぞれ1枚ずつ入っている．袋の中から1枚のカードを無作為に取り出し，数字を控え，袋に戻すという試行を n 回行い，控えた数字 n 個の積を I_n とする．
このとき，I_n が 6 の倍数でない確率を求めよ．

91 次のようなゲームを考える．
(i) 最初の持ち点は 2 である．
(ii) サイコロを振って，奇数の目が出れば持ち点が 1 点増し，偶数の目が出れば持ち点が 1 点減る．このような操作を 5 回する．ただし，途中で持ち点が 0 になったら，その時点でゲームは終了する．

このゲームにおいて，5 回サイコロを振ることができる確率，およびゲームが終わったときの持ち点の期待値を求めよ．　　　　　　　　　　　（京都大）

92 サイコロの出た目の数だけ数直線を正の方向に移動するゲームを考える．ただし，8 をゴールとしてちょうど 8 の位置へ移動したときにゲームを終了し，8 をこえた分についてはその数だけ戻る．たとえば，7 の位置で 3 が出た場合，8 から 2 戻って 6 へ移動する．なお，サイコロは 1 から 6 までの目が等確率で出るものとする．原点から始めて，サイコロを n 回投げ終えたときに 8 へ移動してゲームを終了する確率を p_n とする．
(1) p_2 を求めよ．
(2) p_3 を求めよ．
(3) 4 以上のすべての n に対して p_n を求めよ．　　　　　　　　（名古屋大）

93 $n\ (n \geqq 2)$ 人で 1 回だけジャンケンをする．勝者の数を X として，次の各問に答えよ．
(1) k を $1 \leqq k \leqq n$ である整数とするとき，$k \cdot {}_n C_k = n \cdot {}_{n-1} C_{k-1}$ を示せ．
(2) $X = k\ (k = 1, 2, \cdots, n-1)$ である確率を求めよ．
(3) $X = 0$，すなわち勝負が決まらない確率を求めよ．
(4) X の期待値を求めよ．　　　　　　　　　　　　　　　　　　（新潟大）

94 立方体のある頂点にマウスがいて，1 回ごとに頂点から隣りの頂点へ辺に沿って移動する．頂点に立つごとに，どの方向に進むかは（今来た辺を含めて）等確率であるとする．
(1) このマウスが最初の頂点に戻るのは必ず偶数回目であることを示せ．
(2) $2n$ 回の移動で最初の頂点に戻っている確率を p_n とする．p_{n+1} を p_n で表せ．
(3) p_n を n で表せ．　　　　　　　　　　　　　　　　　　（奈良女子大）

95 AとBの2人が，1個のサイコロを次の手順により投げ合う．
1回目はAが投げる．
1，2，3の目が出たら，次の回には同じ人が投げる．
4，5の目が出たら，次の回には別の人が投げる．
6の目が出たら，投げた人を勝ちとしそれ以降は投げない．
(1) n回目にAがサイコロを投げる確率 a_n を求めよ．
(2) ちょうど n 回目のサイコロ投げで A が勝つ確率 p_n を求めよ．
(3) n 回以内のサイコロ投げで A が勝つ確率 q_n を求めよ． （一橋大）

96* 1個のさいころを n 回続けて振るとき，出る目の数を順に $x_1, x_2, x_3,$ $\cdots, x_n$ とする．次のそれぞれの確率を求めよ．ただし，$n \geq 3$ とする．
(1) $(x_1-3)^2+(x_2-3)^2+(x_3-3)^2+\cdots+(x_n-3)^2=2$ となる確率．
(2) $(x_1-3)^2+(x_2-3)^2+(x_3-3)^2+\cdots+(x_n-3)^2 \geq 3$ となる確率．
(3) $(x_1-3)(x_2-3)(x_3-3)\cdots(x_n-3)=6$ となる確率． （九州工業大）

97 箱の中に白球2個と赤球3個が入っている．この箱から毎回1個の球を取り出して箱の外に置く．
(1) 白球が4回目までに全部取り出される確率を求めよ．
(2) 3回目に白球を取り出したことがわかっているとき，白球が4回目までに全部取り出される確率を求めよ． （名古屋市立大）

98 表の出る確率が p $(0<p<1)$ の硬貨を2回投げる．このとき，1回目に表が出たら $X_1=1$，裏が出たら $X_1=0$，2回目に表が出たら $X_2=1$，裏が出たら $X_2=0$ であるとして，確率変数 X_1 と X_2 とを定義する．
また，a, b, c を p に無関係な定数とする．このとき，
(1) 確率変数 $Y=aX_1+bX_2+cX_1X_2$ の期待値 $E(Y)$ を求めよ．
(2) すべての p に対して $E(Y)=p$ をみたし，しかも Y の分散 $V(Y)$ を最小にするように，定数 a, b, c の値を定めよ． （大阪大）

99* 3人でジャンケンをして勝者を決めるものとする．例えば1人がパーを出し，他の2人がグーを出せば，ただ1回でちょうど1人の勝者が決まることになる．3人でジャンケンをして，負けた人は次の回以後参加しないことにし，ちょうど1人の勝者が決まるまでジャンケンを繰り返すことにする．このとき，n 回目に初めてちょうど1人の勝者が決まる確率を求めよ．
（東京大）

第11章 複素数平面

例題 34

⓵ a は実数で, 複素数
$$z = \frac{(1+i)^3(a-i)^2}{\sqrt{2}(a-3i)^2}$$
が, $|z| = \dfrac{2}{3}$ をみたすとき,

(1) z の偏角 θ を求めよ. ただし, $0 \leqq \theta < 2\pi$ とする.
(2) z^n が実数になるような自然数 n の最小値, および, そのときの z^n の値を求めよ.
(埼玉大)

⓶ 方程式 $z^5 = 1$ の虚数解の1つを α とするとき,

(1) α 以外の相異なる3つの虚数解は α^2, α^3, α^4 に等しいことを証明せよ.
(2) 積 $(1-\alpha)(1-\alpha^2)(1-\alpha^3)(1-\alpha^4)$ の値を求めよ.
(3) 積 $(1+\alpha)(1+\alpha^2)(1+\alpha^3)(1+\alpha^4)$ の値を求めよ.
(神戸商船大)

考え方 ⓵ 極形式とド・モアブルの定理の利用.
⓶ (1) α^2, α^3, α^4 が $z^5=1$ の解で, α, α^2, α^3, α^4 は相異なるとは?
(2), (3) z^5-1 の因数分解の利用.

【解答】

⓵ (1) $|z| = \dfrac{|1+i|^3 \cdot |a-i|^2}{\sqrt{2}\,|a-3i|^2} = \dfrac{(\sqrt{2})^3(a^2+1)}{\sqrt{2}(a^2+9)} = \dfrac{2}{3}$

$\iff 3(a^2+1) = a^2+9 \iff a^2 = 3.$ ∴ $a = \pm\sqrt{3}$.

∴ $z = \dfrac{(1+i)^3(\pm\sqrt{3}-i)^2}{\sqrt{2}(\pm\sqrt{3}-3i)^2} = \dfrac{(1+i)^3(\sqrt{3}\mp i)^2}{3\sqrt{2}(1\mp\sqrt{3}\,i)^2}$. (以下, 複号同順)

ここで, $1+i = \sqrt{2}\left(\cos\dfrac{\pi}{4} + i\sin\dfrac{\pi}{4}\right)$,

$\sqrt{3}\mp i = 2\left\{\cos\left(\mp\dfrac{\pi}{6}\right) + i\sin\left(\mp\dfrac{\pi}{6}\right)\right\}$,

$1\mp\sqrt{3}\,i = 2\left\{\cos\left(\mp\dfrac{\pi}{3}\right) + i\sin\left(\mp\dfrac{\pi}{3}\right)\right\}$.

∴ $\arg z = \theta = \dfrac{\pi}{4} \times 3 + \left(\mp\dfrac{\pi}{6}\right) \times 2 - \left(\mp\dfrac{\pi}{3}\right) \times 2$

$= \left(\dfrac{3}{4} \mp \dfrac{1}{3} \pm \dfrac{2}{3}\right)\pi = \left(\dfrac{3}{4} \pm \dfrac{1}{3}\right)\pi$.

$$\therefore \theta = \begin{cases} \dfrac{13}{12}\pi, & (a=\sqrt{3}\ \text{のとき}) \\ \dfrac{5}{12}\pi. & (a=-\sqrt{3}\ \text{のとき}) \end{cases}$$ **(答)**

(2) (1) より $\quad z=\dfrac{2}{3}(\cos\theta+i\sin\theta).\ \left(\theta=\dfrac{13}{12}\pi\ \text{または}\ \dfrac{5}{12}\pi\right)$

と表せるから，ド・モアブルの定理より $\quad z^n=\left(\dfrac{2}{3}\right)^n(\cos n\theta+i\sin n\theta).$

この z^n が実数となる条件は，

$$n\theta=\dfrac{13n\pi}{12}\ \text{または}\ \dfrac{5n\pi}{12}\ \text{が}\ \pi\ \text{の整数倍になることである.}$$

よって，求める自然数 n の最小値は，$a=\pm\sqrt{3}$ のいずれの場合も
$$n=12.$$ **(答)**

このとき，$\quad z^n=z^{12}=-\left(\dfrac{2}{3}\right)^{12}.$ **(答)**

[2] (1)₁ $z^5=1$ の虚数解：
$$z_k=\cos\dfrac{2k\pi}{5}+i\sin\dfrac{2k\pi}{5}\ (k=1,\ 2,\ 3,\ 4)$$

は，単位円に内接する正五角形の 4 頂点（右図）
を表す複素数である．よって，

$\alpha=z_1$ のとき，$\alpha^2=z_2,\ \alpha^3=z_3,\ \alpha^4=z_4.$
$\alpha=z_2$ のとき，$\alpha^2=z_4,\ \alpha^3=z_1,\ \alpha^4=z_3.$
$\alpha=z_3$ のとき，$\alpha^2=z_1,\ \alpha^3=z_4,\ \alpha^4=z_2.$
$\alpha=z_4$ のとき，$\alpha^2=z_3,\ \alpha^3=z_2,\ \alpha^4=z_1.$

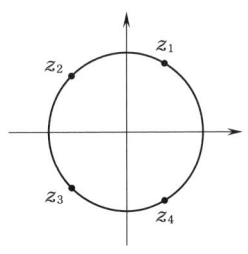

以上から，$z^5=1$ の虚数解の 1 つを α とすると，他の相異なる虚数解は，
$\alpha^2,\ \alpha^3,\ \alpha^4$ と表される． **(終)**

(1)₂ $(\alpha^k)^5=(\alpha^5)^k=1^k=1$ より，$\alpha^k\ (k=2,\ 3,\ 4)$ は $z^5=1$ の解である．

さらに，$\alpha^k=\alpha^l\ (1\leqq l<k\leqq 4)$ とすると $\alpha^{k-l}=1.\ (1\leqq k-l\leqq 3)$

これは α が $z^5=1$ の解であることに矛盾する．

以上から，$\alpha,\ \alpha^2,\ \alpha^3,\ \alpha^4$ はすべて相異なる． **(終)**

(2) (1) より，
$$z^5-1=(z-1)(z^4+z^3+z^2+z+1)=0$$

の解は，$1,\ \alpha,\ \alpha^2,\ \alpha^3,\ \alpha^4$ であるから，
$$z^4+z^3+z^2+z+1=(z-\alpha)(z-\alpha^2)(z-\alpha^3)(z-\alpha^4).$$

ここで，$z=1$ とすると，$(1-\alpha)(1-\alpha^2)(1-\alpha^3)(1-\alpha^4)=5.$ **(答)**

(3) ① で $z=-1$ とすると，
$$(-1-\alpha)(-1-\alpha^2)(-1-\alpha^3)(-1-\alpha^4)=1-1+1-1+1.$$
$$\therefore\ (1+\alpha)(1+\alpha^2)(1+\alpha^3)(1+\alpha^4)=1.$$ **(答)**

例題 35

複素数平面上に相異なる3点 $P_1(z_1)$, $P_2(z_2)$, $P_3(z_3)$ がある．
次の各条件は三角形 $P_1P_2P_3$ が正三角形であるための必要十分条件であることを証明せよ．

(1) $\dfrac{z_3-z_1}{z_2-z_1}=\dfrac{z_1-z_2}{z_3-z_2}$.

(2) $z_1^2+z_2^2+z_3^2-z_2z_3-z_3z_1-z_1z_2=0$.

(大阪女子大)

[考え方] 複素数平面上における回転を利用する．

【解答】

(1) $$\dfrac{z_3-z_1}{z_2-z_1}=\dfrac{z_1-z_2}{z_3-z_2}$$

が成り立つとき，

$$\dfrac{|z_3-z_1|}{|z_2-z_1|}=\dfrac{|z_1-z_2|}{|z_3-z_2|}, \quad \arg\dfrac{z_3-z_1}{z_2-z_1}=\arg\dfrac{z_1-z_2}{z_3-z_2}.$$

$\therefore \quad \dfrac{P_1P_3}{P_1P_2}=\dfrac{P_2P_1}{P_2P_3}, \quad \cdots ① \quad \angle P_3P_1P_2=\angle P_1P_2P_3. \quad \cdots ②$

② より，三角形 $P_1P_2P_3$ は $P_1P_3=P_2P_3$ の2等辺三角形である．

これと ① より， $\qquad P_1P_2=P_2P_3=P_3P_1$

であるから，三角形 $P_1P_2P_3$ は正三角形である．

逆に，三角形 $P_1P_2P_3$ が正三角形のとき，

$$\dfrac{z_3-z_1}{z_2-z_1}=\dfrac{z_1-z_2}{z_3-z_2}=\cos\left(\pm\dfrac{\pi}{3}\right)+i\sin\left(\pm\dfrac{\pi}{3}\right) \text{ (複号同順)}$$

であるから，与式が成り立つ． (終)

$(2)_1$ (1) より，

三角形 $P_1P_2P_3$ が正三角形 $\iff \dfrac{z_3-z_1}{z_2-z_1}=\dfrac{z_1-z_2}{z_3-z_2}$

$\iff (z_3-z_1)(z_3-z_2)=(z_1-z_2)(z_2-z_1)$

$\iff z_3^2-z_3z_2-z_1z_3+z_1z_2=-z_1^2+2z_1z_2-z_2^2$

$\iff z_1^2+z_2^2+z_3^2-z_2z_3-z_3z_1-z_1z_2=0.$ (終)

$(2)_2$ 三角形 $P_1P_2P_3$ が正三角形

$\iff \overrightarrow{P_1P_3}$ は $\overrightarrow{P_1P_2}$ を $\pm\dfrac{\pi}{3}$ 回転したベクトル

$\iff z_3-z_1=(z_2-z_1)\left\{\cos\left(\pm\dfrac{\pi}{3}\right)+i\sin\left(\pm\dfrac{\pi}{3}\right)\right\}$

(複号同順)

$\iff z_3-\dfrac{1}{2}(z_1+z_2)=\pm\dfrac{\sqrt{3}}{2}i(z_2-z_1) \quad \cdots ③$

$\iff \left\{z_3-\dfrac{1}{2}(z_1+z_2)\right\}^2=-\dfrac{3}{4}(z_2-z_1)^2$

$\iff z_1^2+z_2^2+z_3^2-z_2z_3-z_3z_1-z_1z_2=0.$ (終)

【解 説】
 ω を $x^3=1$ の虚数解，すなわち $x^2+x+1=0$ の解の1つで，
$$\omega=\frac{-1+\sqrt{3}\,i}{2}=\cos\frac{2\pi}{3}+i\sin\frac{2\pi}{3} \qquad \cdots ④$$
とすると，
$$\omega^2=\frac{-1-\sqrt{3}\,i}{2}=\cos\frac{4\pi}{3}+i\sin\frac{4\pi}{3},\quad \omega^2+\omega+1=0,\quad \omega^3=1. \qquad \cdots ⑤$$
これより，③ $\Longleftrightarrow z_3+\dfrac{-1\pm\sqrt{3}\,i}{2}z_1+\dfrac{-1\mp\sqrt{3}\,i}{2}z_2=0$（複号同順）
$\Longleftrightarrow z_3+\omega z_1+\omega^2 z_2=0$ または $z_3+\omega^2 z_1+\omega z_2=0.$ $\cdots ⑥$
$\therefore\ z_1{}^2+z_2{}^2+z_3{}^2-z_2 z_3-z_3 z_1-z_1 z_2$
$= (\omega z_1+\omega^2 z_2+z_3)(\omega^2 z_1+\omega z_2+z_3)$
$= (z_1+\omega z_2+\omega^2 z_3)(z_1+\omega^2 z_2+\omega z_3)\quad (\because ⑤)$
$= (\omega^2 z_1+z_2+\omega z_3)(\omega z_1+z_2+\omega^2 z_3)\quad (\because ⑤)$

と表せる．
 よって，三角形 $P_1P_2P_3$ が正三角形である必要十分条件は，例えば
$(z_1+\omega z_2+\omega^2 z_3)(z_1+\omega^2 z_2+\omega z_3)=0,$
$(\omega^2 z_1+z_2+\omega z_3)(\omega z_1+z_2+\omega^2 z_3)=0,$
$(\omega z_1+\omega^2 z_2+z_3)(\omega^2 z_1+\omega z_2+z_3)=0$
である．
 また，⑤ の $\omega^2+\omega+1=0$ を用いると，
$$⑥ \Longleftrightarrow \begin{cases} \lceil z_2-z_3=\omega(z_1-z_2), \\ \quad\text{または} \\ z_3-z_2=\omega^2(z_2-z_1)\rfloor \end{cases}$$
となり，⑥ が三角形 $P_1P_2P_3$ が正三角形であるための同値条件であることは図形的にも理解できる．

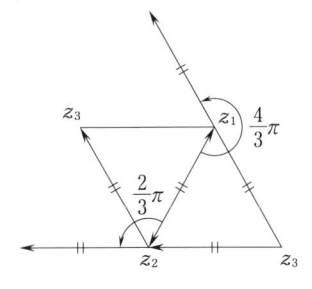

例題 36

複素数 $\alpha,\ \beta$ は $|\alpha|=|\beta|=1,\ \arg\dfrac{\beta}{\alpha}=\dfrac{\pi}{3}$ をみたす定数とする．

(1) 複素数 γ が次の条件
$$\frac{\gamma-\alpha}{\beta-\alpha}\ \text{は実数で}\ 0\le\frac{\gamma-\alpha}{\beta-\alpha}\le 1$$
をみたしながら変わるとき，複素数平面上で点 γ が描く図形を求めよ．

(2) 複素数平面上の点 γ が(1)の図形上を動くとき，
$$|z-\gamma|=|\gamma|$$
をみたす複素数 z が表す点の存在領域を図示し，その面積を求めよ．

(九州工業大)

[考え方] $\dfrac{\gamma-\alpha}{\beta-\alpha}$ が実数 $\Longleftrightarrow$ α, β, γ が一直線上にある.

【解答】
(1) $\dfrac{\gamma-\alpha}{\beta-\alpha}=t$ とおくと,与式から,
$$\gamma=\alpha+t(\beta-\alpha) \quad (0\leq t\leq 1).$$
よって,点 P(γ) は線分 AB を描く. **(答)**

(2) 与式をみたす点 Q(z) は,点 P(γ) を中心とし原点 O を通る円周上の点である.また,この円周は,O の直線 AB に関する対称点 O′ をつねに通る.

よって,点 P(γ) が線分 AB 上を動くとき,点 Q(z) の存在領域は右図の斜線部(境界を含む)である.

よって,その面積は
$$\pi\cdot 1^2\times 2-2\times\left(\pi\cdot 1^2\cdot\dfrac{1}{3}-\dfrac{1}{2}\cdot 1^2\cdot\dfrac{\sqrt{3}}{2}\right)\times 2$$
$$=\dfrac{2\pi}{3}+\sqrt{3}. \quad \textbf{(答)}$$

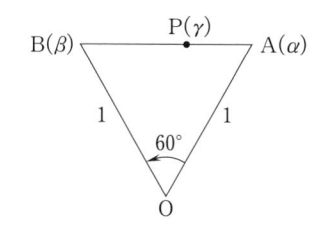

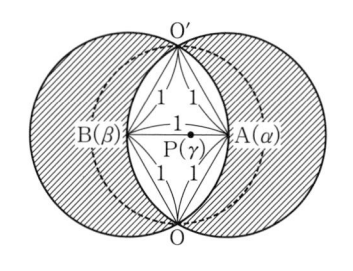

(**注**) $|z-\gamma|=|\gamma|$ をみたす点 Q(z) の集合は,線分 AB 上の点 P(γ) を中心とし,つねに 2 点 O, O′ を通る円周であるから,中心 P(γ) が線分 AB 上を動くときのこの円周の存在領域は,上図のように,中間部分が抜け落ちることに注意しよう.

演習問題

100 整数を係数とする x の 2 次方程式
$$x^2+2(1-p)x+(1+p)^2=0$$
が虚数解 α, β をもち，α^3, β^3 が実数になるとき，p の値を求めよ．また，そのときの解を求めよ． （関西大）

101 次の等式を証明せよ．ただし，$\sin\dfrac{\theta}{2} \neq 0$ とし，n は自然数とする．

(1) $1+\cos\theta+\cos 2\theta+\cdots+\cos n\theta = \dfrac{\cos\dfrac{n\theta}{2}\cdot\sin\dfrac{(n+1)\theta}{2}}{\sin\dfrac{\theta}{2}}$.

(2) $\sin\theta+\sin 2\theta+\cdots+\sin n\theta = \dfrac{\sin\dfrac{n\theta}{2}\cdot\sin\dfrac{(n+1)\theta}{2}}{\sin\dfrac{\theta}{2}}$. （頻出問題）

102 $\alpha=\cos\dfrac{2\pi}{5}+i\sin\dfrac{2\pi}{5}$ のとき，複素数平面上で，$\alpha^0(=1), \alpha^1, \alpha^2, \alpha^3, \alpha^4$ で表される点を順に A_0, A_1, A_2, A_3, A_4 とする．
(1) 線分 A_0A_1 の長さ A_0A_1 を求めよ．
(2) $A_0A_1 \cdot A_0A_2 \cdot A_0A_3 \cdot A_0A_4$ の値を求めよ． （群馬大）

103 (1) $(\sqrt{3}+i)^m=(1+i)^n$ をみたす正の整数 m, n のうちで，m, n がそれぞれ最小となるものを求めよ．ただし，i は虚数単位である．
(2) $\alpha(\neq 0), z, z'$ を複素数とする．複素数平面上で z と z' が，0 と α を通る直線に関して対称な点であるための必要十分条件は，
$$\overline{\alpha}z'=\alpha\overline{z}$$
であることを示せ． （名古屋工業大）

104 $\sqrt{3}+i+z$ の絶対値を最大にする複素数 z を求めよ．ただし，z の絶対値は 1 とする． （お茶の水女子大）

105 複素数 z に対して複素数 w を $w=\dfrac{2iz}{z-\alpha}$ で定める.ただし α は 0 でない複素数の定数とする.

(1) 点 z が原点を中心とする半径 $|\alpha|$ の円周上を動くとき,点 w の描く図形を求めよ.

(2) 点 z がある円周 C 上を動くとき,点 w は原点 O を中心とする半径 1 の円周を描くものとする.このとき,円周 C の中心と半径を α を用いて表せ.また,円周 C の中心が i のとき,α の値を求めよ.

(3) α は(2)で求めた値とする.点 z が実軸上を動くとき,点 w の描く図形を求めよ.
(千葉大)

106 平面上ではじめに座標の原点にあった動点 P が,x 軸の正方向に 1 だけ進む.次に進行方向に向かって左へ $\dfrac{\pi}{6}$ だけ向きを変えて,$\dfrac{1}{2}$ だけ進む.次に進行方向を左へさらに $\dfrac{\pi}{6}$ 変えて,$\dfrac{1}{4}$ だけ進む.以下同じように,進行方向を左へ $\dfrac{\pi}{6}$ ずつ変え,進む距離を前回の半分にしていくとき,動点 P の極限の位置を求めよ.
(一橋大)

107 複素数平面上に 3 点 $A(1+i)$,$B(i)$,$C(1)$ を頂点とする三角形 ABC がある.ただし,i は虚数単位を表す.

(1) 点 z が三角形 ABC の周上を動くとき,iz^2 はどんな図形上を動くか.図示せよ.

(2) (1)で定められた図形で囲まれた領域の面積を求めよ.　(お茶の水女子大)

108* 三角形 OAB の外側に 2 つの正方形 OACD,OBEF を作り,線分 AB,OE,FD,OC の中点をそれぞれ P,Q,R,S とする.
このとき,次の(1),(2),(3)を証明せよ.

(1) $2\mathrm{OR}=\mathrm{AB}$,$\mathrm{OR}\perp\mathrm{AB}$.
(2) $\mathrm{AF}=\mathrm{DB}$,$\mathrm{AF}\perp\mathrm{DB}$.
(3) 四辺形 PQRS は正方形である.

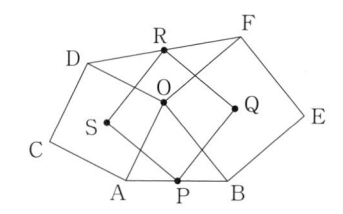

109* 三角形 ABC の外接円の半径を R, 外心を O, 垂心を H ($\neq$O) とし, 頂点 A, B, C から対辺に下ろした垂線の足を H_1, H_2, H_3; 辺 BC, CA, AB の中点を M_1, M_2, M_3; AH, BH, CH の中点を N_1, N_2, N_3 とする.

このとき, 9 個の点 H_i, M_i, N_i ($i=1, 2, 3$) は, 線分 OH の中点 K を中心とする半径 $\dfrac{R}{2}$ の同一円周上にあることを証明せよ. （**九点円の定理**）

第12章 式と曲線

例題 37

[1] x の分数関数 $f(x) = \dfrac{ax-3}{x+1}$ に対して,
$$f_2(x) = f(f(x)),\ f_3(x) = f(f_2(x)),\ \cdots,\ f_n(x) = f(f_{n-1}(x))$$
(ただし,n は整数で $n \geq 2$,$f_1(x) = f(x)$)
を考える.
(1) $f(x)$ の逆関数 $f^{-1}(x)$ を求めよ.
(2) $f^{-1}(x) = f_2(x)$ となるような a の値を求めよ.
(3) $a = 1$ のとき,$f_2(x),\ f_3(x),\ f_n(x)$ を求めよ.

[2] xy 平面上において,不等式 $y^2 > 2x$ で表される領域を D とし,D 内の点 (a, b) から放物線 $C : y^2 = 2x$ に引いた2接線の2接点を通る直線(これを点 (a, b) の C に関する極線という)を l とする.

　l 上の D 内にある任意の点の C に関する極線はつねにある定点を通ることを示し,その定点を求めよ.

(有名問題)

[考え方] [1] $f^{-1}(x) = f_2(x)$ より $f_3 = I$(恒等写像)となるから,$\{f_n(x)\}$ は周期3の周期性をもつ. [2] 2次曲線の接線公式の利用.

【解答】

[1] (1)
$$y = \dfrac{ax-3}{x+1}.$$
まず,x と y を入れかえて $x = \dfrac{ay-3}{y+1}.$

これを y について解くと $y = f^{-1}(x) = \dfrac{-(x+3)}{x-a}.$ **(答)**

(2)
$$f_2(x) = f(f(x)) = \dfrac{af(x)-3}{f(x)+1} = \dfrac{a \cdot \dfrac{ax-3}{x+1} - 3}{\dfrac{ax-3}{x+1} + 1}$$

$$= \dfrac{(a^2-3)x - 3(a+1)}{(a+1)x - 2} = \dfrac{\dfrac{a^2-3}{a+1}x - 3}{x - \dfrac{2}{a+1}}. \quad \cdots ①$$

よって，$f^{-1}(x)=f_2(x)$ となる条件は
$$\frac{a^2-3}{a+1}=-1, \ \frac{2}{a+1}=a$$
$$\iff a^2+a-2=0$$
$$\iff (a-1)(a+2)=0. \quad \therefore \ a=-2,\ 1. \quad \text{(答)}$$

(3) $a=1$ のとき， $f_1(x)=\dfrac{x-3}{x+1}.$

また，① より， $f_2(x)=-\dfrac{x+3}{x-1}.$ **(答)**

$\therefore \ f_3(x)=f(f_2(x))=\dfrac{f_2(x)-3}{f_2(x)+1}=\dfrac{-\dfrac{x+3}{x-1}-3}{-\dfrac{x+3}{x-1}+1}=\dfrac{-4x}{-4}=x.$ **(答)**

次に， $f_1(x)=\dfrac{x-3}{x+1},\ f_2(x)=-\dfrac{x+3}{x-1},\ f_3(x)=x$

であるから， $f_4(x)=f(f_3(x))=f(x)=f_1(x),$
$f_5(x)=f(f_4(x))=f(f_1(x))=f_2(x),$
$f_6(x)=f(f_5(x))=f(f_2(x))=f_3(x)=x.$

以下，周期 3 でこの繰り返しであるから，

$$f_n(x)=\begin{cases} f_1(x)=\dfrac{x-3}{x+1}, & (n=3m-2) \\ f_2(x)=-\dfrac{x+3}{x-1}, & (n=3m-1) \quad (m=1,\ 2,\ 3,\ \cdots) \\ f_3(x)=x. & (n=3m) \end{cases}$$ **(答)**

(注) $a=1$ のとき，(2) より $f^{-1}(x)=f_2(x).$ $\therefore \ f_3=I.$ (恒等写像)
$\therefore \ f_4(x)=f(x)=f_1(x).$ これより周期 3 の周期性が生じる．

2 2 接点を $P(x_1, y_1),\ Q(x_2, y_2)$ とすると
P, Q における C の接線
$$y_1 y=x_1+x, \quad y_2 y=x_2+x$$
はともに点 (a, b) を通るから
$$b y_1=x_1+a, \quad b y_2=x_2+a.$$
これは 2 点 $P(x_1, y_1),\ Q(x_2, y_2)$ が直線
$$l:by=x+a$$
上にあることを示す．これが点 (a, b) の C に関する極線 l の方程式である．

l 上の D 内にある任意の点 (p, q) の C に関する極線 L の方程式も，同様にして，
$$L:qy=x+p. \qquad \cdots ①$$
また，$l \ni (p, q)$ より， $bq=p+a. \qquad \cdots ②$
①，② より，極線 L はつねに定点 (a, b) を通る． **(終)，(答)**

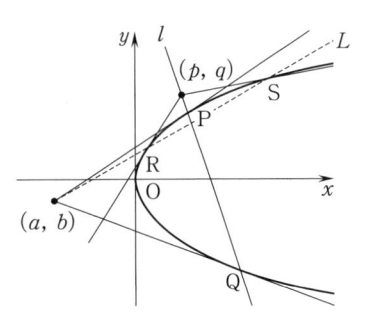

[解説]

┌─── **2次曲線の接線公式** ─────────────────┐
2次曲線
$$C : f(x, y) = ax^2 + 2hxy + by^2 + 2fx + 2gy + c = 0 \quad \cdots ③$$
上の点 (x_0, y_0) $(\therefore f(x_0, y_0) = 0 \cdots ④)$ における C の接線 l の方程式を求めよ.
└──────────────────────────────┘

(**解答**) ③の両辺を x で微分し, $\frac{1}{2}$ 倍すると
$$ax + hy + f + (hx + by + g)\frac{dy}{dx} = 0.$$
よって, C 上の点 (x_0, y_0) における接線 l の方程式は,
$$y - y_0 = \left.\frac{dy}{dx}\right|_{(x_0, y_0)} \times (x - x_0)$$
$$\iff (ax_0 + hy_0 + f)(x - x_0) + (hx_0 + by_0 + g)(y - y_0) = 0.$$
(これは $hx_0 + by_0 + g = 0$ のときも有効)
これと④より, 接線 l の方程式は
$$l : ax_0 x + h(x_0 y + y_0 x) + by_0 y + f(x_0 + x) + g(y_0 + y) + c = 0. \quad \cdots ⑤ \quad \text{(答)}$$

(**覚え方**) 接線 l の公式⑤は, ③から次の**対称化**を経て,
$$\begin{cases} C : axx + h(xy + yx) + byy + f(x + x) + g(y + y) + c = 0 \\ l : ax_0 x + h(x_0 y + y_0 x) + by_0 y + f(x_0 + x) + g(y_0 + y) + c = 0 \end{cases}$$
によって得られる.

◇ **2次曲線の極 (pole) と極線 (polar)**

⑤の左辺を $g(x, y ; x_0, y_0)$ とすると, ⑤は $(x, y) \longleftrightarrow (x_0, y_0)$ の入れ換えで不変だから,
$$l : g(x, y ; x_0, y_0) = 0 \iff g(x_0, y_0 ; x, y) = 0$$
と表せる. このとき, 点 (α, β) から, 2次曲線 C に2接線が引けるものとし, 2接点を $P(x_1, y_1)$, $Q(x_2, y_2)$ とすると, 2接線
$$g(x, y ; x_1, y_1) = 0, \quad g(x, y ; x_2, y_2) = 0$$
は点 (α, β) を通るから
$$g(\alpha, \beta ; x_1, y_1) = 0, \quad g(\alpha, \beta ; x_2, y_2) = 0.$$
これは直線 $l : g(x, y ; \alpha, \beta) = 0$ が2接点 P, Q を通ることを示しているから, この l が直線 PQ の方程式である.

このとき, 点 (α, β) を C に関する直線 l の**極** (pole), l を点 (α, β) の C に関する**極線** (polar) という. l は, 点 (α, β) があたかも C 上にあって, 点 (α, β) における C の接線と同じ方程式で表される. したがって, l 上の点 (p, q) から C に2本の接線が引ける場合, その2接点を通る直線 (すなわち点 (p, q) の C に関する極線) は, l と同様に $L : g(x, y ; p, q)$ と表される.

点 (p, q) は l 上にあるから,
$$g(p, q ; \alpha, \beta) = g(\alpha, \beta ; p, q) = 0.$$
よって, $L : g(x, y ; p, q)$ はつねに定点 (α, β) を通ることがわかる.

さらに，2組の極と極線「(α, β) と l」と「(p, q) と L」とは互いに相対的な関係にあることがわかる．これを**極と極線の双対原理**という．

──**例題 38**────────────────────────

O を原点とする座標平面上において，2定点 $F(c, 0)$, $F'(-c, 0)$ からの距離の和が $2a$（ただし，$a > c > 0$）であるような点 P の軌跡を E とする．

(1) E の標準形：$\dfrac{x^2}{a^2} + \dfrac{y^2}{b^2} = 1$ （ただし，$b = \sqrt{a^2 - c^2}$）を導け．

(2) E 上の任意の点 P から2定直線
$$L : x = \dfrac{a}{e}, \quad L' : x = -\dfrac{a}{e} \quad \left(\text{ただし，} e = \dfrac{c}{a}\right)$$
に下ろした垂線の足をそれぞれ H, H′ とすると
$$\dfrac{PF}{PH} = \dfrac{PF'}{PH'} = e \quad (\text{一定})$$
であることを示せ．

(3) F, F′ から，E 上の任意の点 P における E の接線 l に下ろした垂線の足をそれぞれ H_1, H_2 とするとき，
　(i) P で l に垂直な直線（法線）n は $\angle FPF'$ を2等分することを示せ．
　(ii) H_1, H_2 は O を中心とする定円周上にあることを示せ．

(4) F を極，x 軸の正の部分を始線とする E の極方程式を求めよ．
　　また，E の2つの弦 AB, CD がともに F を通り，互いに直交するとき，$\dfrac{1}{AB} + \dfrac{1}{CD}$ の値は一定であることを示し，その値を求めよ．

────────────────────────────────

考え方　(1), (2) は直接計算，(3) は平面幾何，(4) は(2)の結果を用いる．

【解答】

(1)

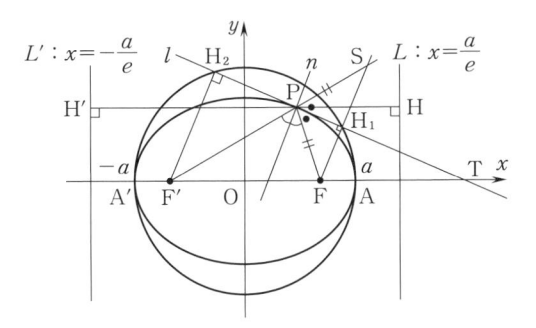

$$PF'+PF=2a$$
$$\Leftrightarrow \sqrt{(x+c)^2+y^2}+\sqrt{(x-c)^2+y^2}=2a \qquad \cdots ①$$

$\left(\text{両辺に } \dfrac{1}{2a}(\sqrt{(x+c)^2+y^2}-\sqrt{(x-c)^2+y^2})\ (\neq 0)\ \text{をかけ左右を入れかえて}\right)$

$$\Leftrightarrow \sqrt{(x+c)^2+y^2}-\sqrt{(x-c)^2+y^2}=\dfrac{4cx}{2a}=\dfrac{2cx}{a} \qquad \cdots ②$$

$$\Leftrightarrow \sqrt{(x+c)^2+y^2}=a+\dfrac{cx}{a} \qquad \left(\because\ (①+②)\times \dfrac{1}{2}\right)$$

$\left(a\geqq|x|>\dfrac{c}{a}|x|=\left|\dfrac{cx}{a}\right| \text{ より } a+\dfrac{cx}{a}>0 \text{ だから}\right)$

$$\Leftrightarrow x^2+2cx+c^2+y^2=a^2+2cx+\dfrac{c^2x^2}{a^2}$$

$$\Leftrightarrow \dfrac{a^2-c^2}{a^2}x^2+y^2=a^2-c^2(=b^2)$$

$$\Leftrightarrow \dfrac{x^2}{a^2}+\dfrac{y^2}{b^2}=1. \qquad \text{(終)}$$

(2)
$$PF^2=(c-x)^2+y^2=c^2-2cx+x^2+b^2\left(1-\dfrac{x^2}{a^2}\right)$$
$$=(a^2-b^2)-2cx+b^2+\dfrac{a^2-b^2}{a^2}x^2$$
$$=a^2-2aex+e^2x^2=(a-ex)^2.$$

ここで，$e=\dfrac{c}{a}=\dfrac{\sqrt{a^2-b^2}}{a}<1$ だから，$a\geqq x>ex$.

$$\therefore\ PF=a-ex. \qquad \text{同様に，} PF'=a+ex. \qquad \cdots ③$$

また，
$$PH=\dfrac{a}{e}-x, \qquad PH'=x+\dfrac{a}{e}.$$

$$\therefore\ \dfrac{PF}{PH}=\dfrac{PF'}{PH'}=e\left(=\dfrac{c}{a}<1\right). \text{（一定）} \qquad \text{(終)}$$

(3) (i) $P(0, \pm b)$ における法線 n (y 軸) は明らかに $\angle FPF'$ を 2 等分する．

また，$P(x_1, y_1)$ $(x_1\neq 0)$ における E の接線 $l: \dfrac{x_1 x}{a^2}+\dfrac{y_1 y}{b^2}=1$ と x 軸との交点は，$T\left(\dfrac{a^2}{x_1}, 0\right)$ だから，

$$\dfrac{FT}{F'T}=\left(\dfrac{a^2}{x_1}-ae\right)\bigg/\left(\dfrac{a^2}{x_1}+ae\right)=\dfrac{a-ex_1}{a+ex_1}=\dfrac{PF}{PF'}. \quad (\because\ ③)$$

よって，PT は $\angle FPF'$ の外角を 2 等分するから，

法線 n は $\angle FPF'$ を 2 等分する． **(終)**

(ii) F の l に関する対称点を S とすると，(i) より S は直線 $F'P$ 上にあるから，三角形 FSF' に中点連結定理を用いると

$$OH_1=\dfrac{1}{2}F'S=\dfrac{1}{2}(F'P+PS)=\dfrac{1}{2}(PF'+PF)$$
$$=\dfrac{2a}{2}=a. \qquad \text{同様にして，} OH_2=a.$$

よって，H_1, H_2 は O を中心とする定円 $x^2+y^2=a^2$ 上にある． **(終)**

(4) (2) より，$\dfrac{PF}{PH}=e$ において，

$PF=r$, $PH=\dfrac{a}{e}-x=\dfrac{a}{e}-(ae+r\cos\theta)$．

$\therefore\ r=e\left(\dfrac{a}{e}-ae-r\cos\theta\right)$．

$\therefore\ r=\dfrac{a-ae^2}{1+e\cos\theta}$

$=\dfrac{a-\dfrac{c^2}{a}}{1+e\cos\theta}=\dfrac{\dfrac{b^2}{a}}{1+e\cos\theta}$．

$\therefore\ E: r=f(\theta)=\dfrac{l}{1+e\cos\theta}$．$\left(\text{ただし，}l=\dfrac{b^2}{a}=f\left(\dfrac{\pi}{2}\right)\right)$ **(答)**

また，右図において

$AB=FA+FB$

$=\dfrac{l}{1+e\cos\theta}+\dfrac{l}{1+e\cos(\theta+\pi)}$

$=\dfrac{2l}{1-e^2\cos^2\theta}$．

$\therefore\ \dfrac{1}{AB}+\dfrac{1}{CD}=\dfrac{1-e^2\cos^2\theta}{2l}+\dfrac{1-e^2\cos^2\left(\theta+\dfrac{\pi}{2}\right)}{2l}$

$\phantom{\therefore\ \dfrac{1}{AB}+\dfrac{1}{CD}}=\dfrac{2-e^2}{2l}$．（一定） **(答)**

(注) F の代わりに F' を始点にとり，$PF'=r$, $\angle PF'O=\theta$ とすると，

E の極方程式は $r=f(\theta)=\dfrac{l}{1-e\cos\theta}$．

[解 説]

　本問の軌跡 E は**楕円**（Ellipse）で，幾何学的定義 $PF+PF'=2a$ から標準形 $\dfrac{x^2}{a^2}+\dfrac{y^2}{b^2}=1$ や極方程式 $r=f(\theta)=\dfrac{l}{1+e\cos\theta}$ を導き，楕円の応用問題を解いた．

　これらの結果を覚える必要はないが，焦点 $F(F')$，準線 $L(L')$，離心率 e の概念は 2 次曲線に共通する概念であるから，本問で用いた手法をマスターしておくと，2 次曲線の問題に応用が効く．

演習問題

110 (1) 関数 $f(x)=2x+1+|x-2|$ のグラフを描け．
(2) 関数 $g(x)=ax+b-|cx+d|$ が(1)の関数 $f(x)$ の逆関数となるように定数 a, b, c, d の値を定めよ．ただし，$c \geqq 0$ とする．

111 $a>0$ とし，$f(x)=\sqrt{ax-2}-1 \ \left(x \geqq \dfrac{2}{a}\right)$ とする．
(1) 関数 $y=f(x)$ の逆関数 $y=f^{-1}(x)$ を求めよ．
(2) 曲線 $C_1 : y=f(x)$ と曲線 $C_2 : y=f^{-1}(x)$ が異なる2点で交わるとする．
　(i) a のとり得る値の範囲を求めよ．
　(ii) C_1 と C_2 の交点の x 座標の差が2であるとする．このとき，a の値および C_1 と C_2 とで囲まれる図形の面積を求めよ． 　　(静岡大)

112 曲線 $y=\dfrac{1}{x} \ (x>0)$ 上の点 P におけるこの曲線の接線 l と x 軸，y 軸との交点をそれぞれ A, B とし，原点 O から l に下ろした垂線の足を Q とする．次の(1), (2), (3), (4)を証明せよ．
(1) P は AB の中点である．
(2) 積 OA・OB は P の位置に関係なく一定である．
(3) 2直線 OP, OQ は直線 $y=x$ に関して対称の位置にある．
(4) 積 OP・OQ は P の位置に関係なく一定である． 　　(名古屋工業大)

113 座標平面上に単位円 $C_0 : x^2+y^2=1$ と点 $P(t, 0) \ (0<t<1)$ がある．点 P を通る円 C が次の2条件をみたす．
(i) 円 C_0 と共有点をもち，その共有点で2円 C, C_0 の接線が直交する．
(ii) 点 P における円 C の接線の傾きは1である．
このとき，
(1) 円 C の中心 Q の座標 (x, y) を t で表せ．
(2) 点 P が $0<t<1$ の範囲を動くとき，点 Q の軌跡の方程式を求め，その軌跡を図示せよ． 　　(大阪市立大)

114 3次元空間の yz 平面上において，$y^2+z^2=1$ で表される円を C とする．定点 $A(1, 0, a)$ と円 C 上の動点 P を結ぶ直線が，xy 平面と交わる点を Q とする．

(1) 点 Q の軌跡を表す方程式を求めよ．

(2) (1)で求めた曲線が，円，楕円，放物線，双曲線になるための $|a|$ の条件を求めよ． (千葉大)

115 楕円 $\dfrac{x^2}{a^2}+\dfrac{y^2}{b^2}=1$ $(a>b>0)$ の接線が両座標軸によって切り取られる線分の長さの最小値を求めよ． (頻出問題)

116 a, b, c, d は実数で，$ad-bc<0$, $c\neq 0$ とする．
このとき，次のことが成り立つことを証明せよ．

(1) x の方程式 $\dfrac{ax+b}{cx+d}=x$ は相異なる2つの実数解をもつ．

(2) (1)の2解を α, β $(\alpha<\beta)$ とするとき，$\alpha<x<\beta$ かつ $x\neq -\dfrac{d}{c}$ ならば

$\dfrac{ax+b}{cx+d}<\alpha$ または $\beta<\dfrac{ax+b}{cx+d}$ である． (東京工業大)

117* 座標平面上の半径 r $(0<r<1)$ の円板 D が，原点を中心とする半径1の円に内接しながらすべらずに転がるとき，D 上の定点 P の動きを調べる．ただし，D の中心は原点のまわりを反時計まわりに進むものとする．初めに D の中心と点 P は，それぞれ $(1-r, 0)$, $(1-r+a, 0)$ の位置にあるものとする．ただし，$0<a\leq r$ とする．

(1) D が長さ θ だけ転がった位置にきたとき，点 P の座標 (x, y) を θ を用いて表せ．

(2) D が転がり続けるとき，点 P がいつか最初の位置に戻るための r の条件を求めよ．

(3) $r=\dfrac{1}{2}$ のとき，点 P の軌跡を求めて図示せよ． (大阪大)

第13章 関数と数列の極限

例題 39

1 (1) 次の極限値を求めよ．

(i) $\displaystyle\lim_{n\to\infty}\left(1-\frac{1}{n}\right)^n$.

(ii) $\displaystyle\lim_{n\to\infty}\{\sqrt{1+2+\cdots+n}-\sqrt{1+2+\cdots+(n-1)}\}$.

(iii) $\displaystyle\lim_{n\to\infty}\frac{n^2}{2^n}$.

(2) $a>0$, $b>0$ として，次の極限値を求めよ．

(i) $\displaystyle\lim_{n\to\infty}\frac{a^{n+1}+b^{n+1}}{a^n+b^n}$. (ii) $\displaystyle\lim_{n\to\infty}\sqrt[n]{a^n+b^n}$.

(3) 次の極限値を求めよ．

(i) $\displaystyle\lim_{n\to\infty}\left(\frac{1}{n^2+1}+\frac{1}{n^2+2}+\frac{1}{n^2+3}+\cdots+\frac{1}{n^2+n}\right)$.

(ii) $\displaystyle\lim_{n\to\infty}\left\{\frac{1}{2}\left(1+\frac{1}{n}\right)\left(1+\frac{1}{n+1}\right)\left(1+\frac{1}{n+2}\right)\cdots\left(1+\frac{1}{2n}\right)\right\}^n$.

2 (1) 次の無限級数の収束，発散を調べ，収束するものについてはその和を求めよ．

(i) $\displaystyle\sum_{n=1}^{\infty}\frac{1}{(n+1)(n+2)}$. (ii) $\displaystyle\sum_{n=1}^{\infty}\frac{1}{\sqrt{n+1}+\sqrt{n}}$. (iii) $\displaystyle\sum_{n=1}^{\infty}\frac{n}{2n-1}$.

(2) 次の無限級数の和を求めよ．

(i) $\displaystyle\sum_{n=1}^{\infty}\frac{x}{(1+x^2)^n}$. (ii) $\displaystyle\sum_{n=1}^{\infty}\frac{1+r+r^2+\cdots+r^n}{(1+r)^n}$. $(r>1)$

(3)* $0<a<1$ のとき，$\displaystyle\lim_{n\to\infty}n^r a^n=0$ $(r=1, 2)$ を示し，次の無限級数の和を求めよ．

(i) $\displaystyle\sum_{n=1}^{\infty}na^n$. (ii) $\displaystyle\sum_{n=1}^{\infty}n(n-1)a^n$.

3 次の極限値を求めよ．

(1) (i) $\displaystyle\lim_{x\to 1}\frac{\sqrt{x}-1}{x^3-1}$. (ii) $\displaystyle\lim_{x\to -\infty}\frac{\sqrt{x^2-2x-3}-x}{x+1}$.

(2) (i) $\displaystyle\lim_{x\to 0}\frac{e^x-e^{-x}}{x}$. (ii) $\displaystyle\lim_{x\to\infty}x\{\log(x+2)-\log x\}$.

(3) (i) $\displaystyle\lim_{x\to 0}\frac{\tan x-\sin x}{x^3}$. (ii) $\displaystyle\lim_{x\to\frac{\pi}{2}}\cos 3x\tan 5x$.

考え方 ① (1)(iii) 二項定理の利用，ハサミウチの原理．
② $\displaystyle\sum_{k=1}^{n}\{f(k+1)-f(k)\}=f(n+1)-f(1)$. ③ 極限公式，微分係数の利用．

【解答】

① (1) (i) $\displaystyle\left(1-\frac{1}{n}\right)^n=\left(\frac{n-1}{n}\right)^n=\frac{1}{\left(\frac{n}{n-1}\right)^n}=\frac{1}{\left(1+\frac{1}{n-1}\right)^n}$

$\displaystyle =\frac{1}{\left(1+\frac{1}{n-1}\right)^{n-1}\cdot\left(1+\frac{1}{n-1}\right)}\xrightarrow[n\to\infty]{}\frac{1}{e}=e^{-1}$. (答)

(ii) $\sqrt{1+2+\cdots+n}-\sqrt{1+2+\cdots+(n-1)}$

$\displaystyle =\frac{n}{\sqrt{1+2+\cdots+n}+\sqrt{1+2+\cdots+(n-1)}}$

$\displaystyle =\frac{n}{\sqrt{\frac{n(n+1)}{2}}+\sqrt{\frac{n(n-1)}{2}}}$

$\displaystyle =\frac{1}{\sqrt{\frac{1}{2}\left(1+\frac{1}{n}\right)}+\sqrt{\frac{1}{2}\left(1-\frac{1}{n}\right)}}\xrightarrow[n\to\infty]{}\frac{1}{\sqrt{2}}$. (答)

(iii) $\displaystyle 2^n=(1+1)^n={}_nC_0+{}_nC_1+\cdots+{}_nC_n>{}_nC_3=\frac{n(n-1)(n-2)}{3!}$.

$\displaystyle \therefore\ 0<\frac{n^2}{2^n}<\frac{n^2\cdot 3!}{n(n-1)(n-2)}=\frac{3!}{n\left(1-\frac{1}{n}\right)\left(1-\frac{2}{n}\right)}\xrightarrow[n\to\infty]{}0$.

$\displaystyle \therefore\ \lim_{n\to\infty}\frac{n^2}{2^n}=0$. (答)

(2) (i) $\displaystyle \frac{a^{n+1}+b^{n+1}}{a^n+b^n}=\begin{cases}\dfrac{a\left(\frac{a}{b}\right)^n+b}{\left(\frac{a}{b}\right)^n+1}\xrightarrow[n\to\infty]{}b,\ (0<a<b)\\[2mm]\dfrac{2a^{n+1}}{2a^n}=a\xrightarrow[n\to\infty]{}a,\ (a=b)\\[2mm]\dfrac{a+\left(\frac{b}{a}\right)^n\cdot b}{1+\left(\frac{b}{a}\right)^n}\xrightarrow[n\to\infty]{}a.\ (0<b<a)\end{cases}$

$\displaystyle \therefore\ \lim_{n\to\infty}\frac{a^{n+1}+b^{n+1}}{a^n+b^n}=\max\{a,\ b\}$. (答)

(ii) $0<a\leqq b$ のとき，$b^n<a^n+b^n\leqq 2b^n$.

$\displaystyle \therefore\ b<\sqrt[n]{a^n+b^n}\leqq 2^{\frac{1}{n}}\cdot b\xrightarrow[n\to\infty]{}b$. ($\because\ 2^x$ の連続性)

$0 < b \leqq a$ のときは，前式で a と b が入れ換わるだけである．

$$\therefore \lim_{n \to \infty} \sqrt[n]{a^n + b^n} = \max\{a, b\}. \quad \text{(答)}$$

(注) $0 < a \leqq b$ のとき，$0 < \dfrac{a}{b} \leqq 1$ であるから，

$$(a^n + b^n)^{\frac{1}{n}} = b\left\{1 + \left(\dfrac{a}{b}\right)^n\right\}^{\frac{1}{n}} = be^{\frac{1}{n}\log\{1 + (\frac{a}{b})^n\}} \xrightarrow[n \to \infty]{} b \cdot e^0 = b.$$

(3) (i) $\dfrac{1}{n^2} > \dfrac{1}{n^2 + k} \geqq \dfrac{1}{n^2 + n}.$ $(k = 1, 2, 3, \cdots, n)$

$$\therefore \dfrac{n}{n^2} > \sum_{k=1}^{n} \dfrac{1}{n^2 + k} > \dfrac{n}{n^2 + n} > \dfrac{n}{2n^2}.$$

ハサミウチの原理によって，与式 $= \lim_{n \to \infty} \sum_{k=1}^{n} \dfrac{1}{n^2 + k} = 0.$ **(答)**

(ii)
$$\dfrac{1}{2}\left(1 + \dfrac{1}{n}\right)\left(1 + \dfrac{1}{n+1}\right)\left(1 + \dfrac{1}{n+2}\right) \cdots \left(1 + \dfrac{1}{2n}\right)$$

$$= \dfrac{1}{2} \cdot \dfrac{n+1}{n} \cdot \dfrac{n+2}{n+1} \cdot \dfrac{n+3}{n+2} \cdots \dfrac{2n+1}{n+n} = \dfrac{2n+1}{2n} = 1 + \dfrac{1}{2n}.$$

$$\therefore \text{与式} = \lim_{n \to \infty}\left(1 + \dfrac{1}{2n}\right)^n = \lim_{n \to \infty}\left\{\left(1 + \dfrac{1}{2n}\right)^{2n}\right\}^{\frac{1}{2}}$$

$$= \left\{\lim_{n \to \infty}\left(1 + \dfrac{1}{2n}\right)^{2n}\right\}^{\frac{1}{2}} \quad (\because \sqrt{x} \text{ の連続性})$$

$$= e^{\frac{1}{2}} = \sqrt{e}. \quad \text{(答)}$$

②（1）(i) $\displaystyle\sum_{n=1}^{N} \dfrac{1}{(n+1)(n+2)} = \sum_{n=1}^{N}\left(\dfrac{1}{n+1} - \dfrac{1}{n+2}\right) = \dfrac{1}{2} - \dfrac{1}{N+2}$

$$\xrightarrow[N \to \infty]{} \dfrac{1}{2}. \text{ (収束)} \quad \text{(答)}$$

(ii) $\displaystyle\sum_{n=1}^{N} \dfrac{1}{\sqrt{n+1} + \sqrt{n}} = \sum_{n=1}^{N}(\sqrt{n+1} - \sqrt{n}) = \sqrt{N+1} - 1 \xrightarrow[N \to \infty]{} \infty.$ (発散) **(答)**

(iii)$_1$ $\dfrac{n}{2n-1} > \dfrac{n}{2n} = \dfrac{1}{2}.$ $\therefore \displaystyle\sum_{n=1}^{N} \dfrac{n}{2n-1} > \sum_{n=1}^{N} \dfrac{1}{2} = \dfrac{N}{2} \xrightarrow[N \to \infty]{} \infty.$ (発散) **(答)**

(iii)$_2$ $\lim_{n \to \infty} \dfrac{n}{2n-1} = \lim_{n \to \infty} \dfrac{1}{2 - \frac{1}{n}} = \dfrac{1}{2} \neq 0.$ $\therefore \displaystyle\sum_{n=1}^{\infty} \dfrac{n}{2n-1}$ は発散． **(答)**

（2）(i) $x = 0$ のとき，$\displaystyle\sum_{n=1}^{\infty} \dfrac{x}{(1+x^2)^n} = 0.$ **(答)**

$x \neq 0$ のとき，$0 < \dfrac{1}{1+x^2} < 1$ だから無限等比級数は収束し，

$$\sum_{n=1}^{\infty} \dfrac{x}{(1+x^2)^n} = \dfrac{x}{1+x^2} \cdot \dfrac{1}{1 - \dfrac{1}{1+x^2}} = \dfrac{1}{x}. \quad \text{(答)}$$

(ii) $\displaystyle\sum_{k=1}^{n} \dfrac{1 + r + r^2 + \cdots + r^k}{(1+r)^k} = \sum_{k=1}^{n} \dfrac{1}{(1+r)^k} \cdot \dfrac{r^{k+1} - 1}{r - 1}$

$$= \frac{1}{r-1} \sum_{k=1}^{n} \left\{ r\left(\frac{r}{1+r}\right)^k - \left(\frac{1}{1+r}\right)^k \right\}$$

$$\left(0 < \frac{1}{1+r} < \frac{r}{1+r} < 1 \text{ であるから収束して}\right)$$

$$\xrightarrow[n\to\infty]{} \frac{1}{r-1}\left(r\cdot\frac{\frac{r}{1+r}}{1-\frac{r}{1+r}} - \frac{\frac{1}{1+r}}{1-\frac{1}{1+r}}\right)$$

$$= \frac{1}{r-1}\left(r^2 - \frac{1}{r}\right) = \frac{r^3-1}{r(r-1)} = \frac{r^2+r+1}{r}. \tag{答}$$

(3)* $0<a<1$ のとき, $a = \frac{1}{1+b}$ $(b>0)$ と表せるから

$$0 < na^n < n^2 a^n = \frac{n^2}{(1+b)^n} < \frac{n^2}{{}_n C_3 \cdot b^3} < \frac{3! \cdot n^2}{n(n-1)(n-2)b^3}$$

$$\longrightarrow 0 \ (n\to\infty). \quad \therefore \ \lim_{n\to\infty} n^r a^n = 0 \ (r=1, 2). \quad \cdots \text{①} \quad \text{(終)}$$

(i) $\sum_{k=1}^{n} a^k = \frac{a(1-a^n)}{1-a} = \frac{a - a^{n+1}}{1-a}. \quad (\because a \neq 1)$

両辺を a で微分すると

$$\sum_{k=1}^{n} ka^{k-1} = \frac{\{1-(n+1)a^n\}(1-a)+(a-a^{n+1})}{(1-a)^2} = \frac{1-(n+1)a^n + na^{n+1}}{(1-a)^2}. \quad \cdots \text{②}$$

$$\therefore \sum_{k=1}^{n} ka^k = \frac{1-(n+1)a^n + na^{n+1}}{(1-a)^2} \times a.$$

これと ① より, $\sum_{n=1}^{\infty} na^n = \frac{a}{(1-a)^2}. \tag{答}$

(ii) ② の両辺を a で微分すると

$$\sum_{k=1}^{n} k(k-1)a^{k-2} = \frac{-n(n+1)\{a^{n-1}-a^n\}(1-a)^2 + \{1-(n+1)a^n + na^{n+1}\}2(1-a)}{(1-a)^4}.$$

$$\therefore \sum_{k=1}^{n} k(k-1)a^k = \left\{\frac{-n(n+1)a^{n-1}}{1-a} + \frac{2\{1-(n+1)a^n + na^{n+1}\}}{(1-a)^3}\right\} \times a^2.$$

これと ① より, $\sum_{n=1}^{\infty} n(n-1)a^n = \frac{2a^2}{(1-a)^3}. \tag{答}$

③ (1)₁ (i) $\frac{\sqrt{x}-1}{x^3-1} = \frac{x-1}{(\sqrt{x}+1)(x-1)(x^2+x+1)}$

$$= \frac{1}{(\sqrt{x}+1)(x^2+x+1)} \xrightarrow[x\to 1]{} \frac{1}{6}. \tag{答}$$

(ii) $\frac{\sqrt{x^2-2x-3}-x}{x+1} = \frac{-\sqrt{1-\frac{2}{x}-\frac{3}{x^2}}-1}{1+\frac{1}{x}} \quad (\because \sqrt{x^2} = -x \ (x<0))$

$$\xrightarrow[x\to -\infty]{} \frac{-1-1}{1} = -2. \tag{答}$$

$(1)_2$ (i) $\sqrt{x}=t$ とおくと $x\to 1$ のとき $t\to 1$ だから

$$\frac{\sqrt{x}-1}{x^3-1}=\frac{t-1}{t^6-1}=\frac{1}{(t^2+t+1)(t^3+1)} \xrightarrow[t\to 1]{} \frac{1}{6}.\quad\text{(答)}$$

(ii) $-x=t$ とおくと, $x\to -\infty$ のとき $t\to\infty$ だから

$$\frac{\sqrt{x^2-2x-3}-x}{x+1}=\frac{\sqrt{t^2+2t-3}+t}{-t+1}=\frac{\sqrt{1+\dfrac{2}{t}-\dfrac{3}{t^2}}+1}{-1+\dfrac{1}{t}} \xrightarrow[t\to\infty]{} \frac{1+1}{-1}=-2.\quad\text{(答)}$$

$(2)_1$ (i) $\dfrac{e^x-e^{-x}}{x}=\dfrac{e^{2x}-1}{xe^x}=\dfrac{e^x-1}{x}\cdot\dfrac{e^x+1}{e^x} \xrightarrow[x\to 0]{} 1\cdot 2=2.$ (答)

(ii) $x\{\log(x+2)-\log x\}=x\log\left(1+\dfrac{2}{x}\right)=2\times\dfrac{\log\left(1+\dfrac{2}{x}\right)}{\dfrac{2}{x}} \xrightarrow[x\to\infty]{} 2.$ (答)

$(2)_2$ $(i)_1$ $\dfrac{e^x-e^{-x}}{x}=\dfrac{e^x-1}{x}+\dfrac{e^{-x}-1}{-x} \xrightarrow[x\to 0]{} 1+1=2.$ (答)

$(i)_2$ $f(x)=e^x-e^{-x}$ とおくと,
$$f(0)=0,\ f'(x)=e^x+e^{-x}.$$
$$\therefore\ \lim_{x\to 0}\frac{e^x-e^{-x}}{x}=\lim_{x\to 0}\frac{f(x)-f(0)}{x-0}=f'(0)=2.\quad\text{(答)}$$

(ii) $x\{\log(x+2)-\log x\}=x\log\left(1+\dfrac{2}{x}\right)=2\log\left(1+\dfrac{2}{x}\right)^{\frac{x}{2}}$

$$=2\log\left\{\left(1+\dfrac{1}{\dfrac{x}{2}}\right)^{\frac{x}{2}}\right\} \xrightarrow[x\to\infty]{} 2\log e=2.\quad(\because\ \log x\ \text{の連続性})\quad\text{(答)}$$

(3) (i) $\dfrac{\tan x-\sin x}{x^3}=\dfrac{1}{x^3}\left(\dfrac{\sin x}{\cos x}-\sin x\right)=\dfrac{\sin x}{x^3}\cdot\dfrac{1-\cos x}{\cos x}$

$$=\left(\dfrac{\sin x}{x}\right)^3\cdot\dfrac{1}{\cos x(1+\cos x)} \xrightarrow[x\to 0]{} 1\cdot\dfrac{1}{2}=\dfrac{1}{2}.\quad\text{(答)}$$

(ii) $x-\dfrac{\pi}{2}=\theta$ とおくと, $x\to\dfrac{\pi}{2}$ のとき $\theta\to 0$ であるから,

$$\cos 3x\cdot\tan 5x=\cos\left(\dfrac{3}{2}\pi+3\theta\right)\cdot\tan\left(\dfrac{5}{2}\pi+5\theta\right)$$

$$=\cos\left(\pi+\dfrac{\pi}{2}+3\theta\right)\cdot\tan\left(2\pi+\dfrac{\pi}{2}+5\theta\right)$$

$$=-\cos\left(\dfrac{\pi}{2}+3\theta\right)\cdot\tan\left(\dfrac{\pi}{2}+5\theta\right)=\sin 3\theta\cdot\dfrac{-1}{\tan 5\theta}$$

$$=-\dfrac{\sin 3\theta}{3\theta}\cdot\dfrac{5\theta}{\sin 5\theta}\cdot\dfrac{3}{5}\cos 5\theta \xrightarrow[\theta\to 0]{} -\dfrac{3}{5}.\quad\text{(答)}$$

例題 40

関数 $f(x) = \lim_{n \to \infty} \dfrac{x^{n+1} + (x^2 - 1)\sin ax}{x^n + x^2 - 1}$

がすべての x に対して連続となるような正の定数 a の最小値を求め，そのときの $y = f(x)$ のグラフを描け．

[考え方] $f(x)$ が $x = a$ で連続： $\lim_{x \to a-0} f(x) = \lim_{x \to a+0} f(x) = f(a)$．

【解答】

$|x| < 1$ のとき， $f(x) = \sin ax$．

$x = 1$ のとき， $f(1) = 1$．

$x = -1$ のとき， $f(-1) = \lim_{n \to \infty} \dfrac{(-1)^{n+1}}{(-1)^n} = -1$．

$|x| > 1$ のとき， $f(x) = \lim_{n \to \infty} \dfrac{x + \dfrac{x^2 - 1}{x^n}\sin ax}{1 + \dfrac{x^2 - 1}{x^n}} = x$．

$\therefore\ f(x) = \begin{cases} \sin ax, & (-1 < x < 1) \\ 1, & (x = 1) \\ -1, & (x = -1) \\ x. & (x < -1 \text{ または } x > 1) \end{cases}$

よって，$f(x)$ が $x = 1,\ -1$ で連続となる条件を求めればよい．

(i) $x = 1$ で連続となる条件は
$$\lim_{x \to 1-0} f(x) = \lim_{x \to 1+0} f(x) = f(1). \quad \therefore\ \sin a = 1.$$

(ii) $x = -1$ で連続となる条件は
$$\lim_{x \to -1-0} f(x) = \lim_{x \to -1+0} f(x) = f(-1). \quad \therefore\ \sin(-a) = -1.$$

以上から，求める条件は
$$\sin a = 1.$$

これをみたす最小の正数 a は
$$a = \dfrac{\pi}{2}. \quad \text{(答)}$$

このとき，$y = f(x)$ のグラフは右図の通り．　**(答)**

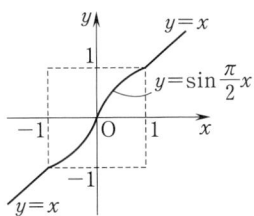

例題 41

定数 a $(1<a<2)$ に対して, 数列 $\{x_n\}$ を
$$x_1=a, \quad x_{n+1}=\sqrt{3x_n-2} \quad (n=1, 2, 3, \cdots)$$
で定める.

(1) $a \leq x_n <2$ $(n=1, 2, 3, \cdots)$ を示せ.

(2) 不等式
$$0<2-x_{n+1} \leq \frac{3}{2+\sqrt{3a-2}}(2-x_n) \quad (n=1, 2, 3, \cdots)$$
が成り立つことを示し, $\lim_{n \to \infty} x_n$ を求めよ.　　　　　　　　　(京都工芸繊維大)

[考え方] 数学的帰納法, ハサミウチの原理の利用.

【解答】

(1) (i) $n=1$ のとき, $x_1=a$ $(1<a<2)$ より, $a \leq x_1 <2$ は成り立つ.

(ii) $n=k(\geq 1)$ のとき, $a \leq x_k <2$ と仮定すると,
$$x_{k+1}-a=\sqrt{3x_k-2}-a=\frac{3x_k-2-a^2}{\sqrt{3x_k-2}+a}>0,$$
$$(\because \text{分子} \geq 3a-2-a^2=(a-1)(2-a)>0 \quad (\because \; 1<a<2))$$

かつ,
$$2-x_{k+1}=2-\sqrt{3x_k-2}=\frac{3(2-x_k)}{2+\sqrt{3x_k-2}}>0 \quad \cdots ①$$

であるから, $a \leq x_{k+1} <2$ となり, $n=k+1$ でも成り立つ.

以上の(i), (ii) より,
$$a \leq x_n <2. \quad (n \geq 1) \quad \cdots ② \quad \text{(終)}$$

(2) ①, ② より,
$$0<2-x_{n+1}=\frac{3}{2+\sqrt{3x_n-2}}(2-x_n) \leq \frac{3}{2+\sqrt{3a-2}}(2-x_n). \quad \text{(終)}$$

ここで, $r=\dfrac{3}{2+\sqrt{3a-2}}$ とおくと,
$$1<a<2 \iff 1<3a-2<4 \iff 1<\sqrt{3a-2}<2$$
$$\iff 3<2+\sqrt{3a-2}<4 \iff \frac{3}{4}<r<1.$$
$$\therefore \; 0<2-x_{n+1} \leq r(2-x_n) \leq r^n(2-x_1) \longrightarrow 0. \quad (n \to \infty)$$
$$\therefore \; \lim_{n \to \infty} x_n=2. \quad \text{(答)}$$

(注) $f(x)=\sqrt{3x-2}$ とすると
$$x_1=a \;(1<a<2), \quad x_{n+1}=f(x_n) \;(n \geq 1).$$

$f(x)=x \iff \sqrt{3x-2}=x$ より
$$x^2-3x+2=(x-1)(x-2)=0.$$
$$\therefore \quad x=1,\ 2.$$

右図より，$\begin{cases} a \leqq x_n \leqq x_{n+1} \leqq \cdots \leqq 2, \\ x_n \longrightarrow 2 \ (n \to \infty) \end{cases}$

であることが容易にわかる．

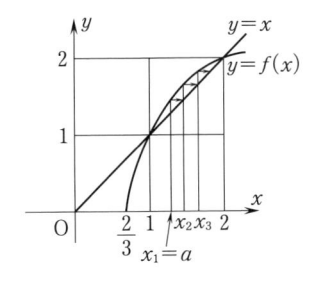

演習問題

118 次の関係が成立するような定数 a, b, c の値を求めよ.
$$\lim_{x\to\infty} x\{\sqrt{x^2+3x+1}-(ax+b)\}=c.$$
（東京理科大）

119 (1) $x>0$ のとき，次の不等式を証明せよ.
$$e^x>1+\frac{x}{1!}+\frac{x^2}{2!}+\cdots+\frac{x^n}{n!}. \quad (n=0, 1, 2, \cdots)$$

(2) $\displaystyle\lim_{x\to\infty}\frac{x^n}{e^x}$ $(n=1, 2, 3, \cdots)$ を求めよ.

(3) $\displaystyle\lim_{x\to\infty}\frac{(\log x)^n}{x}$, $\displaystyle\lim_{x\to+0}x(\log x)^n$ $(n=1, 2, 3, \cdots)$ を求めよ. （頻出問題）

120 実数の定数 a_1, b_1, c_1 に対して
$$a_n=\frac{b_{n-1}+c_{n-1}}{2}, \quad b_n=\frac{c_{n-1}+a_{n-1}}{2}, \quad c_n=\frac{a_{n-1}+b_{n-1}}{2} \quad (n=2, 3, 4, \cdots)$$
により，数列 $\{a_n\}, \{b_n\}, \{c_n\}$ を定めるとき，
$$\lim_{n\to\infty}a_n, \quad \lim_{n\to\infty}b_n, \quad \lim_{n\to\infty}c_n$$
を求めよ.
（学習院大）

121 面積 1 の正三角形 A_0 からはじめて，右図のような図形 $A_1, A_2, \cdots$ を作る．ここで A_n は，A_{n-1} の各辺の 3 等分点を頂点にもつ正三角形を A_{n-1} の外側につけ加えてできる図形である．

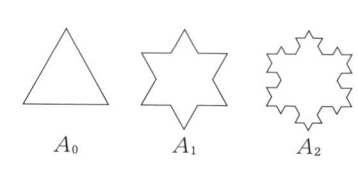

(1) 図形 A_n の辺の数を求めよ.

(2) 図形 A_n の周の長さを L_n とするとき，$\displaystyle\lim_{n\to\infty}L_n$ を求めよ.

(3) 図形 A_n の面積を S_n とするとき，$\displaystyle\lim_{n\to\infty}S_n$ を求めよ. （香川大，etc.）

122 $1, 2, 2, 3, 3, 3, 4, 4, 4, 4, \cdots$ は k が k 個 $(k=1, 2, 3, \cdots)$ ずつ続く数列である．この数列の第 n 項を a_n と表すとき，

(1) $\displaystyle\lim_{n\to\infty}\frac{a_n}{\sqrt{n}}$ を求めよ.

(2) $\displaystyle\lim_{n\to\infty}\frac{1}{n\sqrt{n}}\sum_{k=1}^{n}a_k$ を求めよ.
（電気通信大，etc.）

123 実数の定数 a, b に対して，連続関数 $f(x)$ が
$$\lim_{x \to 1} \frac{f(x)}{x-1} = a, \quad \lim_{x \to 2} \frac{f(x)}{x-2} = b$$
をみたしている．
(1) $f'(1)$, $f'(2)$ を求めよ．
(2) $ab > 0$ であるとき，$1 \leq x \leq 2$ の範囲で方程式 $f(x) = 0$ は少なくとも 3 個の解をもつことを証明せよ．
（大分大）

124 P 君に 2 人の女友達 A 子さん，B 子さんがいる．あるとき，P 君が自宅を出発して A 子さんの家へ向かった．しかし，自宅から A 子さんの家までの距離の 1/3 進んだところで，思いなおして B 子さんの家へ向かった．そして方向を変えた地点から B 子さんの家までの距離の 2/3 行ったところで，また気が変わり A 子さんの家へ向かった．そこから 1/3 進んでまた B 子さんの家へ向かった．このようにして P 君は A 子さんの家へ方向を変えてから 1/3 進んで B 子さんの家へ方向を変え，それから 2/3 進んでから A 子さんの家へ向かって進むものとする．この迷える P 君の究極の動きを記述せよ．ただし，A 子さん，B 子さん，P 君の 3 人の家は鋭角三角形の 3 頂点の位置にあり，P 君は方向を変えてから次に方向を変えるまでは必ず直進するものとする．
（鳥取大）

125* 半径 R の円に内接する正 $2n$ 角形の形をした囲いがある．一匹の山羊が囲いの周の半分の長さのひもで，囲いの 1 つのかどにつながれている．この山羊が囲いの外で動き得る範囲の面積を S_{2n} とする．
(1) S_{2n} を求めよ．
(2) $\lim_{n \to \infty} S_{2n}$ を求めよ．
（津田塾大）

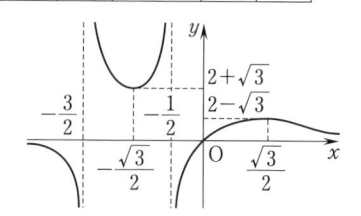

第14章 微分法とその応用

例題 42

次の曲線の概形を描け．

(1) $C_1: y = \dfrac{x}{x^2+2x+\frac{3}{4}}$.

(2) $C_2: \begin{cases} x = \dfrac{2}{1-t^2}, \\ y = \dfrac{2t}{1-t^2}. \end{cases}$ $(-\infty < t < \infty)$

(3) $C_3: \begin{cases} x = \sin\theta, \\ y = \sin 2\theta. \end{cases}$ $(0 \leqq \theta \leqq \pi)$

考え方 $C_2: (x-1)^2 - y^2 = 1$ $(x \neq 0)$, $C_3: y = \pm 2x\sqrt{1-x^2}$ $(0 \leqq x \leqq 1)$．

【解答】

(1) $$f(x) = \dfrac{x}{x^2+2x+\frac{3}{4}} = \dfrac{x}{(x+1)^2 - \frac{1}{4}} = \dfrac{x}{\left(x+\frac{1}{2}\right)\left(x+\frac{3}{2}\right)}$$

とおくと，

$$f'(x) = \dfrac{x^2+2x+\frac{3}{4} - x(2x+2)}{\left(x^2+2x+\frac{3}{4}\right)^2} = -\dfrac{\left(x+\frac{\sqrt{3}}{2}\right)\left(x-\frac{\sqrt{3}}{2}\right)}{\left(x^2+2x+\frac{3}{4}\right)^2}.$$

x	$(-\infty)$	$\cdots$	$-\dfrac{3}{2}$	$\cdots$	$-\dfrac{\sqrt{3}}{2}$	$\cdots$	$-\dfrac{1}{2}$	$\cdots$	$\dfrac{\sqrt{3}}{2}$	$\cdots$	(∞)
$f'(x)$		$-$		$-$	0	$+$		$+$	0	$-$	
$f(x)$	(0)	$\searrow$		$\searrow$	$2+\sqrt{3}$	$\nearrow$		$\nearrow$	$2-\sqrt{3}$	$\searrow$	(0)

$\lim\limits_{x\to\pm\infty} f(x) = 0$,

$f\left(\pm\dfrac{\sqrt{3}}{2}\right) = 2 \mp \sqrt{3}$．（複号同順）

よって，C_1 の概形は右図のとおり．　　**(答)**

(2)$_1$ $$\frac{dx}{dt}=x'(t)=\frac{4t}{(1-t^2)^2}, \quad \frac{dy}{dt}=y'(t)=\frac{2(1+t^2)}{(1-t^2)^2}>0.$$
$$\therefore \quad \frac{dy}{dx}=\frac{y'(t)}{x'(t)}=\frac{1+t^2}{2t}.$$

t	$(-\infty)$	$\cdots$	-1	$\cdots$	0	$\cdots$	1	$\cdots$	(∞)
$x'(t)$		$-$		$-$	0	$+$		$+$	
$x(t)$	(-0)	↘	$-\infty$ | $+\infty$	↘	2	↗	$+\infty$ | $-\infty$	↗	(-0)
$y'(t)$		$+$		$+$	$+$	$+$		$+$	
$y(t)$	$(+0)$	↗	$+\infty$ | $-\infty$	↗	0	↗	$+\infty$ | $-\infty$	↗	(-0)
(x', y')	↑	↖		↖	↑	↗		↗	↑

よって，C_2 の概形は右図のとおり． **(答)**

(2)$_2$ $x=\dfrac{2}{1-t^2}\neq 0$ であるから，$\dfrac{y}{x}=t.$

$$\therefore \quad x\left\{1-\left(\frac{y}{x}\right)^2\right\}=2$$
$$\iff x^2-y^2=2x. \quad (x\neq 0)$$
$$\therefore \quad C_2: (x-1)^2-y^2=1. \quad (x\neq 0) \quad \textbf{(答)}$$

(3) $$\frac{dx}{d\theta}=\cos\theta, \quad \frac{dy}{d\theta}=2\cos 2\theta. \quad \therefore \quad \frac{dy}{dx}=\frac{2\cos 2\theta}{\cos\theta}.$$

θ	0	$\cdots$	$\dfrac{\pi}{4}$	$\cdots$	$\dfrac{\pi}{2}$	$\cdots$	$\dfrac{3\pi}{4}$	$\cdots$	π
$x'(\theta)$	$+$	$+$	$+$	$+$	0	$-$	$-$	$-$	
$x(\theta)$	0	↗	$\dfrac{1}{\sqrt{2}}$	↗	1	↘	$\dfrac{1}{\sqrt{2}}$	↘	0
$y'(\theta)$	$+$	$+$	0	$-$	$-$	$-$	0	$+$	$+$
$y(\theta)$	0	↗	1	↘	0	↘	-1	↗	0
(x', y')	↗	↗	→	↘	↓	↙	←	↖	↖

よって，C_3 の概形は右図のとおり． **(答)**

(注) $y=\sin 2\theta=2\sin\theta\cdot\cos\theta$
$\qquad\qquad =\pm 2x\sqrt{1-x^2}. \quad (0\leq x\leq 1)$

なお，x, y ともに θ の奇関数であるから，$0\leq\theta<2\pi$ のグラフは，$0\leq\theta<\pi$ のグラフより容易にかける．（次頁の 解説 の図）．

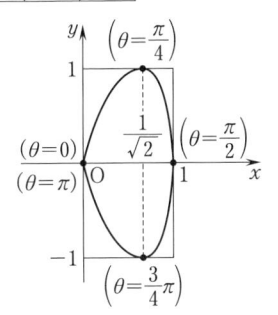

[解説]
　一般に, x, y 座標が
$$\cos m\theta, \sin m\theta \quad (m：自然数)$$
で与えられる曲線 C は, θ が $0 \leqq \theta < 2\pi$ で変化すると, 右図のように正方形内で周期的な曲線を描く. このような曲線を**リサージュ**(Lissajous)**曲線**という.

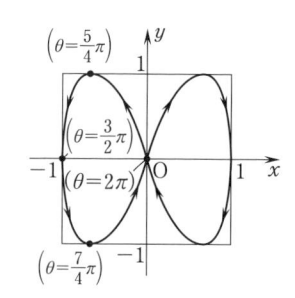

― 例題 43 ―

関数 $f(x)$ が次のように定義されている.
$$f(x) = \begin{cases} \dfrac{1-\cos x}{x}, & (x \neq 0) \\ a, & (x=0) \end{cases}$$

(1) $f(x)$ が $-\infty < x < \infty$ で連続となるように定数 a の値を求めよ.
(2) (1)のとき, 微分係数の定義にしたがって $f'(0)$ を求めよ.
(3) $f(x)$ は $-\dfrac{\pi}{2} \leqq x \leqq \dfrac{\pi}{2}$ で増加関数であることを示せ.　　　　　(山梨大)

[考え方] $f'(0) = \lim\limits_{h \to 0} \dfrac{f(h)-f(0)}{h}$.

【解答1】

(1) $x \neq 0$ のとき, $f(x) = \dfrac{1-\cos x}{x}$ は連続である.
　よって, $f(x)$ が $x=0$ で連続, すなわち, $\lim\limits_{x \to 0} f(x) = f(0) = a$
であればよい. この左辺は
$$\lim_{x \to 0} f(x) = \lim_{x \to 0} \frac{1-\cos x}{x} = \lim_{x \to 0} \left(\frac{\sin x}{x}\right)^2 \cdot \frac{x}{1+\cos x} = 0. \quad \therefore \ a = 0. \quad \text{(答)}$$

(2)
$$f'(0) = \lim_{h \to 0} \frac{f(0+h)-f(0)}{h} = \lim_{h \to 0} \frac{f(h)}{h}$$
$$= \lim_{h \to 0} \frac{1-\cos h}{h^2} = \lim_{h \to 0} \frac{\sin^2 h}{h^2} \cdot \frac{1}{1+\cos h} = \frac{1}{2}. \quad \text{(答)}$$

(3) $x \neq 0$ のとき, $f'(x) = \dfrac{\sin x \cdot x - (1-\cos x) \cdot 1}{x^2} = \dfrac{x \sin x + \cos x - 1}{x^2}$.

分子を $g(x) = x \sin x + \cos x - 1$ とおくと, $g'(x) = x \cos x$.
増減表より, $f'(x) > 0$. ($x \neq 0$)
また, (2)から $f'(0) = \dfrac{1}{2} > 0$.

x	$-\dfrac{\pi}{2}$	$\cdots$	0	$\cdots$	$\dfrac{\pi}{2}$
$g'(x)$		$-$	0	$+$	
$g(x)$	$\dfrac{\pi}{2}-1$	↘	0	↗	$\dfrac{\pi}{2}-1$

よって, $f(x)$ は $-\dfrac{\pi}{2} \leqq x \leqq \dfrac{\pi}{2}$ で増加関数である.　　　　(終)

【解答2】

(1) $f(x)$ が $x=0$ で連続であればよいから，
$$a=f(0)=\lim_{x\to 0}f(x)=\lim_{x\to 0}\frac{1-\cos x}{x}$$
$$=-\lim_{x\to 0}\frac{\cos x-\cos 0}{x-0}=-[\cos x]'_{x=0}=0.\quad \text{(答)}$$

(2) $$f'(0)=\lim_{h\to 0}\frac{f(0+h)-f(0)}{h}=\lim_{h\to 0}\frac{f(h)}{h}$$
$$=\lim_{h\to 0}\frac{1-\cos h}{h^2}=\lim_{h\to 0}2\left(\frac{\sin\frac{h}{2}}{\frac{h}{2}}\right)^2\cdot\frac{1}{2^2}=\frac{1}{2}.\quad \text{(答)}$$

(3) 曲線 $C: y=-\cos x\ \left(-\dfrac{\pi}{2}\le x\le\dfrac{\pi}{2}\right)$ は下に凸であり，$f(x)$ は，2 点 $A(0,-1)$, $P(x,-\cos x)$ を結ぶ直線 AP (P=A のときは A における C の接線) の

傾き：$f(x)=\dfrac{-\cos x-(-1)}{x-0}=\dfrac{1-\cos x}{x}$

である．

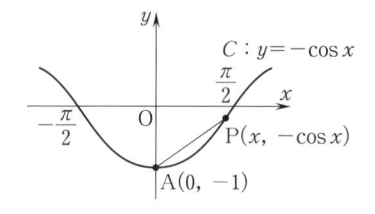

よって，$f(x)$ は $-\dfrac{\pi}{2}\le x\le\dfrac{\pi}{2}$ で増加関数である．　　（終）

（注）$f(x)$ を直線 AP の勾配関数という．

例題 44

$f(x)=\dfrac{1}{2}\cos x$ とする．

(1) 方程式 $f(x)=x$ はただ 1 つの解をもつことを示せ．

(2) 任意の実数 $x,\ y$ に対して，$|f(x)-f(y)|\le\dfrac{1}{2}|x-y|$ が成り立つことを示せ．

(3) 任意の実数 a に対して，$a_0=a$, $a_n=f(a_{n-1})$ $(n=1,\ 2,\ 3,\ \cdots)$ で定められる数列 $\{a_n\}$ は，$f(x)=x$ の解に収束することを示せ．　　（三重大）

[考え方]　平均値の定理の利用．

【解答】

(1) $g(x)=x-f(x)=x-\dfrac{1}{2}\cos x$ とおくと　$g'(x)=1+\dfrac{1}{2}\sin x>0$.

よって，$g(x)$ は単調増加で，連続，かつ，$g(x)\to\pm\infty (x\to\pm\infty)$.（複号同順）

$\left(\text{または，}g(0)=-\dfrac{1}{2}<0,\ g\left(\dfrac{\pi}{2}\right)=\dfrac{\pi}{2}>0\right)$.

よって，$g(x)=0\iff f(x)=x$ はただ 1 つの実数解をもつ．　　（終）

(2)₁ $f(x)$ は微分可能だから,$x \neq y$ のとき,平均値の定理より
$$f(x)-f(y)=f'(c)(x-y)=\left(-\frac{1}{2}\sin c\right)(x-y)$$
をみたす実数 c が x と y の間に存在する.

よって,$x=y$ の場合も含めて
$$|f(x)-f(y)|\leq \frac{1}{2}|x-y|. \quad (\because |\sin c|\leq 1) \quad \cdots ① \quad \text{(終)}$$

(2)₂ $\quad |f(x)-f(y)|=\frac{1}{2}|\cos x-\cos y|=\frac{1}{2}\left|-2\sin\frac{x+y}{2}\cdot\sin\frac{x-y}{2}\right|$
$$\leq \frac{1}{2}\cdot 2\left|\sin\frac{x-y}{2}\right|\leq \frac{1}{2}|x-y|. \quad \text{(終)}$$

(3) (1)の解を α とすると,$\quad \alpha=f(\alpha).\quad \cdots ②$

また,定義式より,$\quad a_n=f(a_{n-1}).\quad \cdots ③$

③−② と ① より,$|a_n-\alpha|=|f(a_{n-1})-f(\alpha)|\leq \frac{1}{2}|a_{n-1}-\alpha|.$

$\therefore\ 0\leq |a_n-\alpha|\leq \frac{1}{2}|a_{n-1}-\alpha|\leq \cdots \leq \left(\frac{1}{2}\right)^n(a-\alpha). \quad \therefore\ \lim_{n\to\infty} a_n=\alpha. \quad \text{(終)}$

(注) 右図より,
$$a_n \to \alpha \quad (n\to\infty)$$
となることはグラフより明らかである.

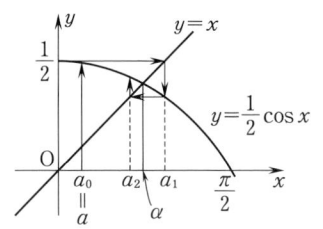

[**解説**]

一般に,次の定理が成り立つ.

> 微分可能な関数 $f(x)$ が,区間 $I=(a, b)$ においてつねに
> $$|f'(x)|\leq k<1 \quad (k\text{ は定数})$$
> をみたし,方程式 $x=f(x)$ が,区間 I でただ1つの実数解 α をもつとする.
>
> このとき,
> $$a_1=c,\ a_{n+1}=f(a_n),\ a<a_n<b \quad (n=1,\ 2,\ 3,\ \cdots)$$
> によって定義される数列 $\{a_n\}$ は α に収束する.

(**証明**)

$\alpha=c$ のとき,題意は明らかであるから,$\alpha\neq c$ の場合について調べる.
$$a_{n+1}=f(a_n),\quad \alpha=f(\alpha)$$
であるから,辺々の差をとると,$a_{n+1}-\alpha=f(a_n)-f(\alpha).$

ここで,平均値の定理により,$f(a_n)-f(\alpha)=(a_n-\alpha)f'(p)$
をみたす p が a_n と α の間にあるから
$$a_{n+1}-\alpha=(a_n-\alpha)f'(p).$$
$$\therefore\ |a_{n+1}-\alpha|=|a_n-\alpha|\cdot|f'(p)|\leq |a_n-\alpha|\cdot k.$$

$$\therefore \quad 0 \leqq |a_n - \alpha| \leqq |a_1 - \alpha| \cdot k^{n-1} \longrightarrow 0. \ (n \to \infty) \quad (\because \ 0 \leqq k < 1)$$
$$\therefore \quad \lim_{n \to \infty} a_n = \alpha. \tag{終}$$

演習問題

126 $0 < a < b$ のとき，不等式
$$1 - \frac{a}{b} < \log\frac{b}{a} < \frac{b}{a} - 1$$
が成り立つことを示せ．

127 $\frac{\pi}{2} > x > y > 0$ のとき，$x - y$, $\sin x - \sin y$, $\tan x - \tan y$ の大小を比べよ．
　　　　　　　　　　　　　　　　　　　　　　　　　　　　　　　　　（名古屋大）

128 a を 0 でない実数とする．2 つの曲線 $y = e^x$ および $y = ax^2$ の両方に接する直線の本数を求めよ．

　　もし，必要ならば，$\lim_{x \to \infty} \frac{e^x}{x} = \infty$ を用いてもよい．　　　（東北大）

129 2 つの曲線 $C_1 : y = \cos x$, $C_2 : y = \tan x \left(-\frac{\pi}{2} < x < \frac{\pi}{2}\right)$ がある．

(1) 曲線 C_1, C_2 の交点を P とする．P における C_1 の接線と C_2 の接線のなす角 θ ($0 \leq \theta \leq \pi$) を求めよ．

(2) (1)の交点 P における 2 つの接線と x 軸とで囲まれる三角形の面積を求めよ．
　　　　　　　　　　　　　　　　　　　　　　　　　　　　　　　　　（神戸大）

130 原点を中心とする半径 $\sqrt{3}$ の半円がある．右図のように，A$(\sqrt{3}, 0)$, B$(0, \sqrt{3})$, C$(-\sqrt{3}, 0)$, D$(1, 0)$ があり，点 Q が弧 AB 上にある．動点 P は，点 C から出発し，点 Q まで弧 CQ 上を速さ 2 で進み，さらに，点 Q からは，点 D に向かって線分 QD 上を速さ 1 で進む．

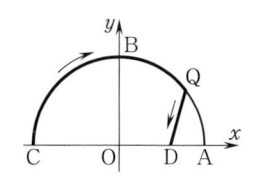

　この所要時間を最小にする点 Q，および，その所要時間を求めよ．
　　　　　　　　　　　　　　　　　　　　　　　　　　　　　　　（京都府立医科大）

131 次の(1), (2), (3)を証明せよ．

(1) $f(x)$ が $[a, b]$ で連続，(a, b) で微分可能で $f''(x)$ が存在するとき，
$$f(b)=f(a)+f'(a)(b-a)+\frac{1}{2}f''(c)(b-a)^2, \quad a<c<b$$
をみたす c が少なくとも1つ存在する．

(2) $f''(x)$ がつねに正である区間内の点 $x_1, x_2, x_3, \cdots, x_n$ に対して，不等式
$$\frac{1}{n}\{f(x_1)+f(x_2)+\cdots+f(x_n)\} \geq f\left(\frac{x_1+x_2+\cdots+x_n}{n}\right)$$
が成り立つ．ただし，等号は $x_1=x_2=\cdots=x_n$ のときに限る．

(3) $x_1, x_2, \cdots, x_n$ が正のとき，不等式
$$\frac{x_1+x_2+\cdots+x_n}{n} \geq \sqrt[n]{x_1 x_2 \cdots x_n}$$
が成り立つ．ただし，等号は $x_1=x_2=\cdots=x_n$ のときに限る．　　　（有名問題）

132* 曲線 $C_1: y=e^x$ 上の点 P と曲線 $C_2: y=-e^{2-x}$ 上の点 Q は，P，Q におけるそれぞれの曲線の接線が平行であるように動くものとする．P と Q の距離が最小となるとき，直線 PQ と P における C_1 の接線が直交することを示し，そのときの P と Q の距離を求めよ．　　　　　　　　　　（防衛大）

133* $e\,(=2.718\cdots)$ を自然対数の底とする．

(1) $n=1, 2, 3, \cdots$ に対して，$f_n(x)=1+x+\dfrac{x^2}{2!}+\cdots+\dfrac{x^n}{n!}$ とおく．
$x>0$ のとき，次の不等式が成り立つことを示せ．
$$f_n(x)<e^x<f_n(x)+\frac{x^{n+1}e^x}{(n+1)!}.$$

(2) $n=2, 3, 4, \cdots$ のとき，次の不等式が成り立つことを示せ．
$$0<n!e-[n!+1+\{n+n(n-1)+n(n-1)(n-2)+\cdots$$
$$+n(n-1)(n-2)\cdots 2\}]<1.$$

(3) e は有理数でないことを示せ．　　　　　　　　　　　　　　　　（金沢大）

第15章 積分法とその応用

例題 45

1. 次の不定積分(1)と定積分(2)を求めよ．

   (1) $\displaystyle\int \tan x\,dx,\quad \int e^{\sqrt{x}}\,dx,\quad \int \frac{1}{e^x-e^{-x}}\,dx,\quad \int \frac{x}{x^2-2x-3}\,dx.$

   (2) $\displaystyle\int_{-\pi}^{\pi}(\pi-|x|)\cos x\,dx,\quad \int_{-1}^{1}\frac{x^2}{1+e^x}\,dx,\quad \int_{a}^{b}\sqrt{(x-a)(b-x)}\,dx\ (a<b).$

2. (1) 連続関数 $f(x)$ および実数 a について，等式
$$\int_0^a f(x)\,dx = \int_0^{\frac{a}{2}}\{f(x)+f(a-x)\}\,dx$$
   が成り立つことを証明せよ．

   (2) $\displaystyle\int_0^{\frac{\pi}{2}}\frac{\cos x}{\sin x+\cos x}\,dx,\quad \int_0^{\frac{\pi}{2}}\frac{\cos^3 x}{\sin x+\cos x}\,dx$ を求めよ． （高知大）

   (3) $\displaystyle\int \frac{1}{\sin^2 x\cdot\cos^2 x}\,dx,\quad \int \frac{1-\tan x}{1+\tan x}\,dx$ を求めよ．

3. 次の極限値を求めよ．

   (1) $\displaystyle\lim_{n\to\infty}\sum_{k=1}^{n}\frac{k}{n^2+k^2}.$

   (2) $\displaystyle\lim_{n\to\infty}\sum_{k=1}^{n}\frac{(n+k)^2}{n^3}.$

   (3) $\displaystyle\lim_{n\to\infty}\sum_{k=1}^{n}\frac{1}{\sqrt{n}\sqrt{n+k}}.$

   (4) $\displaystyle\lim_{n\to\infty}\sum_{k=1}^{n}\frac{k}{n^2}\sin\frac{k\pi}{n}.$

   (5) $\displaystyle\lim_{n\to\infty}\log\frac{\sqrt[n]{(n+1)(n+2)\cdots(n+n)}}{n}.$ （類題頻出）

4. $I_n = \displaystyle\int_0^{\frac{\pi}{2}}\sin^n x\,dx\ (n=0,1,2,\cdots)$ とする．

   (1) $I_n = \dfrac{n-1}{n}I_{n-2}\ (n\geq 2)$ を示せ．

   (2) I_n を求めよ． （頻出問題）

5. m,n を 0 以上の整数とし，$I(m,n)$ を
$$I(m,n) = \int_{\alpha}^{\beta}(x-\alpha)^m(\beta-x)^n\,dx\quad (\alpha<\beta)$$
   によって定める．

   (1) $n\geq 1$ のとき，$I(m,n)$ を $I(m+1,n-1)$ を用いて表せ．

   (2) $I(m,n)$ を求めよ． （頻出問題）

[考え方] ③ 区分求積法．④ (2) 部分積分をして漸化式を立てる．
【解答】（以下では，積分定数を C とする）

① (1) $\int \tan x \, dx = \int -\frac{(\cos x)'}{\cos x} dx = -\log|\cos x| + C.$ （答）

$\int e^{\sqrt{x}} dx \quad (\sqrt{x} = t \longrightarrow dx = 2t\,dt)$
$= \int e^t \cdot 2t\,dt = 2\left(e^t \cdot t - \int e^t dt\right)$
$= 2e^t(t-1) + C = 2e^{\sqrt{x}}(\sqrt{x}-1) + C.$ （答）

$\int \frac{1}{e^x - e^{-x}} dx \quad (e^x = t > 0 \longrightarrow e^x dx = dt)$
$= \int \frac{1}{e^{2x}-1} e^x dx = \int \frac{dt}{t^2-1} = \frac{1}{2}\int \left(\frac{1}{t-1} - \frac{1}{t+1}\right) dt$
$= \frac{1}{2}\log\left|\frac{t-1}{t+1}\right| + C = \frac{1}{2}\log\frac{|e^x - 1|}{e^x + 1} + C.$ （答）

$\int \frac{x}{x^2 - 2x - 3} dx = \int \frac{x}{(x+1)(x-3)} dx = \int \frac{1}{4} \cdot \frac{3(x+1) + (x-3)}{(x+1)(x-3)} dx$
$= \frac{1}{4}\{3\log|x-3| + \log|x+1|\} + C.$ （答）

(2) $\int_{-\pi}^{\pi} (\pi - |x|) \cos x \, dx = 2\int_0^{\pi} (\pi - x)(\sin x)' dx$
$= 2\left\{\left[(\pi - x)\sin x\right]_0^{\pi} + \int_0^{\pi} 1 \cdot \sin x \, dx\right\}$
$= 2\left[-\cos x\right]_0^{\pi} = 4.$ （答）

$\int_{-1}^{1} \frac{x^2}{1+e^x} dx = \int_{-1}^{0} \frac{x^2}{1+e^x} dx + \int_0^{1} \frac{x^2}{1+e^x} dx$

$\left(\begin{array}{l}\int_{-1}^{0} \frac{x^2}{1+e^x} dx \quad (x = -t \text{ の置換}) = \int_1^{0} \frac{t^2}{1+e^{-t}}(-dt) \\ = \int_0^1 \frac{t^2}{1+e^{-t}} dt = \int_0^1 \frac{x^2 e^x}{e^x + 1} dx\end{array}\right)$

$= \int_0^1 \frac{x^2 e^x + x^2}{e^x + 1} dx = \int_0^1 x^2 dx = \frac{1}{3}.$ （答）

$\int_a^b \sqrt{(x-a)(b-x)}\,dx = \int_a^b \sqrt{-x^2 + (a+b)x - ab}\,dx$
$= \int_a^b \sqrt{\left(\frac{b-a}{2}\right)^2 - \left(x - \frac{a+b}{2}\right)^2}\,dx$
$= \frac{\pi}{2}\left(\frac{b-a}{2}\right)^2. \quad \left(\begin{array}{l}\because \text{ 右図の}\\ \text{半円の面積}\end{array}\right)$ （答）

② (1)₁ $\int_0^a f(x)\,dx = \int_0^{\frac{a}{2}} f(x)\,dx + \int_{\frac{a}{2}}^a f(x)\,dx \quad (x = a - t \longrightarrow dx = -dt)$
$= \int_0^{\frac{a}{2}} f(x)\,dx + \int_{\frac{a}{2}}^{0} f(a-t)(-dt)$

$$= \int_0^{\frac{a}{2}} \{f(x)+f(a-x)\}dx. \tag{終}$$

(1)$_2$　　　$F(x) = \int f(x)dx$ とすると，$\dfrac{d}{dx}F(x) = f(x)$.　　…①

$a-x = u$ と置換すると，

$$\dfrac{d}{dx}F(a-x) = \dfrac{dF(u)}{du} \cdot \dfrac{du}{dx} = f(u) \cdot (-1) = -f(a-x).$$

$$\therefore \quad \dfrac{d}{dx}F(a-x) = -f(a-x). \tag{②}$$

よって，

$$\int_0^a f(x)dx = \Big[F(x)\Big]_0^a = F(a) - F(0).$$

$$\int_0^{\frac{a}{2}} \{f(x)+f(a-x)\}dx = \int_0^{\frac{a}{2}} \Big\{\dfrac{d}{dx}F(x) - \dfrac{d}{dx}F(a-x)\Big\}dx \quad (\because \text{①, ②})$$

$$= \Big[F(x) - F(a-x)\Big]_0^{\frac{a}{2}}$$

$$= \Big\{F\Big(\dfrac{a}{2}\Big) - F\Big(\dfrac{a}{2}\Big)\Big\} - \{F(0) - F(a)\} = F(a) - F(0).$$

$$\therefore \quad \int_0^a f(x)dx = \int_0^{\frac{a}{2}} \{f(x)+f(a-x)\}dx. \tag{終}$$

[解説]

曲線 $y = f(x)$ を直線 $x = \dfrac{a+b}{2}$ に関して対称移動した曲線は

$$y = f(a+b-x)$$

である．よって，右図のグラフから，等式

$$\int_a^b f(x)dx = \int_a^b f(a+b-x)dx$$

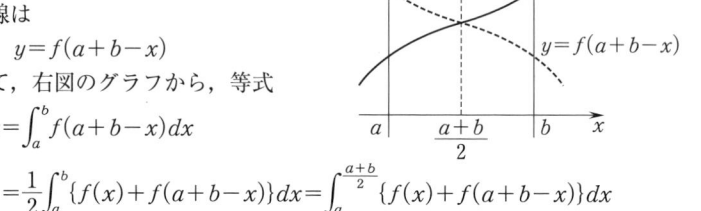

$$= \dfrac{1}{2}\int_a^b \{f(x)+f(a+b-x)\}dx = \int_a^{\frac{a+b}{2}} \{f(x)+f(a+b-x)\}dx$$

が成り立つことは自明である．

(2) (1)で，$a = \dfrac{\pi}{2}$, $f(x) = \dfrac{\cos x}{\sin x + \cos x}$, $\dfrac{\cos^3 x}{\sin x + \cos x}$ とすると

$$\int_0^{\frac{\pi}{2}} \dfrac{\cos x}{\sin x + \cos x} = \int_0^{\frac{\pi}{4}} \Bigg\{\dfrac{\cos x}{\sin x + \cos x} + \dfrac{\cos\Big(\dfrac{\pi}{2}-x\Big)}{\sin\Big(\dfrac{\pi}{2}-x\Big) + \cos\Big(\dfrac{\pi}{2}-x\Big)}\Bigg\}dx$$

$$= \int_0^{\frac{\pi}{4}} \Big(\dfrac{\cos x}{\sin x + \cos x} + \dfrac{\sin x}{\cos x + \sin x}\Big)dx = \dfrac{\pi}{4}. \tag{答}$$

$$\int_0^{\frac{\pi}{2}} \frac{\cos^3 x}{\sin x + \cos x} dx = \int_0^{\frac{\pi}{4}} \left(\frac{\cos^3 x}{\sin x + \cos x} + \frac{\sin^3 x}{\cos x + \sin x} \right) dx$$

$$= \int_0^{\frac{\pi}{4}} (\cos^2 x - \cos x \cdot \sin x + \sin^2 x) dx$$

$$= \int_0^{\frac{\pi}{4}} \left(1 - \frac{1}{2} \sin 2x \right) dx = \left[x + \frac{\cos 2x}{4} \right]_0^{\frac{\pi}{4}} = \frac{\pi - 1}{4}. \quad \text{(答)}$$

(3) $\displaystyle \int \frac{1}{\sin^2 x \cdot \cos^2 x} dx = 4 \int \frac{1}{(2 \sin x \cdot \cos x)^2} dx = 4 \int \frac{1}{\sin^2 2x} dx$

$$= 4 \int \frac{1}{2} \left(-\frac{\cos 2x}{\sin 2x} \right)' dx = -2 \int \left(\frac{1}{\tan 2x} \right)' dx$$

$$= -\frac{2}{\tan 2x} + C. \quad \text{(答)}$$

または

$$\int \frac{1}{\sin^2 x \cdot \cos^2 x} dx = \int \frac{\sin^2 x + \cos^2 x}{\sin^2 x \cdot \cos^2 x} dx = \int \frac{1}{\cos^2 x} dx + \int \frac{1}{\sin^2 x} dx$$

$$= \int \left(\frac{\sin x}{\cos x} \right)' dx - \int \left(\frac{\cos x}{\sin x} \right)' dx = \tan x - \frac{1}{\tan x} + C. \quad \text{(答)}$$

$$\int \frac{1 - \tan x}{1 + \tan x} dx = \int \frac{\cos x - \sin x}{\cos x + \sin x} dx = \int \frac{(\cos x + \sin x)'}{\cos x + \sin x} dx$$

$$= \log |\cos x + \sin x| + C. \quad \text{(答)}$$

3 (1) $\displaystyle \lim_{n \to \infty} \sum_{k=1}^n \frac{k}{n^2 + k^2} = \lim_{n \to \infty} \sum_{k=1}^n \frac{\frac{k}{n}}{1 + \left(\frac{k}{n} \right)^2} \cdot \frac{1}{n}$

$$= \int_0^1 \frac{x}{1 + x^2} dx = \left[\frac{1}{2} \log(1 + x^2) \right]_0^1 = \frac{1}{2} \log 2. \quad \text{(答)}$$

(2) $\displaystyle \lim_{n \to \infty} \sum_{k=1}^n \frac{(n+k)^2}{n^3} = \lim_{n \to \infty} \sum_{k=1}^n \left(1 + \frac{k}{n} \right)^2 \cdot \frac{1}{n}$

$$= \int_0^1 (1 + x)^2 dx = \frac{1}{3} \left[(x + 1)^3 \right]_0^1 = \frac{7}{3}. \quad \text{(答)}$$

(3) $\displaystyle \lim_{n \to \infty} \sum_{k=1}^n \frac{1}{\sqrt{n} \sqrt{n + k}} = \lim_{n \to \infty} \sum_{k=1}^n \frac{1}{\sqrt{1 + \frac{k}{n}}} \cdot \frac{1}{n}$

$$= \int_0^1 \frac{1}{\sqrt{1 + x}} dx = \left[2\sqrt{x + 1} \right]_0^1 = 2(\sqrt{2} - 1). \quad \text{(答)}$$

(4) $\displaystyle \lim_{n \to \infty} \sum_{k=1}^n \frac{k}{n^2} \sin \frac{k\pi}{n} = \lim_{n \to \infty} \sum_{k=1}^n \frac{k}{n} \cdot \sin \frac{k\pi}{n} \cdot \frac{1}{n}$

$$= \int_0^1 x \sin \pi x \, dx = \left[x \left(-\frac{\cos \pi x}{\pi} \right) \right]_0^1 + \frac{1}{\pi} \int_0^1 \cos \pi x \, dx$$

$$= \frac{1}{\pi} + \frac{1}{\pi} \left[\frac{\sin \pi x}{\pi} \right]_0^1 = \frac{1}{\pi}. \quad \text{(答)}$$

(5) $\displaystyle\lim_{n\to\infty}\log\frac{\sqrt[n]{(n+1)(n+2)\cdots(n+n)}}{n}$

$\displaystyle=\lim_{n\to\infty}\log\left\{\frac{(n+1)(n+2)\cdots(n+n)}{n^n}\right\}^{\frac{1}{n}}$

$\displaystyle=\lim_{n\to\infty}\frac{1}{n}\log\left\{\left(1+\frac{1}{n}\right)\left(1+\frac{2}{n}\right)\cdots\left(1+\frac{n}{n}\right)\right\}$

$\displaystyle=\lim_{n\to\infty}\sum_{k=1}^{n}\log\left(1+\frac{k}{n}\right)\cdot\frac{1}{n}=\int_0^1\log(1+x)\,dx$

$\displaystyle=\int_1^2\log t\,dt=\Bigl[t\log t-t\Bigr]_1^2=2\log 2-1.$ **(答)**

4 (1) $\displaystyle I_n=\int_0^{\frac{\pi}{2}}\sin^n x\,dx=\int_0^{\frac{\pi}{2}}\sin^{n-1}x\cdot(-\cos x)'\,dx$

$\displaystyle=\Bigl[-\sin^{n-1}x\cdot\cos x\Bigr]_0^{\frac{\pi}{2}}+(n-1)\int_0^{\frac{\pi}{2}}\sin^{n-2}x\cdot\cos x\cdot\cos x\,dx$

$\displaystyle=(n-1)\int_0^{\frac{\pi}{2}}\sin^{n-2}x\cdot(1-\sin^2 x)\,dx$

$\displaystyle=(n-1)(I_{n-2}-I_n).\qquad\therefore\ I_n=\frac{n-1}{n}I_{n-2}.\ (n\geq 2)$ **(終)**

(2) $\displaystyle I_0=\int_0^{\frac{\pi}{2}}dx=\frac{\pi}{2},\quad I_1=\int_0^{\frac{\pi}{2}}\sin x\,dx=\Bigl[-\cos x\Bigr]_0^{\frac{\pi}{2}}=1.$

これと (1) の結果から,

$$I_n=\begin{cases}\dfrac{n-1}{n}\cdot\dfrac{n-3}{n-2}\cdots\dfrac{2}{3}I_1=\dfrac{n-1}{n}\cdot\dfrac{n-3}{n-2}\cdots\dfrac{2}{3}, & (n:\text{奇数})\\[2mm]\dfrac{n-1}{n}\cdot\dfrac{n-3}{n-2}\cdots\dfrac{1}{2}I_0=\dfrac{n-1}{n}\cdot\dfrac{n-3}{n-2}\cdots\dfrac{1}{2}\cdot\dfrac{\pi}{2}. & (n:\text{偶数})\end{cases}$$ **(答)**

(注) $\dfrac{\pi}{2}-x=t$ の置換を行い,積分変数の書き換えをすると
$$\int_0^{\frac{\pi}{2}}\sin^n x\,dx=\int_0^{\frac{\pi}{2}}\cos^n x\,dx.$$

5 (1) $\displaystyle I(m,n)=\int_\alpha^\beta(x-\alpha)^m(\beta-x)^n\,dx\ (\alpha<\beta)$

$\displaystyle=\left[\frac{(x-\alpha)^{m+1}}{m+1}\cdot(\beta-x)^n\right]_\alpha^\beta+\frac{n}{m+1}\int_\alpha^\beta(x-\alpha)^{m+1}(\beta-x)^{n-1}\,dx$

$\displaystyle=\frac{n}{m+1}I(m+1,\ n-1).$ $\cdots$① **(答)**

(2) ① より $\displaystyle I(m,n)=\frac{n}{m+1}\cdot\frac{n-1}{m+2}I(m+2,\ n-2)=\cdots$

$\displaystyle=\frac{n(n-1)\cdots 2\cdot 1}{(m+1)(m+2)\cdots(m+n)}I(m+n,\ 0).$

ここで,

$\displaystyle I(m+n,\ 0)=\int_\alpha^\beta(x-\alpha)^{m+n}\,dx=\left[\frac{(x-\alpha)^{m+n+1}}{m+n+1}\right]_\alpha^\beta=\frac{(\beta-\alpha)^{m+n+1}}{m+n+1}.$

$$\therefore \quad I(m, n) = \frac{n!}{(m+1)(m+2)\cdots(m+n)} \cdot \frac{(\beta-\alpha)^{m+n+1}}{m+n+1}$$
$$= \frac{m! \cdot n!}{(m+n+1)!}(\beta-\alpha)^{m+n+1}. \qquad \text{(答)}$$

(注) m, n が自然数のとき，$I(m, n)$ の値は，曲線 $y=(x-\alpha)^m(\beta-x)^n$ と x 軸とで囲まれた部分（右図の網目部分）の面積である．

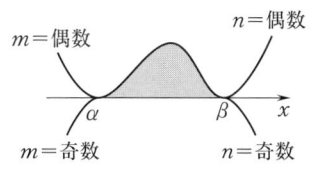

例題 46

関数 $f(x)(a \leq x \leq b)$ が正の第 2 次導関数をもつとき，曲線 $C : y = f(x)$ の上に点 P をとって，P における接線 l とこの曲線 C および 2 直線 $x = a, x = b$ とで囲まれた部分の面積を最小にするには，点 P をどのようにとればよいか． （名古屋大）

[考え方] 面積の増減表をつくるか，図形的意味を考える．

【解答 1】

$f(x) > 0 \ (a \leq x \leq b)$ として考えれば十分．
$$S = \int_a^b [f(x) - \{f'(t)(x-t) + f(t)\}] dx$$
$$= \int_a^b f(x) dx - \left[\frac{x^2}{2}f'(t) - x\{tf'(t) - f(t)\}\right]_a^b$$
$$= \underbrace{\int_a^b f(x) dx}_{(一定)} - \underbrace{(b-a)}_{正}\left\{\left(\frac{a+b}{2} - t\right)f'(t) + f(t)\right\}.$$

よって，S を最小にするには，{ } を最大にすればよい．{ } を $F(t)$ とおくと，
$$F'(t) = \frac{a+b}{2}f''(t) - f'(t) - tf''(t) + f'(t) = \left(\frac{a+b}{2} - t\right)f''(t).$$

$f''(t) > 0$ であるから，$F'(t)$ は $t = \dfrac{a+b}{2}$ の前後で正 → 負と 1 度だけ符号を変えるから，$F(t)$ は $t = \dfrac{a+b}{2}$ で最大．よって，S は $t = \dfrac{a+b}{2}$ のとき最小．

$$\therefore \quad \mathrm{P}\left(\frac{a+b}{2}, f\left(\frac{a+b}{2}\right)\right). \qquad \text{(答)}$$

【解答 2】

直線 $x = a, x = b$ と，接線 $l : y = l(x)$ との交点を A, B とし，x 軸との交点を C, D とすると，
$$S = \int_a^b \{f(x) - l(x)\} dx = \int_a^b f(x) dx - \int_a^b l(x) dx$$
$$= (一定) - \underbrace{\frac{1}{2}(b-a)\{l(a) + l(b)\}}_{台形 \ ACDB \ の面積} = (一定) - (b-a) \cdot l\left(\frac{a+b}{2}\right).$$

よって, $l\left(\dfrac{a+b}{2}\right)$ が最大, すなわち, AB の中点が $C:y=f(x)$ の接点のとき, S は最小.　　　　　　　∴ $P\left(\dfrac{a+b}{2},\ f\left(\dfrac{a+b}{2}\right)\right)$.　　　　　　(答)

例題 47

(1) x の方程式 $a^x=x$ (ただし, $a>1$) がただ 1 つの実数解をもつとき, a の値とその解を求めよ.

(2) (1)のとき, 曲線 $y=a^x$, 直線 $y=x$ および y 軸とで囲まれる部分を y 軸のまわりに 1 回転してできる回転体の体積を求めよ.　　　(信州大)

[考え方]　バウム・クーヘン形分割による解法もマスターしよう.

【解答】

(1) $a^x=x$ $(a>1)$ より, $\log a=\dfrac{\log x}{x}$. $(x>1)$ 　　……①

$f(x)=\dfrac{\log x}{x}$ $(x>1)$ とおくと

$f'(x)=\dfrac{1-\log x}{x^2}$,

$f''(x)=\dfrac{2x\left(\log x-\dfrac{3}{2}\right)}{x^4}$.

x	(1)	…	e	…	$e^{\frac{3}{2}}$	…	(∞)
$f'(x)$		+	0	−	−	−	
$f''(x)$		−	−	−	0	+	
$f(x)$	(0)	↗		↘		↘	$(+0)$

$\lim\limits_{x\to 1+0}f(x)=+0$, $\lim\limits_{x\to\infty}f(x)=0$.

よって, 方程式 $a^x=x$ がただ 1 つの実数解をもつ条件は, ① より $y=\log a$ と $y=f(x)$ のグラフがただ 1 つの共有点をもつことだから, 求める a の値は,

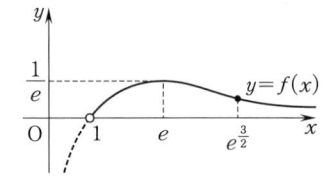

$\log a=\dfrac{1}{e}$ (>0) より, $a=e^{\frac{1}{e}}$.　　　　　　(答)

このとき解は, グラフより, $x=e$.　　　　　　(答)

$(2)_1$　$y=e^{\frac{x}{e}} \iff x=e\log y$.

∴ $V=\dfrac{1}{3}\pi e^2\cdot e-\displaystyle\int_1^e \pi(e\log y)^2 dy$

　　　　$(\log y=t \iff y=e^t$ の置換$)$

　　$=\dfrac{\pi e^3}{3}-\pi e^2\displaystyle\int_0^1 t^2\cdot e^t dt$

　　$=\pi e^2\left\{\dfrac{e}{3}-\left[(t^2-2t+2)e^t\right]_0^1\right\}$

　　$=\pi e^2\left\{\dfrac{e}{3}-(e-2)\right\}=\dfrac{2(3-e)}{3}\pi e^2$.　　　　　　(答)

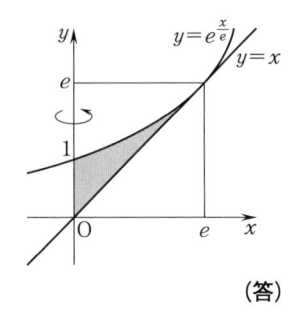

(注) ┌─ **便利な積分公式** ─────────────────┐
　　　$f(x)$ が n 次式であるとき，部分積分を n 回繰り返すと
　　　$$\int f(x)e^x dx = \{f(x) - f'(x) + f''(x) - \cdots + (-1)^n f^{(n)}(x)\}e^x + C.$$
　　　$$\int f(x)e^{-x} dx = -\{f(x) + f'(x) + f''(x) + \cdots + f^{(n)}(x)\}e^{-x} + C.$$
　　└──────────────────────────────┘

(2)$_2$　右図の網目部分を y 軸のまわりに 1 回転させて得られるうすい円環の微小体積は

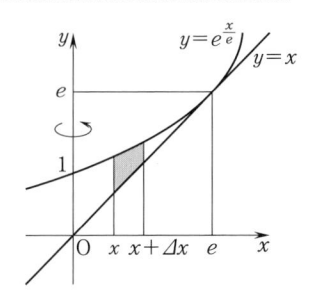

$$\Delta V = \pi\{(x+\Delta x)^2 - x^2\}(e^{\frac{x}{e}} - x)$$
$$= \pi\{2x\cdot\Delta x + (\Delta x)^2\}(e^{\frac{x}{e}} - x).$$

∴ $\dfrac{dV}{dx} = \lim\limits_{\Delta x \to 0}\dfrac{\Delta V}{\Delta x} = 2\pi x(e^{\frac{x}{e}} - x).$

∴ $V = \displaystyle\int_0^e 2\pi x(e^{\frac{x}{e}} - x)dx$

$\quad = 2\pi\left[(exe^{\frac{x}{e}} - e^2 e^{\frac{x}{e}}) - \dfrac{x^3}{3}\right]_0^e$

$\quad = 2\pi\left\{\left(e^3 - e^3 - \dfrac{e^3}{3}\right) + e^2\right\} = \dfrac{2(3-e)}{3}\pi e^2.$　　　　(答)

[解説1]　(バウム・クーヘン形分割)

　もう少し正確には，$F(x) = e^x - x$ とすると，網目部分の微小面積 ΔS は，積分の平均値の定理より

$$\Delta S = \int_x^{x+\Delta x} F(t)dt = F(c)\cdot\Delta x.\quad (x < c < x+\Delta x)$$

よって，網目部分を y 軸のまわりに 1 回転させた立体の微小体積 ΔV は

$$\Delta V = 2\pi c\cdot\Delta S = 2\pi c\cdot F(c)\cdot\Delta x.\quad (\boxed{解説2}\text{ の }❷\text{参照})$$

∴ $\dfrac{dV}{dx} = \lim\limits_{\Delta x \to 0}\dfrac{\Delta V}{\Delta x} = \lim\limits_{\Delta x \to 0} 2\pi c\cdot F(c) = 2\pi x F(x).$

∴ $V = 2\pi\displaystyle\int_0^e x F(x)dx.$

　これを一般化すると，右図のように，2 つの連続関数 $f(x),\ g(x)$ のグラフの 2 直線 $x=a,\ x=b$ で挟まれた部分を y 軸のまわりに 1 回転させて得られる立体の体積は

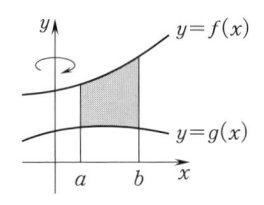

$$V = 2\pi\int_a^b x\{f(x) - g(x)\}dx.$$

解説 2

パップス・ギュルダン(Pappus-Guldin)の定理

❶ 長さ l の曲線 C がこれと交わらない直線 L のまわりに 1 回転して得られる曲面の表面積 S は,C の重心 G と L の距離を r とすると,
$$S = 2\pi r \cdot l.$$

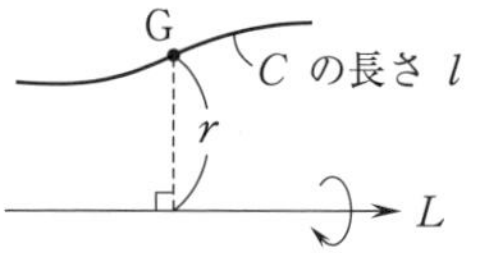

❷ 面積 S の図形 F がこれと交わらない直線 L のまわりに 1 回転して得られる回転体の体積 V は,F の重心 G と L との距離を r とすると
$$V = 2\pi r \cdot S.$$

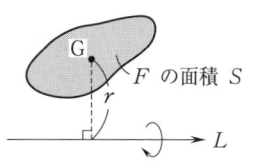

例題 48

原点を中心とする半径 4 の円 C に,半径 1 の円 C' が内接しながらすべることなく 4 回転して元の位置に戻るとき,C' 上の点 $P(x, y)$ が描く軌跡を K とする.ただし,点 P は最初,点 $(4, 0)$ にあるものとする.

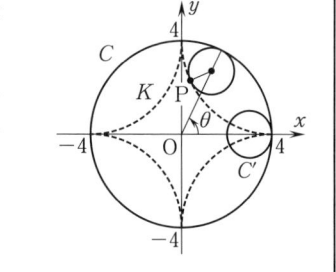

(1) 曲線 K の方程式は
$$K : \begin{cases} x = 4\cos^3\theta, \\ y = 4\sin^3\theta \end{cases} \quad (0 \leq \theta \leq 2\pi)$$
で与えられることを示せ.

(2) K 上の点 $P_0(x_0, y_0)$ における接線が,x 軸と y 軸により切り取られる線分の長さは,P_0 の位置によらず一定であることを示せ.ただし,$x_0 y_0 \neq 0$ とする.

(3) 曲線 K の弧長を求めよ.

(頻出問題)

考え方 本問の軌跡 K はアステロイド (asteroid) と呼ばれる.K が囲む領域の,面積,回転体の体積の求め方まで練習しておこう.

【解答】

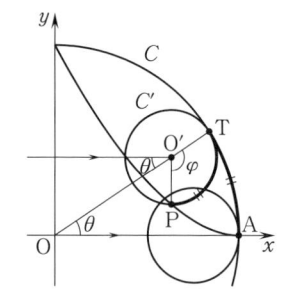

(1) 右図のように定めると,条件から
$$\stackrel{\frown}{PT} = \stackrel{\frown}{AT}. \quad \therefore \quad \varphi = 4\theta.$$
$$\therefore \quad \overrightarrow{OP} = \overrightarrow{OO'} + \overrightarrow{O'P}$$
$$= 3\begin{pmatrix} \cos\theta \\ \sin\theta \end{pmatrix} + 1 \cdot \begin{pmatrix} \cos(\theta - 4\theta) \\ \sin(\theta - 4\theta) \end{pmatrix}$$
$$= 3\begin{pmatrix} \cos\theta \\ \sin\theta \end{pmatrix} + \begin{pmatrix} \cos 3\theta \\ -\sin 3\theta \end{pmatrix}$$

$$= 4\begin{pmatrix} \cos^3\theta \\ \sin^3\theta \end{pmatrix}. \quad (\because \text{3 倍角の公式}) \qquad \text{(終)}$$

(2) $\quad \dfrac{dx}{d\theta} = -12\cos^2\theta\cdot\sin\theta, \quad \dfrac{dy}{d\theta} = 12\sin^2\theta\cdot\cos\theta. \qquad \cdots\text{①}$

$$\therefore \quad \dfrac{dy}{dx} = \dfrac{dy}{d\theta}\Big/\dfrac{dx}{d\theta} = -\dfrac{\sin\theta}{\cos\theta}.$$

よって，$P_0(4\cos^3\theta_0, 4\sin^3\theta_0)$ における接線 l の方程式は

$$l : y = -\dfrac{\sin\theta_0}{\cos\theta_0}(x - 4\cos^3\theta_0) + 4\sin^3\theta_0.$$

$$\left(x_0 y_0 \neq 0 \ \text{より} \ \theta_0 \neq 0, \ \dfrac{\pi}{2}, \ \pi, \ \dfrac{3\pi}{2}, \ 2\pi\right)$$

$$\therefore \quad l : \dfrac{x}{\cos\theta_0} + \dfrac{y}{\sin\theta_0} = 4(\sin^2\theta_0 + \cos^2\theta_0) = 4.$$

よって，l と x 軸，y 軸との交点は

$$X(4\cos\theta_0, 0), \ Y(0, 4\sin\theta_0).$$

$$\therefore \quad XY = 4\sqrt{\cos^2\theta_0 + \sin^2\theta_0} = 4. \quad \text{(一定)} \qquad \text{(終)}$$

(3) ① より $\left(\dfrac{dx}{d\theta}\right)^2 + \left(\dfrac{dy}{d\theta}\right)^2 = 12^2\{(-\cos^2\theta\cdot\sin\theta)^2 + (\sin^2\theta\cdot\cos\theta)^2\}$

$$= 12^2\cdot\cos^2\theta\cdot\sin^2\theta = (6\sin 2\theta)^2.$$

$$\therefore \quad l = \int_0^{2\pi}\sqrt{\left(\dfrac{dx}{d\theta}\right)^2 + \left(\dfrac{dy}{d\theta}\right)^2}\,d\theta$$

$$= \int_0^{2\pi} 6|\sin 2\theta|\,d\theta = 6\cdot 4\int_0^{\frac{\pi}{2}}\sin 2\theta\,d\theta$$

$$= 6\cdot 4\left[-\dfrac{\cos 2\theta}{2}\right]_0^{\frac{\pi}{2}} = 24. \qquad \text{(答)}$$

[解説]

　原点を中心とする半径 a の定円 C_1 に，原点を中心とする半径 b ($b < a$) の定円 C_2 が内接しながらすべることなく転がるときの，動く円 C_2 の周上に固定した点 P の軌跡を**ハイポサイクロイド**(hypocycloid)(**内サイクロイド**)という．本問の場合 $a = 4b$ で，このときの P の軌跡 K は

$$\text{アステロイド} \ \left(x = a\cos^3\theta, \ y = a\sin^3\theta \iff x^{\frac{2}{3}} + y^{\frac{2}{3}} = a^{\frac{2}{3}}\right)$$

であった．それに対して，
C_2 が C_1 に外接する場合の軌跡を**エピサイクロイド**(epicycloid)(**外サイクロイド**)という．とくに，$b = a$ の場合のエピサイクロイドは $P = (a, 0)$ から始めると，**カージオイド** $r = a(1 + \cos\theta)$ になることがよく知られている．

　ここで，本問のアステロイド K について，

- (4) K で囲まれる部分の面積 S,
- (5) K で囲まれる部分を x 軸のまわりに 1 回転して得られる立体の体積 V

も求めておこう．

(4) 図形 K の対称性から，
$$S=4\int_0^4 ydx=4\int_{\frac{\pi}{2}}^0 4\sin^3\theta\cdot 3\cdot 4\cos^2\theta\cdot(-\sin\theta)d\theta$$
$$=3\cdot 4^3\int_0^{\frac{\pi}{2}}\sin^4\theta\cdot\cos^2\theta d\theta=3\cdot 4^3\left\{\int_0^{\frac{\pi}{2}}\sin^4\theta d\theta-\int_0^{\frac{\pi}{2}}\sin^6\theta d\theta\right\}$$
$$=3\cdot 4^3\left(1-\frac{5}{6}\right)\cdot\frac{3}{4}\cdot\frac{1}{2}\cdot\frac{\pi}{2}=6\pi.\qquad(答)$$

(5) $$V=2\int_0^4 \pi y^2 dx=2\pi\int_{\frac{\pi}{2}}^0 4^2\sin^6\theta\cdot 3\cdot 4\cos^2\theta\cdot(-\sin\theta)d\theta$$
$$=6\cdot 4^3\cdot\pi\int_0^{\frac{\pi}{2}}\sin^7\theta\cdot\cos^2\theta d\theta=6\cdot 4^3\cdot\pi\left\{\int_0^{\frac{\pi}{2}}\sin^7\theta d\theta-\int_0^{\frac{\pi}{2}}\sin^9\theta d\theta\right\}$$
$$=6\cdot 4^3\cdot\pi\left(1-\frac{8}{9}\right)\cdot\frac{6}{7}\cdot\frac{4}{5}\cdot\frac{2}{3}\cdot 1=\frac{2048}{105}\pi.\qquad(答)$$

例題 49

$\boxed{1}$ 次の微分方程式を解け．

(1) $\dfrac{dy}{dx}=2y+6$. (2) $\dfrac{dy}{dx}=(x-1)e^{-y}$. (3) $x-y\dfrac{dy}{dx}=1$.

$\boxed{2}$ 次の関係式をみたす連続関数 $f(x)$ を求めよ．

(1) $f(x)=x^2+\displaystyle\int_0^1 tf(t)dt$.

(2) $f(x)=\displaystyle\int_0^x f(x-t)dt+3$.

(3) $\displaystyle\int_0^x f(t)dt=\int_0^x(x-t)f(t)dt+x^2$.

$\boxed{3}$ 関数 $f(x)$ が任意の実数 x, y に対して
$$f(x+y)=f(x)f(y),\quad f'(0)=1$$
をみたすとき，

(1) $f(0)$ の値を求めよ．

(2) $f(x)$ は $-\infty<x<\infty$ において微分可能であることを示し，$f(x)$ を求めよ．

(山口大)

[考え方] 微分方程式の学習が不足気味の人は，この例題の **解説** を先に一読するとよい．

$\boxed{1}$ 変数分離形．また，$f'(x)=af(x)\Longleftrightarrow f(x)=Ce^{ax}$. （$C$：任意定数）

$\boxed{2}$ (1) $\displaystyle\int_0^1 tf(t)dt=a$ とおく．(2), (3) $x-t=u$ の置換．微分方程式を作る．

$\boxed{3}$ $f'(x)=\displaystyle\lim_{h\to 0}\frac{f(x+h)-f(x)}{h}$．（有限確定値）

第15章　積分法とその応用　129

【解答】

1 (1)₁ (i) 定数関数 $y=-3$ は，$\dfrac{dy}{dx}=0$ であるから明らかに解である．

(ii) $y \neq -3$ のとき，$\dfrac{dy}{y+3}=2dx$. ∴ $\displaystyle\int \dfrac{dy}{y+3}=\int 2dx$.

∴ $\log|y+3|=2x+C_1 \iff y+3=\pm e^{C_1}e^{2x}$. ($C_1$：定数)
$\pm e^{C_1}=C$ (定数) とおくと，$y=Ce^{2x}-3$. ($C \neq 0$)

(i), (ii) をまとめて， $y=Ce^{2x}-3$. （C：任意定数） **(答)**

(1)₂ $\dfrac{dy}{dx}=2y+6 \iff \dfrac{d}{dx}(y+3)=2(y+3)$. （〜〜に注目）

∴ $y+3=Ce^{2x} \iff y=Ce^{2x}-3$. （$C$：任意定数） **(答)**

(2) $\dfrac{dy}{dx}=(x-1)e^{-y} \iff e^{y}\dfrac{dy}{dx}=(x-1)$. ∴ $\displaystyle\int e^{y}dy=\int(x-1)dx$.

∴ $e^{y}=\dfrac{1}{2}(x-1)^2+C$. （$C$：任意定数） **(答)**

(3) 与式 $\iff \displaystyle\int(x-1)dx=\int ydy$.

∴ $(x-1)^2-y^2=C$. （C：任意定数） **(答)**

2 (1) $\displaystyle\int_0^1 tf(t)dt=a$ （定数）とおくと，$f(x)=x^2+a$.

∴ $a=\displaystyle\int_0^1 t(t^2+a)dt=\dfrac{1}{4}+\dfrac{a}{2}$. $a=\dfrac{1}{2}$.

∴ $f(x)=x^2+\dfrac{1}{2}$. **(答)**

(2) $x-t=u$ と置換すると，

$\displaystyle\int_0^x f(x-t)dt=\int_x^0 f(u)(-du)=\int_0^x f(u)du$.

∴ 与式 $\iff f(x)=\displaystyle\int_0^x f(u)du+3$. …①

右辺は微分可能だから，$f(x)$ も微分可能．①の両辺を x で微分すると
$f'(x)=f(x) \iff f(x)=Ce^x$.

①より，$f(0)=3$. ∴ $C=3$. ∴ $f(x)=3e^x$. **(答)**

(3) $\displaystyle\int_0^x (x-t)f(t)dt=x\int_0^x f(t)dt-\int_0^x tf(t)dt$.

よって，与式 $\iff \displaystyle\int_0^x f(t)dt=x\int_0^x f(t)dt-\int_0^x tf(t)dt+x^2$.

両辺を x で微分して

$f(x)=\displaystyle\int_0^x f(t)dt+xf(x)-xf(x)+2x=\int_0^x f(t)dt+2x$. …②

右辺は微分可能だから，$f(x)$ も微分可能．よって，両辺をさらに x で微分して，$f'(x)=f(x)+2$.

∴ $\{f(x)+2\}'=f(x)+2 \iff f(x)+2=Ce^x$.

② より，$f(0)=0$ だから，$C=2$.
$$\therefore \ f(x)=2(e^x-1). \quad \text{(答)}$$

③ $(1)_1$ 与式で $y=0$ とすると，
$$f(x)=f(x)f(0) \iff f(x)\{f(0)-1\}=0.$$
$f(0) \neq 1$ と仮定すると，$f(x)=0$. $(-\infty < x < \infty)$
これは $f'(0)=1$ に矛盾するから $f(0)=1$. （答）

$(1)_2$ $x=y=0$ とすると，$f(0)=\{f(0)\}^2 \iff f(0)\{f(0)-1\}=0$.
$f(0)=0$ と仮定すると，$f(x)=f(x+0)=f(x)\cdot f(0)=0$. $(-\infty < x < \infty)$
これは $f'(0)=1$ に矛盾するから，$f(0) \neq 0$. $\therefore f(0)=1$. （答）

$(1)_3$ $\displaystyle f'(0)=\lim_{h \to 0}\frac{f(h)-f(0)}{h}=\lim_{h \to 0}\frac{f(0+h)-f(0+0)}{h}$
$\displaystyle =\lim_{h \to 0}\frac{f(h)-f(0)}{h} \cdot f(0)=f'(0) \cdot f(0)$ かつ $f'(0)=1$.
$$\therefore \ f(0)=1. \quad \text{(答)}$$

(2) $\displaystyle \lim_{h \to 0}\frac{f(x+h)-f(x)}{h}=\lim_{h \to 0}\frac{f(x+h)-f(x+0)}{h}=\lim_{h \to 0}\frac{f(h)-f(0)}{h} \cdot f(x)$
$=f'(0) \cdot f(x)=f(x).$ （有限確定値）
よって，$f(x)$ は $-\infty < x < \infty$ で微分可能で， （終）
$$f'(x)=f(x) \iff f(x)=Ce^x=e^x. \ (\because \ f(0)=1) \quad \text{(答)}$$

最後に，代表的な関数がみたす関数方程式を挙げておこう．

〈代表的な関数方程式〉

$f(x)=ax$ $\cdots$ $f(x+y)=f(x)+f(y),\ f(kx)=kf(x),$

$f(x)=ax+b$ $\cdots$ $f\left(\dfrac{x+y}{2}\right)=\dfrac{1}{2}\{f(x)+f(y)\},$

$f(x)=a^x$ $\cdots$ $f(x+y)=f(x)f(y),$

$f(x)=\log x$ $\cdots$ $f(xy)=f(x)+f(y).$

[解 説]

◇ 微分方程式の解法

❶ 直接積分形：$\dfrac{dy}{dx}=F(x)$

$$\int \frac{dy}{dx}dx=\int F(x)dx \iff y=\int F(x)dx$$

より求める．

(例) $\dfrac{dy}{dx}=2x$ の一般解は $y=x^2+C$. （C：任意定数）

❷ 変数分離形：$\dfrac{dy}{dx}=F(x)G(y)$

(i) $G(y) \neq 0$ のときは，$\displaystyle \int \frac{dy}{G(y)}=\int F(x)dx$ より求める．

(ii) $G(y)=0$ となる y の値が $\alpha_1, \alpha_2, \cdots$ ならば，$y=\alpha_1, y=\alpha_2, \cdots$ も解である．

(例) $\dfrac{dy}{dx}=ay$ $\left(F(x)=a,\ G(y)=y\ \text{の場合}\right)$ の解法

(解法1) 関数 $y=0$ は，$\dfrac{dy}{dx}=0$ だから明らかに解である．　…①

$y\neq 0$ のときは，$\dfrac{1}{y}\cdot\dfrac{dy}{dx}=a$ の両辺を x で積分して

$$\int \dfrac{1}{y}\cdot\dfrac{dy}{dx}dx=\int a\,dx \iff \int\dfrac{1}{y}dy=\int a\,dx.$$

∴ $\log|y|=ax+C_1=\log e^{ax+C_1}$.　($C_1$：積分定数)

∴ $|y|=e^{C_1}e^{ax} \iff y=Ce^{ax}$.　($C=\pm e^{C_1}\neq 0$)　…②

①，②から，　　$y=Ce^{ax}$．　(C：任意定数)　　　　(答)

(解法2) $\dfrac{dy}{dx}-ay=0$ の両辺に e^{-ax} を掛けると

$$e^{-ax}\left(\dfrac{dy}{dx}-ay\right)=0 \iff \dfrac{d}{dx}(e^{-ax}\cdot y)=0$$

$\iff e^{-ax}\cdot y=C \iff y=Ce^{ax}$．　($C$：任意定数)　　(答)

(注) 次の2つの基本事項は微分方程式の解法で重要な役割を果たす．

〈重要公式〉

$$f'(x)=af(x) \iff f(x)=Ce^{ax}.\quad (C：任意定数)$$

$$\int \dfrac{f'(x)}{f(x)}dx=\log|f(x)|+C.\quad (C：任意定数)$$

例題 50

　容器の底にある穴から1秒間に流出する水の量は，水の深さの平方根に比例する．曲線 $y=x^2$ ($0\leq y\leq a,\ a>0$) を y 軸のまわりに1回転して得られる容器（y 軸は鉛直に保たれているものとする）の底から，1秒間に流出する水量は水の深さが $a\,\mathrm{cm}$ のとき $v\,\mathrm{cm}^3$ である．

(1) 深さ $\dfrac{a}{2}\,\mathrm{cm}$ のとき水面の降下する速さを求めよ．

(2) 満水の容器が空になるまでの所要時間を求めよ．　　(東京医科歯科大)

[考え方] 回転容器の重要公式：$V=\displaystyle\int_0^h S(y)dy,\ \dfrac{dV}{dt}=S(y)\dfrac{dh}{dt},\ S=\pi x^2$．

【解答】

(1) t 秒後の水量を $V(t)\,\mathrm{cm}^3$，水深を $h(t)\,\mathrm{cm}$ とすると，条件から

$$\dfrac{dV}{dt}=-k\sqrt{h}.\quad (k：正の定数) \quad\cdots ①$$

$t=0$ のとき，$h(0)=a,\ \dfrac{dV}{dt}=-v$ であるから，①より

$$-v=-k\sqrt{a} \iff k=\dfrac{v}{\sqrt{a}}. \quad\cdots ②$$

また, $V = \int_0^h \pi x^2 dy = \pi \int_0^h y\,dy = \dfrac{\pi}{2}h^2.$ ∴ $\dfrac{dV}{dt} = \pi h \cdot \dfrac{dh}{dt}.$ ……③

①, ②, ③ より, $\pi h \cdot \dfrac{dh}{dt} = -\dfrac{v\sqrt{h}}{\sqrt{a}}.$ ∴ $\dfrac{dh}{dt} = -\dfrac{v}{\pi\sqrt{ah}}.$ ……④

よって, $h = \dfrac{a}{2}$ のとき, 水面の降下する速さは

$$\left|\dfrac{dh}{dt}\right| = \dfrac{\sqrt{2}\,v}{\pi a} \text{ (cm/秒)}.$$ **(答)**

(2) ④ より, $dt = -\dfrac{\pi\sqrt{a}}{v} \cdot \sqrt{h}\,dh.$

容器が空になるまでの所要時間を T とすると

$$T = \int_0^T dt = \int_a^0 -\dfrac{\pi\sqrt{a}}{v} \cdot \sqrt{h}\,dh$$
$$= \left[-\dfrac{2}{3} \cdot \dfrac{\pi\sqrt{a}}{v} h^{\frac{3}{2}} \right]_a^0 = \dfrac{2\pi a^2}{3v} \text{ (秒)}.$$ **(答)**

演習問題

134 $f(x)$ は $x \geqq 0$ において微分可能かつ単調増加であるとし,

$$g(x) = \dfrac{1}{x}\int_0^x f(t)dt \quad (x > 0)$$

とする.
(1) $x > 0$ のとき, $f(x) \geqq g(x)$ であることを証明せよ.
(2) $x > 0$ のとき, $g(x)$ も単調増加であることを証明せよ.

135 曲線 $y = \cos x \left(0 \leqq x \leqq \dfrac{\pi}{2}\right)$ と x 軸, y 軸とで囲まれる部分の面積が, 曲線 $y = a\sin x,\ y = b\sin x\ (a > b > 0)$ によって3等分されるように a, b の値を定めよ. 〈類題頻出〉

136 $1 < a < b$ とし, 曲線 $y = a^x,\ y = b^x$ および直線 $y = e$ が囲む図形の面積を S とする. ただし, e は自然対数の底である. このとき,
(1) S を a, b の式で表せ.
(2) $\displaystyle\lim_{b \to a} \dfrac{S}{b - a}$ を求めよ. 〈東京理科大〉

137 (1) $\int e^{-x}\sin x\,dx$ を求めよ．

(2) $\displaystyle\lim_{n\to\infty}\int_0^{n\pi} e^{-x}|\sin x|\,dx$ を求めよ． （類題頻出）

138 次の極限値を求めよ．
$$\lim_{n\to\infty}\int_{-1}^{1}|x|\left(1+\frac{x}{2}+\frac{x^2}{3}+\frac{x^3}{4}+\cdots+\frac{x^{2n}}{2n+1}\right)dx.$$

139 正の整数 n に対して，$I_n=\int_0^1\dfrac{x^{n-1}(1-x^2)}{1+x^2}dx$ とおく．

(1) $\dfrac{1}{2}(I_{2n-1}+I_{2n+1})=\dfrac{1}{(2n-1)(2n+1)}$ を示せ．

(2) $\displaystyle\lim_{n\to\infty}I_n$ を求めよ．

(3) 無限級数
$$\frac{1}{1\cdot 3}-\frac{1}{3\cdot 5}+\frac{1}{5\cdot 7}-\frac{1}{7\cdot 9}+\cdots+(-1)^{n-1}\frac{1}{(2n-1)(2n+1)}+\cdots$$
の和を求めよ． （旭川医科大）

140 ある放射性物質の $t=0$ における放射能の強さを N_0，時刻 t における強さを N で表す．放射能の強さの変化する速度 $\dfrac{dN}{dt}$ は，そのときの強さ N に比例する．

(1) N を t の関数で表せ．

(2) 5年後に最初の強さ N_0 の $\dfrac{1}{10}$ になったとすると，強さが $\dfrac{1}{2}N_0$ となるのは何年後か．ただし $\log_{10}2=0.30$ とする． （立教大）

141 xy 平面上で，点 $(0, 1)$ を通る曲線 $C:y=f(x)$ 上の任意の点 P における C の接線が2直線 $y=x$，$y=-x$ と交わる点を，それぞれ Q，R とするとき，P はつねに線分 QR の中点になっている．このような曲線 C を表す微分可能な関数 $f(x)$ を求めよ． （京都府立医科大）

142 関数 $f(x)$ は微分可能で，次の条件(i)，(ii)をみたしているとする．

(i) $f(x)\geqq x+1$，

(ii) すべての実数 h に対し，$f(x+h)\geqq f(x)f(h)$．

(1) $f(0)$ を求めよ．　　　(2) $f'(0)$ を求めよ． （山口大）

143 $x>0$ で定義された微分可能な関数 $f(x)$ とその逆関数 $g(x)$ に対して，等式

$$\int_1^{f(x)} g(t)dt = \frac{1}{3}(x^{\frac{3}{2}}-8)$$

が成り立つとき，$f(x)$ を求めよ。　　　　　　　　　　　　　　　　（三重大）

144 $f(x)$ は $x>0$ において定義された連続関数であるとする．すべての a, b $(a>0, b>0)$ に対して $\int_a^b f(x)dx$ が $\dfrac{b}{a}$ のみによって定まるならば，$f(x)=\dfrac{c}{x}$ （c は定数）であることを証明せよ．　　　　　　（名古屋大）

145 $0<a<\dfrac{\pi}{2}$ とし，$f_a(x)$ を次の式で定義する．

$$f_a(x) = \begin{cases} \dfrac{2a-|x|}{2a^2}, & (|x|\leq 2a) \\ 0. & (2a<|x|\leq \pi) \end{cases}$$

このとき，$\displaystyle\lim_{a\to 0}\int_{-\pi}^{\pi} f_a(x)|\cos ax|dx$ を求めよ．　　　　　　　　（東北大）

146 2つの曲線

$$x^2+y^2=1, \ y\geq 0 \ \cdots ①, \qquad y=\frac{1}{4x} \ \cdots ②$$

の2つの交点の x 座標を，それぞれ p, q （ただし $p<q$）とする．

(1) $\cos\dfrac{\alpha}{2}=p$，$\cos\dfrac{\beta}{2}=q$ をみたす α, β を求めよ．
　　ただし，$0<\alpha<\pi, \ 0<\beta<\pi$ とする．
(2) 曲線 ① と ② で囲まれた部分の面積を求めよ．　　　　　　　　　（神戸大）

147* 曲線 $y=\dfrac{2}{3}\sqrt{|x|^3}$ を C とし，C 上の2点 $P(0,0)$，$Q\left(1, \dfrac{2}{3}\right)$ を考える．曲線 C が x 軸上をすべることなく転がって点 Q が x 軸上に到達したときの点 P の座標を求めよ．　　　　　　　　　　　　　　　　　（東京女子大）

148 曲線 $y=\cos x \left(-\dfrac{\pi}{2}\leq x\leq\dfrac{\pi}{2}\right)$ と x 軸
に平行な直線 l とで囲まれる部分を，l を折
り目として xy 平面に垂直になるように折り
曲げて得られた図形を F とする．

l を2直線 $y=0$, $y=1$ の間で動かすとき，
F を xy 平面の同じ側にとるならば，F の通
過する部分 K の体積はいくらになるか．

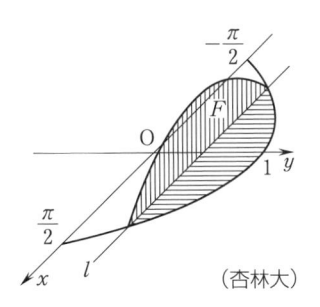

(杏林大)

149* xyz 空間内において，xy 平面上の曲線 $y=\dfrac{1}{x}$ $(x>0)$ と2直線
$x=\dfrac{1}{2}$, $x=a\left(a>\dfrac{1}{2}\right)$ および x 軸によって囲まれた領域を x 軸のまわり
に1回転してできる立体を F とする．

F の体積が $\dfrac{7}{4}\pi$ のとき，平面 $z=1$ による F の切り口の面積を求めよ．

150* 座標空間内の4点
$$(0, 0, 0),\ (t\cos t,\ t\sin t,\ 0),\ (t\cos t,\ t\sin t,\ t),\ (0, 0, t)$$
を頂点とする正方形を R_t とし，t が 0 から $\dfrac{\pi}{2}$ まで変化するとき R_t が描
く立体を K とする．

(1) K を平面 $z=\theta\left(0\leq\theta\leq\dfrac{\pi}{2}\right)$ で切った切り口の面積 $S(\theta)$ を求めよ．

(2) K の体積 V を求めよ．

(九州芸術工科大)

河合塾SERIES

やさしい
理系数学

三訂版

河合塾講師
三ツ矢和弘 = 著

解答・解説編

河合出版

もくじ

第1章	数 と 式，論 証	2
	演習問題 1〜14	
第2章	関数と方程式・不等式	14
	演習問題 15〜23	
第3章	平 面・空 間 図 形	22
	演習問題 24〜33	
第4章	図 形 と 方 程 式	28
	演習問題 34〜43	
第5章	三角・指数・対数関数	38
	演習問題 44〜51	
第6章	微 分 法	46
	演習問題 52〜58	
第7章	積 分 法	52
	演習問題 59〜68	
第8章	数 列	62
	演習問題 69〜78	
第9章	ベ ク ト ル	72
	演習問題 79〜88	
第10章	場 合 の 数 と 確 率	82
	演習問題 89〜99	
第11章	複 素 数 平 面	94
	演習問題 100〜109	
第12章	式 と 曲 線	104
	演習問題 110〜117	
第13章	関 数 と 数 列 の 極 限	112
	演習問題 118〜125	
第14章	微分法とその応用	120
	演習問題 126〜133	
第15章	積分法とその応用	128
	演習問題 134〜150	

第1章 数と式，論証

1【解答1】

(i) より，$f(x)=(x+1)(x+2)Q_1(x)+5x+7$. $\quad(Q_1(x):$ 整式$)\quad\cdots$①

(ii) より，$f(x)=(x+1)(x+3)Q_2(x)+2x+a$. $\quad(Q_2(x):$ 整式$)\quad\cdots$②

①，② で $x=-1$ として，$f(-1)=2=-2+a$. $\quad\therefore\ a=4$.

また，①，② より，$f(-3)=2Q_1(-3)-8=-2$.

$\quad\therefore\ Q_1(-3)=3 \iff Q_1(x)=(x+3)Q(x)+3$. $\quad(Q(x):$ 整式$)$

これを ① に代入して

$$f(x)=(x+1)(x+2)(x+3)Q(x)+3(x+1)(x+2)+5x+7.$$

この中で次数が最小のものは $Q(x)=0$ である．

$\therefore\ \begin{cases} a=4, \\ (\text{最低次の}f(x))=3x^2+14x+13. \end{cases}$ （答）

【解答2】

0, 1 次式は不適だから，2 次式とし，$p(\neq 0)$ を定数とすると，(i), (ii) より

$$f(x)=p(x^2+3x+2)+5x+7=p(x^2+4x+3)+2x+a.$$

$\quad\therefore\ px^2+(3p+5)x+2p+7=px^2+(4p+2)x+3p+a.$

係数比較して

$\quad 3p+5=4p+2,\ 2p+7=3p+a.\quad\therefore\ p=3,\ a=4.$

$\therefore\ \begin{cases} a=4, \\ (\text{最低次の }f(x))=3x^2+14x+13. \end{cases}$ （答）

【解答3】

(i) から，$f(x)=(x^2+3x+2)\cdot(x+3)Q(x)+p(x^2+3x+2)+5x+7$ $\quad\cdots$③

$\qquad\qquad\qquad\quad\ \|$
$\qquad\qquad\qquad(x+1)(x+2)$

(ii) から，$f(x)=(x+1)(x+3)Q_2(x)+2x+a$. $\quad\cdots$②

③，② で $x=-1$ として，$f(-1)=2=-2+a$. $\quad\therefore\ a=4$.

$\qquad\qquad x=-3$ として，$f(-3)=2p-8=-6+4$. $\quad\therefore\ p=3$.

$\left(\text{このとき，③ は }f(x)=(x+2)\cdot(x^2+4x+3)Q(x)+3(x^2+4x+3)+2x+4\right.$
$\left.\text{と表せ，条件 (ii) もみたす．}\right)$

$\therefore\ \begin{cases} a=4, \\ (\text{最低次の }f(x))=3x^2+14x+13. \end{cases}$ （答）

(**注**) 上の ( ) の部分は省略してもよい．

解説

【解答1】からわかるように，最低次の $f(x)$ は x^2+3x+2 と x^2+4x+3 の最小公倍数 $(x+1)(x+2)(x+3)$ で割ったときの余り（2次式）である．したがって，【解答3】の③のように表して，p を求めれば計算が楽である．

あるいは，【解答1】より，$f(-1)=2$, $f(-2)=-3$, $f(-3)=-2$ をみたす2次式 $f(x)$ を求めればよいが，x 座標が異なる3点 (x_1, y_1), (x_2, y_2), (x_3, y_3) を通るグラフに対する2次関数 $f(x)$ は

$$f(x)=y_1\cdot\frac{(x-x_2)(x-x_3)}{(x_1-x_2)(x_1-x_3)}+y_2\cdot\frac{(x-x_1)(x-x_3)}{(x_2-x_1)(x_2-x_3)}+y_3\cdot\frac{(x-x_1)(x-x_2)}{(x_3-x_1)(x_3-x_2)}$$

と表せる（これを**2次のラグランジュの補間式**という）から，求める $f(x)$ は

$$f(x)=2\cdot\frac{(x+2)(x+3)}{(-1+2)(-1+3)}+(-3)\cdot\frac{(x+1)(x+3)}{(-2+1)(-2+3)}+(-2)\cdot\frac{(x+1)(x+2)}{(-3+1)(-3+2)}$$
$$=(x^2+5x+6)+3(x^2+4x+3)-(x^2+3x+2)$$
$$=3x^2+14x+13.$$

(**注**) 上と同様に，x 座標が異なる4点 (x_1, y_1), (x_2, y_2), (x_3, y_3), (x_4, y_4) を通るグラフに対する3次関数 $f(x)$ は

$$f(x)=y_1\cdot\frac{(x-x_2)(x-x_3)(x-x_4)}{(x_1-x_2)(x_1-x_3)(x_1-x_4)}+y_2\cdot\frac{(x-x_1)(x-x_3)(x-x_4)}{(x_2-x_1)(x_2-x_3)(x_2-x_4)}$$
$$+y_3\cdot\frac{(x-x_1)(x-x_2)(x-x_4)}{(x_3-x_1)(x_3-x_2)(x_3-x_4)}+y_4\cdot\frac{(x-x_1)(x-x_2)(x-x_3)}{(x_4-x_1)(x_4-x_2)(x_4-x_3)}$$

で表せる．これを**3次のラグランジュの補間式**という．

同様にして，4, 5, $\cdots$, n 次のラグランジュの補間式も容易に得られる．

2 【解答】

(1) $f_1(\alpha)=\alpha^2-\alpha+1=0$ のとき，
$$\alpha^3+1=(\alpha+1)(\alpha^2-\alpha+1)=0. \qquad \therefore \quad \alpha^3=-1. \qquad \textbf{(答)}$$
$$\therefore \quad f_5(\alpha)=\alpha^{10}-\alpha^5+1=(\alpha^3)^3\cdot\alpha-\alpha^3\cdot\alpha^2+1$$
$$=-\alpha+\alpha^2+1=f_1(\alpha)=0. \qquad \therefore \quad f_5(\alpha)=0. \qquad \cdots ① \qquad \textbf{(答)}$$

(2)$_1$ (1) より，$\alpha^3=-1$. $\therefore$ $\alpha^6=1$.

よって，$n=6k+5$（k : 0 以上の整数）のとき，
$$f_n(\alpha)=\alpha^{2(6k+5)}-\alpha^{6k+5}+1=\alpha^{2\cdot 5}-\alpha^5+1=f_5(\alpha)=0. \quad (\because ①) \qquad \cdots ②$$

すなわち，実数係数の $2n$ 次方程式 $f_n(x)=0$ が，$f_1(x)=0$ の虚数解 α を解にもつから，その共役複素数解 $\overline{\alpha}$ も解にもつ．

したがって，因数定理より，$f_n(x)$ は $f_1(x)=(x-\alpha)(x-\overline{\alpha})=x^2-x+1$ で割り切れる． **(終)**

(**注**) ② 以降は次のようにしてもよい．

$f_n(x)$ を $f_1(x)=x^2-x+1$ で割った商を $Q(x)$，余りを $ax+b$ とすると，
$$f_n(x)=(x^2-x+1)Q(x)+ax+b. \quad (a, b : \text{実数})$$

$x=\alpha$ とすると，$f_1(\alpha)=0$ と ② より
$$f_n(\alpha)=f_1(\alpha)Q(\alpha)+a\alpha+b=0. \qquad \therefore \quad a\alpha+b=0.$$

a, b は実数，α は虚数であるから，$a=b=0$.
$\therefore$ $f_n(x)$ は x^2-x+1 で割り切れる．

(2)$_2$ $\quad f_n(x)=f_{6k+5}(x)=x^{2(6k+5)}-x^{6k+5}+1$
$$=\{(x^3)^{4k+3}+1\}x-\{(x^3)^{2k+1}+1\}x^2+x^2-x+1.$$

ここで，{　} 内はともに $x^3+1=(x+1)(x^2-x+1)$ で割り切れるから，
$f_n(x)$ は x^2-x+1 で割り切れる． (終)

3 【解答1】

$f(x)$ を n 次 $(n≧2)$ 式とし，$f(x)=a_nx^n+a_{n-1}x^{n-1}+\cdots+a_0$ $(a_n\neq 0)$ とおく．

(左辺)$=a_n\{(x+1)^n-x^n\}+a_{n-1}\{(x+1)^{n-1}-x^{n-1}\}+\cdots$
$=na_nx^{n-1}+\left\{\dfrac{1}{2}n(n-1)a_n+(n-1)a_{n-1}\right\}x^{n-2}+\cdots$
$=x(x+1)=$(右辺)．

左辺と右辺の次数は等しいから，$n-1=2$． ∴ $n=3$．

よって，$f(x)=ax^3+bx^2+cx$ $(a\neq 0)$ $(\because f(0)=0)$ とおけるから，与式は
$a\{(x+1)^3-x^3\}+b\{(x+1)^2-x^2\}+c\{(x+1)-x\}=x(x+1)$
$\Longleftrightarrow 3ax^2+(3a+2b)x+a+b+c=x^2+x$．

両辺の係数比較より，$3a=1$，$3a+2b=1$，$a+b+c=0$．

∴ $a=\dfrac{1}{3}$，$b=0$，$c=-\dfrac{1}{3}$． ∴ $f(x)=\dfrac{1}{3}x^3-\dfrac{1}{3}x$． (答)

($n=3$ 以下の別解)
$$f(x+1)-f(x)=x(x+1). \quad \cdots ①$$

$f(0)=0$ だから
$\begin{cases} ① で x=0 として，f(1)=0. \\ ① で x=-1 として，f(-1)=0. \end{cases}$ ∴ $f(-1)=f(0)=f(1)=0$．

よって，因数定理より，3次式 $f(x)$ は $x(x-1)(x+1)$ で割り切れるから
$$f(x)=ax(x-1)(x+1). \quad \cdots ②$$

① で $x=1$，② で $x=2$ とすると，$f(2)=2=6a$．

∴ $a=\dfrac{1}{3}$． ∴ $f(x)=\dfrac{1}{3}(x^3-x)$． (答)

【解答2】

① で $x=n$ とすると，$f(n+1)-f(n)=n(n+1)$． $(n=0,1,2,\cdots)$

よって，$n≧2$ のとき，$f(0)=0$ だから
$$f(n)=f(0)+\sum_{k=0}^{n-1}k(k+1)=\dfrac{1}{3}(n-1)n(n+1). \quad \cdots ③$$
($f(1)=0$ だから，$n=1$ でも成り立つ．)

ここで，$g(x)=f(x)-\dfrac{1}{3}(x^3-x)$ とおくと，$f(x)$ は整式だから $g(x)$ も整式．

よって，$g(x)$ の次数を N とすると，③ より
$$g(1)=g(2)=\cdots=g(N)=g(N+1)=0.$$

すなわち，N 次式 $g(x)$ が $N+1$ 個の相異なる x の値で $g(x)=0$ だから

$g(x)=0 \Longleftrightarrow f(x)=\dfrac{1}{3}(x^3-x)$．（条件をみたし適する） (答)

(注) ③から，n を x に変えて，直ちに $f(x)=\dfrac{1}{3}(x^3-x)$ としてはいけない!!
後半部分の論述が必要である．

4 【解答1】

与不等式より，$\dfrac{y}{x}-\dfrac{12}{11}=\dfrac{-12x+11y}{11x}>0$，$\dfrac{11}{10}-\dfrac{y}{x}=\dfrac{11x-10y}{10x}>0$

であるから，$\begin{cases} -12x+11y=m, \\ 11x-10y=n \end{cases}$

とおくと，m, n は正の整数．∴ $m\geqq1, n\geqq1$．   …①

上式を x, y について解くと，
$$x=10m+11n, \quad y=11m+12n. \qquad \text{…②}$$

①，② より，x は $m=n=1$ のとき最小で，このとき x, y は
$$x=10\cdot1+11\cdot1=21, \quad y=11\cdot1+12\cdot1=23.$$
$$\therefore \left(\text{求める分数 } \dfrac{y}{x}\right)=\dfrac{23}{21}. \qquad \textbf{(答)}$$

【解答2】
$$\dfrac{12}{11}<\dfrac{y}{x}<\dfrac{11}{10} \iff \dfrac{1}{11}<\dfrac{y-x}{x}<\dfrac{1}{10}. \qquad \text{…③}$$

ここで，$y-x=n$ とおくと，$y=x+n$．

$n=1$ のとき，③ をみたす整数 x はない．

$n=2$ のとき，③ $\iff 20<x<22$．∴ $x=21$．   …④

$n\geqq3$ のとき，③ より，$30<x$．   …⑤

④，⑤ より，$\min x=21$．∴ $y=x+n=21+2=23$．
$$\therefore \left(\text{求める分数 } \dfrac{y}{x}\right)=\dfrac{23}{21}. \qquad \textbf{(答)}$$

【解答3】

$\dfrac{12}{11}<\dfrac{y}{x}<\dfrac{11}{10}$ をみたす任意の有理数 $\dfrac{y}{x}$ は，2点

$\dfrac{12}{11}$ と $\dfrac{11}{10}$ を $10m:11n$ に内分する点として，

$$\dfrac{y}{x}=\dfrac{11m+12n}{10m+11n} \quad (m, n\in N)$$

と表せる．∴ $\left(\text{求める分数 } \dfrac{y}{x}\right)=\dfrac{23}{21}$．（∵ $m=n=1$ のとき分母最小）．**(答)**

(注) 加比の理より，$\dfrac{12}{11}=\dfrac{12n}{11n}<\dfrac{11m+12n}{10m+11n}<\dfrac{11m}{10m}=\dfrac{11}{10}$ $(m, n\in N)$

としてもよい．

5 【解答】（ユークリッドの互除法の利用）

(1) $217 = 68 \cdot 3 + ⑬$ ∴ $(217, 68) = (68, 13)$
   $68 = 13 \cdot 5 + ③$ $= (13, 3)$
   $13 = 3 \cdot 4 + ①$ $= (3, 1) = 1.$

よって，217 と 68 は互いに素である． (終)

(2) (1) の計算の過程を逆にたどると，不定方程式
$$217x + 68y = 1 \quad \cdots ①$$
の特殊解が得られる．すなわち

$① = 13 - ③ \times 4$
$= 13 - (68 - 13 \cdot 5) \times 4$
$= ⑬ \times (1 + 5 \times 4) - 68 \times 4$
$= (217 - 68 \cdot 3) \times 21 - 68 \times 4$
$= 217 \times 21 - 68 \times (3 \times 21 + 4).$ ∴ $217 \times 21 + 68 \times (-67) = 1.$ $\cdots ②$

$① - ②$ より， $217(x - 21) = 68(-y - 67).$

217 と 68 は互いに素だから

$\begin{cases} x - 21 = 68n, \\ y + 67 = -217n \end{cases} \Longleftrightarrow \begin{cases} x = 68n + 21, \\ y = -217n - 67. \end{cases} \quad (n \in Z) \quad \cdots ③$

∴ $|3x + y + 30| = |-13n + 26|. \quad (n \in Z)$

これは $n = 2$ のとき最小だから，このとき ③ より求める x, y は
$$(x, y) = (157, -501). \quad \text{(答)}$$

6 【解答】

(1) 整数 x は $x = 5k, 5k \pm 1, 5k \pm 2$ $(k \in Z)$ すなわち，$x \equiv 0, \pm 1, \pm 2 \pmod{5}$
のいずれかであるから，
$$x^2 \equiv 0, 1, 4 \pmod{5}. \quad \therefore \quad x^4 \equiv 0, 1 \pmod{5}.$$
よって， $x^4 \div 5$ の余りは，0 か 1． (答)

(2) $x^4 = 5y^4 + 2$ において，(1) より
$$x^4 \equiv 0, 1 \pmod{5}, \quad 5y^4 + 2 \equiv 2 \pmod{5}.$$
よって，この方程式をみたす整数 x, y は存在しない． (終)

7 【解答】

$$S = \frac{1}{m} + \frac{1}{n} < \frac{1}{3} \quad \cdots ①, \qquad m \geq \underline{n \geq 4} \quad \cdots ②.$$

としてよい．（∵ $1 \leq n \leq 3$ なら ① は不成立）

∴ $S = \dfrac{1}{m} + \dfrac{1}{n} \leq \dfrac{2}{n} \begin{cases} < \dfrac{1}{3} \text{のとき，} n > 6. & \cdots \text{(i)} \\ \geq \dfrac{1}{3} \text{のとき，} (4 \leq) n \leq 6. & \cdots \text{(ii)} \end{cases}$

（ i ） $m \geqq n \geqq 7$ の場合

$$(S \text{ の最大値}) = \frac{2}{n} \leqq \frac{2}{7}(= 0.285\cdots)$$

（ii） $m \geqq n = 4, 5, 6$ の場合

(a) $n = 4$ のとき，①より $\frac{1}{m} < \frac{1}{3} - \frac{1}{4} = \frac{1}{12}$. ∴ $m \geqq 13$.

∴ $(S \text{ の最大値}) = \frac{1}{13} + \frac{1}{4} = \frac{17}{52} (= 0.326\cdots)$ $(m = 13, n = 4 \text{ のとき})$

(b) $n = 5$ のとき，①より $\frac{1}{m} < \frac{1}{3} - \frac{1}{5} = \frac{2}{15}$. ∴ $m \geqq 8$.

∴ $(S \text{ の最大値}) = \frac{1}{8} + \frac{1}{5} = \frac{13}{40} (= 0.325)$

(c) $n = 6$ のとき，①より $\frac{1}{m} < \frac{1}{3} - \frac{1}{6} = \frac{1}{6}$. ∴ $m \geqq 7$

∴ $(S \text{ の最大値}) = \frac{1}{7} + \frac{1}{6} = \frac{13}{42} (= 0.309\cdots)$

以上の（ i ）（ii）から，

$$(\text{求める } S \text{ の最大値}) = \frac{17}{52}. \quad (m = 13, n = 4 \text{ のとき}) \qquad \textbf{(答)}$$

8 【解答】

$(1)_1$ n^2 と $2n + 1 (= (n+1)^2 - n^2)$ の最大公約数を g とすると，

$$g \text{ は } n^2 \text{ と } (n+1)^2 \text{ の公約数である．}$$

ところで，n と $n+1$ は互いに素ゆえ，n^2 と $(n+1)^2$ も互いに素だから $g = 1$. よって，n^2 と $2n + 1$ は互いに素である． **(終)**

$(1)_2$ $4n^2 = (2n+1)(2n-1) + 1$ であるから，

n^2 と $2n + 1$ の最大公約数を g とすると，$4n^2$ は g の倍数だから 1 も g の倍数である．よって，$g = 1$ であるから，

$$n^2 \text{ と } 2n + 1 \text{ は互いに素である．} \qquad \textbf{(終)}$$

$(1)_3$ n^2 の 1 より大きいどんな約数についても，その約数の素因数（これは 1 より大きい）は n の素因数であるから，$2n + 1$ の約数ではない．

よって，n^2 と $2n + 1$ は互いに素である． **(終)**

$(2)_1$ $n^2 + 2$ が $2n + 1$ の $m (\in N)$ 倍とすると

$$m = \frac{n^2 + 2}{2n + 1} = \frac{1}{4} \cdot \frac{\{(2n+1) - 1\}^2 + 8}{2n + 1} = \frac{1}{4}\left\{(2n+1) - 2 + \frac{9}{2n+1}\right\} \quad \cdots ①$$

よって，$2n + 1 (\geqq 3)$ が 9 の約数であることが必要．

∴ $2n + 1 = 3, 9 \iff n = 1, 4$. （必要条件）

このとき，①より $m = 1, 2$ となり適する．（十分条件）. ∴ $n = 1, 4$. **(答)**

$(2)_2$ $n^2 + 2$ が $2n + 1$ の $m (\in N)$ 倍とすると

$$n^2 + 2 = m(2n + 1) \iff (n - m)^2 = m^2 + m - 2. \qquad \cdots ①$$

よって，$m^2 + m - 2$ $(m \in N)$ は整数の平方であり，かつ

$$\begin{cases} (m+1)^2-(m^2+m-2)=m+3>0 \\ (m-1)^2-(m^2+m-2)=-3(m-1)\leqq 0 \end{cases}$$

より, $(m-1)^2 \leqq m^2+m-2 < (m+1)^2$.

∴ $m^2+m-2=(m-1)^2$ または $m^2 \iff m=1, 2$.

これと①より, $n=1, 4.\ (\in N)$ **(答)**

(2)₃ $n^2+2=k(2n+1)\ (k\in N)$ とすると, $n^2-2kn+2-k=0$.

よって, $x^2-2kx+2-k=0$ が自然数解 n をもつと考え, 他の解を m とすると

解と係数の関係から $\begin{cases} n+m=2k & ② \\ nm=2-k & ③ \end{cases} (k\in N)$

②から m も整数である. ②, ③ から, k を消去すると

$\dfrac{n+m}{2}=2-nm \iff \left(n+\dfrac{1}{2}\right)\left(m+\dfrac{1}{2}\right)=\dfrac{9}{4} \iff (2n+1)(2m+1)=9$.

$n\in N$ だから, $(2n+1,\ 2m+1)=(3, 3),\ (9, 1)$.

∴ $(n,\ m)=(1, 1),\ (4, 0)$

∴ $n=1, 4$. **(答)**

9 【解答】

(1) $\sqrt{2}$ が有理数であると仮定すると,

$\sqrt{2}=\dfrac{q}{p}\ (p, q:$ 互いに素な自然数$)$

と表せる.   ∴ $2p^2=q^2$.

よって, q は 2 の倍数.   ∴ $q=2n.\ (n:$ 自然数$)$ …①

これを上式に代入すると, $p^2=2n^2$.

よって, p は 2 の倍数. $p=2m.\ (m:$ 自然数$)$ …②

①, ② より, p, q は 2 を公約数としてもつことになり, p, q が互いに素であることに矛盾する.

∴ $\sqrt{2}$ は無理数である. **(終)**

(2) $\sqrt{2},\ \sqrt{3},\ \sqrt{6}$ を項に含む等差数列があると仮定すると, 初項が $\sqrt{2}$, 公差が $d\ (>0)$ で, $\sqrt{3},\ \sqrt{6}$ を項として含む等差数列が存在するから,

$\sqrt{3}=\sqrt{2}+md,\ \sqrt{6}=\sqrt{2}+nd\ (m, n:$ 自然数で, $m<n)$

と表せる. この 2 式から d を消去すると

$n(\sqrt{3}-\sqrt{2})=m(\sqrt{6}-\sqrt{2}) \iff \sqrt{2}(m-n)=\sqrt{3}(\sqrt{2}m-n)$.

両辺を 2 乗して,

$2(m^2-2mn+n^2)=3(2m^2-2\sqrt{2}mn+n^2)$.   ∴ $\sqrt{2}=\dfrac{(2m+n)^2}{6mn}$.

左辺は (1) より無理数, 右辺は有理数であるから, 矛盾.

よって, $\sqrt{2},\ \sqrt{3},\ \sqrt{6}$ を項に含む等差数列は存在しない. **(終)**

10 【解答1】（数学的帰納法）

(i) $n=2$ のとき，
$$a_1a_2-(a_1+a_2+1-2)=(1-a_1)(1-a_2)>0. \quad \therefore \text{ 成り立つ.}$$

(ii) $n=k \ (\geqq 2)$ のとき，与式の成立を仮定すると
$$a_1a_2\cdots a_k\cdot a_{k+1}-\{a_1+a_2+\cdots+a_k+a_{k+1}+1-(k+1)\}$$
$$>(a_1+a_2+\cdots+a_k+1-k)\cdot a_{k+1}-\{(a_1+a_2+\cdots+a_k+1-k)+a_{k+1}-1\}$$
$$=(a_1+a_2+\cdots+a_k+1-k)(a_{k+1}-1)-(a_{k+1}-1)$$
$$=\{(a_1+a_2+\cdots+a_k+1-k)-1\}(a_{k+1}-1)$$
$$=\{(a_1-1)+(a_2-1)+\cdots+(a_k-1)\}(a_{k+1}-1)>0$$

となり，$n=k+1$ でも成り立つ.

以上の(i), (ii) より
$$a_1a_2\cdots a_n>a_1+a_2+\cdots+a_n+1-n. \quad (n\geqq 2) \qquad \text{(終)}$$

【解答2】（関数と見る）

$f_n(a_n)=a_1a_2\cdots a_{n-1}a_n-(a_1+a_2+\cdots+a_n+1-n)$ とおくと
$$f_n(a_n)=(a_1a_2\cdots a_{n-1}-1)a_n-(a_1+a_2+\cdots+a_{n-1}+1-n).$$

ここで，$a_1a_2\cdots a_{n-1}-1<0$ であるから，$f_n(a_n)$ は a_n の減少関数.

これと，$a_n<1$ より，$f_n(a_n)>f_n(1)$.

ここで，$f_n(1)=a_1a_2\cdots a_{n-1}\cdot 1-(a_1+a_2+\cdots+a_{n-1}+1+1-n)$
$$=a_1a_2\cdots a_{n-1}-\{a_1+a_2+\cdots+a_{n-1}+1-(n-1)\}=f_{n-1}(a_{n-1})$$

であるから，$f_n(a_n)>f_{n-1}(a_{n-1}). \quad (n\geqq 2)$

以下，同様にして，
$$f_n(a_n)>f_{n-1}(a_{n-1})>f_{n-2}(a_{n-2})>\cdots>f_1(a_1)=a_1-(a_1+1-1)=0.$$
$$\therefore \ f_n(a_n)>0 \iff \text{与不等式.} \qquad \text{(終)}$$

【解答3】（直接に式変形する）
$$1-a_1a_2\cdots a_n=(1-a_1)+(a_1-a_1a_2)+\cdots+(a_1a_2\cdots a_{n-1}-a_1a_2\cdots a_n)$$
$$=(1-a_1)+a_1(1-a_2)+a_1a_2(1-a_3)+\cdots+a_1a_2\cdots a_{n-1}(1-a_n)$$
$$<(1-a_1)+(1-a_2)+(1-a_3)+\cdots+(1-a_n)$$
$$=n-(a_1+a_2+\cdots+a_n).$$
$$\therefore \ a_1a_2\cdots a_n>a_1+a_2+\cdots+a_n+1-n. \qquad \text{(終)}$$

11 【解答】

(1) $n=10k+r \ (k\in Z \ ; r=0, 1, 2, \cdots, 9)$ とすると，
$n^2=10M+r^2. \quad (M\in Z)$

これと右の表より

r	0	1	2	3	4	5	6	7	8	9
$f_2(r)$	0	1	4	9	6	5	6	9	4	1

$$f_2(n)=f_2(r)=\{0, 1, 4, 5, 6, 9\}. \qquad \text{(答)}$$

(2) $n^5-n=(n-1)n(n+1)(n^2+1)=(n-1)n(n+1)\{(n^2-4)+5\}$
$=\underbrace{(n-2)(n-1)n(n+1)(n+2)}_{(5!\ \text{の倍数})}+\underbrace{5(n-1)n(n+1)}_{(5\times 3!\ \text{の倍数})}$ は 10 の倍数.
$\therefore\ f_5(n)=f_1(n).$ …① (終)

(3) $n^{100}=(n^{20})^5$ …②, $n^{20}=(n^4)^5$ …③, $n^4=(n^2)^2$ …④.
$\therefore\ f_{100}(n)\underset{②}{=}f_5(n^{20})\underset{①}{=}f_1(n^{20})\underset{③}{=}f_5(n^4)\underset{①}{=}f_1(n^4)\underset{④}{=}f_2(n^2).$

これと右の表より,
$f_{100}(n)=f_2(n^2)=\{0,\ 1,\ 5,\ 6\}.$ (答)

n^2	0	1	4	5	6	9
$f_2(n^2)$	0	1	6	5	6	1

12* 【解答】

(1) 先手が k 枚 $(1\leqq k\leqq 5)$ 取ったとき, 後手は $(6-k)$ 枚 $(1\leqq 6-k\leqq 5)$ 取れば, 先手が残りの1枚を取ることになり, 後手が必ず勝つ. (終)

(2) 先手が1手目に3枚取ればよい. (答)
($\because$) $52=6\times 8+1+3$ であるから, 先手がまず3枚取り, その後
(後手の取る枚数)+(先手の取る枚数)=6
となるように, 8回取り続けると1枚だけ残り, その1枚を後手が取ることになり, 先手の勝ちとなる.

(3) (i) $n=6k+1$ (k は自然数) の場合, 後手に必勝法がある. (答)
($\because$) (先手の取る枚数)+(後手の取る枚数)=6
となるように取り続ければ, 最後の1枚を先手が取ることになり, 後手が勝つ.

(ii) $n=6k+r$ (k は 0 以上の整数, r は自然数で $2\leqq r\leqq 6$) の場合, 先手に必勝法がある. (答)
($\because$) 先手が1手目に $r-1$ 枚取り,
(後手の取る枚数)+(先手の取る枚数)=6
となるように取り続けると, 最後の1枚を後手が取ることになり, 先手が勝つ.

13* 【解答1】(数学的帰納法)

「$1\leqq f(1)\leqq f(2)\leqq\cdots\leqq f(n)\leqq n$ ならば $f(k)=k$ となる k $(1\leqq k\leqq n)$ がある」. …①
これを数学的帰納法で示す.

(i) $n=1$ のとき, $1\leqq f(1)\leqq 1$ ならば $f(1)=1$ であるから, ① は成り立つ.

(ii) $n=l$ $(\geqq 1)$ のとき, ① が成り立つと仮定すると, $n=l+1$ のとき,
$f(l+1)=l+1$ ならば $k=l+1$ として ① は成り立つ.
$f(l+1)\leqq l$ ならば $1\leqq f(1)\leqq f(2)\leqq\cdots\leqq f(l)\leqq l$
であるから, 数学的帰納法の仮定から, ① は成り立つ.

よって, ① は $n=l+1$ のときも成り立つ.

以上の(i), (ii)から, ① は任意の自然数 n について成り立つ. (終)

【解答2】(背理法1)

「$1\leqq k\leqq n$ である任意の k に対して, $f(k)\neq k$ である」 …②

と仮定する．
　条件より $1 \leq f(1)$ であるが，仮定②より $f(1) \neq 1$ だから $2 \leq f(1)$．
　これと条件より $2 \leq f(1) \leq f(2)$ であるが，②より $f(2) \neq 2$ だから $3 \leq f(2)$．
　これを繰り返すと，$n+1 \leq f(n)$ となり，f が N から N への写像，すなわち $1 \leq f(k) \leq n$ $(1 \leq k \leq n)$ であることに反する．
　∴ $f(k)=k$ となる k $(1 \leq k \leq n)$ がある． (終)

【解答3】（背理法2）
　「$f(k)=k$ となる k $(1 \leq k \leq n)$ がない」
と仮定すると，右図において，点 $(1, f(1))$ は直線 $y=x$ より上にあり，点 $(n, f(n))$ は直線 $y=x$ より下にあることになり，点 $(1, f(1))$ から点 $(n, f(n))$ まで非右下がり（∵ $i \leq j$ ならば $f(i) \leq f(j)$）で進めることになるが，仮定から対角線上の×印は通れないからこれは矛盾．
　∴ $f(k)=k$ となる k $(1 \leq k \leq n)$ がある． (終)

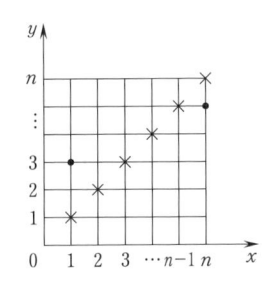

【解答4】（集合の利用）
(ⅰ) $f(n)=n$ なら，題意成立．
(ⅱ) $f(n) \neq n$ なら，条件から $f(n)<n$．
　よって，集合 $S=\{k \mid f(k)<k\}$ を考えると，$S \neq \phi$．（∵ $n \in S$）
　S の要素の最小数を k_0 とすると，$f(k_0)<k_0(\neq 1)$．
　ここで，$f(k_0)=k_1$ とおくと，$k_1<k_0$．
　∴ $\begin{cases} f \text{ は非減少関数だから } f(k_1) \leq f(k_0), \\ \text{かつ} \\ k_1 \in S \text{ だから，} S \text{ の定義から } f(k_1) \geq k_1 \geq f(k_0). \end{cases}$
　∴ $f(k_0)=k_1=f(k_1)$ $(1 \leq k_1 \leq n)$．
　よって，$f(k)=k$ をみたす k $(1 \leq k \leq n)$ がある． (終)

14* 【解答】

(1) 格子平行四辺形をその1頂点が原点 O にくるように平行移動した合同な格子平行四辺形 OABC の面積 S は，
$$A(a, b),\ C(c, d)\ (a, b, c, d \in Z)$$
とすると，
　$S=|ad-bc| \in N$．∴ S は1以上の整数値．(終)

(2)₁ (1)で $S=1$ と仮定すると，$ad-bc=\pm 1$． …①
▱OABC 内の格子点を $P(m, n)$ $(m, n \in Z)$ とすると，
$$\begin{pmatrix} m \\ n \end{pmatrix} = s \begin{pmatrix} a \\ b \end{pmatrix} + t \begin{pmatrix} c \\ d \end{pmatrix} \iff \begin{cases} m = as + ct, \\ n = bs + dt. \end{cases}$$ …② …③

ただし，$0<s<1$, $0<t<1$.　　　　　　　　　…④

②$\times d-$③$\times c$ より，$(ad-bc)s=dm-cn$,
②$\times b-$③$\times a$ より，$(ad-bc)t=an-bm$.

これらと①より，$\begin{cases} s=\pm(dm-cn), \\ t=\pm(an-bm). \end{cases}$

ここで，a, b, c, d, m, n は整数だから，s, t も整数となり，④に反する．
よって，S は 1 でない正の整数だから，

$$S \text{ は 2 以上の整数値.} \quad \text{(終)}$$

(2)$_2$ $\square$OABC の面積 S を 1 と仮定すると，前頁の図の $\square$OAQP も格子平行四辺形だから，その面積 S' は(1)より，　　　$S'\geqq 1$.　　　　…⑤

一方，前頁の図で，$\square$OAQ'P' と $\square$OAQP の面積は等しく，かつ，$\square$OABC は $\square$OAQ'P' を含むから，　　　$S>S'$.　　　　…⑥

⑤，⑥ より，$1=S>S'\geqq 1$ となり矛盾． $\therefore$ $S\neq 1$ かつ $S=|ad-bc|\in N$.

$\therefore$ S は 2 以上の整数値である．　　　　(終)

(2)$_3$ 条件より，$\triangle$POA, $\triangle$PAB, $\triangle$PBC, $\triangle$PCO は格子三角形であるから，これらの面積は，それらの 2 倍の面積をもつ格子平行四辺形の面積((1)より 1 以上の整数値)の $\dfrac{1}{2}$ である．

$$\therefore \quad \square\text{OABC}=\triangle\text{POA}+\triangle\text{PAB}+\triangle\text{PBC}+\triangle\text{PCD}$$
$$\geqq 4\times 1\times \dfrac{1}{2}=2, \text{ かつ } \square\text{OABC は整数値.} \quad \text{(終)}$$

―― **MEMO** ――

第2章 関数と方程式・不等式

15 【解答1】

$$f(x)=x^2+ax+\frac{1}{b}, \quad g(x)=x^2+bx+\frac{1}{a}, \quad a<0<b \quad \cdots ①$$

とする．2つの放物線 $C_1:y=f(x),\ C_2:y=g(x)$ の交点の x 座標は，

$$x=\frac{1}{a-b}\left(\frac{1}{a}-\frac{1}{b}\right)=-\frac{1}{ab}>0. \quad (\because ①)$$

また，2方程式はともに異なる2実数解をもつから

$$a^2>\frac{4}{b},\ b^2>\frac{4}{a} \iff \frac{a}{2}<\frac{2}{ab}<\frac{b}{2}. \quad (\because ①)$$

$$\therefore\ -\frac{b}{2}<0<-\frac{1}{ab}\left(<-\frac{2}{ab}\right)<-\frac{a}{2}. \quad (\because ①)$$

よって，$C_1,\ C_2$ の交点は，それらの対称軸の中間にあり，かつ

$$f\left(-\frac{1}{ab}\right)=\frac{1}{a^2b^2}=g\left(-\frac{1}{ab}\right)>0.$$

よって，$C_1,\ C_2$ のグラフは右上図のようになるから，$\gamma<\delta<\alpha<\beta$． **(答)**

【解答2】

$$x^2+ax+\frac{1}{b}=0 \iff abx+1=-bx^2.$$
$$(\because ab\neq 0)$$
$$x^2+bx+\frac{1}{a}=0 \iff abx+1=-ax^2.$$

直線 $y=abx+1\ (ab<0)$ と

放物線 $\begin{cases} y=-ax^2\ (-a>0) \\ y=-bx^2\ (-b<0) \end{cases}$ の交点の x 座標 $\begin{cases} \gamma,\ \delta \\ \alpha,\ \beta \end{cases}$

の大小関係から，$\gamma<\delta<\alpha<\beta$． **(答)**

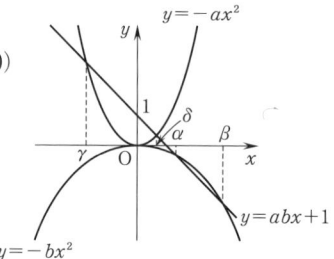

16 【解答1】

$y=f(x)=ax^2+bx+c$ のグラフが

   点 $(1,\ 1)$ を通るから，$a+b+c=1$． $\cdots ①$

   点 $(3,\ 5)$ を通るから，$9a+3b+c=5$． $\cdots ②$

②$-$① から $8a+2b=4$． $\therefore\ b=-4a+2$． $\therefore\ c=3a-1$．

$$\therefore\ f(x)=ax^2-(4a-2)x+3a-1=a\left(x-\frac{2a-1}{a}\right)^2+3-\left(a+\frac{1}{a}\right).$$

ところで，条件 $f(0)=3a-1>0$ より，$a>\frac{1}{3}$． $\cdots ③$

   よって，$f(x)$ の最小値は $3-\left(a+\frac{1}{a}\right)$． $\cdots ④$

ここで，$a+\dfrac{1}{a} \geqq 2$（等号は，$a=1$ のときで，これは③に適する）であるから，$f(x)$ の最小値④は $a=1$ のとき最大になる．このとき，$b=-2$，$c=2$．

$$\therefore \quad a=1, \ b=-2, \ c=2. \qquad \text{(答)}$$

【解答2】
$y=f(x)$ のグラフは条件から3点 $(0, c)$ $(c>0)$，$(1, 1)$，$(3, 5)$ を通る放物線で，$f(x)$ の最小値を最大にするものは，頂点の y 座標を最大にするものである．それは頂点が $(1, 1)$ になるもの（右図参照）であって，その方程式は
$$y=a(x-1)^2+1.$$
このグラフが点 $(3, 5)$ を通るから，
$$5=a(3-1)^2+1. \quad \therefore \quad a=1.$$
$$\therefore \quad y=(x-1)^2+1=x^2-2x+2.$$
これは $f(0)>0$ をみたす．

$$\therefore \quad a=1, \ b=-2, \ c=2. \qquad \text{(答)}$$

17 【解答】

(1) $f(x)=x^3-3x+1$ とおくと $f'(x)=3(x+1)(x-1)$．

x	$\cdots$	-1	$\cdots$	1	$\cdots$
$f'(x)$	$+$	0	$-$	0	$+$
$f(x)$	$\nearrow$	3	$\searrow$	-1	$\nearrow$

よって，$y=f(x)$ のグラフより，(*) は異なる3つの実数解をもつ． (終)

$(2)_1$ α が解だから，$f(\alpha)=\alpha^3-3\alpha+1=0$． $\cdots$①
$$\therefore \ f(\beta)=f(\alpha^2-2)=(\alpha^2-2)^3-3(\alpha^2-2)+1$$
$$=\alpha^6-6\alpha^4+9\alpha^2-1$$
$$=(\alpha^3-3\alpha)^2-1=(-1)^2-1=0. \ (\because \ ①)$$

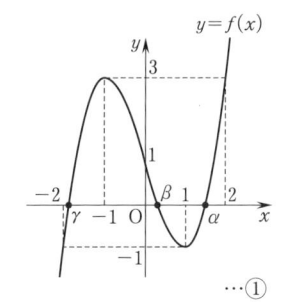

$f(\beta)=0$，$\gamma=\beta^2-2$ であるから，上と同様にして，$f(\gamma)=0$．
よって，$\beta=\alpha^2-2$，$\gamma=\beta^2-2$ も (*) の解である． $\cdots$②
一方，(1)のグラフより，最大解 α の存在範囲は，$1<\alpha<2$．
$$\therefore \ \begin{cases} \alpha-\beta=\alpha-(\alpha^2-2)=(2-\alpha)(\alpha+1)>0, \\ \beta-\gamma=\beta-(\beta^2-2)=(2-\beta)(\beta+1)=(4-\alpha^2)(\alpha^2-1)>0. \end{cases}$$
$$\therefore \ \gamma<\beta<\alpha. \qquad \cdots③$$

②，③から，β，γ は (*) の α 以外の異なる2解である． (終)

$(2)_2$ (*) の3解は，(1)のグラフより，すべて $-2<x<2$ の範囲にあるから，
$$x=2\cos\theta \ (0<\theta<\pi)$$
と表せる．このとき，(*) は
$$2(4\cos^3\theta-3\cos\theta)=-1 \iff \cos 3\theta=-\dfrac{1}{2}. \ (0<3\theta<3\pi)$$

$$\therefore\ 3\theta=\frac{2\pi}{3},\ \frac{4\pi}{3},\ \frac{8\pi}{3} \iff \theta=\frac{2\pi}{9},\ \frac{4\pi}{9},\ \frac{8\pi}{9}.$$

よって，最大解 $\alpha=2\cos\dfrac{2\pi}{9}$ 以外の 2 解は

$$\beta=2\cos\frac{4\pi}{9}=2\cos 2\cdot\frac{2\pi}{9}=2\left(2\cos^2\frac{2\pi}{9}-1\right)=\alpha^2-2,$$

$$\gamma=2\cos\frac{8\pi}{9}=2\cos 2\cdot\frac{4\pi}{9}=2\left(2\cos^2\frac{4\pi}{9}-1\right)=\beta^2-2.\qquad\text{(終)}$$

18 【解答1】

$S(n)$ は数直線上の点 n から，
$$1,\ 2,\ 3,\ \cdots,\ 99,\ 100$$
の各点までの距離の総和を表すから，
$S(n)$ が最小になるのは $1<n<100$ のときである．

$$\therefore\ S(n)=\sum_{k=1}^{n-1}(n-k)+\sum_{k=n+1}^{100}(k-n)$$

$$=\frac{n-1}{2}\{n-1+n-(n-1)\}+\frac{100-n}{2}\{(n+1-n)+(100-n)\}$$

$$=\frac{1}{2}n(n-1)+\frac{1}{2}(100-n)(101-n)$$

$$=n^2-101n+50\times 101=\left(n-\frac{101}{2}\right)^2+50\times 101-\frac{101^2}{4}.$$

よって，$S(n)$ は，$n=50$ または $n=51$ のとき最小で，最小値は

$$S(50)=S(51)=\frac{1}{2}\cdot 50\cdot 49+\frac{1}{2}\cdot 50\cdot 51=\frac{50}{2}\cdot(49+51)=2500.\qquad\text{(答)}$$

（注） 前図より，明らかに $n=50$ または $n=51$ のとき最小で，
$$\min S(n)=(1+2+\cdots+50)+(1+2+\cdots+49)$$
$$=\frac{1}{2}\cdot(50\cdot 51+49\cdot 50)=2500.$$

【解答2】

$$S(n+1)-S(n)=|n|+|n-1|+\cdots+|n-99|$$
$$-\{|n-1|+\cdots+|n-99|+|n-100|\}$$
$$=|n|-|n-100|\leqq 0 \iff n\leqq 50.\ \text{(不等号の向き同順)}$$

よって，最小値は

$$S(50)=S(51)$$
$$=1+2+\cdots+49+1+2+\cdots+50$$
$$=\frac{50\cdot 51}{2}\times 2-50=50^2=2500.\qquad\text{(答)}$$

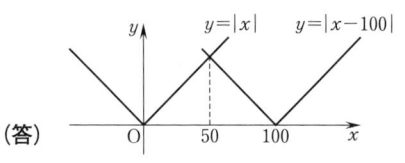

第 2 章 関数と方程式・不等式

19 【解答1】

$$\begin{cases} 1 \leq f(1) = 1 + a + b \leq 2 & \cdots ① \\ 2 \leq f(2) = 8 + 4a + 2b \leq 4 & \cdots ② \end{cases}$$

$$\iff \begin{cases} 0 \leq a + b \leq 1, & \cdots ①' \\ -3 \leq 2a + b \leq -2. & \cdots ②' \end{cases}$$

①′, ②′ で表される ab 平面上の領域 D は右図の周を含む網目部分である。

$$f(3) = 27 + 9a + 3b = k$$

とおき，直線 $l : b = -3a - 9 + \dfrac{k}{3}$ が領域 D と共有点をもつときの k のとり得る値の範囲を求めればよい．
l の傾きに注意すると，

 (i) l が点 $(-2, 2)$ を通るとき，$\max k = 27 - 18 + 6 = 15$．
 (ii) l が点 $(-4, 5)$ を通るとき，$\min k = 27 - 36 + 15 = 6$．

よって，グラフより， $6 \leq f(3) \leq 15$． (答)

【解答2】

①, ② より， $a + b = f(1) - 1$, $2a + b = \dfrac{1}{2} f(2) - 4$．

$$\therefore\ a = \dfrac{1}{2} f(2) - f(1) - 3,\ b = 2f(1) - \dfrac{1}{2} f(2) + 2.$$

$$\therefore\ f(3) = 27 + 9a + 3b = 27 + 9\left\{\dfrac{1}{2} f(2) - f(1) - 3\right\} + 3\left\{2f(1) - \dfrac{1}{2} f(2) + 2\right\}$$
$$= -3f(1) + 3f(2) + 6.$$

これと $-2 \leq -f(1) \leq -1$, $2 \leq f(2) \leq 4$ より

$$3 \cdot (-2) + 3 \cdot 2 + 6 \leq f(3) \leq 3 \cdot (-1) + 3 \cdot 4 + 6. \qquad \therefore\ 6 \leq f(3) \leq 15. \quad \text{(答)}$$

(注) ①′, ②′ から， $-4 \leq a \leq -2$, $2 \leq b \leq 5$． $\cdots ③$
$$\therefore\ 27 - 30 \leq f(3) = 27 + 9a + 3b \leq 27 - 3.$$

$\therefore\ -3 \leq f(3) \leq 24$ としてはダメ!! その理由は，a, b はそれぞれ独立して ③ の範囲 (D を含む，両軸に平行な辺をもつ長方形内) を動けないからである．

20 【解答1】（文字の消去）

$|b| = |1 - a| \leq 2$ より $-1 \leq a \leq 3$, かつ $|a| \leq 2$． $\therefore\ -1 \leq a \leq 2$． $\cdots ①$
同様にして， $-1 \leq c \leq 2$． $\cdots ②$
$$\therefore\ ac + bd = ac + (1-a)(1-c) = 2ac - a - c + 1 \qquad \cdots ③$$
$$= \dfrac{1}{2}(2a - 1)(2c - 1) + \dfrac{1}{2}.$$

ここで，①, ② より， $-3 \leq 2a - 1 \leq 3$, $-3 \leq 2c - 1 \leq 3$．

$$\therefore\ \dfrac{1}{2} \cdot (-3) \cdot 3 + \dfrac{1}{2} \leq ac + bd \leq \dfrac{1}{2} \cdot 3 \cdot 3 + \dfrac{1}{2}.$$

$$\therefore \quad -4 \leq ac+bd \leq 5. \qquad \text{(答)}$$

【解答 2】（関数の利用）

③ より，$f(a, c) = ac+bd = 2ac-a-c+1 = (2c-1)a-c+1$

とおき，まず c を $-1 \leq c \leq 2$（∵ ②）で固定し，a を $-1 \leq a \leq 2$（∵ ①）で動かす．

(i) $2c-1 \geq 0$ のとき，$f(-1, c) \leq f(a, c) \leq f(2, c)$.

$$\therefore \quad -3c+2 \leq f(a, c) \leq 3c-1. \quad \left(\frac{1}{2} \leq c \leq 2\right) \qquad \cdots ④$$

(ii) $2c-1 < 0$ のとき，$f(2, c) \leq f(a, c) \leq f(-1, c)$.

$$\therefore \quad 3c-1 \leq f(a, c) \leq -3c+2. \quad \left(-1 \leq c \leq \frac{1}{2}\right) \qquad \cdots ⑤$$

次に，c を ④，⑤ で動かすと，ともに

$$-4 \leq f(a, c) \leq 5. \quad \therefore \quad -4 \leq ac+bd \leq 5. \qquad \text{(答)}$$

【解答 3】（内積利用）

P(a, b), Q(c, d) とすると，条件から

$a+b=1 \; (-1 \leq a \leq 2), \; c+d=1 \; (-1 \leq c \leq 2)$.

よって，点 P, Q はともに右図の線分 AB 上にあり，かつ，

$$ac+bd = \overrightarrow{OP} \cdot \overrightarrow{OQ}$$

と表せる．よって，右図より

$\overrightarrow{OA} \cdot \overrightarrow{OB} \leq \overrightarrow{OP} \cdot \overrightarrow{OQ} \leq \overrightarrow{OA} \cdot \overrightarrow{OA} = \overrightarrow{OB} \cdot \overrightarrow{OB}$.

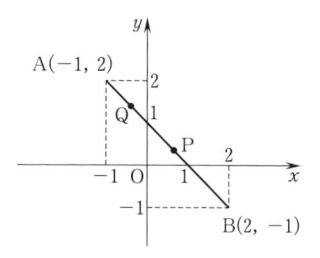

$$\therefore \quad -4 \leq ac+bd \leq 5. \qquad \text{(答)}$$

21

【解答】

$$\begin{cases} C_1: y = x^2 - a, & \cdots ① \\ C_2: x = y^2 - a. & \cdots ② \end{cases}$$

①＋② より，$y+x = x^2+y^2-2a$. $\cdots ③$

①－② より，$y-x = x^2-y^2 \iff (x-y)(x+y+1)=0$. $\cdots ④$

$\{①, ②\} \iff \{①+②, ①-②\} \iff \{③, ④\}$ であるから，③，④ について考えればよい．

(i) $x = y$ の場合

③ は $x^2-x-a=0$. この判別式 $D = 1+4a$ だから，

$$\begin{cases} D > 0 \iff a > -\dfrac{1}{4} \text{ のとき,} \\ \qquad (x, y) = \left(\dfrac{1 \pm \sqrt{1+4a}}{2}, \dfrac{1 \pm \sqrt{1+4a}}{2}\right) \text{（複号同順）の 2 点．} \\ D = 0 \iff a = -\dfrac{1}{4} \text{ のとき, } (x, y) = \left(\dfrac{1}{2}, \dfrac{1}{2}\right) \text{ の 1 点．} \\ D < 0 \iff a < -\dfrac{1}{4} \text{ のとき，共通点なし．} \end{cases}$$

(ii) $x \neq y$ の場合

④ $\iff x+y = -1$. …⑤

③ $\iff x+y = (x+y)^2 - 2xy - 2a$
$\iff -1 = (-1)^2 - 2xy - 2a$ ($\because$ ⑤) $\iff xy = 1-a$. …⑥

⑤, ⑥ より, x, y は,
$$2\text{次方程式 } t^2 + t + 1 - a = 0 \quad \cdots ⑦$$
の相異なる2解である.

⑦の判別式 $D_1 = 1 - 4(1-a) = 4a - 3$ だから,

$\begin{cases} D_1 > 0 \iff a > \dfrac{3}{4} \text{ のとき,} \\ \qquad (x, y) = \left(\dfrac{-1 \pm \sqrt{4a-3}}{2}, \dfrac{-1 \mp \sqrt{4a-3}}{2}\right) \text{ (複号同順) の2点.} \\ D_1 \leqq 0 \iff a \leqq \dfrac{3}{4} \text{ のとき, 共有点なし. } (\because x \neq y) \end{cases}$

C_1, C_2 の異なる共有点の個数は, (i), (ii) の場合を合わせて次のようになる.

a の値	$a < -\dfrac{1}{4}$	$a = -\dfrac{1}{4}$	$-\dfrac{1}{4} < a \leqq \dfrac{3}{4}$	$\dfrac{3}{4} < a$
共有点の個数	0	1	2	4

(答)

(注)

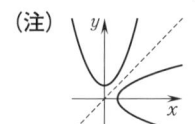

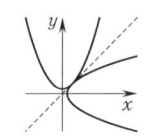

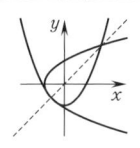

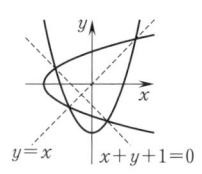

22* 【解答】

(1) $\alpha = \dfrac{p}{q}$ (p, q は互いに素な整数で, $q \geqq 1$) と表せるから,
$$f\left(\dfrac{p}{q}\right) = \dfrac{p^n}{q^n} + a_1 \dfrac{p^{n-1}}{q^{n-1}} + \cdots + a_{n-1} \dfrac{p}{q} + a_n = 0.$$
$$\therefore \quad \dfrac{p^n}{q} = -(a_1 p^{n-1} + \cdots + a_{n-1} pq^{n-2} + a_n q^{n-1}).$$

この右辺は整数であるから, $q = 1$. ($\because$ p, q は互いに素な整数)

よって, $\alpha (= p)$ は整数である. (終)

(2)₁ $f(x) = 0$ が有理数解 α をもつならば, (1) より, α は整数であるから,
$$\alpha = kg + r \quad (g, r : \text{整数}, \ 1 \leqq r \leqq k)$$
と表せる. $\therefore \ 0 = f(\alpha) = (kg+r)^n + a_1(kg+r)^{n-1} + \cdots + a_{n-1}(kg+r) + a_n$
$\qquad \qquad = (k \text{ の倍数}) + f(r) \ (1 \leqq r \leqq k).$

よって, $f(x) = 0$ が有理数解をもつとき, $f(1), f(2), f(3), \cdots, f(k)$ の中に k で割り切れるものがある.

この対偶より, $f(1), f(2), \cdots, f(k)$ がいずれも k で割り切れなければ, $f(x) = 0$

は有理数解をもたない.　　　　　　　　　　　　　　　　　　　　(終)

(2)₂　有理数解は(1)より整数解であるからそれを α(整数)とすると,因数定理により
$$f(x)=(x-\alpha)g(x) \quad (g(x):整数係数の \ n-1 \ 次式)$$
と表せる.よって,
$$f(1)=(1-\alpha)g(1),\ f(2)=(2-\alpha)g(2),\ \cdots,\ f(k)=(k-\alpha)g(k).$$
ここで,$g(i)$ ($i=1,\ 2,\ \cdots,\ k$) は整数であり,$1-\alpha,\ 2-\alpha,\ \cdots,\ k-\alpha$ は連続する k 個の整数であるから,$f(1),\ f(2),\ \cdots,\ f(k)$ の中に k で割り切れるものがある.この対偶より題意は成り立つ.　　　　　　　　　　　　　　　　　　　　(終)

23*【解答】

$$(x^2-2x+a)^2+(x^2-2x+a)+b=0 \quad (4次方程式) \quad \cdots ①$$

において,$x^2-2x+a=X$ とおくと,① は
$$X^2+X+b=0 \quad \cdots ②$$

② の実数解は,放物線 $Y=X^2+X+b=\left(X+\dfrac{1}{2}\right)^2+b-\dfrac{1}{4}$ $(=f(X)$ とおく$)$
と X 軸との共有点の X 座標である.

条件 $b<\dfrac{1}{4}$ より,② は異なる 2 つ実数解をもつ.それらを $X_1,\ X_2\ (X_1<X_2)$ とする.

このとき,① の実数解は
$$\begin{cases} x^2-2x+a=X_1, \\ x^2-2x+a=X_2 \end{cases} \quad (2つの2次方程式)$$
の実数解である.すなわち
$$\begin{cases} 放物線\ y=x^2-2x+a=(x-1)^2+a-1 \\ 2直線\ y=X_1,\ y=X_2\ (X_1<X_2) \end{cases}$$
との共有点の x 座標である.

したがって,求める条件は,(図2) より
$$\begin{cases} y=x^2-2x+a\ と\ y=X_2\ が \\ \quad 0<x<1\ で共有点を唯1つもち, \\ y=x^2-2x+a\ と\ y=X_1\ は \\ \quad 共有点をもたないことである. \end{cases}$$

すなわち,(図1) において,$X_1<a-1<X_2<a$ だから,
$$f(a-1)<0\ かつ\ f(a)>0$$
$$\Longleftrightarrow (a-1)^2+(a-1)+b<0,\ a^2+a+b>0$$
$$\Longleftrightarrow -a^2-a<b<-a^2+a.$$
$$\therefore\ -\left(a+\dfrac{1}{2}\right)^2+\dfrac{1}{4}<b<-\left(a-\dfrac{1}{2}\right)^2+\dfrac{1}{4}\left(<\dfrac{1}{4}\right).$$

これと $b<\dfrac{1}{4}$ より,点 $(a,\ b)$ の存在範囲は

　　右図の斜線部分(境界は除く).　　**(答)**

(注) (図2) より,残りの解 x_2 の存在範囲は $1<x_2<2$.

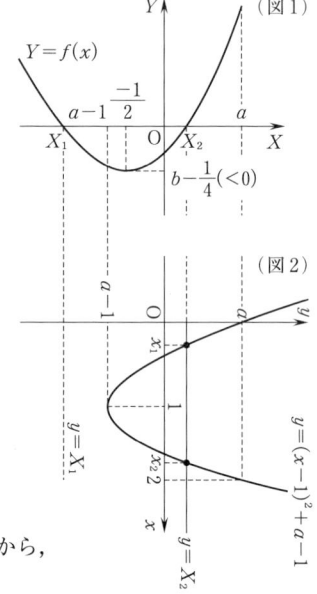

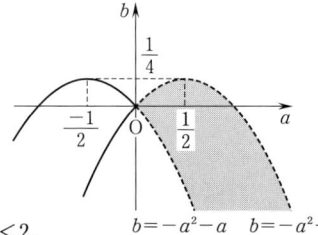

― **MEMO** ―

第3章　平面・空間図形

24 【解答】

(1) 三角形 ABC に余弦定理を用いると，
$$AC^2 = 5^2 + 7^2 - 2\cdot 5\cdot 7\cdot \cos 60° = 39.$$
$$\therefore\ AC = \sqrt{39}.\quad \text{(答)}$$

(2) この円の半径を R とすると，正弦定理より
$$2R = \frac{AC}{\sin 60°}. \quad \therefore\ R = \frac{\sqrt{39}}{2\cdot \frac{\sqrt{3}}{2}} = \sqrt{13}.\quad \text{(答)}$$

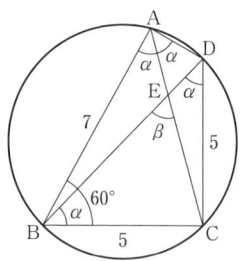

(3) 四角形 ABCD は円に内接するから，$\angle D = 180° - \angle B = 120°$.
AD $= x$ として，三角形 ACD に余弦定理を用いると，
$$AC^2 = 39 = x^2 + 5^2 - 2\cdot x\cdot 5\cdot \cos 120°.$$
$$\therefore\ x^2 + 5x - 14 = 0 \iff (x+7)(x-2) = 0.\ (x>0)$$
$$\therefore\ x = AD = 2.\quad \text{(答)}$$

(4) BC = CD ($=5$) より，$\angle BAC = \angle CAD$.
よって，AE は $\angle BAD$ を 2 等分するから，$\dfrac{BE}{ED} = \dfrac{AB}{AD} = \dfrac{7}{2}$.　(答)

(5)$_1$ $\angle BEC = \beta$ とすると，
$$\frac{\triangle ABC}{\triangle ACD} = \frac{\frac{1}{2}AC\cdot BE\sin\beta}{\frac{1}{2}AC\cdot ED\sin\beta} = \frac{BE}{ED} = \frac{7}{2},\quad \triangle ABC = \frac{1}{2}AB\cdot BC\cdot \sin 60°.$$

$$\therefore\ \square ABCD = \triangle ABC + \triangle ACD = \left(1 + \frac{2}{7}\right)\triangle ABC = \frac{9}{7}\cdot \frac{1}{2}\cdot 7\cdot 5\cdot \frac{\sqrt{3}}{2} = \frac{45\sqrt{3}}{4}.\quad \text{(答)}$$

(5)$_2$ $\square ABCD = \triangle ABC + \triangle ACD = \dfrac{1}{2}\cdot 7\cdot 5\cdot \sin 60° + \dfrac{1}{2}\cdot 2\cdot 5\cdot \sin 120°$
$$= \frac{1}{2}\cdot 5(7+2)\cdot \frac{\sqrt{3}}{2} = \frac{45\sqrt{3}}{4}.\quad \text{(答)}$$

25 【解答 1】

四角形 ABHF において，中点連結定理より，
$$IE \underset{=}{\parallel} \frac{1}{2}BF,\quad GK \underset{=}{\parallel} \frac{1}{2}BF. \quad \therefore\ IE \underset{=}{\parallel} GK.$$

すなわち，四角形 IGKE は平行四辺形だから，対角線 IK と EG は互いに他を 2 等分する．
よって，3 点 I, J, K は同一直線上にある．
同様に，四角形 EGCD において，3 点 J, K, L も同一直線上にあるから，結局

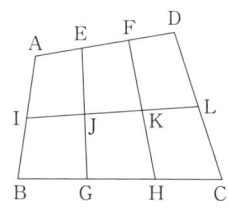

4点 I, J, K, L は同一直線上にある． (終)

【解答2】

$\overrightarrow{AB}=2\vec{b}$, $\overrightarrow{AD}=3\vec{d}$, $\overrightarrow{BC}=3\vec{c}$ とすると，

$$\overrightarrow{IJ}=\overrightarrow{AJ}-\overrightarrow{AI}=\frac{1}{2}(\overrightarrow{AE}+\overrightarrow{AG})-\overrightarrow{AI}$$

$$=\frac{1}{2}\{\vec{d}+(2\vec{b}+\vec{c})\}-\vec{b}=\frac{1}{2}(\vec{d}+\vec{c}). \quad \cdots ①$$

$$\overrightarrow{IK}=\overrightarrow{AK}-\overrightarrow{AI}=\frac{1}{2}(\overrightarrow{AF}+\overrightarrow{AH})-\overrightarrow{AI}$$

$$=\frac{1}{2}\{2\vec{d}+(2\vec{b}+2\vec{c})\}-\vec{b}=\vec{d}+\vec{c}=2\overrightarrow{IJ}. \quad (\because ①)$$

$$\overrightarrow{IL}=\overrightarrow{AL}-\overrightarrow{AI}=\frac{1}{2}(\overrightarrow{AD}+\overrightarrow{AC})-\overrightarrow{AI}$$

$$=\frac{1}{2}\{3\vec{d}+(2\vec{b}+3\vec{c})\}-\vec{b}=\frac{3}{2}(\vec{d}+\vec{c})=3\overrightarrow{IJ}. \quad (\because ①)$$

よって， I, J, K, L は同一直線上にある． (終)

26 【解答1】（座標導入）

右図のように座標軸を定め，
$$P(X, Y) \ (X>0, \ Y>0)$$
とする．線分 OP の垂直二等分線

$$l: y=-\frac{X}{Y}\left(x-\frac{X}{2}\right)+\frac{Y}{2}$$

$$\Longleftrightarrow 2Xx+2Yy=X^2+Y^2$$

が折り目の直線である．

l と x, y 軸との交点を Q, R とし，その x, y 座標をそれぞれ x_Q, y_R とすると，

$$x_Q=\frac{X^2+Y^2}{2X}, \quad y_R=\frac{X^2+Y^2}{2Y}.$$

これと条件より，$0<x_Q\leq a$, $0<y_R\leq a$ だから，

$$0<X^2+Y^2\leq 2aX, \quad 0<X^2+Y^2\leq 2aY$$

$$\Longleftrightarrow \begin{cases}(X-a)^2+Y^2\leq a^2, \\ X^2+(Y-a)^2\leq a^2.\end{cases} \quad (X, Y)\neq(0, 0)$$

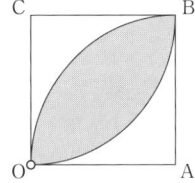

よって，点 P の存在範囲は，上図の網目部分（境界線を含み，点 O を除く）． (答)

【解答2】（平面幾何）

点 P から，辺 OA, OC に下ろした垂線の足をそれぞれ S, T とし，l と OP との交点を M とする．

4点 P, S, Q, M は同一円周上にあるから，方べきの定理より

$$OQ \cdot OS = OM \cdot OP. \quad \therefore \ x_Q=\frac{X^2+Y^2}{2X}.$$

4点 P, R, T, M も同一円周上にあるから，方べきの定理より

$$\text{OT}\cdot\text{OR}=\text{OM}\cdot\text{OP}. \quad \therefore\ y_R=\frac{X^2+Y^2}{2Y}.\ (\text{以下，【解答1】と同様})$$

27 【解答1】

$\text{AD}=l,\ \text{AP}=x,\ \text{PD}=y$ とすると
$$x+y=l. \qquad \cdots ①$$

B, C から，直線 AD に下ろした垂線の長さをそれぞれ $h_1,\ h_2$ とすると，

$$\text{与式} \iff 2(h_1 x+h_2 y)=(h_1+h_2)l. \qquad \cdots ②$$

①, ② から，y を消去すると，
$$2\{(h_1-h_2)x+h_2 l\}=(h_1+h_2)l$$
$$\iff (h_1-h_2)(2x-l)=0$$
$$\iff h_1=h_2\ \text{または}\ x=\frac{l}{2}=y.\ (\because\ ①)$$

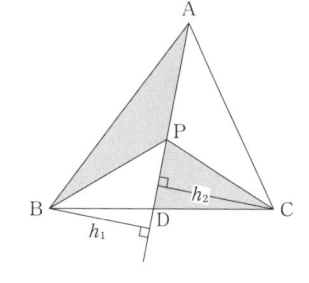

よって，D が BC の中点のとき，P は中線 AD 上の任意の点，
 D が BC の中点でないとき，P は AD の中点である． (答)

【解答2】

$\text{AP}=t\text{AD}\ (0<t<1),\ \text{BD}=a\text{BC}\ (0<a<1)$ とおくと，

$$\frac{\triangle\text{PAB}}{\triangle\text{ABC}}=ta,\quad \frac{\triangle\text{PCD}}{\triangle\text{ABC}}=(1-t)(1-a).$$

$$\therefore\ \text{与式} \iff 2\{ta+(1-t)(1-a)\}=1 \iff (4a-2)t+1-2a=0$$
$$\iff (2a-1)(2t-1)=0 \iff a=\frac{1}{2}\ \text{または}\ t=\frac{1}{2}.$$

よって，
 $a=\dfrac{1}{2}\ (\iff \text{D が BC の中点})$ のとき，P は中線 AD 上の任意の点，
 D が BC の中点でないとき，P は AD の中点である． (答)

28 【解答】

2角相等より，$\triangle\text{PAC}\backsim\triangle\text{PDA}$．
$$\therefore\ \frac{\text{PA}}{\text{AC}}=\frac{\text{PD}}{\text{DA}}. \qquad \cdots ①$$

同様に，2角相等より，$\triangle\text{PBC}\backsim\triangle\text{PDB}$．
$$\therefore\ \frac{\text{PB}}{\text{BC}}=\frac{\text{PD}}{\text{DB}}. \qquad \cdots ②$$

さらに，PA, PB は接線だから，$\text{PA}=\text{PB}$． $\cdots ③$

①, ②, ③ から，
$$\left(\frac{\text{PA}}{\text{PD}}=\frac{\text{PB}}{\text{PD}}=\right)\frac{\text{AC}}{\text{DA}}=\frac{\text{BC}}{\text{DB}}.$$

$$\therefore\ \text{AD}\cdot\text{BC}=\text{AC}\cdot\text{BD}. \qquad\qquad (\text{終})$$

29 【解答】

$\triangle ABD \infty \triangle ACE$（∵ 2角相等）より

$$\frac{AB}{AD}=\frac{AC}{AE}. \quad \therefore \quad AE=\frac{3}{4}AD. \quad \cdots ①$$

$\triangle ABD$ と割線 CE にメネラウスの定理を用いると

$$\frac{AE}{EB}\cdot\frac{BF}{FD}\cdot\frac{DC}{CA}=1. \quad \therefore \quad \frac{AE}{EB}\cdot\frac{DC}{CA}=\frac{1}{5}. \quad \cdots ②$$

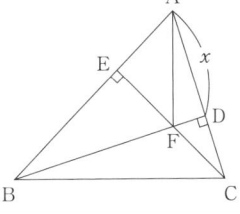

$AD=x$ とおくと，①，② より

$$\frac{\frac{3}{4}x}{4-\frac{3}{4}x}\cdot\frac{3-x}{3}=\frac{1}{5} \iff 5x(3-x)=16-3x.$$

$$\iff 5x^2-18x+16=0 \iff (x-2)(5x-8)=0.$$

これと条件 $\dfrac{AD}{AC}=\dfrac{x}{3}>\dfrac{3}{5}$ より， $AD=x=2$, $AE=\dfrac{3}{4}AD=\dfrac{3}{2}$. （答）

$$\therefore \quad BD^2=AB^2-AD^2=16-4=12, \quad FD=\frac{1}{5+1}BD=\frac{\sqrt{12}}{6}=\frac{1}{\sqrt{3}}.$$

$$\therefore \quad AF=\sqrt{AD^2+FD^2}=\sqrt{4+\frac{1}{3}}=\frac{\sqrt{39}}{3}. \quad \text{（答）}$$

また，$\cos\angle A=\dfrac{AD}{AB}=\dfrac{1}{2}$ であるから

$$BC=\sqrt{4^2+3^2-2\cdot 4\cdot 3\cdot\frac{1}{2}}=\sqrt{13}, \quad \angle A=\frac{\pi}{3}. \quad \text{（答）}$$

30 【解答1】

(1) $\angle OPR=\theta$ ($0°\leq\theta\leq 30°$).

$\therefore \quad \angle OQP=180°-30°-(\theta+60°)=90°-\theta.$

よって，三角形 OPQ に正弦定理を用いると

$$\frac{1}{\sin 30°}=\frac{OP}{\sin(90°-\theta)}.$$

$\therefore \quad OP=2\cos\theta.$ （答）

(2) 三角形 OPR に余弦定理を用いると

$$OR^2=1^2+(2\cos\theta)^2-2\cdot 1\cdot 2\cos\theta\cdot\cos\theta=1. \text{（一定）}$$

よって，点 R の描く図形は，

O を中心とする半径 1 の円のうち，$\angle XOY$ の内部と辺上の点． （答）

【解答2】

(1) 点Rを中心とする半径1の円を C とすると，弦PQに対する円周角は中心角 $\angle PRQ=60°$ の半分の $30°$ であるから，O は円 C 上にある．

∴ 三角形OPRは二等辺三角形．
∴ OP$=2\times\cos\theta=2\cos\theta$．　　（答）

(2) (1)より，OR$=1$．（一定）

よって，点Rの描く図形は，

O を中心とする半径1の円の $\angle XOY$ の内部と辺上の点．　　（答）

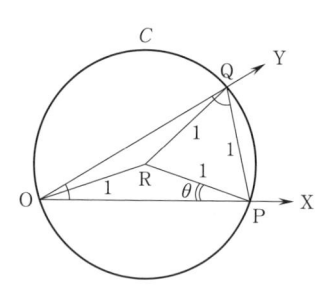

31 【解答】

三角形ABC を

A の周りに $+\dfrac{\pi}{3}$ 回転すると三角形AC'B'，

B の周りに $-\dfrac{\pi}{3}$ 回転すると三角形 $\triangle$C'BA'．

に重なるから，

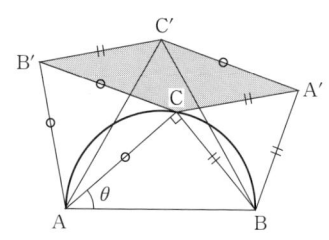

$$B'C'=CB=CA',$$
$$B'C=AC=C'A'.$$

∴ 四角形 CA'C'B' は平行四辺形．

その面積 S は，$\angle A'CB'=2\pi-\left(\dfrac{\pi}{3}+\dfrac{\pi}{2}+\dfrac{\pi}{3}\right)=\left(2-\dfrac{7}{6}\right)\pi=\dfrac{5}{6}\pi$ であるから，

$$S=A'C\cdot B'C\cdot\sin\dfrac{5}{6}\pi=BC\cdot AC\cdot\sin\dfrac{5}{6}\pi$$

$$=AB^2\cdot\sin\theta\cdot\cos\theta\cdot\sin\dfrac{5}{6}\pi=\dfrac{AB^2}{4}\cdot\sin 2\theta.\quad\left(0<\theta<\dfrac{\pi}{2}\right)$$

よって，S が最大のとき，$2\theta=\dfrac{\pi}{2}\iff\theta=\dfrac{\pi}{4}$．　　（答）

32* 【解答】

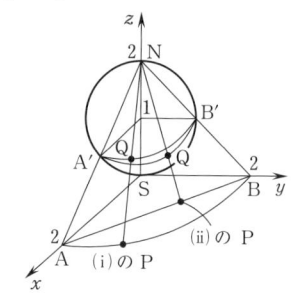

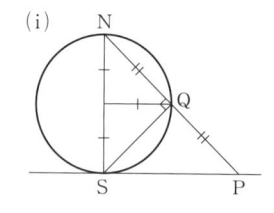

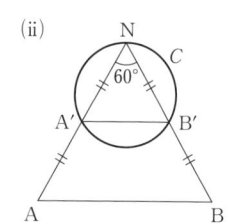

（ⅰ) P が弧 $\stackrel{\frown}{AB}$ 上にある場合

Q は NP の中点である．よって，Q の軌跡は，半径 1 の 4 分円である．

$$\therefore\ (\text{その長さ})=2\pi\times 1\times\frac{1}{4}=\frac{\pi}{2}.$$

（ⅱ) P が線分 AB 上にある場合

Q の軌跡は，前図(ⅱ)における 1 辺の長さ $\sqrt{2}$ の正三角形 NA′B′ の外接円 C の劣弧 $\stackrel{\frown}{A'B'}$ である．

$$(\text{円 } C \text{ の半径})=\sqrt{2}\sin 60°\times\frac{2}{3}=\sqrt{\frac{2}{3}}.$$

$$\therefore\ (\text{その 3 分円の長さ})=2\pi\cdot\sqrt{\frac{2}{3}}\times\frac{1}{3}=\frac{2\sqrt{6}\,\pi}{9}.$$

以上の(ⅰ), (ⅱ)から

$$(\text{点 Q の軌跡の長さ})=\frac{\pi}{2}+\frac{2\sqrt{6}}{9}\pi=\left(\frac{1}{2}+\frac{2\sqrt{6}}{9}\right)\pi.\qquad\textbf{(答)}$$

33* 【解答】

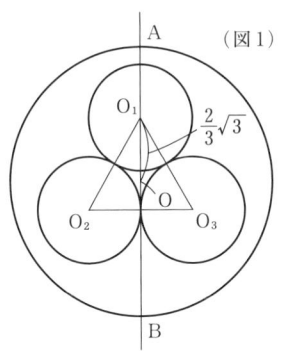

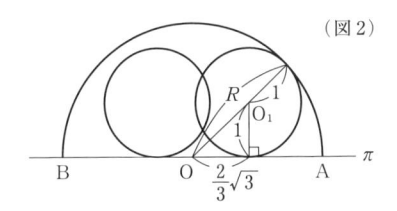

(図 1) は π の上から見た平面図．
(図 2) は (図 1) の AB に沿った断面図．
(図 3) は小球 O_4 を含む見取図．

(1) (図 2) の直角三角形に注目して，

$$R=1+\sqrt{1^2+\left(\frac{2}{3}\sqrt{3}\right)^2}=1+\frac{\sqrt{21}}{3}.\quad\cdots\text{①}\qquad\textbf{(答)}$$

(2) (図 3) の直角三角形に注目して，

$$(1+r)^2=(R-r-1)^2+\left(\frac{2}{3}\sqrt{3}\right)^2.\quad\therefore\ R^2-2R(r+1)+\frac{4}{3}=0$$

$$\therefore\ r=\frac{1}{2}\left(R+\frac{4}{3R}\right)-1=\frac{\sqrt{21}-3}{3}.\quad(\because\ \text{①})\qquad\textbf{(答)}$$

第4章 図形と方程式

34 【解答1】（まず，1つ固定する）

$$\begin{cases} 0 \leq s \leq 1, \ 0 \leq t \leq 1. & \cdots ① \\ x=s+t, \ y=s^2. & \cdots ② \end{cases}$$

(i) まず，s を $0 \leq s \leq 1$ で固定し，t を $0 \leq t \leq 1$ で動かすと，点 (x, y) は，①，② より，

$$\text{線分 } y=s^2 \ (s \leq x \leq s+1) \quad \cdots ③$$

上を動く．

(ii) 次に，s を $0 \leq s \leq 1$ で動かすと，点 (s, s^2) は，

$$\text{曲線 } y=x^2 \ (0 \leq x \leq 1)$$

上を動くから，線分③は，右図の網目部分の領域を動く．

これが点 (x, y) の存在範囲である． **（答）**

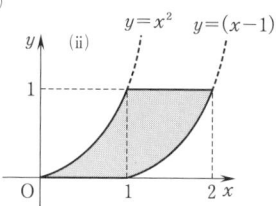

【解答2】

点 (x, y) の存在範囲を D とすると，

$(x, y) \in D \iff$ 「①，② をみたす実数 s, t が存在する」
$\iff$ 「$0 \leq s \leq 1, \ 0 \leq t \leq 1, \ s=\sqrt{y}, \ t=x-\sqrt{y}$ をみたす実数 s, t が存在する」
$\iff 0 \leq \sqrt{y} \leq 1, \ 0 \leq x-\sqrt{y} \leq 1.$

$\therefore \ D: 0 \leq y \leq 1, \ \sqrt{y} \leq x \leq \sqrt{y}+1.$ （上図の網目部分） **（答）**

（注） 領域 D は

$$s=0, \ 0 \leq t \leq 1 \text{ のときの線分 } y=0 \ (0 \leq x \leq 1),$$
$$s=1, \ 0 \leq t \leq 1 \text{ のときの線分 } y=1 \ (1 \leq x \leq 2)$$

と

$$0 \leq s \leq 1, \ t=0 \text{ のときの曲線}$$
$$\sqrt{y}=x \ (0 \leq x \leq 1) \iff y=x^2 \ (0 \leq x \leq 1)$$
$$0 \leq s \leq 1, \ t=1 \text{ のときの曲線}$$
$$\sqrt{y}+1=x \ (1 \leq x \leq 2) \iff y=(x-1)^2 \ (1 \leq x \leq 2)$$

とで囲まれた領域である．

35 【解答1】

不等式で表される領域 D は右図の網目部分（境界線を含む）である．

まず，x を固定し，y を動かしたときの，

$$I=xy+2x+y=(x+1)y+2x$$

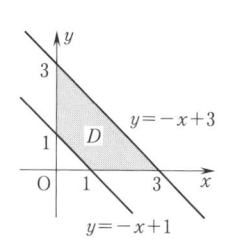

の値域を求める.

(i) $0 \leq x \leq 1$ のとき,$-x+1 \leq y \leq -x+3$,
(ii) $1 \leq x \leq 3$ のとき,$0 \leq y \leq -x+3$.

であるから,

(i) のとき,$\begin{cases} I \leq (x+1)(-x+3)+2x = -x^2+4x+3 = -(x-2)^2+7, \\ I \geq (x+1)(-x+1)+2x = -x^2+2x+1 = -(x-1)^2+2. \end{cases}$ $(0 \leq x \leq 1)$

(ii) のとき,$\begin{cases} I \leq (x+1)(-x+3)+2x = -(x-2)^2+7, \\ I \geq (x+1) \cdot 0 + 2x = 2x. \end{cases}$ $(1 \leq x \leq 3)$

次に,x を $0 \leq x \leq 3$ で動かすと,右図より,

I の $\begin{cases} 最大値は 7, \\ \quad (x=2,\ y=-x+3=1 \ \text{のとき}) \\ 最小値は 1. \\ \quad (x=0,\ y=-x+1=1 \ \text{のとき}) \end{cases}$ (答)

【解答2】

$$I = xy+2x+y = (x+1)(y+2)-2$$
$$\iff (x+1)(y+2) = I+2. \quad \cdots ①$$

よって,直角双曲線①が領域 D と共有点をもつときの I のとり得る値の最大値と最小値を求めればよい.

I が最大になるのは,直角双曲線①が直線 $x+y=3$ と接するときで,このとき,

「$(x+1)(3-x+2) = I+2 \iff x^2-4x+I-3 = 0$」

の(判別式)$=0$ より,

$4-I+3 = 0 \iff I = 7.$(接点は $(2, 1)$)

また,I が最小になるのは直角双曲線①が点 $(0, 1)$ を通るときで,このとき,$I = 0 \cdot 1 + 2 \cdot 0 + 1 = 1.$

$\therefore\ I$ の $\begin{cases} 最大値は 7 \ (x=2,\ y=1 \ \text{のとき}), \\ 最小値は 1 \ (x=0,\ y=1 \ \text{のとき}). \end{cases}$ (答)

【解答3】

$$3 \geq x+y \geq 1,\ x \geq 0,\ y \geq 0, \quad \cdots ①$$
$$I = xy+2x+y = x(y+1)+(x+y). \quad \cdots ②$$

①,② より

(i) $I \leq x(y+1)+3 = x(4-x)+3 = 7-(x-2)^2 \leq 7.$
(等号は $x+y=3$ かつ $x=2$ のとき)

(ii) $I \geq x(y+1)+1 \geq 0 \cdot (y+1)+1 = 1.$
(等号は $x+y=1$ かつ $x=0$ のとき)

$\therefore\ I$ の $\begin{cases} 最大値は 7 \ (x=2,\ y=1 \ \text{のとき}), \\ 最小値は 1 \ (x=0,\ y=1 \ \text{のとき}). \end{cases}$ (答)

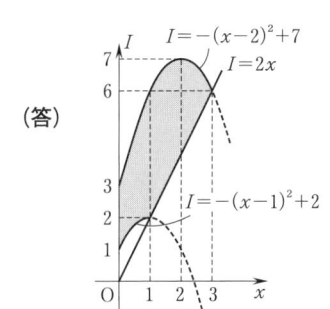

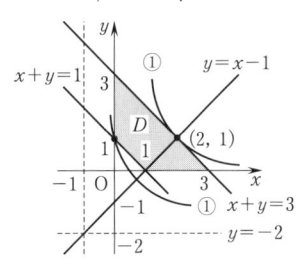

36 【解答1】

右図のように定めると，三平方の定理より
$$x^2+s^2=a^2. \quad \cdots ① \qquad y^2+t^2=a^2. \quad \cdots ②$$
$\therefore\ \square \text{ADEF}$
$= \triangle \text{ABC} + \triangle \text{ADB} + \triangle \text{ACF} + \triangle \text{BEC}$
$= \dfrac{1}{2}a^2 \cdot \sin\dfrac{\pi}{3} + \dfrac{1}{2}\{xs+yt+(x-t)(y-s)\}$
$= \dfrac{\sqrt{3}}{4}a^2 + \dfrac{1}{2}(xy+st). \qquad \cdots ③$

ここで，①+② より
$$2a^2 = x^2+s^2+y^2+t^2 = (x-y)^2+(s-t)^2+2(xy+st) \geqq 2(xy+st). \quad \cdots ④$$
よって，$x=y$, $s=t$，すなわち，正方形のとき面積は最大で，
$$(\square \text{ADEF の最大値}) = \dfrac{\sqrt{3}}{4}a^2+\dfrac{1}{2}(x^2+s^2) = \dfrac{\sqrt{3}}{4}a^2+\dfrac{1}{2}a^2 = \dfrac{\sqrt{3}+2}{4}a^2. \qquad \text{(答)}$$

【解答2】

$\angle \text{BAD} = \theta\ \left(0 < \theta < \dfrac{\pi}{6}\right)$ とすると
$$\text{AD} = a\cos\theta, \quad \text{AF} = a\cos\left(\dfrac{\pi}{2}-\dfrac{\pi}{3}-\theta\right) = a\cos\left(\dfrac{\pi}{6}-\theta\right).$$
$\therefore\ \square \text{ADEF} = \text{AD} \cdot \text{AF} = a^2\cos\theta \cdot \cos\left(\dfrac{\pi}{6}-\theta\right) = \dfrac{a^2}{2}\left\{\cos\dfrac{\pi}{6} + \cos\left(2\theta-\dfrac{\pi}{6}\right)\right\}.$

よって，$2\theta = \dfrac{\pi}{6} \iff \theta = \dfrac{\pi}{12} = 15°$ ($\because$ AD=AF) のとき最大で，
$$(\square \text{ADEF の最大値}) = \dfrac{a^2}{2}\cdot\left(\dfrac{\sqrt{3}}{2}+1\right) = \dfrac{\sqrt{3}+2}{4}a^2. \qquad \text{(答)}$$

(注) $2\cos\alpha\cos\beta = \cos(\alpha+\beta) + \cos(\alpha-\beta)$.

37 【解答1】

$\cos\theta = t$ とおくと，$\cos 2\theta = 2\cos^2\theta - 1 = 2t^2-1$ だから，直線
$$l: y = tx + 2t^2 - 1\ (-1 \leqq t \leqq 1) \qquad \cdots ①$$
が点 (x, y) を通る条件は，
$$① \iff 2t^2 + xt - y - 1 = 0 \qquad \cdots ②$$
をみたす実数 $t\ (-1 \leqq t \leqq 1)$ が存在することである．よって，
$$f(t) = 2t^2 + xt - y - 1 = 2\left(t+\dfrac{x}{4}\right)^2 - y - \dfrac{1}{8}x^2 - 1$$
とおくと，l の通過範囲 D は，方程式 $f(t)=0$ が $-1 \leqq t \leqq 1$ で実数解をもつ条件から得られる．すなわち，方程式 ② が

(i) -1 か 1 を解にもつ，または，$-1 < t < 1$ に 1 解だけをもつ場合
$$f(-1) \cdot f(1) \leqq 0 \iff (-x-y+1)(x-y+1) \leqq 0$$
$$\iff -x+1 \leqq y \leqq x+1,\ \text{または}, \ x+1 \leqq y \leqq -x+1.$$

(ii) $-1<t<1$ に 2 解（重解も含める）をもつ場合

$$\begin{cases} 軸: -1<-\dfrac{x}{4}<1, \\ 頂点: f\left(-\dfrac{x}{4}\right)=-y-\dfrac{1}{8}x^2-1\leqq 0, \\ 両端: f(-1)>0,\ f(1)>0 \end{cases}$$

$$\Longleftrightarrow \begin{cases} -4<x<4, \\ y\geqq -\dfrac{1}{8}x^2-1, \\ y<-x+1,\ y<x+1. \end{cases}$$

よって，l の通過範囲 D は，(i), (ii) より

上図の網目部分（境界線を含む）． (答)

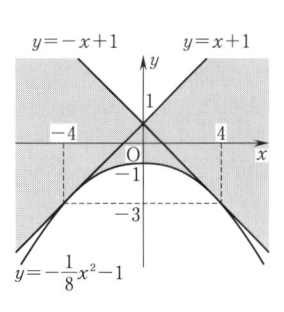

【解答 2】

$\cos\theta=t$ とおくと，直線
$$l: y=tx+2t^2-1$$
の通過範囲は，x を固定したとき，y が t の 2 次関数
$$f(t)=2t^2+tx-1=2\left(t+\dfrac{x}{4}\right)^2-\dfrac{1}{8}x^2-1\ (-1\leqq t\leqq 1)$$
の値域内に入る条件から得られる．

軸：$t=-\dfrac{x}{4}$ の位置で場合分けすると，

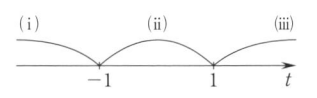

(i) $-\dfrac{x}{4}\leqq -1 \Longleftrightarrow 4\leqq x$ のとき
$$f(-1)\leqq y\leqq f(1) \Longleftrightarrow -x+1\leqq y\leqq x+1.$$

(ii) $-1\leqq -\dfrac{x}{4}\leqq 1 \Longleftrightarrow -4\leqq x\leqq 4$ のとき
$$f\left(-\dfrac{x}{4}\right)\leqq y\leqq \max\{f(-1),\ f(1)\}$$
$$\Longleftrightarrow -\dfrac{1}{8}x^2-1\leqq y\leqq \begin{cases} -x+1,\ (-4\leqq x\leqq 0) \\ x+1.\ (0\leqq x\leqq 4) \end{cases}$$

(iii) $1\leqq -\dfrac{x}{4} \Longleftrightarrow x\leqq -4$ のとき
$$f(-1)\geqq y\geqq f(1) \Longleftrightarrow -x+1\geqq y\geqq x+1.$$

以上の (i), (ii), (iii) より，l の通過範囲として，前図を得る． (答)

【解答 3】

$\cos\theta=t$ とおくと，$\quad y=tx+2t^2-1=2\left(t+\dfrac{x}{4}\right)^2-\dfrac{1}{8}x^2-1$

$$\Longleftrightarrow tx+2t^2-1-\left(-\dfrac{1}{8}x^2-1\right)=2\left(t+\dfrac{x}{4}\right)^2=\dfrac{1}{8}(x+4t)^2.$$

よって，直線 $l: y=tx+2t^2-1$ は放物線 $C: y=-\dfrac{1}{8}x^2-1$ 上の点 $(-4t, -2t^2-1)$

($-1 \leqq t \leqq 1$) における接線である.

したがって, l の通過領域は, C の $-4 \leqq x \leqq 4$ における接線全体の存在範囲として, 前図を得る. **(答)**

(注) 例えば, 放物線 $y = x^2$ の点 $(1, 1)$ における接線は $y = 2x - 1$ であり,
$$x^2 - (2x - 1) = (x - 1)^2.$$

逆に, この等式より, 直線 $y = 2x - 1$ が放物線 $y = x^2$ の点 $(1, 1)$ における接線であることは明らかである.

38 【解答】

(1) $Q(t, t^2)$ とすると,
$$PQ^2 = t^2 + (t^2 - c)^2 = t^4 - (2c-1)t^2 + c^2 = \left\{t^2 - \left(c - \frac{1}{2}\right)\right\}^2 + c - \frac{1}{4}. \quad (t^2 \geqq 0)$$

(i) $c - \dfrac{1}{2} \leqq 0 \ \left(\Longleftrightarrow c \leqq \dfrac{1}{2}\right)$ の場合

$t = 0$ のとき最小で, PQ の最小値は $|c|$. **(答)**

(ii) $c - \dfrac{1}{2} > 0 \ \left(\Longleftrightarrow c > \dfrac{1}{2}\right)$ の場合

$t = \pm\sqrt{c - \dfrac{1}{2}}$ のとき最小で, PQ の最小値は $\sqrt{c - \dfrac{1}{4}}$. **(答)**

(2) (1) の結果より, 求める条件は,

「円の半径 $|a|$ が, 円の中心 $(0, b)$ (ただし, $b > 0$) から放物線 $y = x^2$ 上を動く点までの最短距離以下であること」である. すなわち,

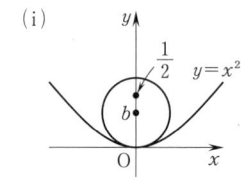

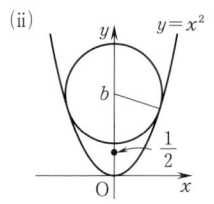

(i) $0 < b \leqq \dfrac{1}{2}$ のとき, $0 < |a| \leqq b$.

(ii) $b \geqq \dfrac{1}{2}$ のとき, $0 < |a| \leqq \sqrt{b - \dfrac{1}{4}} \Longleftrightarrow b \geqq a^2 + \dfrac{1}{4}. \ (a \neq 0)$

よって, 点 (a, b) の存在範囲は, 右図の境界を含む網目部分. ただし, $a \neq 0$ より b 軸は除く. **(答)**

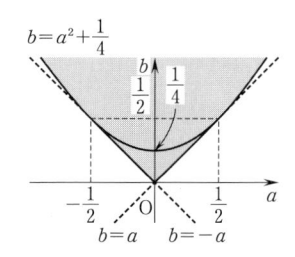

39 【解答1】

$\dfrac{AP}{AB}=x$, $\dfrac{BQ}{BC}=y$, $\dfrac{CR}{CA}=z$ とおくと，条件から，

$$x+y+z=1,\ x>0,\ y>0,\ z>0.$$

$\triangle PQR = \triangle ABC - (\triangle APR + \triangle BPQ + \triangle CQR).$

$\therefore\ \dfrac{\triangle PQR}{\triangle ABC} = 1 - \left\{\dfrac{\triangle APR}{\triangle ABC} + \dfrac{\triangle BPQ}{\triangle ABC} + \dfrac{\triangle CQR}{\triangle ABC}\right\}$

$= 1 - \{x(1-z) + y(1-x) + z(1-y)\}$

$= 1 - (x - xz + y - xy + z - yz)$

$= xy + yz + zx$

$= xy + (1 - x - y)(x + y)$

$= \dfrac{1}{3} - \dfrac{3}{4}\left(x - \dfrac{1}{3}\right)^2 - \left(y - \dfrac{1-x}{2}\right)^2.$ …①

$\therefore\ \triangle PQR = S\left\{\dfrac{1}{3} - \dfrac{3}{4}\left(x - \dfrac{1}{3}\right)^2 - \left(y - \dfrac{1-x}{2}\right)^2\right\}.$

よって，$\triangle PQR$ は，$x - \dfrac{1}{3} = y - \dfrac{1-x}{2} = 0 \iff x = y = z = \dfrac{1}{3}$

のとき最大で，　　　　　　最大値は $\dfrac{S}{3}$. 　　　　　　　　　　　　　　(答)

【解答2】

（前半は同じ）

$(x+y+z)^2 - 3(xy+yz+zx) = x^2 + y^2 + z^2 - xy - yz - zx$

$= \dfrac{1}{2}\{(x-y)^2 + (y-z)^2 + (z-x)^2\} \geqq 0.$

$\therefore\ (x+y+z)^2 \geqq 3(xy+yz+zx).$

ここで，条件より $x+y+z=1$ であるから，$\dfrac{1}{3} \geqq xy+yz+zx$.

よって，$xy+yz+zx$ は $x=y=z=\dfrac{1}{3}$ のとき最大値 $\dfrac{1}{3}$ をとるから，①より，

$\triangle PQR$ の最大値は $\dfrac{S}{3}$ である． 　　　　　　　　　　　　　　(答)

40 【解答】

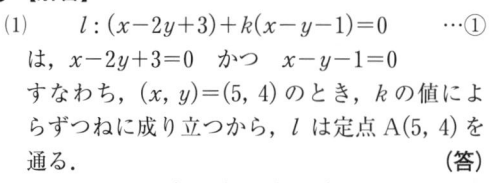

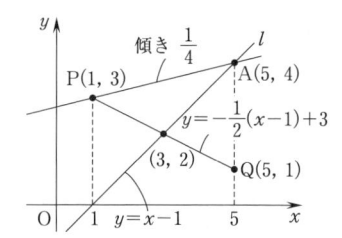

(1) $l : (x-2y+3)+k(x-y-1)=0$ ……①

は, $x-2y+3=0$ かつ $x-y-1=0$
すなわち, $(x, y)=(5, 4)$ のとき, k の値によらずつねに成り立つから, l は定点 $A(5, 4)$ を通る. (答)

(2)$_1$ ① $\iff (k+1)x-(k+2)y=k-3$.

(i) $k=-2$ のとき, $l : x=5$ は線分 PQ と共有点 $(5, 1)$ をもつ.

(ii) $k \neq -2$ のとき, l の傾きは, $\dfrac{k+1}{k+2}=1-\dfrac{1}{k+2} \neq 1$. ……②

よって, l と線分 PQ が共有点をもつ条件は, (1)の結果と上図より

$$\dfrac{1}{4} \leq 1-\dfrac{1}{k+2} \iff \dfrac{1}{k+2} \leq \dfrac{3}{4}$$

$$\iff 4(k+2) \leq 3(k+2)^2 \iff (k+2)(3k+2) \geq 0. \ (k \neq -2)$$

$$\therefore \ k<-2 \ \text{または} \ k \geq -\dfrac{2}{3}.$$

以上の(i), (ii)より, 共有点をもつための k の値の範囲は,

$$k \leq -2 \ \text{または} \ k \geq -\dfrac{2}{3}. \quad \text{(答)}$$

また, ②より, l は点 $A(5, 4)$ を通り, 傾き1の直線 $l_1 : y=x-1$ を表せないから, l_1 と線分 PQ の交点 $(3, 2)$ は共有点にはなり得ない.

$$\therefore \ (3, 2). \quad \text{(答)}$$

(注) (ii) $k \neq -2$ のとき,

直線 $l : y=\dfrac{k+1}{k+2}x-\dfrac{k-3}{k+2}$ と線分 $PQ : y=-\dfrac{1}{2}(x-1)+3 \ (1 \leq x \leq 5)$

の交点の x 座標は $\dfrac{9k+8}{3k+4} \left(k \neq -\dfrac{4}{3}\right)$ であるから, l と線分 PQ が共有点をもつ条件は, $1 \leq \dfrac{9k+8}{3k+4} \leq 5 \left(k \neq -2, -\dfrac{4}{3}\right)$ から, $k<-2$ または $k \geq -\dfrac{2}{3}$ としてもよい.

(2)$_2$ $\quad f(x, y)=(x-2y+3)+k(x-y-1)$ ……③

とおくと, 線分 PQ と l が共有点をもつ条件は,

$$f(1, 3) \cdot f(5, 1) \leq 0 \iff (-3k-2)(3k+6) \leq 0 \iff (k+2)\left(k+\dfrac{2}{3}\right) \geq 0.$$

$$\therefore \ k \leq -2 \ \text{または} \ k \geq -\dfrac{2}{3}. \quad \text{(答)}$$

また, 直線 $l : (x-2y+3)+k(x-y-1)=0$ は直線 $l_1 : x-y-1=0$ を表せないから, l_1 と線分 PQ の交点 $(3, 2)$ は共有点にはなり得ない. $\therefore \ (3, 2).$ (答)

(注) xy 平面は, 直線 l によって, ③の値が正の領域と負の領域に分けられる. l はその境界線で, ③の値が0である点全体からなる直線である.

よって, 線分 PQ と l が共有点をもつ条件は, P と Q が③の異符号の領域に属するか, P または Q が l 上にあること. すなわち, $f(1, 3) \cdot f(5, 1) \leq 0$ である.

41 【解答】

題意より,2次方程式
$$x^2 = ax^2 + bx + c \iff (a-1)x^2 + bx + c = 0 \qquad \cdots ①$$
は相異なる2実数解をもち,その2実数解 x に対して,2接線の直交条件より,
$$2x \cdot (2ax + b) = -1 \iff 4ax^2 + 2bx + 1 = 0 \qquad \cdots ②$$
が成り立つ.よって,①,②は同値な2次方程式である.

(i) $b \neq 0$ のとき,①,②が同値となる条件は
$$2(a-1) = 4a, \quad 2c = 1. \qquad \therefore \ a = -1, \ c = \frac{1}{2}.$$

このとき,②: $-4x^2 + 2bx + 1 = 0$ は判別式 $D = 4(b^2 + 4) > 0$ より,相異なる2実数解をもち適する.そして,
$$放物線 \ y = -x^2 + bx + \frac{1}{2} = -\left(x - \frac{b}{2}\right)^2 + \frac{b^2}{4} + \frac{1}{2}$$
の頂点 $T\left(\dfrac{b}{2}, \dfrac{b^2}{4} + \dfrac{1}{2}\right)$ $(b \neq 0)$ は,放物線 $y = x^2 + \dfrac{1}{2}$ $(x \neq 0)$ 上を動く. $\cdots ③$

(ii) $b = 0$ のとき,①,②が同値で,異なる2実数解をもつ条件は,
$$x^2 = \frac{-c}{a-1} = \frac{-1}{4a} > 0, \ \text{すなわち}, \ c = \frac{1}{4}\left(1 - \frac{1}{a}\right) \ \text{かつ} \ a < 0.$$

このとき,放物線 $y = ax^2 + c$ の頂点 $T(0, c)$ は

半直線 $x = 0, \ y > \dfrac{1}{4}$ 上を動く. $\cdots ④$

以上から,頂点 T の軌跡は,③,④ より,

右図の太線部分 $\left(\text{ただし}, \left(0, \dfrac{1}{4}\right) \text{を除く}\right)$. (答)

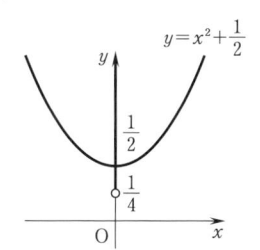

42* 【解答1】

底辺 BC の中点 M を通り直線 $y = x$ に平行な直線を l とすると,2直線 OM と BC は l に関して対称であり,l の偏角は $\dfrac{\pi}{4}$ である.

直線 OM の偏角を θ,直線 BC の偏角を α とすると,$\dfrac{1}{2}(\alpha + \theta) = \dfrac{\pi}{4}$. $\therefore \ \alpha = \dfrac{\pi}{2} - \theta$. $\cdots ①$

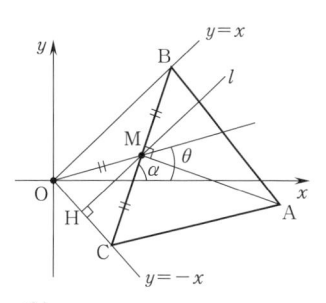

$\therefore$ (直線 MA の偏角) $= \alpha - \dfrac{\pi}{2} = -\theta$. ($\because$ ①)

$\therefore \ \overrightarrow{OA} = \overrightarrow{OM} + \overrightarrow{MA} = 1 \cdot \begin{pmatrix} \cos\theta \\ \sin\theta \end{pmatrix} + a \cdot \begin{pmatrix} \cos(-\theta) \\ \sin(-\theta) \end{pmatrix}$

$= \begin{pmatrix} (1+a)\cos\theta \\ (1-a)\sin\theta \end{pmatrix}$. $\left(-\dfrac{\pi}{4} \leq \theta \leq \dfrac{\pi}{4} \ \text{より}, \ \dfrac{1}{\sqrt{2}} \leq \cos\theta \leq 1\right)$

よって，頂点 A の軌跡は，
$$\begin{cases} a=1 \text{ のとき，線分 } y=0 \ (\sqrt{2} \leqq x \leqq 2), \\ a \neq 1 \text{ のとき，楕円 } \dfrac{x^2}{(1+a)^2}+\dfrac{y^2}{(1-a)^2}=1 \text{ の } \dfrac{1+a}{\sqrt{2}} \leqq x \text{ の部分.} \end{cases}$$ (答)

【解答2】
右図において，∠COH＝∠OBC＝∠BOM．
∴ ∠MOx＝∠HOx（＝θ とする）より，
  MA∥OH．
∴ $\overrightarrow{OA}=\overrightarrow{OM}+\overrightarrow{MA}=\begin{pmatrix}\cos\theta\\\sin\theta\end{pmatrix}+a\begin{pmatrix}\cos(-\theta)\\\sin(-\theta)\end{pmatrix}$,
  $\left(-\dfrac{\pi}{4}\leqq\theta\leqq\dfrac{\pi}{4}\right)$　　（以下，同じ）

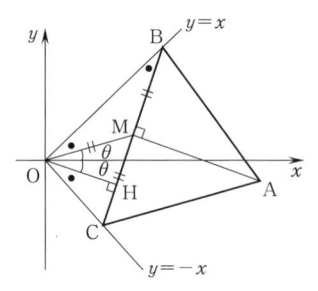

43* 【解答1】

C 上の点は P(x, y, 0)，l 上の点は Q(a, t, t) と表せる．
線分 PQ の最短は，$\overrightarrow{PQ}=(a-x, t-y, t)\perp\overrightarrow{AQ}=(0, t, t)$, かつ，明らかに $t\neq 0$ のときだから，
$$\overrightarrow{PQ}\cdot\overrightarrow{AQ}=t(t-y)+t^2=t(2t-y)=0 \text{ より } t=\dfrac{y}{2}. \quad \therefore \overrightarrow{PQ}=\left(a-x, -\dfrac{y}{2}, \dfrac{y}{2}\right).$$
$$\therefore |\overrightarrow{PQ}|^2=(a-x)^2+\dfrac{y^2}{4}+\dfrac{y^2}{4}=(a-x)^2+\dfrac{1}{2}(1-x^2) \quad (\because x^2+y^2=1)$$
$$=\dfrac{1}{2}(x-2a)^2+\dfrac{1}{2}-a^2 \ (=f(x) \text{ とおく}).$$

$a>0$ であるから，$-1\leqq x\leqq 1$ における $|\overrightarrow{PQ}|=\sqrt{f(x)}$ の最小値は，
$$\begin{cases} 0<2a\leqq 1 \iff 0<a\leqq\dfrac{1}{2} \text{ のとき，} \sqrt{f(2a)}=\sqrt{\dfrac{1}{2}-a^2}, \\ 1<2a \iff a>\dfrac{1}{2} \text{ のとき，} \quad \sqrt{f(1)}=|a-1|. \end{cases}$$ (答)

【解答2】 $C\ni$P($\cos\theta$, $\sin\theta$, 0) ($0\leqq\theta<2\pi$)，$l\ni$Q(a, t, t) と表せるから，
$$|\overrightarrow{PQ}|^2=(a-\cos\theta)^2+(t-\sin\theta)^2+t^2$$
$$=2t^2-2\sin\theta\cdot t+a^2-2a\cos\theta+1$$
$$=2\left(t-\dfrac{\sin\theta}{2}\right)^2-\dfrac{\sin^2\theta}{2}+a^2-2a\cos\theta+1$$
$$\geqq\dfrac{\cos^2\theta}{2}-2a\cos\theta+a^2+\dfrac{1}{2} \ \left(\text{等号は } t=\dfrac{\sin\theta}{2} \text{ のとき}\right)$$
$$=\dfrac{1}{2}(\cos\theta-2a)^2+\dfrac{1}{2}-a^2 \ (=f(\cos\theta) \text{ とおく}).$$

よって，$|\overrightarrow{\mathrm{PQ}}|$ の最小値は $\begin{cases} 0<a\leqq\dfrac{1}{2} \text{ のとき，} \sqrt{f(2a)}=\sqrt{\dfrac{1}{2}-a^2}, \\ a>\dfrac{1}{2} \text{ のとき，} \sqrt{f(1)}=|a-1|. \end{cases}$ **(答)**

第5章 三角・指数・対数関数

44 【解答1】

①の各辺の，底を30とする対数をとると
$$x\log_{30}a = y\log_{30}b = z\log_{30}c = w. \quad \cdots ①'$$

②より $w \ne 0$ であるから，①' より，$a \ne 1$, $b \ne 1$, $c \ne 1$.

よって，①' より，$x = \dfrac{w}{\log_{30}a}$, $y = \dfrac{w}{\log_{30}b}$, $z = \dfrac{w}{\log_{30}c}$.

これらを②に代入して，
$$\dfrac{1}{w}(\log_{30}a + \log_{30}b + \log_{30}c) = \dfrac{1}{w} \iff \log_{30}abc = 1 \iff abc = 30. \quad \cdots ③$$

以上から，$1 < a \le b \le c$, $abc = 30 = 2\cdot 3\cdot 5$.

$\therefore\ a = 2,\ b = 3,\ c = 5.$ （答）

【解答2】

②より $x \ne 0$, $y \ne 0$, $z \ne 0$ であるから，①より

$a = 30^{\frac{w}{x}}$, $b = 30^{\frac{w}{y}}$, $c = 30^{\frac{w}{z}}$. $\therefore\ abc = 30^{w\left(\frac{1}{x}+\frac{1}{y}+\frac{1}{z}\right)} = 30^{w \times \frac{1}{w}}\ (\because\ ②) = 30.$

②より $x \ne 0$, $w \ne 0$ であるから，①より，$a \ne 1$.

$\therefore\ 2 \le a \le b \le c$, $abc = 30 = 2\cdot 3\cdot 5$.

$\therefore\ a = 2,\ b = 3,\ c = 5.$ （答）

45 【解答1】

$0 < x < x^2$ より，$x > 1$. これと $x < y^2 < x^2$ より
$$1 < 2\log_x y < 2 \iff \dfrac{1}{2} < \log_x y < 1. \quad \cdots ①$$

$\log_y y\sqrt{x} = 1 + \dfrac{1}{2}\log_y x = 1 + \dfrac{1}{2\log_x y}$. これと①より
$$\dfrac{3}{2} < \log_y y\sqrt{x} < 2. \quad \cdots ②$$

$\log_x \dfrac{x^2}{y} = 2 - \log_x y$. これと①より $\quad 1 < \log_x \dfrac{x^2}{y} < \dfrac{3}{2}. \quad \cdots ③$

①, ②, ③ から $\quad \log_y y\sqrt{x} > \log_x \dfrac{x^2}{y} > \log_x y.$ （答）

【解答2】

(i) $0 < x < y^2 < x^2$, $y > 0$ より，$x > 1$, $y > 1$, かつ，$0 < \dfrac{x}{y} < y < \dfrac{x^2}{y}$.

〜〜〜の両辺の，xを底とする対数をとると，
$$\log_x y < \log_x \dfrac{x^2}{y}. \quad (\because\ x > 1)$$

(ii) $\log_y y\sqrt{x} - \log_x \dfrac{x^2}{y} = 1 + \dfrac{1}{2}\log_y x - (2 - \log_x y)$

$\qquad = -1 + \dfrac{1}{2}\cdot\dfrac{\log x}{\log y} + \dfrac{\log y}{\log x}$ （対数の底は 10）

$\qquad \geqq -1 + 2\sqrt{\dfrac{1}{2}\cdot\dfrac{\log x}{\log y}\cdot\dfrac{\log y}{\log x}}$ （∵ $x>1$, $y>1$）

$\qquad = -1 + \sqrt{2} > 0.$

(i), (ii) より $\log_y y\sqrt{x} > \log_x \dfrac{x^2}{y} > \log_x y.$ （答）

46 【解答】

(1) $f(2) = \log_{\sqrt{2}} 1 = \log_{\sqrt{2}} \sqrt{2}^0 = 0,$
$f(3) = \log_{\sqrt{2}} 2 = \log_{\sqrt{2}} \sqrt{2}^2 = 2,$ （答）
$f(5) = \log_{\sqrt{2}} 4 = \log_{\sqrt{2}} \sqrt{2}^4 = 4.$

真数条件より $x>1$.
よって, $y=f(x)$ のグラフは右図. （答）

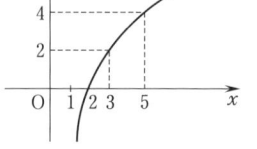

(2) 直線 $y=2x-4$ は 2 点 $(2, 0)$, $(3, 2)$ を通る.
また, 曲線 $y=f(x)$ は上に凸で 2 点 $(2, 0)$, $(3, 2)$ を通る.
よって, $f(x)<2x-4$ の解は, $1<x<2$, $3<x$. （答）

(3) $f(x) = \log_{\sqrt{2}}(x-1) = y$ とおき, x について解くと, $x = (\sqrt{2})^y + 1$.
x と y を入れかえて, $y = (\sqrt{2})^x + 1$.
よって, $f(x)$ の逆関数は $f^{-1}(x) = (\sqrt{2})^x + 1$.
求める関数 $g(x)$ はこれを x 軸方向に 1, y 軸方向に -1 平行移動したものであるから $g(x) = (\sqrt{2})^{x-1}$. （答）

また, $y=f(x)$ のグラフは 2 点 $(3, 2)$, $(5, 4)$ を通り上に凸な曲線であり, $y=g(x)$ のグラフは 2 点 $(3, 2)$, $(5, 4)$ を通り下に凸な曲線である.
よって, 方程式 $f(x) = g(x)$ の解は,
$x = 3, 5.$ （答）

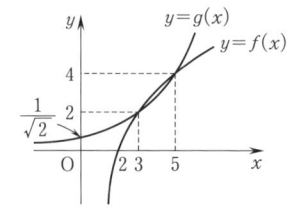

47 【解答】

(1) $\log x = X$ とおくと, ① は
$\qquad (X - \log 3)(\log 3 - X) = X - 2\log 3.$
$\therefore\ X^2 + (1 - 2\log 3)X + (\log 3)^2 - 2\log 3 = 0.$ …②

この判別式 D は, $D = (1 - 2\log 3)^2 - 4\{(\log 3)^2 - 2\log 3\} = 4\log 3 + 1 > 0$.
よって, ② は相異なる 2 実数解をもつ.
また, $X = \log x$ において, x と X は 1 対 1 に対応するから, x の方程式 ① も相異なる 2 実数解をもつ. （終）

(2) ②の左辺を $f(X)$ とおくと,
$$f(\log 3) = -\log 3 < 0,$$
$$f(\log 10) = f(1) = (\log 3)^2 - 4\log 3 + 2$$
$$= (\log 3 - 2)^2 - 2.$$
ここで, $0 < \log 3 < \dfrac{1}{2} = \log\sqrt{10}$ だから
$$f(\log 10) > \left(\dfrac{1}{2} - 2\right)^2 - 2 = \dfrac{1}{4} > 0.$$
よって, $Y = f(X)$ のグラフより
$$\log 10 > \log \beta > \log 3 > \log \alpha.$$
ここで, 底は 10 だから, $10 > \beta > 3 > \alpha.$ (答)

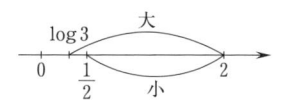

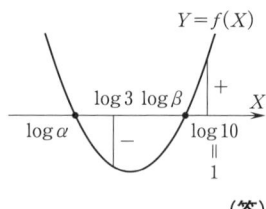

48 【解答1】

(1) a^k $(a, k \in N)$ の一の位の数を $f_a(k)$ と表す.

 (i) $f_2(1)=2,\ f_2(2)=4,\ f_2(3)=8,\ f_2(4)=6,\ f_2(5)=2,\ \cdots$.
 よって, $f_2(n)\,(n=1, 2, 3, \cdots)$ は周期 4 で, 2, 4, 8, 6 をこの順でくり返すから, m を 0 以上の整数とすると,
$$f_2(4m+1)=2,\ f_2(4m+2)=4,\ f_2(4m+3)=8,\ f_2(4m+4)=6.$$
これと, $35 = 4 \times 8 + 3$ より, $f_2(35) = f_2(3) = 8.$ …①

 (ii) $f_3(1)=3,\ f_3(2)=9,\ f_3(3)=7,\ f_3(4)=1.$ ∴ $f_3(4n)=1.\ (n \in N)$
 これと, $23 = 4 \cdot 5 + 3$ より, $f_3(23) = f_3(3) = 7.$ …②

 ①, ② より, N の一の位の数は,
$$f_2(35) + f_2(23) = 8 + 7 = 15\ \text{の一の位の数だから,}\quad 5.\quad \text{(答)}$$

(2)$_1$ $A = 2^{35},\ B = 3^{23}$ とおくと,
$$\log_{10} A = 35\log_{10} 2 = 10.535,\ \log_{10} B = 23\log_{10} 3 = 10.971.$$
ここで, $\log_{10} 8 = 3\log_{10} 2 = 0.903,\ \log_{10} 2 = 0.301$
であることを考慮すると
$$\log_{10} A = 10.535 > 10 + \log_{10} 2.\quad ∴\quad 10^{11} > A > 2 \cdot 10^{10}.$$
$$\log_{10} B = 10.971 > 10 + \log_{10} 8.\quad ∴\quad 10^{11} > B > 8 \cdot 10^{10}.$$
辺々加えて向きを変えると, $1 \cdot 10^{11} < A + B = 2^{35} + 3^{23} < 2 \cdot 10^{11}.$
よって, $2^{35} + 3^{23}$ の桁数は 12, 最高位の数は 1. (答)

(注) N は n 桁の自然数 $\iff 10^{n-1} \leq N < 10^n.$
N は最高位の数が a の n 桁の自然数 $\iff a \cdot 10^{n-1} \leq N < (a+1) \cdot 10^{n-1}.$

(2)$_2$ (i) $\log_{10} 2^{35} = 35\log_{10} 2 = 35 \times 0.301 = 10.535.$
$$\iff 2^{35} = 10^{10.535} = 10^{10} \cdot 10^{0.535},\quad 1 < 10^{0.535} < 10.$$
$$∴\quad 10^{10} < 2^{35} < 10^{11}.\quad \cdots ⑥$$

(ii) $\log_{10} 3^{23} = 23\log_{10} 3 = 23 \times 0.477 = 10.971.$
$$\iff 3^{23} = 10^{10.971} = \underline{10^{10} \cdot 10^{0.971}}$$
ここで, $\log_{10} 9 = 2\log_{10} 3 = 2 \times 0.477 = 0.954$

$$\Leftrightarrow 9=10^{0.954} \ (<10^{0.971}) \ \text{より} \quad 9<10^{0.971}<10.$$
$$\therefore \ 9\cdot 10^{10} < 10^{10}\cdot 10^{0.971} = 3^{23} < 10^{11}. \qquad \cdots ⑦$$

⑥＋⑦ より，$\quad 1\cdot 10^{11} < 2^{35}+3^{23} < 2\cdot 10^{11}.$

よって，$\quad N$ の桁数は 12，最高位の数は 1．　　　　　　（答）

【解答 2】
$$2^{35}=34359738368,$$
$$3^{23}=94143178827,$$
$$\therefore \ 2^{35}+3^{23}=128502917195.$$

よって，　(1) N の一の位の数は 5，　(2) 桁数は 12，最高位の数は 1．　（答）

49 【解答】

$\sin 4A + \sin 4B + \sin 4C$
$= 2\sin\dfrac{4A+4B}{2}\cdot\cos\dfrac{4A-4B}{2} + 2\sin 2C\cdot\cos 2C$
$= 2\sin 2(A+B)\cdot\cos 2(A-B) + 2\sin 2\{\pi-(A+B)\}\cdot\cos 2\{\pi-(A+B)\}$
$= 2\sin 2(A+B)\cdot\cos 2(A-B) - 2\sin 2(A+B)\cdot\cos 2(A+B)$
$= 2\sin 2(A+B)\{\cos 2(A-B) - \cos 2(A+B)\}$
$= 2\sin 2(A+B)\cdot 2\sin\dfrac{2(A+B)+2(A-B)}{2}\cdot\sin\dfrac{2(A+B)-2(A-B)}{2}$
$= 4\sin 2(A+B)\cdot\sin 2A\cdot\sin 2B$
$= 4\sin 2(\pi-C)\cdot\sin 2A\cdot\sin 2B$
$= 4\sin 2C\cdot\sin 2A\cdot\sin 2B$
$= 32\sin A\cdot\cos A\cdot\sin B\cdot\cos B\cdot\sin C\cdot\cos C = 0.$

ここで，A，B，C は三角形の内角，したがって
$$\sin A > 0, \quad \sin B > 0, \quad \sin C > 0$$
であるから，$\quad \cos A = 0$ または $\cos B = 0$ または $\cos C = 0$．

よって，　　　三角形 ABC は直角三角形である．　　　　　　（答）

50 【解答 1】

(i) $P \neq A$，B の場合

$\angle PBA = \theta \ (0<\theta<60°)$ とおき，三角形 PAB に正弦定理を用いると，
$$\dfrac{\text{AP}}{\sin\theta} = \dfrac{\text{BP}}{\sin(60°-\theta)} = \dfrac{\text{AB}}{\sin 120°} = \dfrac{2a}{\sqrt{3}}.$$

$\therefore \ \text{AP} = \dfrac{2a}{\sqrt{3}}\sin\theta, \ \text{BP} = \dfrac{2a}{\sqrt{3}}\sin(60°-\theta).$ 　　　　$\cdots$①

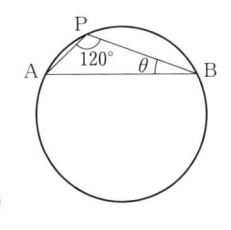

(ii) $P=A$ の場合は $\theta=0°$，$P=B$ の場合は $\theta=60°$ とみれば ① は成り立つ．

$\therefore \ 3\text{AP} + 2\text{BP} = 3\cdot\dfrac{2a}{\sqrt{3}}\sin\theta + 2\cdot\dfrac{2a}{\sqrt{3}}\sin(60°-\theta)$

$$= \frac{2a}{\sqrt{3}}\left\{3\sin\theta + 2\left(\frac{\sqrt{3}}{2}\cos\theta - \frac{1}{2}\sin\theta\right)\right\}$$

$$= \frac{2a}{\sqrt{3}}(2\sin\theta + \sqrt{3}\cos\theta)$$

$$= \frac{2\sqrt{7}a}{\sqrt{3}}\cdot\sin(\theta+\alpha). \quad (0\leq\theta\leq 60°) \cdots ②$$

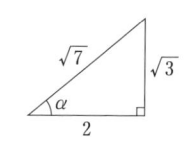

ここで, $\cos\alpha = \frac{2}{\sqrt{7}}$, $\sin\alpha = \frac{\sqrt{3}}{\sqrt{7}}$. $\therefore \tan\alpha = \frac{\sqrt{3}}{2}$.

$\therefore \frac{1}{\sqrt{3}} = \tan 30° < \tan\alpha < \tan 45° = 1$ より, $30° < \alpha < 45°$.

一方, $0 \leq \theta \leq 60°$ だから, $30° < \alpha \leq \theta+\alpha \leq 60°+\alpha < 105°$.

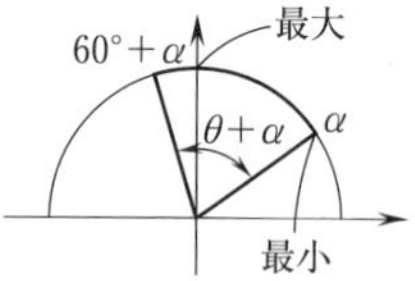

以上から, 右図より,

$3AP+2BP$ の $\begin{cases} \text{最大値は } \dfrac{2\sqrt{7}}{\sqrt{3}}a \quad (\theta+\alpha=90° \text{ のとき}), \\ \text{最小値は } 2a \quad (\theta+\alpha=\alpha \text{ のとき}). \end{cases}$ (答)

【解答 2】

半径を r, 中心を O, $\angle POA = 2\theta$ $(0 \leq \theta \leq 60°)$ とする.

$2r\sin 60° = a$ より $r = \dfrac{a}{\sqrt{3}}$.

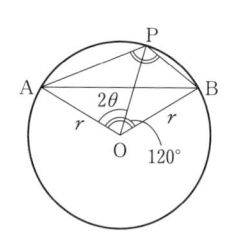

$\therefore$ 与式 $= 3\cdot r\sin\theta\cdot 2 + 2\cdot r\sin(60°-\theta)\cdot 2$

$$= 2r\left\{3\sin\theta + 2\left(\frac{\sqrt{3}}{2}\cos\theta - \frac{1}{2}\sin\theta\right)\right\}$$

$$= 2r(\sqrt{3}\cos\theta + 2\sin\theta)$$

$$= \frac{2a}{\sqrt{3}}\cdot\sqrt{7}\cos(\theta-\beta) \quad (=f(\theta) \text{ とする}).$$

ここで, $\tan 60° = \dfrac{\sqrt{3}}{1} = \dfrac{3}{\sqrt{3}} > \tan\beta = \dfrac{2}{\sqrt{3}} > \tan 45° = 1$ より

$45° < \beta < 60°$. また, $0 \leq \theta \leq 60°$.

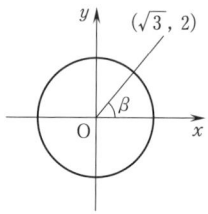

$\therefore$ 与式の $\begin{cases} \text{最大値は } f(\beta) = \dfrac{2\sqrt{7}a}{\sqrt{3}} \quad (\theta=\beta \text{ のとき}), \\ \text{最小値は } f(0) = 2a \quad (\theta=0 \text{ のとき}). \end{cases}$ (答)

[解説]

「$AP+BP$ のとり得る値の範囲を求めよ.」ならば, 右図の三角形 PBB' は正三角形 ($\because \angle BPB' = \angle AB'B = 60°$) であるから

$$a = AB \leq AP + PB \leq AC = \frac{a}{\cos 30°} = \frac{2a}{\sqrt{3}}.$$

($P=A, B$ のとき最小, $P=O'$ のとき最大)

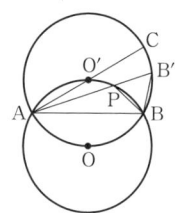

第 5 章　三角・指数・対数関数　43

51* 【解答 1】

与不等式で $x=\cos\theta,\ y=\sin\theta\ \left(0<\theta<\dfrac{\pi}{2}\right)$ とおくと,
$$x^2+y^2=1,\ x+ay<a.\ (x>0,\ y>0)$$
よって,第 1 象限で,円 $x^2+y^2=1$ と直線 $l:x+ay=a$ が共有点をもつ条件を求めればよい.

$l:x+a(y-1)=0$ は,定点 $(0,\ 1)$ を通る直線で,
$a=0$ のとき,y 軸 $(x=0)$.
$a\neq 0$ のとき,傾き $-\dfrac{1}{a}$ の直線.

よって,求める a の値の範囲は
$$-1<-\dfrac{1}{a}<0\ \Longleftrightarrow\ a>1.\quad \textbf{(答)}$$

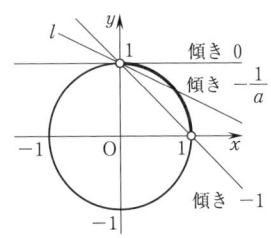

【解答 2】

$$a\sin\theta+\cos\theta=\sqrt{a^2+1}\sin(\theta+\alpha).$$
ただし,$\cos\alpha=\dfrac{a}{\sqrt{a^2+1}},\ \sin\alpha=\dfrac{1}{\sqrt{a^2+1}}.$　…①

$\therefore$ 与不等式 $\Longleftrightarrow\ \sin(\theta+\alpha)<\dfrac{a}{\sqrt{a^2+1}}.$

これをみたす $\theta\ \left(0<\theta<\dfrac{\pi}{2}\right)$ が存在するための a の条件を求めればよい.

(i) $a>1$ のとき,

①より,$0<\alpha<\dfrac{\pi}{4}.$

$\therefore\ \dfrac{a}{\sqrt{a^2+1}}>\sin(\theta+\alpha)>\sin\alpha=\dfrac{1}{\sqrt{a^2+1}}.$

よって,与式をみたす $\theta\ \left(0<\theta<\dfrac{\pi}{2}\right)$ が存在するから適する.

(ii) $0\leqq a\leqq 1$ のとき,

①より,$\dfrac{\pi}{4}\leqq\alpha\leqq\dfrac{\pi}{2}.$

$\therefore\ \dfrac{a}{\sqrt{a^2+1}}>\sin(\theta+\alpha)>\sin\left(\dfrac{\pi}{2}+\alpha\right)$
$=\cos\alpha=\dfrac{a}{\sqrt{a^2+1}}$ となり不適.

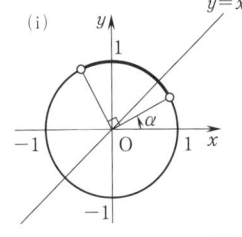

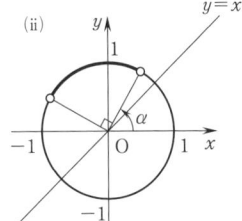

(iii) $a<0$ のとき,

　　　　　①より, $\dfrac{\pi}{2}<\alpha<\pi$.

　　よって, (ii) の場合と同様にして不適.
　　以上から, 求める a の値の範囲は, 　$a>1$. 　　　　(答)

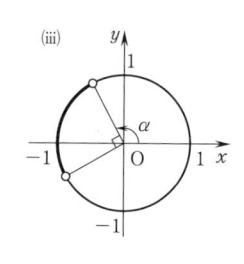

【解答3】

$$a\sin\theta+\cos\theta<a \quad \left(0<\theta<\dfrac{\pi}{2}\right)$$

$$\Leftrightarrow a>\dfrac{\cos\theta}{1-\sin\theta}>0 \quad \left(0<\theta<\dfrac{\pi}{2}\right) \quad \cdots ②$$

$$\Leftrightarrow 0<\dfrac{1}{a}<\dfrac{1-\sin\theta}{\cos\theta} \quad \left(0<\theta<\dfrac{\pi}{2}\right)$$

$$\Leftrightarrow 0>-\dfrac{1}{a}>\dfrac{\sin\theta-1}{\cos\theta-0}. \quad \left(0<\theta<\dfrac{\pi}{2}\right) \quad \cdots ③$$

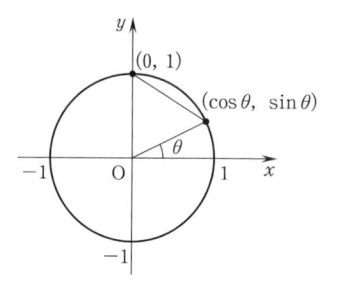

これをみたす θ が $0<\theta<\dfrac{\pi}{2}$ に存在する条件は,
2点 $(0, 1)$ と $(\cos\theta, \sin\theta)$ を結ぶ

　　（直線の傾き）$=\dfrac{\sin\theta-1}{\cos\theta-0} \quad (=f(\theta)$ とする$)$

が $0<\theta<\dfrac{\pi}{2}$ で単調増加であるから, ③より

$$0>-\dfrac{1}{a}>f(0)=-1 \Leftrightarrow 0<\dfrac{1}{a}<1 \Leftrightarrow a>1. \qquad\text{(答)}$$

【解答4】

②より, $a>\dfrac{\cos\theta}{1-\sin\theta} \quad (=f(\theta)$ とする$)$ をみたす $\theta\left(0<\theta<\dfrac{\pi}{2}\right)$ が存在する条件を求めればよい.

$$f'(\theta)=\dfrac{-\sin\theta(1-\sin\theta)-\cos\theta\cdot(-\cos\theta)}{(1-\sin\theta)^2}$$

$$=\dfrac{1-\sin\theta}{(1-\sin\theta)^2}=\dfrac{1}{1-\sin\theta}>0.$$

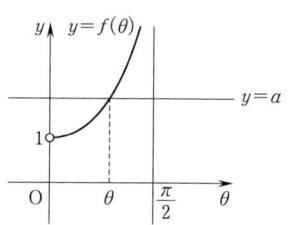

よって, $y=f(\theta)$ は $0<\theta<\dfrac{\pi}{2}$ で単調増加で,
　　$\displaystyle\lim_{\theta\to+0}f(\theta)=f(0)=1, \quad \lim_{\theta\to\frac{\pi}{2}-0}f(\theta)=+\infty.$

ゆえに,　　　　　　　求める a の値の範囲は, 　$a>1$.　　　　(答)

MEMO

第 6 章　微分法

52 【解答 1】

(1) 条件から，
$$\begin{cases} f(\alpha)=-2\alpha+7=2\beta-1. & \cdots ① \\ f(\beta)=-2\beta+7=2\alpha-1. & \cdots ② \end{cases}$$
$$\therefore \quad \alpha+\beta=4. \quad \cdots ③ \quad \text{(答)}$$

(2) α, β は $f'(x)=3x^2+2ax+b=0$ の 2 解．
$$\therefore \quad \alpha+\beta=-\frac{2a}{3}, \alpha\beta=\frac{b}{3}.$$
$$\therefore \quad \begin{cases} a=-\frac{3}{2}(\alpha+\beta)=-6. \quad (\because ③) & \cdots ④ \\ b=3\alpha\beta. & \cdots ⑤ \end{cases}$$

また，①－② より
$$f(\alpha)-f(\beta)=2(\beta-\alpha)$$
$$\iff (\alpha-\beta)\{(\alpha^2+\alpha\beta+\beta^2)+a(\alpha+\beta)+b\}=2(\beta-\alpha), \alpha\neq\beta$$
$$\iff (\alpha+\beta)^2-\alpha\beta+a(\alpha+\beta)+b=-2$$
$$\iff 16-\alpha\beta-24+3\alpha\beta=-2. \quad (\because ③, ④, ⑤)$$
$$\therefore \quad \alpha\beta=3. \quad \cdots ⑥$$

⑤，⑥ より，　　　　　　　　$b=9.$
③，⑥ と $\alpha<\beta$ より，　　　$\alpha=1, \beta=3.$
さらに，点 $(\alpha, f(\alpha))=(1, f(1))$ は直線 $y=-2x+7$ 上にあるから，
$$1+a+b+c=-2+7. \quad \therefore \quad c=4-a-b=4+6-9=1.$$
以上から，　　　　　　　$a=-6, b=9, c=1.$　　　　　　(答)

【解答 2】

(1) $f(x) \div f'(x)$ の商を $Q(x)$, 余りを $R(x)$（1 次式）とすると，
$$f(x)=f'(x)Q(x)+R(x).$$
ここで，$f'(\alpha)=f'(\beta)=0$ だから，$f(\alpha)=R(\alpha), f(\beta)=R(\beta).$
よって，2 点 $(\alpha, f(\alpha)), (\beta, f(\beta))$ を通る直線 l の方程式は
$$l : y=R(x)=\frac{2(3b-a^2)}{9}x+c-\frac{ab}{9}=-2x+7$$
$$\therefore \quad 3b-a^2=-9, \quad c-\frac{ab}{9}=7. \quad \cdots ①$$

また，2 点 $(\alpha, f(\beta)), (\beta, f(\alpha))$ を通る直線 m は $y=2x-1$ であるから，l, m の交点 $(2, 3)$ は 2 点 $(\alpha, f(\alpha)), (\beta, f(\beta))$ を結ぶ線分の中点 $\left(\dfrac{\alpha+\beta}{2}, \dfrac{f(\alpha)+f(\beta)}{2}\right)$ である．　　$\therefore \quad \dfrac{\alpha+\beta}{2}=2. \quad \therefore \quad \alpha+\beta=4.$　　(答)

(2) α, β は $f'(x)=3x^2+2ax+b=0$ の 2 解だから
$$\alpha+\beta=-\frac{2a}{3}=4. \quad \therefore \quad a=-6. \qquad \cdots ②$$
①, ② より, $\qquad a=-6, \ b=9, \ c=1.$ (答)

[解説]
 例えば, 4 次関数 $f(x)$ が $x=\alpha, \beta, \gamma \ (\alpha<\beta<\gamma)$ で極値をとるとき, $f(x) \div f'(x)$ の商を $Q(x)$, 余りを $R(x)$ (2 次式) とすると,
$$f(x)=f'(x)Q(x)+R(x), \ f'(\alpha)=f'(\beta)=f'(\gamma)=0.$$
 したがって, 3 個の極値点 $(\alpha, f(\alpha)), (\beta, f(\beta)), (\gamma, f(\gamma))$ を通る放物線の方程式は, $y=R(x)$ である.

53 【解答 1】

$$C_1 : y=f(x)=x-x^3, \ C_2 : y=g(x)=x^3+px^2+qx+r$$

が点 P$(-1, 0)$ で, 共通接線 l をもつ条件は
$$\begin{cases} f(-1)=g(-1), \\ f'(-1)=g'(-1) \end{cases} \iff \begin{cases} 0=-1+p-q+r, \\ -2=3-2p+q. \end{cases}$$
$$\therefore \quad p=4+r, \ q=3+2r. \qquad \cdots ①$$

 また, P$(-1, 0)$ における C_1 の接線 $y=-2(x+1)$ が共通接線 l であるから, l と C_1 の P 以外の交点 Q の座標は,
$$x-x^3=-2(x+1) \iff (x+1)^2(x-2)=0$$
より, $\qquad$ Q$(2, f(2))=$Q$(2, -6).$

 C_2 は点 Q を通るから
$$g(2)=8+4p+2q+r=-6.$$
 これに ① を代入して
$$4(4+r)+2(3+2r)+r=-14. \quad \therefore \quad r=-4.$$
$$\therefore \quad p=0, \ q=-5, \ r=-4. \qquad \text{(答)}$$

【解答 2】

 P$(-1, 0)$ における $C_1 : y=f(x)=x-x^3$ の接線が共通接線
$$l : y=-2(x+1)$$
である.
 C_1 と l の P 以外の交点 Q は,
$$x-x^3=-2(x+1) \iff (x+1)^2(x-2)=0$$
より, $\qquad$ Q$(2, f(2))=$Q$(2, -6).$
 $C_2 : y=g(x)$ は点 P で l に接し, 点 Q を通るから
$$g(x)-\{-2(x+1)\}=(x+1)^2(x-2).$$
$$\therefore \quad g(x)=(x+1)^2(x-2)-2(x+1)=x^3-5x-4.$$
$$\therefore \quad p=0, \ q=-5, \ r=-4. \qquad \text{(答)}$$

54 【解答】

P の x 座標を p とすると，条件から

$$\begin{cases} p^2-2p+2=-p^2+ap+b \\ \quad \Leftrightarrow 2p^2-(2+a)p+2-b=0, \quad \cdots ③ \\ \text{かつ} \\ (2p-2)(-2p+a)=-1 \\ \quad \Leftrightarrow -4p^2+(4+2a)p+1-2a=0. \quad \cdots ④ \end{cases}$$

③×2+④ より $\quad 5=2(a+b). \quad \cdots ⑤$

このとき，③ の判別式 D は

$$D=(2+a)^2-8(2-b)$$
$$=(a+2)^2-16+4(5-2a)=a^2-4a+8=(a-2)^2+4>0$$

となり，確かに p は実数である．

②，⑤ から $\quad y=-x^2+ax+\dfrac{5}{2}-a=a(x-1)+\dfrac{5}{2}-x^2.$

この放物線 ② は，a の値によらず，常に定点 $Q\left(1, \dfrac{3}{2}\right)$ を通る． (終) (答)

55 【解答1】

(1) $l: y=3a^2(x-a)+a^3$ と C との交点 $Q(\neq P)$ の x 座標は，方程式
$$x^3-(3a^2x-2a^3)=(x-a)^2(x+2a)=0$$
の $x=a$ 以外の解 $x=-2a$ である．

よって，右図において，
$$\tan\alpha=3a^2, \quad \tan\beta=3\cdot(-2a)^2=12a^2.$$
$$\theta=\beta-\alpha. \quad \left(\because\ 0<\alpha<\beta<\dfrac{\pi}{2}\right)$$

$\therefore\ \tan\theta=\tan(\beta-\alpha)=\dfrac{\tan\beta-\tan\alpha}{1+\tan\beta\cdot\tan\alpha}=\dfrac{12a^2-3a^2}{1+12a^2\cdot 3a^2}=\dfrac{9a^2}{1+36a^4}.$ (答)

(2) $\tan\theta$ は $0<\theta<\dfrac{\pi}{2}$ で単調増加で，(1) より

$$\tan\theta=\dfrac{9}{\dfrac{1}{a^2}+36a^2}\leqq\dfrac{9}{2\cdot\sqrt{\dfrac{1}{a^2}\cdot 36a^2}}=\dfrac{9}{2\cdot 6}=\dfrac{3}{4}.$$

よって，θ を最大にする a の値は

$$\dfrac{1}{a^2}=36a^2\ (a>0)\ \Leftrightarrow\ a=\dfrac{1}{\sqrt{6}}. \quad \text{このとき，} \tan\theta=\dfrac{3}{4}.$$ (答)

【解答2】

(1) $l: y=mx+n,\ Q(b, b^3)$ とすると
$$x^3-(mx+n)=(x-a)^2(x-b).$$
両辺の x^2 の係数比較より $\quad 0=-(2a+b). \quad \therefore\ b=-2a.$

∴ (l の傾き)$=3a^2$,　(m の傾き)$=3\cdot(-2a)^2=12a^2$.

2直線の方向ベクトル $\vec{l}=(1, 3a^2)$, $\vec{m}=(1, 12a^2)$ のなす角が θ だから, 複素数平面上で考えると, 2つの複素数 $1+12a^2i$ と

$$(\cos\theta+i\sin\theta)(1+i\cdot3a^2)=\cos\theta-3a^2\sin\theta+i(\sin\theta+3a^2\cos\theta)$$

との偏角は等しい.

∴　$(1, 12a^2)$ // $(\cos\theta-3a^2\sin\theta, \sin\theta+3a^2\cos\theta)$

$\Leftrightarrow \sin\theta+3a^2\cos\theta=12a^2(\cos\theta-3a^2\sin\theta)$

$\Leftrightarrow 9a^2\cos\theta=(1+36a^4)\sin\theta.$

∴　$\tan\theta=\dfrac{9a^2}{1+36a^4}.$　　　　　　　　　　　　　（答）

(2)　$a^2=X(>0)$ とおき, $\tan\theta=\dfrac{9X}{1+36X^2}=k\ (>0)$ とおくと,

$$36kX^2-9X+k=0.$$

これが正の解 $X(=a^2)$ をもつ条件は

軸：$X=\dfrac{1}{8k}>0$,　判別式：$9^2-4\cdot36k^2\geqq0.$　∴　$0<k=\tan\theta\leqq\dfrac{3}{4}.$

$0<\theta<\dfrac{\pi}{2}$ だから,「θ が最大 $\Leftrightarrow k=\tan\theta$ が最大」であり, このとき

$$k=\tan\theta=\dfrac{3}{4},\quad X=a^2=\dfrac{1}{8k}=\dfrac{1}{8\cdot\dfrac{3}{4}}=\dfrac{1}{6}.\ (a>0)$$

∴　$a=\dfrac{1}{\sqrt{6}},\quad \tan\theta=\dfrac{3}{4}.$　　　　　　　　　　（答）

56 【解答】

(1)$_1$　$C:y=f(x)$ 上の点 P, Q における接線が一致するから, その接線を

$$l:y=mx+n$$

とすると, l は P, Q を通るから,

$$f(1)=m+n,\ f(-1)=-m+n \Leftrightarrow m=\dfrac{f(1)-f(-1)}{2},\ n=\dfrac{f(1)+f(-1)}{2}.$$

∴　$f(x)-\dfrac{f(1)-f(-1)}{2}x-\dfrac{f(1)+f(-1)}{2}=f(x)-(mx+n).$　　…①

一方, C と l は P, Q で接するから,

$$f(x)-(mx+n)=a(x-1)^2(x+1)^2.\ (a\neq 0) \quad\cdots ②$$

①, ② より, 与式の4次式は, $(x-1)^2(x+1)^2$ で割り切れる.　　　　（終）

(1)$_2$　$C:y=f(x)$ 上の点 P, Q における接線が一致するから,

$$f'(1)=f'(-1)=\dfrac{f(1)-f(-1)}{1-(-1)}=\dfrac{f(1)-f(-1)}{2}. \quad\cdots ③$$

また, 与式を $F(x)$ とおくと

$$F(x)=f(x)-\dfrac{f(1)-f(-1)}{2}x-\dfrac{f(1)+f(-1)}{2},\ F'(x)=f'(x)-\dfrac{f(1)-f(-1)}{2}$$

$$\therefore \begin{cases} F(1)=f(1)-\dfrac{f(1)-f(-1)}{2}-\dfrac{f(1)+f(-1)}{2}=0, \\ F'(1)=f'(1)-\dfrac{f(1)-f(-1)}{2}=0. \quad (\because ③) \end{cases}$$

よって，与式 $F(x)$ は $(x-1)^2$ で割り切れる．
同様に，$F(-1)=F'(-1)=0$ であるから，$F(x)$ は $(x+1)^2$ で割り切れる．
$\qquad\therefore$ 与式 $F(x)$ は $(x-1)^2(x+1)^2$ で割り切れる． (終)

(2) ② より，
$$f'(x)-m=a\{2(x-1)(x+1)^2+2(x-1)^2(x+1)\}.$$
$$f''(x)=2a\{(x+1)^2+4(x-1)(x+1)+(x-1)^2\}=4a(3x^2-1). \quad (a\ne 0)$$

よって，$f''(x)$ は $x=\pm\dfrac{1}{\sqrt{3}}$ の前後で符号を変えるから，

C には 2 つの変曲点 $A\left(\dfrac{1}{\sqrt{3}},\ f\left(\dfrac{1}{\sqrt{3}}\right)\right)$, $B\left(\dfrac{-1}{\sqrt{3}},\ f\left(\dfrac{-1}{\sqrt{3}}\right)\right)$ がある． (終)

(3) (直線 AB の傾き)$=\dfrac{f\left(\dfrac{1}{\sqrt{3}}\right)-f\left(\dfrac{-1}{\sqrt{3}}\right)}{\dfrac{1}{\sqrt{3}}-\dfrac{-1}{\sqrt{3}}}$

$\qquad\qquad$(② より，$f(x)=mx+n+a(x^2-1)^2$ であるから)

$=\dfrac{\sqrt{3}}{2}\left\{m\cdot\dfrac{1}{\sqrt{3}}-m\cdot\dfrac{-1}{\sqrt{3}}\right\}=m=$(PQ の傾き)．$\quad\therefore$ AB∥PQ． (終)

57* 【解答】

$$f_n'(x)=1+x+x^2+\cdots+x^{n-1}=\begin{cases} >0, & (x\ge 0 \text{ のとき}) \\ \dfrac{1-x^n}{1-x}. & (x<0 \text{ のとき}) \end{cases} \quad\cdots ①$$

(1) n が偶数のとき，

$f_n'(x)=\underbrace{\dfrac{1-x^2}{1-x}}\cdot(1+x^2+x^4+\cdots+x^{n-2})\begin{cases}>0\ (-1<x<0) \\ <0\ (x<-1)\end{cases}$
$\qquad\qquad$正

x	$\cdots$	-1	$\cdots$
$f_n'(x)$	$-$	0	$+$
$f_n(x)$	↘	正	↗

かつ $f_n(x)\ge f_n(-1)=1-1+\dfrac{1}{2}-\dfrac{1}{3}+\cdots-\dfrac{1}{n-1}+\dfrac{1}{n}$

$\qquad\qquad\qquad =\left(\dfrac{1}{2}-\dfrac{1}{3}\right)+\left(\dfrac{1}{4}-\dfrac{1}{5}\right)+\cdots+\left(\dfrac{1}{n-2}-\dfrac{1}{n-1}\right)+\dfrac{1}{n}>0.$

よって，$\qquad\qquad f_n(x)=0$ は実数解をもたない． (終)

(2) n が奇数のとき，

① より，$(-\infty,\ \infty)$ において，$f_n'(x)>0$ だから，$f_n(x)$ は単調増加で，

$f_n(-1)=1-1+\dfrac{1}{2}-\dfrac{1}{3}+\cdots+\dfrac{1}{n-1}-\dfrac{1}{n}=\left(\dfrac{1}{2}-\dfrac{1}{3}\right)+\cdots+\left(\dfrac{1}{n-1}-\dfrac{1}{n}\right)>0,$

$f_n(-2)=1-2+\dfrac{(-2)^2}{2}+\dfrac{(-2)^3}{3}+\cdots+\dfrac{(-2)^n}{n}.$

ここで，$n=2m+1$ $(m \geq 1)$ のとき，
$$f_{2m+1}(-2) = -1 + \sum_{k=1}^{m}\left\{\frac{(-2)^{2k}}{2k} + \frac{(-2)^{2k+1}}{2k+1}\right\}$$
$$= -1 + \sum_{k=1}^{m}\frac{(1-2k)\cdot 4^k}{2k\cdot(2k+1)} < 0. \quad (\because 各項は負)$$

よって，n が 3 以上の奇数のとき，
$f_n(x)=0$ は，ただ 1 つの実数解をもち，その解は $-2 < x < -1$ の範囲にある．

(終)

58* 【解答】

(1) 与式 $\iff a = 3x - x^3$. …①

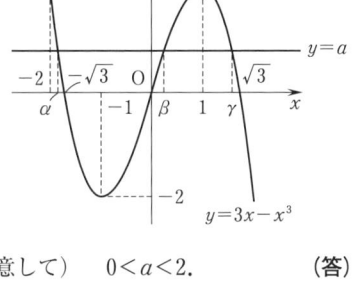

$f(x) = 3x - x^3$ とおくと
$f'(x) = 3(1+x)(1-x)$.

x	…	-1	…	1	…
$f'(x)$	$-$	0	$+$	0	$-$
$f(x)$	↘		↗		↘

∴ 極値は $f(\pm 1) = \pm 2$（複号同順）．

① が相異なる 3 つの実数解をもつ a の値の範囲は，$y=f(x)$ のグラフより，($a>0$ に注意して) $0 < a < 2$. **(答)**

次に，曲線 $y=f(x)$ と直線 $y=a$ の 3 交点の x 座標が α, β, γ である．

また，$y=f(1)=2$（極大値）のグラフと $y=f(x)=3x-x^3$ のグラフの共有点の x 座標は $3x - x^3 = 2 \iff (x-1)^2(x+2) = 0$ の解 $x=1, -2$．

よって，グラフより，①の 3 解 α, β, γ $(\alpha < \beta < \gamma)$ の各存在範囲は，
$-2 < \alpha < -\sqrt{3}, \quad 0 < \beta < 1, \quad 1 < \gamma < \sqrt{3}$. …② **(答)**

(2) 曲線 $y = f(x)$ と直線 $y = x$ $(x > 0)$ の交点は，
$(\sqrt{2}, \sqrt{2})$.

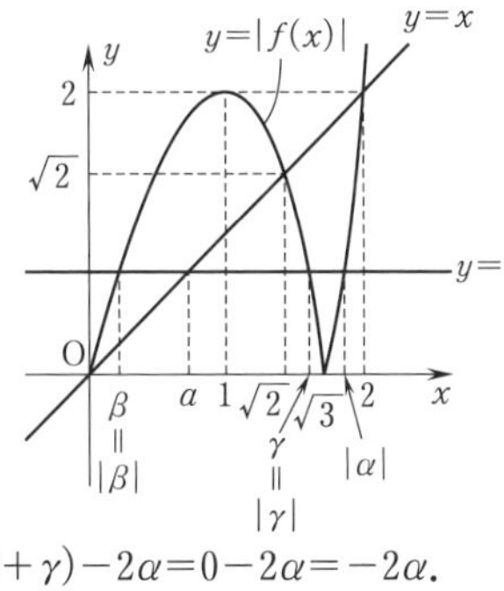

$y = |f(x)|$ のグラフを利用して考えると，右図より

$\begin{cases} 0 < a < \sqrt{2} \text{ のとき，} |\beta| < a < |\gamma| < |\alpha|, \\ a = \sqrt{2} \text{ のとき，} |\beta| < a = |\gamma| < |\alpha|, \\ \sqrt{2} < a < 2 \text{ のとき，} |\beta| < |\gamma| < a < |\alpha|. \end{cases}$ **(答)**

(3) $x^3 - 3x + a = (x-\alpha)(x-\beta)(x-\gamma)$ の両辺の x^2 の係数比較より $\alpha + \beta + \gamma = 0$．

これと②より，$|\alpha| + |\beta| + |\gamma| = -\alpha + \beta + \gamma = (\alpha+\beta+\gamma) - 2\alpha = 0 - 2\alpha = -2\alpha$．

②より $-2 < \alpha < -\sqrt{3}$ だから，$2\sqrt{3} < |\alpha| + |\beta| + |\gamma| < 4$. **(答)**

第 7 章　積分法

59 【解答】

(ii) の両辺を微分して、　　　$f(x)+g(x)=x^2+2x.$　　　…①

(iii) より、　　　$f(x)g(x)=x^3+C.$（C は積分定数）　　　…②

① で $x=0$ とすると、　　　$f(0)+g(0)=0.$

これと(i)より、　　　$f(0)=-g(0)=1.$　　　…③

これと②より、　　　$C=f(0)g(0)=-1.$

よって、②は、　　　$f(x)g(x)=x^3-1=(x-1)(x^2+x+1).$

これと①より

$$\begin{cases} f(x)=x-1, \\ g(x)=x^2+x+1 \end{cases} \text{または} \begin{cases} f(x)=x^2+x+1, \\ g(x)=x-1. \end{cases}$$

このうち、③をみたすものは、後者である。

$$\therefore\ f(x)=x^2+x+1,\quad g(x)=x-1.\quad \text{(答)}$$

60 【解答】

(1) 条件式から

$$\int_0^1 x^2 f(x)dx - \int_0^1 xf(x)dx = \int_0^1 (x^2-x)(x^2+ax+b)dx$$

$$= \int_0^1 \{x^4+(a-1)x^3+(b-a)x^2-bx\}dx$$

$$= \frac{1}{5}+\frac{a-1}{4}+\frac{b-a}{3}-\frac{b}{2}=0.$$

$$\therefore\ 12+15(a-1)+20(b-a)-30b=0.$$

$$\therefore\ -3-5a-10b=0 \iff \frac{a}{2}+b=-\frac{3}{10}.\quad \text{…①}$$

$$\therefore\ \int_0^1 f(x)dx=\int_0^1(x^2+ax+b)dx=\frac{1}{3}+\left(\frac{a}{2}+b\right)=\frac{1}{3}-\frac{3}{10}\ (\because\ ①)$$

$$=\frac{1}{30}.\quad \text{(答)}$$

(2)₁ 　　$\int_0^1 x^2 f(x)dx - \int_0^1 xf(x)dx = \int_0^1 x(x-1)f(x)dx=0.$　　…②

ここでもし、$f(x)=x^2+ax+b=0$ が $0<x<1$ で実数解をもたないとすると、$x(x-1)f(x)$ は $0<x<1$ で定符号であるから、②は不成立。

よって、$f(x)=0$ は $0<x<1$ で少なくとも 1 つの実数解をもつ。　　(終)

(2)₂ 　　$f(x)=x^2+ax-\frac{5a+3}{10}.$（$\because$ ①）

$$\therefore\ f\left(\frac{1}{2}\right)=\frac{1+2a}{4}-\frac{5a+3}{10}=-\frac{1}{20}<0.\quad \text{…③}$$

よって，

(i) $f(0)>0$ ならば，$f(x)=0$ は $0<x<\dfrac{1}{2}$ で実数解をもつ.

(ii) $f(0)=-\dfrac{5a+3}{10}\leqq 0$ ならば，$5a+3\geqq 0$ であるから $f(1)=\dfrac{5a+7}{10}>0$ となり，

これと③より $f(x)=0$ は $\dfrac{1}{2}<x<1$ で実数解をもつ.

以上から，$f(x)=0$ は $0<x<1$ で少なくとも 1 つの実数解をもつ. (終)

61 【解答1】

条件から，
$$f(x)=a(x-p)(x-q)+1 \quad (a\neq 0)$$
とおける．よって，与式より
$$\int_p^q f(x)dx=\int_p^q \{a(x-p)(x-q)+1\}dx$$
$$=-\dfrac{a(q-p)^3}{6}+(q-p)=(q-p)f(r).$$

両辺を $(q-p)(\neq 0)$ で割って
$$-\dfrac{a(q-p)^2}{6}+1=f(r)=a(r-p)(r-q)+1.$$
$$\therefore\ r^2-(p+q)r+pq+\dfrac{1}{6}(q-p)^2=0.\ (\because\ a\neq 0)$$
$$\therefore\ r=\dfrac{1}{2}\left\{(p+q)\pm\sqrt{(p+q)^2-4pq-\dfrac{2}{3}(q-p)^2}\right\}$$
$$=\dfrac{1}{2}\left\{(p+q)\pm\sqrt{\dfrac{1}{3}(q-p)^2}\right\}=\dfrac{1}{6}\{3(p+q)\pm\sqrt{3}(q-p)\}.\quad \text{(答)}$$

【解答2】

(図1)　$y=f(x)=ax^2+bx+c$，P，Q，$y=f(r)$，p，$\dfrac{p+q}{2}$，r，q

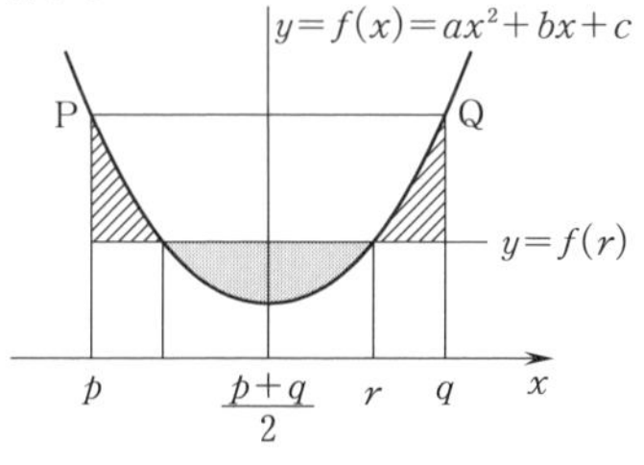

(図2)　$y=ax^2$，O，$r-\dfrac{p+q}{2}$，$\dfrac{q-p}{2}$

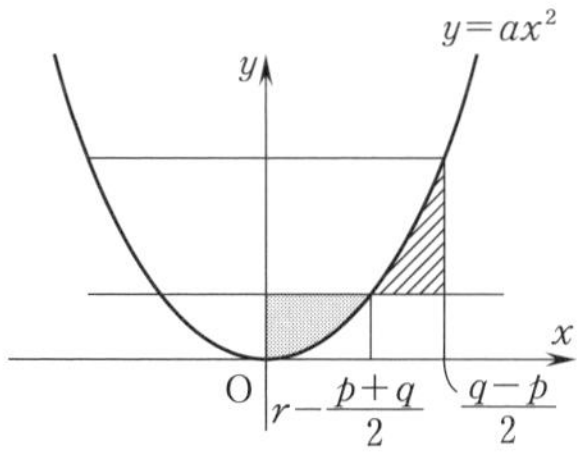

(与式の等式は，上図の斜線部分と網目部分の面積が等しいことを表す.)

放物線 $y=f(x)$ の頂点が原点にくるように平行移動しても面積は不変だから，(図1) の代わりに (図2) を利用して考えると，
$$\int_p^q f(x)dx=(q-p)f(r)\iff\int_0^{\frac{q-p}{2}}ax^2dx=\dfrac{q-p}{2}\cdot a\left(r-\dfrac{p+q}{2}\right)^2.$$
$$\therefore\ \dfrac{a}{3}\left(\dfrac{q-p}{2}\right)^3=\dfrac{q-p}{2}\cdot a\left(r-\dfrac{p+q}{2}\right)^2.\quad\therefore\ r=\dfrac{p+q}{2}\pm\dfrac{q-p}{2\sqrt{3}}.\quad \text{(答)}$$

[解説]

┌─── 〈積分法における平均値の定理〉 ───┐
│ $f(x)$ が $a \leqq x \leqq b$ で連続であるとき,
│ $$\int_a^b f(x)dx = (b-a)f(r) \quad (a < r < b)$$
│ をみたす実数 r が存在する.
└──────────────────────────────┘

本問は, $f(x)$ が2次式の場合である.

62 【解答1】

$f(x) = x^2 + 6x + 12a$, $g(x) = x^2 - 6x + 12b$

とし, $y = f(x)$, $y = g(x)$ と共通接線 $y = l(x)$ との接点の x 座標をそれぞれ p, q ($p < q$) とすると,

$l(x) = 2(p+3)(x-p) + p^2 + 6p + 12a$
$ = 2(q-3)(x-q) + q^2 - 6q + 12b$

∴ $2(p+3)x - p^2 + 12a = 2(q-3)x - q^2 + 12b$.

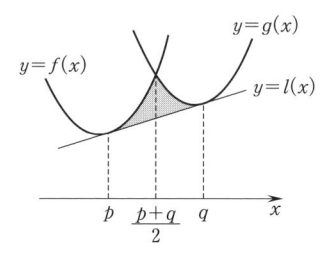

両辺の係数比較より

$\begin{cases} p+3 = q-3, \\ -p^2 + 12a = -q^2 + 12b \end{cases} \Longleftrightarrow \begin{cases} q-p = 6, & \cdots ① \\ q^2 - p^2 = 12(b-a). & \cdots ② \end{cases}$

2つの放物線の交点の x 座標 α は $f(\alpha) = g(\alpha)$ を解いて

$$\alpha = b - a \underset{②}{=} \frac{q^2 - p^2}{12} \underset{①}{=} \frac{p+q}{2}. \quad \cdots ③$$

また, $f(x) - l(x) = (x-p)^2$, $g(x) - l(x) = (x-q)^2$ だから

$S = \int_p^\alpha \{f(x) - l(x)\}dx + \int_\alpha^q \{g(x) - l(x)\}dx$

$ = \int_p^\alpha (x-p)^2 dx + \int_\alpha^q (x-q)^2 dx = \frac{1}{3}(\alpha-p)^3 - \frac{1}{3}(\alpha-q)^3$

$ \underset{③}{=} \frac{2}{3}\left(\frac{q-p}{2}\right)^3 \underset{①}{=} \frac{2}{3}\left(\frac{6}{2}\right)^3 = 2 \cdot 9 = 18.$ （答）

【解答2】

$y = x^2 + 6x + 12a$ $\cdots ①$, $y = x^2 - 6x + 12b$ $\cdots ②$

と共通接線 $y = l(x)$ との接点の x 座標をそれぞれ p, q とすると

$\begin{cases} x^2 + 6x + 12a - l(x) = (x-p)^2, & \cdots ③ \\ x^2 - 6x + 12b - l(x) = (x-q)^2, \end{cases} (p < q) \quad \cdots ④$

③－④ より, $12x + 12(a-b) = (q-p)\{2x - (p+q)\}.$ $\cdots ⑤$

係数比較して, $q - p = 6$, $12(a-b) = -(q-p)(p+q).$

よって, ①, ②の交点の x 座標 α は, ⑤$=0$ より, $\alpha = \dfrac{p+q}{2}$.

∴ $S = \int_p^\alpha (x-p)^2 dx + \int_\alpha^q (x-q)^2 dx.$ (以下, 【解答1】と同様)

63 【解答】

$f(1)=g(1)$ より, $\quad 0=a+b+c+d.$ $\quad \therefore \begin{cases} a+c=-1, \\ b+d=1. \end{cases}$
$f(-1)=g(-1)$ より, $2=-a+b-c+d.$

$\therefore \quad f(x)-g(x)=x^4-x-\{ax^3+bx^2-(a+1)x+(1-b)\}$
$\qquad\qquad\qquad = x^4-1-ax(x^2-1)-b(x^2-1).$

$\therefore \quad \dfrac{1}{2}\displaystyle\int_{-1}^{1}\{f(x)-g(x)\}^2 dx$
$= \displaystyle\int_{0}^{1}\{(x^4-1)^2+a^2x^2(x^2-1)^2+b^2(x^2-1)^2-2b(x^2-1)(x^4-1)\}dx$
$= a^2\displaystyle\int_{0}^{1}x^2(x^2-1)^2 dx + b^2\displaystyle\int_{0}^{1}(x^2-1)^2 dx - 2b\displaystyle\int_{0}^{1}(x^2-1)(x^4-1)dx + (\text{定数}).$

これは $a,\ b$ の 2 次式であるから, 与式を最小にする $a,\ b$ の値は,

$a=0,\quad b=\dfrac{\displaystyle\int_{0}^{1}(x^2-1)(x^4-1)dx}{\displaystyle\int_{0}^{1}(x^2-1)^2 dx}=\dfrac{\dfrac{1}{7}-\dfrac{1}{5}-\dfrac{1}{3}+1}{\dfrac{1}{5}-\dfrac{2}{3}+1}=\dfrac{8}{7}.$

$\therefore \quad c=-1-0=-1,\ d=1-\dfrac{8}{7}=-\dfrac{1}{7}.$

$\therefore \quad a=0,\ b=\dfrac{8}{7},\ c=-1,\ d=-\dfrac{1}{7}.$ 　　　　　　　　　　(答)

64 【解答】

$C: y=x^2$ 上の異なる 2 点
$\qquad\qquad P(p,\ p^2),\ Q(q,\ q^2)\ (p<q)$
における 2 接線
$\qquad\qquad l_P: y=2p(x-p)+p^2=2px-p^2,$
$\qquad\qquad l_Q: y=2q(x-q)+q^2=2qx-q^2$
の交点を $R(X,\ Y)$ とすると, $2px-p^2=2qx-q^2$ より,
$\qquad\qquad\qquad X=\dfrac{p^2-q^2}{2(p-q)}=\dfrac{p+q}{2},$ 　　　　　　　　　　…①

$\therefore \quad Y=2pX-p^2=2p\cdot\dfrac{p+q}{2}-p^2=pq.$ 　　　　　　　　　…②

①, ② より, $p,\ q$ は 2 次方程式 $t^2-2Xt+Y=0$ の異なる 2 実数解だから,
$\qquad\qquad\qquad \dfrac{D}{4}=X^2-Y>0.$ 　　　　　　　　　　　　　　　…③

次に, 題意の面積を S とすると,
$S=\displaystyle\int_{p}^{X}\{x^2-(2px-p^2)\}dx+\displaystyle\int_{X}^{q}\{x^2-(2qx-q^2)\}dx$
$=\left[\dfrac{1}{3}(x-p)^3\right]_{p}^{X}+\left[\dfrac{1}{3}(x-q)^3\right]_{X}^{q}=\dfrac{1}{3}\left(\dfrac{q-p}{2}\right)^3-\dfrac{1}{3}\left(\dfrac{p-q}{2}\right)^3\ (\because\ ①)$
$=\dfrac{2}{3}\left(\dfrac{q-p}{2}\right)^3.$

これが 18 だから,
$$\left(\frac{q-p}{2}\right)^3 = 18 \times \frac{3}{2} = 3^3. \quad \therefore \quad q-p = 6. \ (\because q-p \text{ は実数})$$
$$\therefore \quad (q-p)^2 = 6^2 \iff (p+q)^2 - 4pq = 6^2.$$

①, ② を代入して, $4X^2 - 4Y = 36 \iff X^2 - Y = 9$. (これは ③ をみたし適する)

① で $p+q$ は任意の実数値をとるから, X も任意の実数値をとれる.
よって, 交点 $R(x, y)$ の軌跡は, 　　　放物線 $y = x^2 - 9$. (全体) 　　　**(答)**

65 【解答1】

$f(x) = ax + b$ とおくと,
$$f(-1) = -a + b, \quad f(1) = a + b.$$
よって, 与式は次のようになる.

(i) $f(-1) \geq 0$, $f(1) \geq 0$ のとき,
$$(左辺) = \int_{-1}^{1} (ax+b) dx = 2b \leq 2. \quad (b \geq a, \ b \geq -a)$$

(ii) $f(-1) < 0$, $f(1) < 0$ のとき,
$$(左辺) = \int_{-1}^{1} -(ax+b) dx = -2b \leq 2. \quad (b < a, \ b < -a)$$

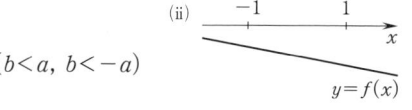

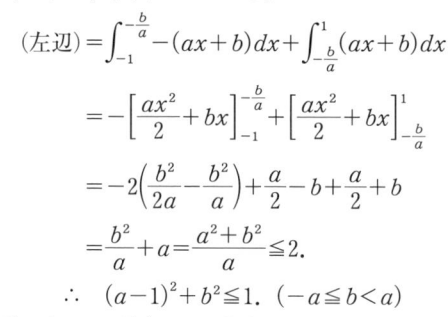

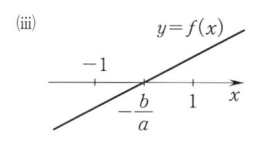

(iii) $f(-1) < 0$, $f(1) \geq 0$ のとき,
$$(左辺) = \int_{-1}^{-\frac{b}{a}} -(ax+b) dx + \int_{-\frac{b}{a}}^{1} (ax+b) dx$$
$$= -\left[\frac{ax^2}{2} + bx\right]_{-1}^{-\frac{b}{a}} + \left[\frac{ax^2}{2} + bx\right]_{-\frac{b}{a}}^{1}$$
$$= -2\left(\frac{b^2}{2a} - \frac{b^2}{a}\right) + \frac{a}{2} - b + \frac{a}{2} + b$$
$$= \frac{b^2}{a} + a = \frac{a^2 + b^2}{a} \leq 2.$$
$$\therefore \quad (a-1)^2 + b^2 \leq 1. \quad (-a \leq b < a)$$

(iv) $f(-1) \geq 0$, $f(1) < 0$ のとき,
$$(左辺) = \int_{-1}^{-\frac{b}{a}} (ax+b) dx + \int_{-\frac{b}{a}}^{1} -(ax+b) dx$$
$$= -\frac{a^2 + b^2}{a} \leq 2.$$
$$\therefore \quad (a+1)^2 + b^2 \leq 1. \quad (a \leq b < -a)$$

以上の (i), (ii), (iii), (iv) から, ab 平面上での点 (a, b) の存在領域は右図の網目部分 (境界を含む) で, その面積は
$$\pi \cdot 1^2 + 2 \cdot 2 = \pi + 4. \quad \textbf{(答)}$$

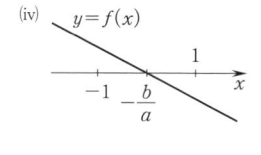

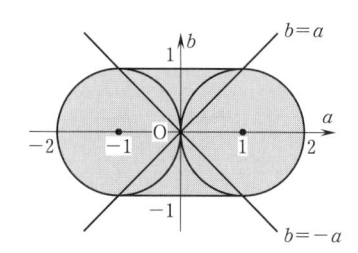

【解答 2】
　与式は次のようになる.
（ⅰ）$a=0$ の場合
$$（左辺）=\int_{-1}^{1}|b|dx=2|b|\leqq 2.$$

（ⅱ）$a\neq 0$ の場合
　（a）$\left|-\dfrac{b}{a}\right|\geqq 1$ のとき,
$$（左辺）=\left|\int_{-1}^{1}(ax+b)dx\right|=2|b|\leqq 2.$$

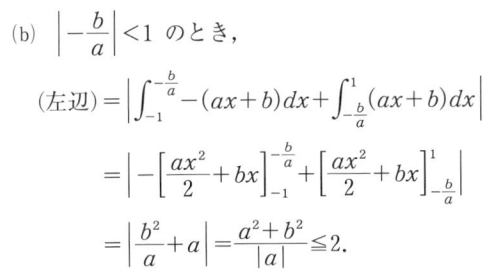

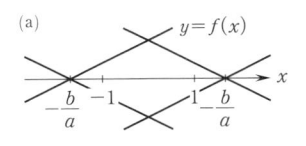

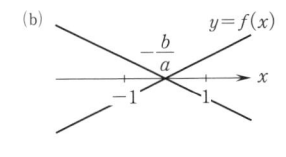

　（b）$\left|-\dfrac{b}{a}\right|<1$ のとき,
$$（左辺）=\left|\int_{-1}^{-\frac{b}{a}}-(ax+b)dx+\int_{-\frac{b}{a}}^{1}(ax+b)dx\right|$$
$$=\left|-\left[\dfrac{ax^2}{2}+bx\right]_{-1}^{-\frac{b}{a}}+\left[\dfrac{ax^2}{2}+bx\right]_{-\frac{b}{a}}^{1}\right|$$
$$=\left|\dfrac{b^2}{a}+a\right|=\dfrac{a^2+b^2}{|a|}\leqq 2.$$

以上の (ⅰ), (ⅱ) から,
$$\begin{cases}|a|\leqq|b| \text{ のとき,} & |b|\leqq 1, \\ |a|>|b| \text{ のとき,} & (|a|-1)^2+b^2\leqq 1.\end{cases}$$
よって，前図を得る．その面積は $\pi+4$. 　　　　　　　　　　　　　　　（答）

［解　説］
　$I(a, b)=\displaystyle\int_{-1}^{1}|ax+b|dx$ とすると
$$I(a, b)=\int_{-1}^{1}|-ax-b|dx=I(-a, -b).$$
　また，$y=|ax+b|$ と $y=|-ax+b|$ のグラフは y 軸に関して対称であり，かつ，原点に関して対称区間における定積分であるから,
$$I(a, b)=\int_{-1}^{1}|ax+b|dx=\int_{-1}^{1}|-ax+b|dx=\int_{-1}^{1}|ax-b|dx.$$
$$\therefore\ I(a, b)=I(-a, b)=I(a, -b).$$
　よって，点 (a, b) の存在領域は
　　　　　　　　　原点，a 軸，および b 軸に関して対称である．
　したがって，$a\geqq 0$, $b\geqq 0$ の場合の存在領域を求めて，それを a 軸および b 軸に関して対称移動しても前図が得られる．

66
【解答】
(1)
$$y'=4px^3+2qx,\quad y'=2ax.$$
　よって，2 曲線が点 A$(1, 0)$ で共通接線をもつ条件は,
$$p+q+1=0,\quad 4p+2q=2a.$$

$$\therefore \quad q = -p - 1 = a - 2p.$$
$$\therefore \quad p = a + 1 \ (>0), \ q = -a - 2 \ (<-1). \ (\because a > -1) \quad \text{(答)}$$

(2) (1)より，$y = (a+1)x^4 - (a+2)x^2 + 1 = (a+1)(x^2-1)\left(x^2 - \dfrac{1}{a+1}\right)$.

グラフは y 軸に関して対称である．
また，点 A(1, 0) で共通の接線をもつから，$a \neq 0$．

(i) $a > 0$ のとき，$0 < \dfrac{1}{\sqrt{a+1}} < 1$．

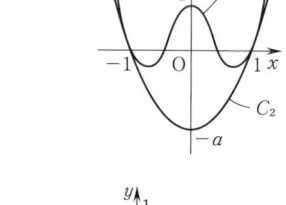

条件から $\displaystyle\int_0^1 \{(a+1)x^4 - (a+2)x^2 + 1\}dx = 0$．

$\therefore \quad \dfrac{a+1}{5} - \dfrac{a+2}{3} + 1 = 0. \quad \therefore \quad a = 4$．

(ii) $-1 < a < 0$ のとき，$1 < \dfrac{1}{\sqrt{a+1}}$．

条件から 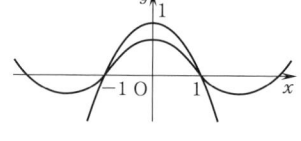
$$\int_0^{\frac{1}{\sqrt{a+1}}} \{(a+1)x^4 - (a+2)x^2 + 1\}dx = 0.$$

$\therefore \quad \dfrac{1}{\sqrt{a+1}}\left\{\dfrac{1}{5(a+1)} - \dfrac{a+2}{3(a+1)} + 1\right\} = 0$．

$\therefore \quad 10a + 8 = 0$，すなわち，$a = -\dfrac{4}{5}$．

以上の(i)，(ii)から， $a = 4, \ -\dfrac{4}{5}$. (答)

67 【解答】

(1)$_1$ 条件から，P$(t, 1-t)$ とすると
Q$(t+1, t)$．
よって，直線 PQ の方程式は
$$y = (2t-1)(x-t) + 1 - t.$$ 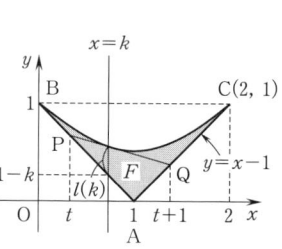
ここで，$x = k$ とし，k を $0 \leq k \leq 1$ で固定して，t を $0 \leq t \leq k$ の範囲で変化させたとき，
$$y = f(t) = -2t^2 + 2kt - k + 1$$
$$= -2\left(t - \dfrac{k}{2}\right)^2 + \dfrac{k^2}{2} - k + 1$$

のとり得る値の範囲は
$$f(0) = 1 - k \leq y \leq \dfrac{k^2}{2} - k + 1 = f\left(\dfrac{k}{2}\right).$$

$\therefore \quad l(k) = \dfrac{k^2}{2} - k + 1 - (1-k) = \dfrac{k^2}{2}$. (答)

(1)$_2$ 直線 PQ の方程式は

$$y=(2t-1)(x-t)+1-t=-2t^2+2xt-x+1$$
$$=-2\left(t-\frac{x}{2}\right)^2+\frac{x^2}{2}-x+1\leq \frac{x^2}{2}-x+1. \quad \cdots ①$$

よって，直線 PQ は，つねに放物線 $y=\dfrac{x^2}{2}-x+1$ に接する．

$$\left(\begin{array}{l}\text{これは ① から明らかである．}\\ (\because)\ \dfrac{x^2}{2}-x+1-(-2t^2+2xt-x+1)=2\left(t-\dfrac{x}{2}\right)^2 \text{であるから，}\\ \text{点}\ (2t,\ 2t^2-2t+1)\ \text{で接する．}\end{array}\right)$$

また，t が $0\leq t\leq 1$ の範囲で変化するとき，

点 P は線分 BA：$y=1-x\ (0\leq x\leq 1)$ 上を，
点 Q は線分 AC：$y=x-1\ (1\leq x\leq 2)$ 上を $\Big\}$ 動く．

よって，線分 PQ の通過領域 F は前図の周を含む網目部分 F であるから，F と直線 $x=k\ (0\leq k\leq 1)$ との交わりの図形の長さは

$$l(k)=\left(\frac{k^2}{2}-k+1\right)-(1-k)=\frac{k^2}{2}. \quad \text{(答)}$$

(2) 図形 F は直線 $x=1$ に関して対称だから，その面積 S は

$$S=2\int_0^1 l(k)dk=\left[\frac{k^3}{3}\right]_0^1=\frac{1}{3}. \quad \text{(答)}$$

(3) 図形 F の対称性より，回転体の体積を V とすると，

$$V=2\int_0^1 \pi\left\{\left(\frac{k^2}{2}-k+1\right)^2-(1-k)^2\right\}dk=2\pi\int_0^1\left(\frac{k^4}{4}-k^3+k^2\right)dk$$
$$=2\pi\left[\frac{k^5}{20}-\frac{k^4}{4}+\frac{k^3}{3}\right]_0^1=\frac{4}{15}\pi. \quad \text{(答)}$$

68* 【解答】

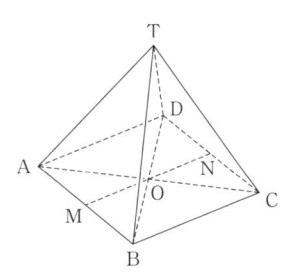

(1) V の頂点を T，底面の正方形 ABCD の中心を O，辺 AB, CD の中点をそれぞれ M, N とする．

球 B の中心は O であり，B は各辺に接するから

$$(B \text{ の半径})=\text{OM}=\frac{a}{2}.$$

B と辺 AT の接点を H とすると

$$\text{OA}=\frac{a}{\sqrt{2}},\ \text{OH}=\frac{a}{2},\ \angle\text{OHA}=90°$$

であるから，$\angle\text{OAT}=45°$．

$$\therefore\ (V \text{ の高さ})=\text{OT}=\text{OA}=\frac{a}{\sqrt{2}}. \quad \text{(答)}$$

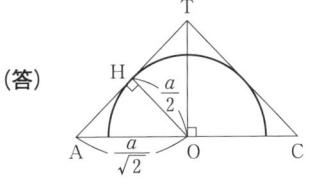

(2) O から線分 TM に下ろした垂線の足を I とする.

$$\triangle \text{OTM} = \frac{1}{2}\text{OM}\cdot\text{OT} = \frac{1}{2}\text{OI}\cdot\text{TM}.$$

$$\therefore \ \text{OI} = \frac{\text{OM}\cdot\text{OT}}{\text{TM}} = \frac{\frac{a}{2}\cdot\frac{a}{\sqrt{2}}}{\sqrt{\left(\frac{a}{2}\right)^2+\left(\frac{a}{\sqrt{2}}\right)^2}} = \frac{a}{\sqrt{6}}.$$

よって,円 $x^2+y^2=\left(\dfrac{a}{2}\right)^2$ の $x \geqq \dfrac{a}{\sqrt{6}}$ の部分(右下図の網目部分)を x 軸のまわりに 1 回転した立体の体積を W とすると,

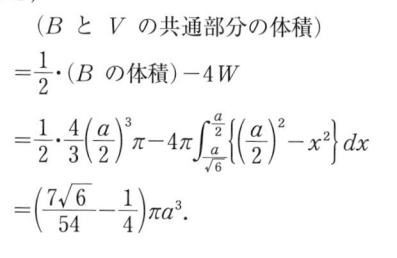

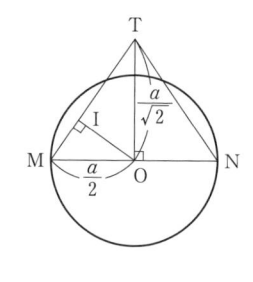

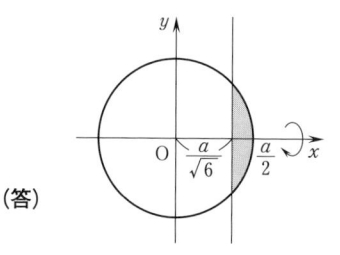

$$(B \text{ と } V \text{ の共通部分の体積})$$
$$= \frac{1}{2}\cdot(B \text{ の体積}) - 4W$$
$$= \frac{1}{2}\cdot\frac{4}{3}\left(\frac{a}{2}\right)^3\pi - 4\pi\int_{\frac{a}{\sqrt{6}}}^{\frac{a}{2}}\left\{\left(\frac{a}{2}\right)^2-x^2\right\}dx$$
$$= \left(\frac{7\sqrt{6}}{54}-\frac{1}{4}\right)\pi a^3. \qquad \textbf{(答)}$$

── **MEMO** ──

第8章　数 列

69 【解答1】

(1) 第 n 群の第 k 項は，第 $(n-k+1)$ 行目の第 k 列目の数である．

　　第 $(n-k+1)$ 行は
　　　　初項 2^{n-k}，公差 2^{n-k+1}
　の等差数列で，求める数はその第 k 項だから，
　　$2^{n-k}+(k-1)\cdot 2^{n-k+1}=(2k-1)\cdot 2^{n-k}$. （答）

行＼列	1	2	3	…	k	…	n
1	1	3	5	…	$2k-1$	…	$2n-1$
2	2	6	10				
$n-k+1$	2^{n-k}				● 第 n 群の第 k 項		
n	2^{n-1}						

(2) $S_n = 1\cdot 2^{n-1}+3\cdot 2^{n-2}+\cdots+(2n-1)\cdot 2^0$.
　　$2S_n = 1\cdot 2^n+3\cdot 2^{n-1}+5\cdot 2^{n-2}+\cdots+(2n-1)\cdot 2$.
　　$\therefore\ S_n = 2^n+2(2^{n-1}+2^{n-2}+\cdots+2)-(2n-1)$
　　　　　$= 2^n+2\cdot\dfrac{2(2^{n-1}-1)}{2-1}-(2n-1) = 3\cdot 2^n-2n-3$. （答）

【解答2】

$(1)_1$　第 n 群の第 1，第 2，第 3，…，第 k 項は
　　$2^{n-1},\ \dfrac{3\cdot 2^{n-1}}{2},\ \dfrac{5\cdot 2^{n-1}}{2^2},\ \cdots,\ \dfrac{(2k-1)\cdot 2^{n-1}}{2^{k-1}}$.　$\therefore\ (2k-1)\cdot 2^{n-k}$. （答）

$(1)_2$　求める数は，1 行目の k 番目の奇数 $(2k-1)$ より $(n-k)$ 個下にある数だから
　　$(2k-1)\cdot 2^{n-k}$. （答）

(2) S_n は，題意から次の漸化式をみたす．
　　　　$S_{n+1} = 2S_n+2n+1$.
　これを　$S_{n+1}+a(n+1)+b = 2(S_n+an+b) \Longleftrightarrow S_{n+1}=2S_n+an+b-a$
　と変形すると，　　　$a=2,\ b=3$.
　　$\therefore\ S_n+2n+3 = 2^{n-1}(S_1+2\cdot 1+3) = 3\cdot 2^n$.
　　$\therefore\ S_n = 3\cdot 2^n-2n-3$. （答）

70 【解答】

$(1)_1$　　　$(1+x)^n = 1+{}_nC_1 x+{}_nC_2 x^2+\cdots+{}_nC_n x^n$.
　両辺を x で微分して
　　$n(1+x)^{n-1} = {}_nC_1+2\cdot{}_nC_2 x+3\cdot{}_nC_3 x^2+\cdots+n\cdot{}_nC_n x^{n-1}$. 　…①
　$x=1$ として　${}_nC_1+2\cdot{}_nC_2+3\cdot{}_nC_3+\cdots+n\cdot{}_nC_n = n\cdot 2^{n-1}$. （終）

$(1)_2$　　$k\cdot{}_nC_k = k\cdot\dfrac{n!}{(n-k)!k!} = n\cdot\dfrac{(n-1)!}{(n-k)!(k-1)!} = n\cdot{}_{n-1}C_{k-1}$.

　$\therefore$　与式 $= \sum_{k=1}^{n}k\cdot{}_nC_k = n\cdot\sum_{k=1}^{n}{}_{n-1}C_{k-1} = n\cdot\sum_{k=0}^{n-1}{}_{n-1}C_k = n(1+1)^{n-1} = n\cdot 2^{n-1}$. （終）

$(1)_3$　　　$I = 0 \cdot {}_nC_0 + 1 \cdot {}_nC_1 \quad\quad + 2 \cdot {}_nC_2 + \cdots + (n-1) \cdot {}_nC_{n-1} + n \cdot {}_nC_n,$
　　　　　　$I = n \cdot {}_nC_n + (n-1) \cdot {}_nC_{n-1} + \quad\quad \cdots + 1 \cdot {}_nC_1 \quad\quad + 0 \cdot {}_nC_0.$
　　ここで，${}_nC_r = {}_nC_{n-r}$ だから，2式の辺々を加えると
　　　　　　$2I = n\{{}_nC_0 + {}_nC_1 + {}_nC_2 + \cdots + {}_nC_n\} = n \cdot 2^n.$ 　　　∴　$I = n \cdot 2^{n-1}.$　　　(終)

$(2)_1$　①の両辺に x をかけて
　　　　　　$n(1+x)^{n-1}x = {}_nC_1 x + 2 \cdot {}_nC_2 x^2 + 3 \cdot {}_nC_3 x^3 + \cdots + n \cdot {}_nC_n x^n.$
　　この両辺を x で微分すると
　　　　　　$n\{(1+x)^{n-1} + (n-1)(1+x)^{n-2} \cdot x\}$
　　　　　　　　　　$= {}_nC_1 + 2^2 \cdot {}_nC_2 x + 3^2 \cdot {}_nC_3 x^2 + \cdots + n^2 \cdot {}_nC_n x^{n-1}.$
　　$x=1$ として　$1^2 \cdot {}_nC_1 + 2^2 \cdot {}_nC_2 + 3^2 \cdot {}_nC_3 + \cdots + n^2 \cdot {}_nC_n$
　　　　　　　　　　$= n\{2^{n-1} + (n-1) \cdot 2^{n-2}\} = n(n+1) \cdot 2^{n-2}.$　　　(終)

$(2)_2$　$k=2, 3, \cdots, n$ のとき，
　　　　　　$k^2 \cdot {}_nC_k = \{k(k-1) + k\} {}_nC_k$
　　　　　　　　　　$= k(k-1) \cdot \dfrac{n!}{(n-k)!k!} + k \cdot \dfrac{n!}{(n-k)!k!}$
　　　　　　　　　　$= n(n-1) \cdot \dfrac{(n-2)!}{\{(n-2)-(k-2)\}!(k-2)!} + n \cdot \dfrac{(n-1)!}{\{(n-1)-(k-1)\}!(k-1)!}$
　　　　　　　　　　$= n(n-1) \cdot {}_{n-2}C_{k-2} + n \cdot {}_{n-1}C_{k-1}.$
　　また，$k=1$ のとき，$1^2 \cdot {}_nC_1 = n \cdot {}_{n-1}C_0.$
　　∴　与式 $= \sum_{k=1}^{n} k^2 \cdot {}_nC_k = n(n-1) \sum_{k=2}^{n} {}_{n-2}C_{k-2} + n \sum_{k=1}^{n} {}_{n-1}C_{k-1}$
　　　　　　　　　　$= n(n-1) \cdot 2^{n-2} + n \cdot 2^{n-1}$
　　　　　　　　　　$= n\{(n-1) + 2\} \cdot 2^{n-2} = n(n+1) \cdot 2^{n-2}.$　　　(終)

$(3)_1$　　　$(1+x)^{2n} = (1+x)^n \cdot (x+1)^n$
　　　　　　　　　$= ({}_nC_0 + {}_nC_1 x + \cdots + {}_nC_n x^n)({}_nC_0 x^n + {}_nC_1 x^{n-1} + \cdots + {}_nC_n).$
　　　　$(1+x)^{2n} = {}_{2n}C_0 + {}_{2n}C_1 x + \cdots + {}_{2n}C_n x^n + \cdots + {}_{2n}C_{2n} x^{2n}.$
　　この2式の x^n の係数は等しいから
　　　　　　${}_nC_0^2 + {}_nC_1^2 + {}_nC_2^2 + \cdots + {}_nC_n^2 = {}_{2n}C_n.$　　　(終)

$(3)_2$　2つの n 元集合 A, B の和集合（$2n$ 元集合）の n 元部分集合を考えると，その個数は　　　　　　　　　　　${}_{2n}C_n.$
　　この n 元部分集合は，$k=0, 1, 2, \cdots, n$ として，A の k 個と B の $n-k$ 個の元を合わせたもの全体と一致するから，　　$\sum_{k=0}^{n} {}_nC_k \cdot {}_nC_{n-k} = {}_{2n}C_n.$
　　ここで，${}_nC_k = {}_nC_{n-k}$ $(0 \leq k \leq n)$ であるから
　　　　　　${}_nC_0^2 + {}_nC_1^2 + {}_nC_2^2 + \cdots + {}_nC_n^2 = {}_{2n}C_n.$　　　(終)

(3)₃ 座標平面上の原点 O から点 P(n, n) に至る,格子点のみを通る最短コースの数は
$$\frac{(2n)!}{n!n!} = {}_{2n}C_n$$
通りある.これは,途中で右図の線分 AB 上の格子点
$$P_k(k, n-k) \quad (k=0, 1, 2, \cdots, n)$$
を通る最短コース全体の数
$$\sum_{k=0}^{n} \frac{n!}{k!(n-k)!} \times \frac{n!}{(n-k)!k!} = \sum_{k=0}^{n} {}_nC_k{}^2$$
に等しいから, $\quad \sum_{k=0}^{n} {}_nC_k{}^2 = {}_{2n}C_n.$ (終)

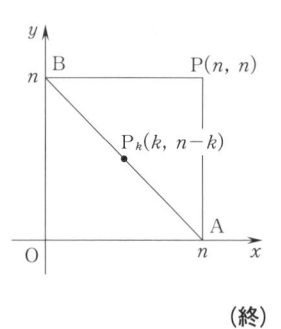

71 【解答1】

(1) $1, 2, 3, \cdots, n$ の各数は右図全体の中で $2n$ 回ずつ現れる.求める総和 S は,網目内の2数の和の総和だから,
$$S = \frac{1}{2}\{2n(1+2+3+\cdots+n) - 2(1+2+3+\cdots+n)\}$$
$$= (n-1) \cdot \frac{1}{2}n(n+1)$$
$$= \frac{1}{2}(n-1)n(n+1). \quad \text{(答)}$$

(2) 上図全体の中の2数の積の総和は $\quad (1+2+\cdots+n)^2 = \left\{\frac{1}{2}n(n+1)\right\}^2.$

求める総和 T は,網目内の2数の積の総和だから,
$$T = \frac{1}{2}\left\{\frac{1}{4}n^2(n+1)^2 - (1^2+2^2+\cdots+n^2)\right\} = \frac{1}{2}\left\{\frac{1}{4}n^2(n+1)^2 - \frac{1}{6}n(n+1)(2n+1)\right\}$$
$$= \frac{1}{2} \cdot \frac{n(n+1)}{12}\{3(n^2+n) - 2(2n+1)\} = \frac{1}{24}(n-1)n(n+1)(3n+2). \quad \text{(答)}$$

【解答2】

(1)
$$S = \frac{1}{2}\left[\sum_{k=1}^{n}\left\{\sum_{l=1}^{n}(k+l)\right\} - \sum_{k=1}^{n}2k\right] = \frac{1}{2}\sum_{k=1}^{n}\left\{kn + \frac{n(n+1)}{2} - 2k\right\}$$
$$= \frac{1}{2}\left\{\frac{n(n+1)}{2} \cdot n + \frac{n(n+1)}{2} \cdot n - 2 \cdot \frac{n(n+1)}{2}\right\}$$
$$= \frac{1}{2}\{n^2(n+1) - n(n+1)\} = \frac{1}{2}(n-1)n(n+1). \quad \text{(答)}$$

(2)
$$T = \frac{1}{2}\left[\sum_{k=1}^{n}\left\{\sum_{l=1}^{n}kl\right\} - \sum_{k=1}^{n}k^2\right] = \frac{1}{2}\sum_{k=1}^{n}\left[k \cdot \left\{\frac{n(n+1)}{2}\right\} - k^2\right]$$
$$= \frac{1}{2}\left[\left\{\frac{n(n+1)}{2}\right\}^2 - \frac{1}{6}n(n+1)(2n+1)\right]$$
$$= \frac{1}{24}(n-1)n(n+1)(3n+2). \quad \text{(答)}$$

【解答3】

(1) $$\{k+(k+1)\}+\{k+(k+2)\}+\cdots+(k+n)=\frac{(n-k)}{2}\cdot(3k+n+1).$$
$$\therefore\ S=\sum_{k=1}^{n-1}\frac{1}{2}(n-k)(3k+n+1)=\frac{1}{2}(n-1)n(n+1). \quad\text{（答）}$$

(2) $$k\cdot(k+1)+k\cdot(k+2)+\cdots+k\cdot n=k\cdot\frac{(n-k)}{2}\cdot(n+k+1).$$
$$\therefore\ T=\sum_{k=1}^{n-1}\frac{1}{2}k(n-k)(n+k+1)=\frac{1}{24}(n-1)n(n+1)(3n+2). \quad\text{（答）}$$

72 【解答1】

(1) (i) $z=k$ $(k=0, 1, 2, \cdots, 28)$ とすると，
$x+y=28-k$ の非負整数解の組 (x, y) は
$(x, y)=(0, 28-k), (1, 27-k), \cdots, (28-k, 0)$ の $(29-k)$ 個．
よって，求める非負整数解の組 (x, y, z) は
$$\sum_{k=0}^{28}(29-k)=\frac{29(29+1)}{2}=29\cdot15=435.\ \text{（個）}\quad\text{（答）}$$

(ii) $z=2l$ $(l=0, 1, 2, \cdots, 14)$ とすると，
$x+y=28-2l$ の非負整数解の組 (x, y) は
$(x, y)=(0, 28-2l), (1, 27-2l), \cdots, (28-2l, 0)$ の $(29-2l)$ 個．
よって，z が偶数のときの非負整数解の組 (x, y, z) は
$$\sum_{l=0}^{14}(29-2l)=\frac{15(29+1)}{2}=15\cdot15=225.\ \text{（個）}\quad\text{（答）}$$

(2) 用いる 10 円玉，50 円玉，100 円玉の個数を順に a, b, c 個とすると，
$$10a+50b+100c=1400\iff\frac{a}{5}+b+2c=28.$$
$c=l$ $(l=0, 1, 2, \cdots, 14)$ に対して，$\frac{a}{5}+b=28-2l$ の非負整数解の組 (a, b) は
$(a, b)=(0, 28-2l), (5, 27-2l), \cdots, (5\cdot(28-2l), 0)$ の $(29-2l)$ 個．
$$\therefore\ (a, b, c)\ \text{の総数}\ N=\sum_{l=0}^{14}(29-2l)=\frac{15}{2}\cdot(29+1)=225.\ \text{（個）}\quad\text{（答）}$$

【解答2】

(1) (i) $x+y+z=28$ の非負整数解の組 (x, y, z) は，3 個の異なるものから重複を許して 28 個とる（$\iff$ 異なる 3 個の箱へ，空箱を許して 28 個の同じものを入れる）重複組合せ $_3H_{28}$ だけある．
それは 28 個の ○ と 2 個の | を一列に並べる順列の個数に等しい．

○○|○|○…○|○○
　　x　　y　　z

$$\therefore\ _3H_{28}=_{30}C_{28}=_{30}C_2=\frac{30\cdot29}{2\cdot1}=435.\ \text{（個）}\quad\text{（答）}$$

(ii) $z=2l$ $(l=0, 1, 2, \cdots, 14)$ とすると，$x+y=28-2l$.
$_2H_{28-2l}=_{2+(28-2l)-1}C_{28-2l}=_{29-2l}C_{28-2l}=_{29-2l}C_1$ だから $x+y+z=28$, $z=2l$ の

非負整数解の組 (x, y, z) は
$$\sum_{l=0}^{14} {}_{29-2l}C_1 = \sum_{l=0}^{14}(29-2l) = \frac{15(29+1)}{2} = 225. \text{ (個)} \quad \textbf{(答)}$$

(2) $\quad 10a+50b+100c=1400 \iff \dfrac{a}{5}+b+2c=28.$

ここで，$\dfrac{a}{5}=x$, $b=y$, $2c=z$ とおくと，任意の非負整数 x, y に対して，非負整数 a, b が1つずつ定まり，任意の非負の偶数 z に対して非負整数 c が1つ定まるから，求める総数 N は

$\qquad x+y+z=28$ の非負整数解 (x, y, z) の個数に等しい．

よって，(1)(i) より， $\qquad\qquad$ 225．(個) $\qquad\qquad\qquad$ **(答)**

73 【解答1】（数学的帰納法の利用）

与式で，$n=1$ のとき，$a_1^2 = a_1^3$. $\quad \therefore \quad a_1 = 1.$ $(\because a_1 > 0)$ $\quad\cdots$①

よって，与式で $n=2$ のとき，$(1+a_2)^2 = 1^3 + a_2^3$.

$\qquad \therefore \quad a_2(a_2+1)(a_2-2) = 0. \quad \therefore \quad a_2 = 2. \ (\because a_2 > 0)$

これより， $\qquad\qquad a_n = n \quad (n \geq 1) \qquad\qquad\qquad \cdots$②

と推定される．この正しいことを数学的帰納法で示す．

(i) $n=1$ のとき，① より，② は成り立つ．

(ii) $n \leq k \ (k \geq 1)$ のとき，$a_n = n$ と仮定すると，
$$(1+2+\cdots+k+a_{k+1})^2 = 1^3+2^3+\cdots+k^3+a_{k+1}^3.$$
$$\therefore \ \left\{\frac{k(k+1)}{2}\right\}^2 + k(k+1)a_{k+1} + a_{k+1}^2 = \left\{\frac{k(k+1)}{2}\right\}^2 + a_{k+1}^3.$$

$a_{k+1} > 0$ だから， $\qquad a_{k+1}^2 - a_{k+1} - k(k+1) = 0.$

$\qquad \therefore \ (a_{k+1}+k)\{a_{k+1}-(k+1)\} = 0. \quad \therefore \ a_{k+1} = k+1. \ (\because a_{k+1} > 0)$

よって，② は $n=k+1$ でも成り立つ．

以上の (i), (ii) より，$\qquad\qquad a_n = n. \ (n \geq 1) \qquad\qquad$ **(答)**

【解答2】（漸化式を解く）

$S_n = \displaystyle\sum_{k=1}^n a_k$ とおくと，与式は
$$S_n^2 = a_1^3 + a_2^3 + \cdots + a_n^3. \ (n \geq 1) \qquad\qquad \cdots ③$$
$$\therefore \ S_{n+1}^2 = a_1^3 + a_2^3 + \cdots + a_n^3 + a_{n+1}^3. \ (n \geq 0) \qquad \cdots ④$$

$a_{n+1} = S_{n+1} - S_n$ だから，④−③ より
$$a_{n+1}(S_{n+1}+S_n) = a_{n+1}^3. \ (n \geq 1)$$

$a_{n+1} > 0$ だから， $\qquad S_{n+1} + S_n = a_{n+1}^2. \ (n \geq 1)$

$\qquad\qquad\qquad\qquad \therefore \ S_n + S_{n-1} = a_n^2. \ (n \geq 2)$

辺々を引くと $\qquad a_{n+1} + a_n = a_{n+1}^2 - a_n^2. \ (n \geq 2)$

ここで，$a_{n+1} + a_n > 0$ だから，$a_{n+1} - a_n = 1. \ (n \geq 2) \qquad \cdots ⑤$

一方，$n = 1, 2$ のとき，与式は
$$a_1^2 = a_1^3, \ (a_1+a_2)^2 = a_1^3 + a_2^3.$$

$a_1>0$, $a_2>0$ より, $a_1=1$, $a_2=2$.
これと ⑤ より, $a_1=1$, $a_{n+1}-a_n=1$. $(n\geq 1)$
∴ $a_n=a_1+(n-1)\cdot 1=n$. $(n\geq 1)$ (答)

【解答3】
$(a_1+a_2+\cdots+a_n)^2=a_1{}^3+a_2{}^3+\cdots+a_n{}^3$. $(n\geq 1)$
$(a_1+a_2+\cdots+a_{n+1})^2=a_1{}^3+a_2{}^3+\cdots+a_{n+1}{}^3$. $(n\geq 0)$
$(a_1+a_2+\cdots+a_{n+2})^2=a_1{}^3+a_2{}^3+\cdots+a_{n+2}{}^3$. $(n\geq -1)$
よって, x の3次方程式
$(a_1+a_2+\cdots+a_{n+1}+x)^2=a_1{}^3+a_2{}^3+\cdots+a_{n+1}{}^3+x^3$
は, $x=a_{n+2}$, 0, $-a_{n+1}$ の3解をもつから, 3次方程式の解と係数の関係より, これらの3解の和は $a_{n+2}-a_{n+1}=1$. $(n\geq 1)$
また, 与式で, $n=1$, 2 とすると $a_1>0$, $a_2>0$ であるから, $a_1=1$, $a_2=2$.
∴ $a_1=1$, $a_{n+1}-a_n=1$. $(n\geq 1)$ ∴ $a_n=n$. $(n\geq 1)$ (答)

74 【解答】

(1) 題意から, b_n は 2^n+3^n を5で割ったときの余りである.   …①
$2^1+3^1=5$, $2^2+3^2=13$, $2^3+3^3=35$, $2^4+3^4=97$
をそれぞれ5で割った余りを求めて,
$b_1=0$, $b_2=3$, $b_3=0$, $b_4=2$. (答)

(2) $b_{n+4}-b_n=(2^{n+4}+3^{n+4}-5a_{n+4})-(2^n+3^n-5a_n)$
$=15\cdot 2^n+80\cdot 3^n-5(a_{n+4}-a_n)$
$=5(3\cdot 2^n+16\cdot 3^n-a_{n+4}+a_n)$.

よって, $b_{n+4}-b_n$ は5の倍数であるから, b_{n+4} と b_n を5で割ったときの余りは等しい. これと ① より, $b_{n+4}=b_n$. (終)

これと (1) の結果から,
$b_n=\begin{cases} b_1=b_3=0, & (n=4k+1, 4k+3 \text{ のとき}) \\ b_2=3, & (n=4k+2 \text{ のとき}) \\ b_4=2. & (n=4k+4 \text{ のとき}) \end{cases}$ $(k=0, 1, 2, \cdots)$ (答)

(注) $2^{n+4}+3^{n+4}=16\cdot 2^n+81\cdot 3^n=5(3\cdot 2^n+16\cdot 3^n)+2^n+3^n$.
よって, $2^{n+4}+3^{n+4}$ を5で割ったときの余りと, 2^n+3^n を5で割ったときの余りが等しいから, ① より, $b_{n+4}=b_n$.

(3) $S=\sum_{k=1}^{4m}a_k=\frac{1}{5}\sum_{k=1}^{4m}(2^k+3^k-b_k)$
$=\frac{1}{5}\left\{2\cdot\frac{2^{4m}-1}{2-1}+3\cdot\frac{3^{4m}-1}{3-1}-m(b_1+b_2+b_3+b_4)\right\}$ (∵ (2))
$=\frac{1}{5}\left\{2^{4m+1}-2+\frac{1}{2}\cdot 3^{4m+1}-\frac{3}{2}-5m\right\}$
$=\frac{1}{10}(2^{4m+2}+3^{4m+1}-10m-7)$. (答)

75 【解答1】

$\{a_n\}: 2, 4, ⑧, 16, \cdots,$ $\{b_n\}: 5, ⑧, 11, 14, \cdots.$ $\therefore c_1=8.$

また, $a_m=b_n \iff 2^m=3n+2$ $(m, n : 自然数)$

とすると, $a_{m+1}=2^{m+1}=2\cdot 2^m=2(3n+2)=3(2n+1)+1 \notin \{b_n\},$

$a_{m+2}=2^{m+2}=4\cdot 2^m=4(3n+2)=3(4n+2)+2 \in \{b_n\}.$

よって, $\{a_n\}$ の項 $a_m=2^m$ が $\{c_n\}$ の項であるとき, 次に $\{c_n\}$ の項になるのは $a_{m+2}=2^{m+2}=4\cdot 2^m$ である.

よって, $\{c_n\}$ は初項 8, 公比 4 の等比数列である.   (終)

(注) $c_n=8\cdot 4^{n-1}=2\cdot 4^n$ である.

【解答2】

自然数 m, n に対して

$2^m=3n+2 \iff 2(2^{m-1}-1)=3n$

$\iff$ 「$2^{m-1}-1$ が 3 の倍数で, $m\neq 1$」.   …①

また, $2-1, 2^2-1, 2^3-1, 2^4-1, 2^5-1, \cdots$ を 3 で割った余りは,

$1, 0, 1, 0, 1, \cdots.$ (1, 0 のくり返し)

よって, ① $\iff m-1=2k$ $(k\geq 1) \iff 2^m=2^{2k+1}$ $(k\geq 1).$

$\therefore c_n=2^{2n+1}=8\cdot 4^{n-1}.$ $(n\geq 1)$ $\therefore \{c_n\}$ は等比数列.   (終)

【解答3】

$a_m=2^m=(3-1)^m=(3 の倍数)+(-1)^m$

$= \begin{cases} (3 の倍数)+2 \in \{b_n\} & (m=2n+1 \text{ のとき}), \\ (3 の倍数)+1 \notin \{b_n\} & (m=2n \text{ のとき}). \end{cases}$ $(n\geq 1)$

$\therefore c_n=2^{2n+1}=8\cdot 4^{n-1}.$ $(n\geq 1)$ $\therefore \{c_n\}$ は等比数列.   (終)

76 【解答】

(1) $S_n=x_1y_1+x_2y_2+\cdots+x_ny_n$ とおく.

(i) S_{n+1} が偶数になるのは,

$\begin{cases} S_n \text{ が偶数で}, (x_{n+1}, y_{n+1})=(0, 0), (0, 1), (1, 0), \\ \text{または} \\ S_n \text{ が奇数で}, (x_{n+1}, y_{n+1})=(1, 1) \end{cases}$

のときである. $\therefore a_{n+1}=3a_n+b_n.$ …①   (答)

(ii) S_{n+1} が奇数になるのは,

$\begin{cases} S_n \text{ が偶数で}, (x_{n+1}, y_{n+1})=(1, 1), \\ \text{または} \\ S_n \text{ が奇数で}, (x_{n+1}, y_{n+1})=(0, 0), (0, 1), (1, 0) \end{cases}$

のときである. $\therefore b_{n+1}=a_n+3b_n.$ …②   (答)

(2) $S_1=0$ となるのは, $(x_1, y_1)=(0, 0), (0, 1), (1, 0),$

$S_1=1$ となるのは, $(x_1, y_1)=(1, 1)$

のときであるから, $a_1=3, b_1=1.$

①＋② より，　$a_{n+1}+b_{n+1}=4(a_n+b_n)$.
$$\therefore\ a_n+b_n=4^{n-1}(a_1+b_1)=4^n. \quad \cdots ③$$

①－② より，　$a_{n+1}-b_{n+1}=2(a_n-b_n)$.
$$\therefore\ a_n-b_n=2^{n-1}(a_1-b_1)=2^n. \quad \cdots ④$$

$\dfrac{1}{2}$（③＋④）より，　　$a_n=\dfrac{1}{2}(4^n+2^n)=2^{n-1}(2^n+1)$.　　　　（答）

$\dfrac{1}{2}$（③－④）より，　　$b_n=\dfrac{1}{2}(4^n-2^n)=2^{n-1}(2^n-1)$.　　　　（答）

77* 【解答】

条件(I), (II), (III)をみたす $n+2$ 桁の自然数は a_{n+2} 通りある．このうち，
(i) 上から2桁目が1のもの，3のものは各々 a_{n+1} 通りずつある．
(ii) 上から2桁目が2のものは，
　　　　上から3桁目が1のもの，3のものは各々 a_n 通りずつある．

```
         1    2    3    4   ⋯  n+1  n+2  ⋯  a_{n+2}
  (i)  [ 1 ][1か3][                      ]  ⋯  2×a_{n+1}
  (ii) [ 1 ][ 2 ][1か3][                ]  ⋯  2×a_n
```

以上の(i), (ii)から
$$a_{n+2}=2(a_{n+1}+a_n),\ (n=1,\ 2,\ 3,\ \cdots) \quad \cdots ①$$

これを，
$$a_{n+2}-\alpha a_{n+1}=\beta(a_{n+1}-\alpha a_n) \quad \cdots ②$$
$$\Longleftrightarrow a_{n+2}=(\alpha+\beta)a_{n+1}-\alpha\beta a_n$$

と変形すると，　　$\alpha+\beta=2,\ \alpha\beta=-2$. 　　　　　$\cdots ③$

よって，$\alpha,\ \beta$ は2次方程式 $x^2-2x-2=0$ の2解 $x=1\pm\sqrt{3}$ である．
条件(I), (II), (III)から，$a_1=1,\ a_2=3$ だから，②より
$$a_{n+1}-\alpha a_n=\beta^{n-1}(a_2-\alpha a_1)=(3-\alpha)\beta^{n-1}=(1+\beta)\beta^{n-1}\ (\because\ ③)$$

$$\left(\text{ここで，}\beta^2-2\beta-2=0\ \text{より}\ \ 1+\beta=\dfrac{1}{2}\beta^2\ \text{だから}\right)$$

$$=\dfrac{1}{2}\beta^2\cdot\beta^{n-1}=\dfrac{1}{2}\beta^{n+1}.$$

よって，

$(\alpha,\ \beta)=(1-\sqrt{3},\ 1+\sqrt{3})$ のとき，$a_{n+1}-(1-\sqrt{3})a_n=\dfrac{1}{2}(1+\sqrt{3})^{n+1}$.　　$\cdots ④$

$(\alpha,\ \beta)=(1+\sqrt{3},\ 1-\sqrt{3})$ のとき，$a_{n+1}-(1+\sqrt{3})a_n=\dfrac{1}{2}(1-\sqrt{3})^{n+1}$.　　$\cdots ⑤$

（④－⑤）$\times\dfrac{1}{2\sqrt{3}}$ より，　$a_n=\dfrac{\sqrt{3}}{12}\{(1+\sqrt{3})^{n+1}-(1-\sqrt{3})^{n+1}\}.\ (n\geqq 1)$　　（答）

78 【解答】

$$0, 1 \mid 00, 01, 10, 11 \mid 000, 001, \cdots, 111 \mid 0000, \cdots$$

のように，2個，4個，8個，… と区切って群を作ると，第 m 群には，2進法で表された $0, 1, 2, \cdots, (2^m-1)$ の 2^m 個の数があるから，第 $(m-1)$ 群の末項までには全部で

$$2+2^2+\cdots+2^{m-1} = \frac{2(2^{m-1}-1)}{2-1} = 2^m - 2 \qquad \cdots ①$$

項ある．

(1) 1101001 は，第7群に含まれ，10進法で

$$2^6 + 2^5 + 2^3 + 1 = 64 + 32 + 8 + 1 = 105$$

であるから，第7群の中の106番目．

よって，1101001 は，最初から数えると，$((2^7-2)+106=)$ **232 番目の項**．　**(答)**

(2) n 番目の項 X は，m 群に含まれるとし，10進法で表すと x であるとすると，X は m 群の中の $(x+1)$ 番目の数であるから，最初から数えると，① より

$$n = (2^m-2) + x + 1 \text{ (番目の項)}. \qquad \cdots ②$$

$X1$ は，10進法では $2x+1$ であるから，$(m+1)$ 群の中の $(2x+2)$ 番目の数である．

よって，$X1$ は，最初から数えると，

$$(2^{m+1}-2) + 2x + 2 = 2\{(2^m-2) + x + 1\} + 2$$
$$= 2n+2 \text{ (番目の項)}. \quad (\because ②) \qquad \textbf{(答)}$$

—— **MEMO** ——

第9章 ベクトル

79 【解答1】
辺 OA, OB の中点をそれぞれ M, N とすると，$\vec{a}, \vec{b}$ は1次独立であるから，s, t を実数として

$$\overrightarrow{MP}=\overrightarrow{OP}-\overrightarrow{OM}=(s\vec{a}+t\vec{b})-\frac{1}{2}\vec{a}=\left(s-\frac{1}{2}\right)\vec{a}+t\vec{b},$$

$$\overrightarrow{NP}=\overrightarrow{OP}-\overrightarrow{ON}=(s\vec{a}+t\vec{b})-\frac{1}{2}\vec{b}=s\vec{a}+\left(t-\frac{1}{2}\right)\vec{b}.$$

OA⊥MP であるから，

$$\left(s-\frac{1}{2}\right)|\vec{a}|^2+t\vec{a}\cdot\vec{b}=4\left(s-\frac{1}{2}\right)+6t=0. \quad \therefore \quad 2s+3t=1. \quad \cdots ①$$

OB⊥NP であるから，

$$s\vec{a}\cdot\vec{b}+\left(t-\frac{1}{2}\right)|\vec{b}|^2=6s+16\left(t-\frac{1}{2}\right)=0. \quad \therefore \quad 3s+8t=4. \quad \cdots ②$$

①, ② を解いて，$s=-\dfrac{4}{7}, \ t=\dfrac{5}{7}.$ $\quad \therefore \quad \vec{p}=-\dfrac{4}{7}\vec{a}+\dfrac{5}{7}\vec{b}.$ （答）

【解答2】

$$\vec{a}\cdot\vec{p}=\vec{a}\cdot(s\vec{a}+t\vec{b})=s|\vec{a}|^2+t\vec{a}\cdot\vec{b}=4s+6t$$
$$=|\vec{a}||\vec{p}|\cos\angle AOP=OA\cdot OM=2\cdot 1. \quad \therefore \quad 2s+3t=1. \quad \cdots ①$$

$$\vec{b}\cdot\vec{p}=\vec{b}\cdot(s\vec{a}+t\vec{b})=s\vec{a}\cdot\vec{b}+t|\vec{b}|^2=6s+16t$$
$$=|\vec{b}||\vec{p}|\cos\angle BOP=OB\cdot ON=4\cdot 2. \quad \therefore \quad 3s+8t=4. \quad \cdots ②$$

①, ② を解いて，$s=-\dfrac{4}{7}, \ t=\dfrac{5}{7}.$ $\quad \therefore \quad \vec{p}=-\dfrac{4}{7}\vec{a}+\dfrac{5}{7}\vec{b}.$ （答）

80 【解答1】（点 A を始点にとる）

(1) 与式 $\Leftrightarrow -3\overrightarrow{AP}+2(\overrightarrow{AB}-\overrightarrow{AP})+(\overrightarrow{AC}-\overrightarrow{AP})=k\overrightarrow{BC}$

$\Leftrightarrow \overrightarrow{AP}=\dfrac{2\overrightarrow{AB}+\overrightarrow{AC}-k\overrightarrow{BC}}{6}=\dfrac{1}{2}\cdot\dfrac{2\overrightarrow{AB}+\overrightarrow{AC}}{3}-\dfrac{k}{6}\overrightarrow{BC}.$

ここで，BC を 1:2 に内分する点を D，AD の中点を E とすると，$\quad \overrightarrow{AP}=\overrightarrow{AE}-\dfrac{k}{6}\overrightarrow{BC}.$

よって，k が実数全体を動くとき，点 P の軌跡は，点 E を通り，BC に平行な直線 l，すなわち中点連結定理から，AB の中点 M と AC の中点 N を通る直線 MN である． （答）

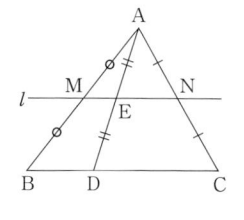

(2)
$$\overrightarrow{EM}=\frac{1}{2}\overrightarrow{DB}=\frac{1}{2}\cdot\frac{1}{3}\overrightarrow{CB}=-\frac{1}{6}\overrightarrow{BC},$$
$$\overrightarrow{EN}=\frac{1}{2}\overrightarrow{DC}=\frac{1}{2}\cdot\frac{2}{3}\overrightarrow{BC}=\frac{1}{3}\overrightarrow{BC}$$

であるから，点 P が三角形 ABC の内部にある条件は
$$-\frac{1}{6}<-\frac{k}{6}<\frac{1}{3} \iff -2<k<1.$$ (答)

【解答 2】（点 B を始点にとると簡単になる）
(1)
$$\text{与式} \iff 3(\overrightarrow{BA}-\overrightarrow{BP})-2\overrightarrow{BP}+(\overrightarrow{BC}-\overrightarrow{BP})=k\overrightarrow{BC}$$
$$\iff \overrightarrow{BP}=\frac{1}{2}\overrightarrow{BA}+\frac{1-k}{6}\overrightarrow{BC}.$$

よって，k が実数全体を動くとき，点 P の軌跡は，
AB の中点 M を通り，BC に平行な直線である．(答)

(2) AC の中点を N とすると，$\overrightarrow{MN}=\frac{1}{2}\overrightarrow{BC}.$

よって，点 P が三角形 ABC 内にある条件は
$$0<\frac{1-k}{6}<\frac{1}{2} \iff -2<k<1.$$ (答)

【解答 3】（各点の位置ベクトルを用いる）
(1)
$$\text{与式} \iff 3(\vec{a}-\vec{p})+2(\vec{b}-\vec{p})+(\vec{c}-\vec{p})=k\overrightarrow{BC}.$$
$$\iff \vec{p}=\frac{3\vec{a}+2\vec{b}+\vec{c}}{6}-\frac{k}{6}\overrightarrow{BC}. \quad \cdots ①$$
$$\iff \vec{p}=\frac{3(\vec{a}+\vec{b})+(\vec{c}-\vec{b})}{6}-\frac{k}{6}\overrightarrow{BC}=\frac{\vec{a}+\vec{b}}{2}+\frac{1-k}{6}\overrightarrow{BC}.$$

（以下，【解答 2】と同様）

(2) P が三角形の内部にある
$$\iff \overrightarrow{AP}=t\overrightarrow{AB}+u\overrightarrow{AC} \quad (0<t,\ 0<u,\ t+u<1)$$
$$\iff \vec{p}=(1-t-u)\vec{a}+t\vec{b}+u\vec{c}$$
$$\iff \vec{p}=s\vec{a}+t\vec{b}+u\vec{c}$$
$$(s+t+u=1,\ s>0,\ t>0,\ u>0). \quad \cdots ②$$

また，$① \iff \vec{p}=\dfrac{3\vec{a}+(2+k)\vec{b}+(1-k)\vec{c}}{6}. \quad \cdots ③$

②，③ から，
$$P\in\triangle ABC \iff \left\lceil \frac{3+(2+k)+(1-k)}{6}=1,\ \frac{3}{6}>0,\ \frac{2+k}{6}>0,\ \frac{1-k}{6}>0. \right\rfloor$$
$$\therefore\ -2<k<1.$$ (答)

81 【解答】

(1) G は三角形 ABC の重心だから,
$$\vec{\alpha}+\vec{\beta}+\vec{\gamma}=\vec{0}. \qquad \cdots ①$$
$$\therefore \quad (\vec{\alpha}+\vec{\beta}+\vec{\gamma})\cdot(\vec{\alpha}+\vec{\beta}+\vec{\gamma})=0$$
$$\Leftrightarrow \quad \vec{\alpha}\cdot\vec{\alpha}+\vec{\beta}\cdot\vec{\beta}+\vec{\gamma}\cdot\vec{\gamma}+2(\vec{\alpha}\cdot\vec{\beta}+\vec{\beta}\cdot\vec{\gamma}+\vec{\gamma}\cdot\vec{\alpha})=0. \qquad \cdots ②$$

また, $a^2=|\vec{\beta}-\vec{\gamma}|^2=\vec{\beta}\cdot\vec{\beta}-2\vec{\beta}\cdot\vec{\gamma}+\vec{\gamma}\cdot\vec{\gamma}$,
$b^2=|\vec{\gamma}-\vec{\alpha}|^2=\vec{\gamma}\cdot\vec{\gamma}-2\vec{\gamma}\cdot\vec{\alpha}+\vec{\alpha}\cdot\vec{\alpha}$,
$c^2=|\vec{\alpha}-\vec{\beta}|^2=\vec{\alpha}\cdot\vec{\alpha}-2\vec{\alpha}\cdot\vec{\beta}+\vec{\beta}\cdot\vec{\beta}$.
$$\therefore \quad a^2+b^2+c^2=2(\vec{\alpha}\cdot\vec{\alpha}+\vec{\beta}\cdot\vec{\beta}+\vec{\gamma}\cdot\vec{\gamma})-2(\vec{\alpha}\cdot\vec{\beta}+\vec{\beta}\cdot\vec{\gamma}+\vec{\gamma}\cdot\vec{\alpha}). \qquad \cdots ③$$

②, ③ より, $\vec{\alpha}\cdot\vec{\alpha}+\vec{\beta}\cdot\vec{\beta}+\vec{\gamma}\cdot\vec{\gamma}=\dfrac{a^2+b^2+c^2}{3}.$ (答)

これと ② より, $\vec{\alpha}\cdot\vec{\beta}+\vec{\beta}\cdot\vec{\gamma}+\vec{\gamma}\cdot\vec{\alpha}=-\dfrac{a^2+b^2+c^2}{6}.$ …④ (答)

(2) $\overrightarrow{GP}=\vec{p}$ とおくと, 与式は
$$(\vec{\alpha}-\vec{p})\cdot(\vec{\beta}-\vec{p})+(\vec{\beta}-\vec{p})\cdot(\vec{\gamma}-\vec{p})+(\vec{\gamma}-\vec{p})\cdot(\vec{\alpha}-\vec{p})=k$$
$$\Leftrightarrow \quad 3|\vec{p}|^2-2(\vec{\alpha}+\vec{\beta}+\vec{\gamma})\cdot\vec{p}+\vec{\alpha}\cdot\vec{\beta}+\vec{\beta}\cdot\vec{\gamma}+\vec{\gamma}\cdot\vec{\alpha}=k$$
$$\Leftrightarrow \quad |\vec{p}|^2=|\overrightarrow{GP}|^2=\dfrac{1}{3}\left(k+\dfrac{a^2+b^2+c^2}{6}\right). \quad (\because ①, ④)$$

よって, 求める点 P の軌跡は,

(i) $k>-\dfrac{1}{6}(a^2+b^2+c^2)$ のとき,
重心 G を中心とする半径 $\sqrt{\dfrac{1}{3}k+\dfrac{1}{18}(a^2+b^2+c^2)}$ の円.

(ii) $k=-\dfrac{1}{6}(a^2+b^2+c^2)$ のとき, 1 点 G.

(iii) $k<-\dfrac{1}{6}(a^2+b^2+c^2)$ のとき, なし.

(答)

82 【解答】

(1)₁ 条件から
$$\overrightarrow{OP}=(1-t)\overrightarrow{OA}+t\overrightarrow{OB}, \quad \overrightarrow{OC}=-\overrightarrow{OA}.$$
ここで, $\overrightarrow{OQ}=k\overrightarrow{OB}$ $(k>0)$ とすると,
$$\overrightarrow{OP}=-(1-t)\overrightarrow{OC}+\dfrac{t}{k}\overrightarrow{OQ}.$$
点 P は直線 CQ 上にあるから,
$$-(1-t)+\dfrac{t}{k}=1. \quad \therefore \quad k=\dfrac{t}{2-t}.$$
$$\therefore \quad \overrightarrow{OQ}=\dfrac{t}{2-t}\overrightarrow{OB}. \quad \text{(答)}$$

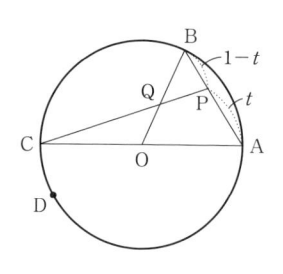

(1)$_2$ 三角形 OAB と割線 CP にメネラウスの定理を用いると

$$\frac{OQ}{QB} \cdot \frac{BP}{PA} \cdot \frac{AC}{CO} = 1 \iff \frac{QB}{OQ} = \frac{2(1-t)}{t}.$$

両辺に 1 を加えて，$\dfrac{OQ+QB}{OQ} = \dfrac{2-t}{t}$. $\therefore \overrightarrow{OQ} = \dfrac{t}{2-t}\overrightarrow{OB}$. (答)

(2) 与式と (1) の結果から，

$$-\sqrt{3}\,\overrightarrow{OD} = \overrightarrow{OA} + \sqrt{3}\,\overrightarrow{OQ} = \overrightarrow{OA} + \frac{\sqrt{3}\,t}{2-t}\overrightarrow{OB}. \quad \cdots ①$$

ここで， $|\overrightarrow{OA}| = |\overrightarrow{OB}| = |\overrightarrow{OD}| = 1,\ |\overrightarrow{AB}| = 1$

であるから，$\angle AOB = 60°$. $\therefore \overrightarrow{OA} \cdot \overrightarrow{OB} = \dfrac{1}{2}$.

$$\therefore |-\sqrt{3}\,\overrightarrow{OD}|^2 = \left|\overrightarrow{OA} + \frac{\sqrt{3}\,t}{2-t}\overrightarrow{OB}\right|^2$$

$$\iff 3 = 1 + \frac{\sqrt{3}\,t}{2-t} + \left(\frac{\sqrt{3}\,t}{2-t}\right)^2 \iff \left(\frac{\sqrt{3}\,t}{2-t} + 2\right)\left(\frac{\sqrt{3}\,t}{2-t} - 1\right) = 0.$$

ここで，$0 < t < 1$ だから，$\dfrac{\sqrt{3}\,t}{2-t} = 1$. $\therefore t = \dfrac{2}{\sqrt{3}+1} = \sqrt{3} - 1$. (答)

これと ① より， $\overrightarrow{OD} = -\dfrac{1}{\sqrt{3}}(\overrightarrow{OA} + \overrightarrow{OB}).$

よって，点 D は右図の位置にあるから，

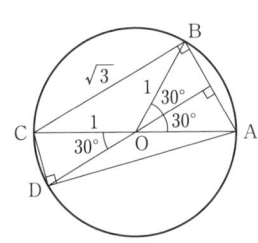

$$\square ABCD = \triangle ABC + \triangle OCD + \triangle OAD$$

$$= \frac{1}{2} \cdot 1 \cdot \sqrt{3} + \frac{1}{2} \cdot 1 \cdot 1 \cdot \sin 30°$$

$$\quad + \frac{1}{2} \cdot 1 \cdot 1 \cdot \sin 150°$$

$$= \frac{\sqrt{3}}{2} + \frac{1}{4} + \frac{1}{4} = \frac{\sqrt{3}+1}{2}. \quad (答)$$

83 【解答 1】

線分 AB を 2:1 に内分する点を D, 線分 CD の中点を E とすると，

$$\overrightarrow{AP} + 2\overrightarrow{BP} + 3\overrightarrow{CP} = 3(\overrightarrow{DP} + \overrightarrow{CP}) = 6\overrightarrow{EP}.$$

ここで，$D\left(\dfrac{2\cdot 3 + 1\cdot 4}{3},\ \dfrac{2\cdot 5 + 1\cdot 2}{3}\right) = \left(\dfrac{10}{3},\ 4\right).$

$$\therefore E\left(\frac{2 + \frac{10}{3}}{2},\ \frac{2+4}{2}\right) = \left(\frac{8}{3},\ 3\right).$$

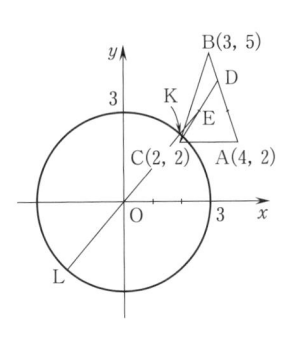

よって，定点 E と O を結ぶ直線と円の交点を E から近い順に K, L とすると，右図より明らかに，与式は P=L のとき最大, P=K のとき最小で，

$$M = 6EL = 6(OE + OL) = 6\left\{\sqrt{\left(\frac{8}{3}\right)^2 + 3^2} + 3\right\} = 2\sqrt{145} + 18. \quad (答)$$

$$m = 6EK = 6(OE - OK) = 6\left\{\sqrt{\left(\frac{8}{3}\right)^2 + 3^2} - 3\right\} = 2\sqrt{145} - 18.$$ (答)

【解答2】
P(x, y) とすると，
$$与式 = |6\overrightarrow{OP} - (\overrightarrow{OA} + 2\overrightarrow{OB} + 3\overrightarrow{OC})|$$
$$= |6(x, y) - (16, 18)| = 6\left|\left(x - \frac{8}{3}, y - 3\right)\right| = 6|\overrightarrow{EP}|.$$

ただし， $\overrightarrow{OE} = \dfrac{\overrightarrow{OA} + 2\overrightarrow{OB} + 3\overrightarrow{OC}}{6} = \left(\dfrac{8}{3}, 3\right)$. (以下，同様)

(注) または，$\left(x - \dfrac{8}{3}\right)^2 + (y-3)^2 = r^2$ $(r > 0)$ とおき，この円が円 $x^2 + y^2 = 9$ と共有点をもつ条件から

$$\underset{(最小)}{2\sqrt{145} - 18} \leq 6r = 6EP (= 与式) \leq \underset{(最大)}{2\sqrt{145} + 18}.$$

84 【解答】

(1)$_1$ a, b が $\dfrac{1}{a} + \dfrac{1}{b} = \dfrac{1}{k} \iff \dfrac{ab}{a+b} = k$ …①

をみたしながら変化するとき，P, Q はそれぞれ直線 OA, OB 上を動くが，線分 PQ を $a:b$ に分ける点の位置ベクトル

$$\dfrac{b\overrightarrow{OP} + a\overrightarrow{OQ}}{a+b} = \dfrac{ab}{a+b}(\overrightarrow{OA} + \overrightarrow{OB})$$
$$= k(\overrightarrow{OA} + \overrightarrow{OB}) \quad (\because ①) \qquad \cdots ②$$

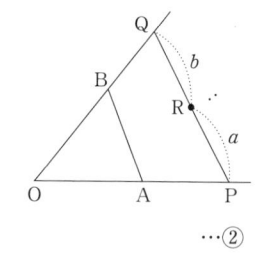

は定ベクトルである．

よって，直線 PQ は，a, b の値にかかわらず ② を位置ベクトルにもつ定点（この定点が R）を通る． (終)

$$\therefore \overrightarrow{OR} = k(\overrightarrow{OA} + \overrightarrow{OB}). \qquad \cdots ③ \quad (答)$$

(1)$_2$ $k(\overrightarrow{OA} + \overrightarrow{OB}) = \dfrac{k}{a}\overrightarrow{OP} + \dfrac{k}{b}\overrightarrow{OQ}$

において， $\dfrac{1}{a} + \dfrac{1}{b} = \dfrac{1}{k} \iff \dfrac{k}{a} + \dfrac{k}{b} = 1$

であるから，直線 PQ は，a, b の値にかかわらず

$$k(\overrightarrow{OA} + \overrightarrow{OB}) = \overrightarrow{OR}$$

で定まる定点 R を通る． (終)

(2) $k=1$ のとき，③ は， $\overrightarrow{OR} = \overrightarrow{OA} + \overrightarrow{OB}.$
$$\therefore |\overrightarrow{OR}|^2 = |\overrightarrow{OA}|^2 + 2\overrightarrow{OA} \cdot \overrightarrow{OB} + |\overrightarrow{OB}|^2.$$
$$\therefore \overrightarrow{OA} \cdot \overrightarrow{OB} = 1 \cdot 1 \cdot \cos \angle AOB = \dfrac{3-1-1}{2} = \dfrac{1}{2}.$$
$$\therefore \angle AOB = \theta = \dfrac{\pi}{3}. \qquad (答)$$

85 【解答1】

(1)₁ 各点の位置ベクトルをその点の矢印付きの小文字で表すことにする.

EF の中点 : $\frac{1}{2}(\vec{e}+\vec{f}) = \frac{1}{2}\left(\frac{\vec{a}+\vec{b}}{2}+\frac{\vec{c}+\vec{d}}{2}\right)$

$= \frac{\vec{a}+\vec{b}+\vec{c}+\vec{d}}{4}$

と

GH の中点 : $\frac{1}{2}(\vec{g}+\vec{h}) = \frac{1}{2}\left(\frac{\vec{a}+\vec{d}}{2}+\frac{\vec{b}+\vec{c}}{2}\right)$

$= \frac{\vec{a}+\vec{b}+\vec{c}+\vec{d}}{4}$

とは一致する.　　　　　　　∴　EF と GH は交わる.　　　　　　　(終)

(1)₂ 外接球の中心を O とすると, 正四面体だから外心 O と重心 G：

$$\vec{OG} = \frac{1}{4}(\vec{OA}+\vec{OB}+\vec{OC}+\vec{OD})$$

とは一致するから $\vec{OG}=\vec{0}$. ∴ $\vec{OA}+\vec{OB}+\vec{OC}+\vec{OD}=\vec{0}$.　　…①

∴ $\begin{cases} \dfrac{\vec{OA}+\vec{OB}}{2} = -\dfrac{\vec{OC}+\vec{OD}}{2} \iff \vec{OE}=-\vec{OF}. \\ \dfrac{\vec{OA}+\vec{OD}}{2} = -\dfrac{\vec{OB}+\vec{OC}}{2} \iff \vec{OG}=-\vec{OH}. \end{cases}$

よって, EF と GH は正四面体 ABCD の外心(重心) O で交わる.　　　　(終)

(2) R を外接球の半径とすると,

$\vec{OA}\cdot\vec{OB} = \vec{OB}\cdot\vec{OC} = \vec{OC}\cdot\vec{OD} = \vec{OD}\cdot\vec{OA} = \vec{OA}\cdot\vec{OC} = \vec{OB}\cdot\vec{OD} = R^2\cos\theta$.

また, ① より, $|\vec{OA}+\vec{OB}+\vec{OC}+\vec{OD}|^2=0$.

∴ $|\vec{OA}|^2+|\vec{OB}|^2+|\vec{OC}|^2+|\vec{OD}|^2$
$+2(\vec{OA}\cdot\vec{OB}+\vec{OA}\cdot\vec{OC}+\vec{OA}\cdot\vec{OD}+\vec{OB}\cdot\vec{OC}+\vec{OB}\cdot\vec{OD}+\vec{OC}\cdot\vec{OD})=0$.

∴ $4R^2+12R^2\cos\theta=0$.　　∴ $\cos\theta=-\dfrac{1}{3}$.　　(答)

【解答2】

(1) 中点連結定理によって,

$$EH \underset{=}{\parallel} \frac{1}{2}AC, \quad GF \underset{=}{\parallel} \frac{1}{2}AC. \quad \therefore \quad EH \underset{=}{\parallel} GF.$$

よって, 四辺形 EHFG は平行四辺形.（実は正方形である）

したがって, その対角線 EF と GH は交わる.　　　　　(終)

(2)₁ 正四面体の1辺の長さを $2a$ とし, 三角形 ABF を考える.

AF=BF=$\sqrt{3}\,a$ だから EF=$\sqrt{2}\,a$.

交点 O は対角線 EF の中点.

∴ OA=OB=$\sqrt{a^2+\left(\dfrac{\sqrt{2}\,a}{2}\right)^2}=\dfrac{\sqrt{6}}{2}a$.

∴ $\cos\theta = \dfrac{OA^2+OB^2-AB^2}{2\,OA\cdot OB} = \dfrac{\left(\dfrac{\sqrt{6}\,a}{2}\right)^2\times 2-(2a)^2}{2\cdot\left(\dfrac{\sqrt{6}\,a}{2}\right)^2} = -\dfrac{1}{3}$.　　(答)

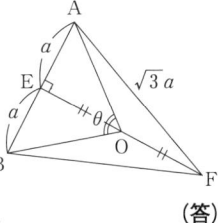

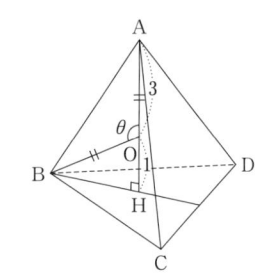

(2)₂ 右図で点 O は正四面体の重心であるから,
$$OA = OB, \quad AO : OH = 3 : 1.$$
$$\therefore \cos\theta = \cos(\pi - \angle BOH)$$
$$= -\cos\angle BOH$$
$$= -\frac{1}{3}. \quad \text{(答)}$$

86 【解答】

条件から,
$$P(\cos\theta, \sin\theta, 0), \quad Q(-\cos\theta, -\sin\theta, 0)$$
と表せるから,
$$\overrightarrow{AP} = (\cos\theta - 1, \sin\theta - 1, -1),$$
$$\overrightarrow{AQ} = (-\cos\theta - 1, -\sin\theta - 1, -1). \quad (0 \leq \theta < 2\pi)$$
$$\therefore \overrightarrow{AP} \cdot \overrightarrow{AQ} = (-\cos^2\theta + 1) + (-\sin^2\theta + 1) + 1 = 2. \quad \cdots ①$$

また, $|\overrightarrow{AP}|^2 = (\cos\theta - 1)^2 + (\sin\theta - 1)^2 + 1 = 2\{2 - (\cos\theta + \sin\theta)\},$
$|\overrightarrow{AQ}|^2 = (-\cos\theta - 1)^2 + (-\sin\theta - 1)^2 + 1 = 2\{2 + (\cos\theta + \sin\theta)\}.$
$$\therefore |\overrightarrow{AP}|^2 \cdot |\overrightarrow{AQ}|^2 = 4\{4 - (\cos\theta + \sin\theta)^2\} = 4(3 - \sin 2\theta). \quad \cdots ②$$

(1) ①, ② より,
$$\cos\angle PAQ = \frac{\overrightarrow{AP} \cdot \overrightarrow{AQ}}{|\overrightarrow{AP}||\overrightarrow{AQ}|} = \frac{2}{\sqrt{4(3 - \sin 2\theta)}} = \frac{1}{\sqrt{3 - \sin 2\theta}}. \quad (0 \leq \theta < 2\pi)$$

$$\therefore \frac{1}{2} \leq \cos\angle PAQ \leq \frac{1}{\sqrt{2}} \Longleftrightarrow \frac{\pi}{4} \leq \angle PAQ \leq \frac{\pi}{3}. \quad \cdots ③$$

$$\therefore \angle PAQ \text{ の最大値 } \frac{\pi}{3}, \text{ 最小値は } \frac{\pi}{4}. \quad \text{(答)}$$

(2) $\triangle PAQ = \frac{1}{2}\sqrt{|\overrightarrow{AP}|^2|\overrightarrow{AQ}|^2 - (\overrightarrow{AP} \cdot \overrightarrow{AQ})^2} \underset{①,②}{=} \frac{1}{2}\sqrt{4(3 - \sin 2\theta) - 4} = \sqrt{2 - \sin 2\theta}.$

$$\therefore 1 \leq \triangle PAQ \leq \sqrt{3}. \quad (\because 0 \leq \theta < 2\pi)$$

よって, 三角形 PAQ の面積の最大値は $\sqrt{3}$, 最小値は 1. (答)

((2) の注1)
①, ② より
$$\triangle APQ = \frac{1}{2}|\overrightarrow{AP}||\overrightarrow{AQ}|\sin\angle PAQ = \frac{1}{2} \cdot \frac{\overrightarrow{AP} \cdot \overrightarrow{AQ}}{\cos\angle PAQ} \cdot \sin\angle PAQ = \tan\angle PAQ$$
これと ③ より, $1 \leq \triangle PAQ \leq \sqrt{3}.$

((2) の注2)
$$\triangle PAQ = \frac{1}{2}PQ \cdot AH = AH \quad (\text{H は A から直線 PQ へ下ろした垂線の足})$$
$$= \sqrt{OA^2 - OH^2} = \sqrt{3 - OH^2}.$$

ここで, $0 \leq OH^2 \leq 2$ だから, $1 \leq \triangle PAQ \leq \sqrt{3}.$

87* 【解答1】

直線 l と点 E を含む平面を α, 直線 m と平面 α の交点を Q とすると, 直線 QE と l は1点で交わる. その点を P とする.

したがって, 直線 QE は点 E を通り, l, m と P, Q で交わるから, 求める直線 n は直線 QE である.

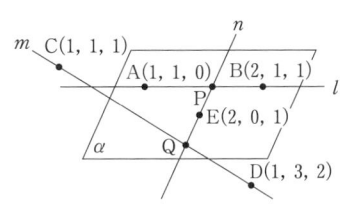

点 Q は直線 m 上にあるから,
$$\overrightarrow{OQ}=\overrightarrow{OC}+m\overrightarrow{CD}=(1,1,1)+m(0,2,1)=(1,1+2m,1+m) \quad (m:実数)$$
と表せる. また点 Q は平面 α 上にもあるから,
$$\overrightarrow{OQ}=\overrightarrow{OA}+s\overrightarrow{AB}+t\overrightarrow{AE}$$
$$=(1,1,0)+s(1,0,1)+t(1,-1,1)=(1+s+t,1-t,s+t) \quad (s,\ t:実数)$$
と表せる. よって,
$$1=1+s+t,\quad 1+2m=1-t,\quad 1+m=s+t.$$
この第1式と第3式より, $m=-1$. ∴ $t=2$, $s=-2$.
∴ m と n の交点は, Q$(1,-1,0)$. (答)

n は直線 QE だから,
$$n:\overrightarrow{OQ}+u\overrightarrow{QE}=(1,-1,0)+u(1,1,1). \quad (u:実数) \quad \cdots ①\quad(答)$$
P は l 上の点だから,
$$\overrightarrow{OP}=\overrightarrow{OA}+l\overrightarrow{AB}$$
$$=(1,1,0)+l(1,0,1)=(1+l,1,l). \quad (l:実数)$$
P は n 上の点でもあるから,
$$\overrightarrow{OP}\underset{①}{=}(1+u,-1+u,u). \quad (u:実数) \qquad ∴\ u=l=2.$$
∴ l と n の交点は, P$(3,1,2)$. (答)

【解答2】

l と n の交点を P, m と n の交点を Q とすると,
$$\overrightarrow{OP}=\overrightarrow{OA}+p\overrightarrow{AB}=(1,1,0)+p(1,0,1)=(p+1,1,p). \quad (p:実数)$$
$$\overrightarrow{OQ}=\overrightarrow{OC}+q\overrightarrow{CD}=(1,1,1)+q(0,2,1)=(1,2q+1,q+1). \quad (q:実数)$$
3点 E, P, Q は同一直線上にあるから,
$$\overrightarrow{EP}=k\overrightarrow{EQ} \quad (k:実数) \iff (p-1,1,p-1)=k(-1,2q+1,q).$$
∴ $q=-1$. ∴ $k=-1$, $p=2$.
∴ l と n の交点は P$(3,1,2)$, m と n の交点は Q$(1,-1,0)$. (答)

また, n は直線 PQ であり, $\overrightarrow{QP}=(2,2,2)/\!/(1,1,1)$.
∴ $n:\overrightarrow{OQ}+t(1,1,1)=(1,-1,0)+t(1,1,1). \quad (t:実数)$ (答)

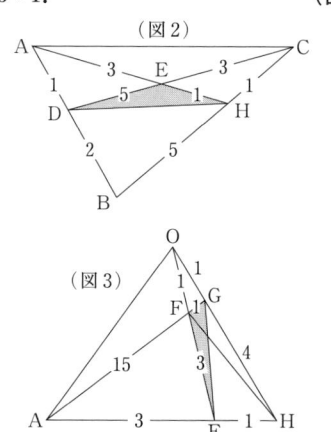

88* 【解答】

$\vec{OA}=\vec{a}$, $\vec{OB}=\vec{b}$, $\vec{OC}=\vec{c}$ とする.

(1) 条件から, $\vec{OD}=\dfrac{2\vec{a}+\vec{b}}{3}$.

$$\vec{OE}=\dfrac{1}{8}(3\vec{OD}+5\vec{OC})=\dfrac{2\vec{a}+\vec{b}+5\vec{c}}{8}.$$

$$\vec{OF}=\dfrac{1}{4}\vec{OE}=\dfrac{2\vec{a}+\vec{b}+5\vec{c}}{32}.$$

G は AF の延長上にあるから, $\vec{AG}=k\vec{AF}$. $(k>1)$

$$\therefore \vec{OG}=(1-k)\vec{OA}+k\vec{OF}=(1-k)\vec{a}+k\cdot\dfrac{2\vec{a}+\vec{b}+5\vec{c}}{32}$$

$$=\left(1-\dfrac{15}{16}k\right)\vec{a}+\dfrac{k}{32}\vec{b}+\dfrac{5k}{32}\vec{c}. \quad\cdots ①$$

ここで, G は平面 OBC 上にあるから

$$(\vec{a} \text{ の係数})=1-\dfrac{15}{16}k=0. \quad\therefore\quad k=\dfrac{16}{15}\ (>1). \quad\cdots ②$$

よって, $\vec{AG}=\dfrac{16}{15}\vec{AF}$. $\therefore$ AF：FG＝15：1. **(答)**

①, ② から, $\vec{OG}=\dfrac{16}{15}\cdot\dfrac{\vec{b}+5\vec{c}}{32}=\dfrac{1}{5}\cdot\dfrac{\vec{b}+5\vec{c}}{6}=\dfrac{1}{5}\vec{OH}$.

ただし, $\vec{OH}=\dfrac{\vec{b}+5\vec{c}}{6}$. $\therefore$ BH：HC＝5：1. **(答)**

(2) $\vec{AH}=\vec{OH}-\vec{OA}=\dfrac{\vec{b}+5\vec{c}}{6}-\vec{a}$.

$$\vec{AE}=\vec{OE}-\vec{OA}=\dfrac{2\vec{a}+\vec{b}+5\vec{c}}{8}-\vec{a}=\dfrac{6}{8}\left(\dfrac{\vec{b}+5\vec{c}}{6}-\vec{a}\right).$$

$$\therefore\quad \vec{AE}=\dfrac{3}{4}\vec{AH}.$$

よって, A, E, H は同一直線上にあり, **(終)**

かつ, AE：EH＝3：1. **(答)**

(3)

(i) (図2) より,
$$\triangle \text{DEH} = \frac{1}{4}\triangle \text{ADH} = \frac{1}{4}\cdot\frac{1}{3}\triangle \text{ABH} = \frac{1}{4}\cdot\frac{1}{3}\cdot\frac{5}{6}\triangle \text{ABC}.$$

(図1) で, O, G から底面 ABC に下ろした垂線の足を H_O, H_G とすると
$$\triangle \text{OH}_O\text{H} \infty \triangle \text{GH}_G\text{H}, \quad \therefore\ \text{GH}_G = \frac{4}{5}\text{OH}_O.$$

$$\therefore\ V(\text{G-DEH}) = \frac{1}{3}\triangle \text{DEH}\cdot \text{GH}_G = \frac{1}{4}\cdot\frac{1}{3}\cdot\frac{5}{6}\times\frac{4}{5}\left(\frac{1}{3}\triangle \text{ABC}\cdot \text{OH}_O\right)$$
$$= \frac{1}{18}V(\text{O-ABC}). \qquad\qquad \textbf{(答)}$$

(ii) (図3) より
$$\triangle \text{EFG} = \frac{1}{16}\triangle \text{AGE} = \frac{1}{16}\cdot\frac{3}{4}\triangle \text{AGH} = \frac{1}{16}\cdot\frac{3}{\cancel{4}}\cdot\frac{\cancel{4}}{5}\cdot\triangle \text{OAH}.$$

(図1) で, B, C, D から平面 OAH に下ろした垂線の足を H_B, H_C, H_D とすると
$$\triangle \text{ADH}_D \infty \triangle \text{ABH}_B, \quad \therefore\ \text{DH}_D = \frac{1}{3}\text{BH}_B.$$

$$\therefore\ V(\text{D-EFG}) = \frac{1}{3}\triangle \text{EFG}\cdot \text{DH}_D = \frac{3}{80}\left(\frac{1}{3}\triangle \text{OAH}\cdot \text{DH}_D\right)$$
$$= \frac{\cancel{3}}{80}\cdot\frac{1}{\cancel{3}}\left(\frac{1}{3}\triangle \text{OAH}\cdot \text{BH}_B\right) = \frac{1}{80}V(\text{B-OAH}). \quad \cdots ①$$

また, $\dfrac{V(\text{B-OAH})}{5} = \dfrac{V(\text{C-OAH})}{1}$ と加比の理より,
$$\frac{V(\text{B-OAH})}{5} = \frac{V(\text{B-OAH})+V(\text{C-OAH})}{5+1} = \frac{V(\text{O-ABC})}{6}. \qquad \cdots ②$$

①, ② より,
$$V(\text{D-EFG}) = \frac{1}{80}\times\frac{5}{6}V(\text{O-ABC}) = \frac{1}{96}V(\text{O-ABC}). \qquad\qquad \textbf{(答)}$$

第10章 場合の数と確率

89 【解答1】

$x=y$, $y=z$, $z=u$ となる事象を順に A, B, C とすると, 求める確率は, $P(A\cup B\cup C)$ である.

ここで, $P(A)=P(B)=P(C)=\dfrac{6}{6^2}=\dfrac{1}{6}$, $P(A\cap B)=P(B\cap C)=\dfrac{6}{6^3}=\dfrac{1}{6^2}$,

$$P(C\cap A)=\dfrac{6\times 6}{6^4}=\dfrac{1}{6^2}, \quad P(A\cap B\cap C)=\dfrac{6}{6^4}=\dfrac{1}{6^3}.$$

∴ $P(A\cup B\cup C)$
$=\{P(A)+P(B)+P(C)\}-\{P(A\cap B)+P(B\cap C)+P(C\cap A)\}+P(A\cap B\cap C)$
$=3\times\dfrac{1}{6}-3\times\dfrac{1}{6^2}+\dfrac{1}{6^3}=\dfrac{91}{216}.$ (答)

【解答2】（排反事象の和事象に分解）
$$P(A\cup B\cup C)=P\{A\cup(\overline{A}\cap B)\cup(\overline{A}\cap\overline{B}\cap C)\}$$
$$=\dfrac{1}{6}+\dfrac{5}{6}\cdot\dfrac{1}{6}+\dfrac{5}{6}\cdot\dfrac{5}{6}\cdot\dfrac{1}{6}=\dfrac{91}{216}.$$ (答)

【解答3】（余事象の利用(1)）

「$(x-y)(y-z)(z-u)\neq 0$」

$\iff$「x は任意の目, y, z, u はそれらの各直前と異なる目」.

∴ $1-\dfrac{6\cdot 5\cdot 5\cdot 5}{6^4}=1-\left(\dfrac{5}{6}\right)^3=\dfrac{91}{216}.$ (答)

【解答4】（余事象の利用(2)）
$$P(A\cup B\cup C)=P(\overline{\overline{A}\cap\overline{B}\cap\overline{C}})=1-P(\overline{A}\cap\overline{B}\cap\overline{C})$$
$$=1-\left(\dfrac{5}{6}\right)^3=\dfrac{216-125}{216}=\dfrac{91}{216}.$$ (答)

90 【解答1】

I_n が 6 の倍数でないのは次の場合である.

(i) 1, 2, 3 のうちの 1 つのみが出る. …各々 1 通り,
(ii) 1 と 2 のみが出る.
(iii) 1 と 3 のみが出る. ｝…ともに, (2^n-2) 通り.

∴ 合計 $3+2(2^n-2)=2^{n+1}-1$ (通り).

∴ 求める確率は, $\dfrac{2^{n+1}-1}{3^n}$. (答)

【解答2】

I_n が, 2 の倍数である事象を A, 3 の倍数である事象を B とすると, 求める確率は
$$P(\overline{A}\cap\overline{B})=P(\overline{A\cup B})=P(\overline{A})+P(\overline{B})-P(\overline{A}\cap\overline{B})$$

$$= \left(\frac{2}{3}\right)^n + \left(\frac{2}{3}\right)^n - \left(\frac{1}{3}\right)^n = \frac{2^{n+1}-1}{3^n}.$$ (答)

【解答 3】

I_n が 6 の倍数でないのは,

(i) n 回とも 1 か 2 のみが出る, (ii) n 回とも 1 か 3 のみが出る,

のいずれかの場合であるが,(i),(ii)には,n 回とも 1 のみが出る場合が重複して含まれる.

よって,求める確率は,

$$2 \times \sum_{k=0}^{n} {}_n C_k \left(\frac{1}{3}\right)^k \left(\frac{1}{3}\right)^{n-k} - \left(\frac{1}{3}\right)^n = \frac{2}{3^n} \sum_{k=0}^{n} {}_n C_k - \left(\frac{1}{3}\right)^n$$

$$= \frac{2}{3^n} \cdot (1+1)^n - \frac{1}{3^n} = \frac{2^{n+1}-1}{3^n}.$$ (答)

91 【解答】

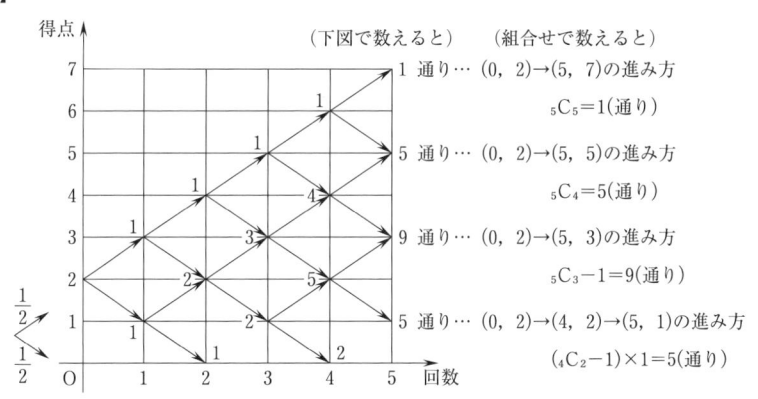

この表で最短コースの数を,直接数えるか,組合せで数えると,

5 回振ることができる確率は, $\dfrac{1}{2^5}(1+5+9+5) = \dfrac{20}{2^5} = \dfrac{5}{2^3} = \dfrac{5}{8}.$ (答)

持ち点の期待値は,

$$0 \cdot \left(\frac{1}{2^2} + \frac{2}{2^4}\right) + 1 \cdot \frac{5}{2^5} + 3 \cdot \frac{9}{2^5} + 5 \cdot \frac{5}{2^5} + 7 \cdot \frac{1}{2^5} = \frac{64}{2^5} = 2.$$ (答)

(注) 1 回振ったときの持ち点の増加分の期待値は,$1 \cdot \dfrac{1}{2} + (-1) \cdot \dfrac{1}{2} = 0.$

よって,どの回の持ち点の期待値も最初の持ち点のままで,2 である.

92 【解答】

① 0,1 にあるとき,1 回の移動で 2〜7 に移り,ゴールしない.

② k ($2 \leq k \leq 7$) にあるとき,1 回の移動で

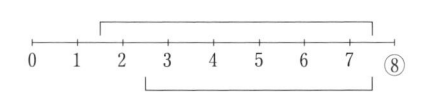

(i) $(8-k)$ $(1 \leq 8-k \leq 6)$ の目が出たら $\left(確率 \dfrac{1}{6}\right)$, ゴールし,

(ii) $(8-k)$ 以外の目が出たら $\left(確率 \dfrac{5}{6}\right)$, $3 \sim 7$ のどこかへ移る.

③ 3回目以後は, k $(3 \leq k \leq 7)$ にあるから, 確率 $\dfrac{1}{6}$ でゴールするか, 確率 $\dfrac{5}{6}$ で $3 \sim 7$ のどこかに移る.

(1) 2回目でゲームが終了するのは, ①, ② より

1回目に1以外の目が出て, l $(2 \leq l \leq 7)$ に移り, 2回目にゴールする場合である.

$$\therefore\ p_2 = \dfrac{5}{6} \cdot \dfrac{1}{6} = \dfrac{5}{36}.$$ (答)

(2) 3回目でゲームが終了するのは, ② より

2回目でゲームが終わらず $\left(その確率は 1-p_2 = \dfrac{31}{36}\right)$, $2 \sim 7$ のいずれかにあって, 3回目にゴールする場合である.

$$\therefore\ p_3 = \dfrac{31}{36} \cdot \dfrac{1}{6} = \dfrac{31}{216}.$$ (答)

(3) n 回目 $(n \geq 4)$ でゲームが終了するのは, ②, ③ より

2回目でゲームが終わらず $\left(その確率は \dfrac{31}{36}\right)$, 3回目から $(n-1)$ 回目まで $(n-3)$ 回続けて k $(3 \leq k \leq 7)$ にあって, n 回目にゴールする場合である.

$$\therefore\ p_n = \dfrac{31}{36} \cdot \left(\dfrac{5}{6}\right)^{n-3} \cdot \dfrac{1}{6} = \dfrac{31 \cdot 5^{n-3}}{6^n}.$$ (答)

((2), (3) の別解)

(2) 3回目でゲームが終了するのは, ①, ② より,

(i) 1回目に1の目が出, 2回目に l の目 $(1 \leq l \leq 6)$ が出て $2 \leq l+1 \leq 7$ に移り, 3回目にゴールするか,

(ii) 1回目に1以外の目が出て l $(2 \leq l \leq 6)$ に移り, 2回目に $(8-l)$ 以外の目が出て k $(3 \leq k \leq 7)$ に移り, 3回目にゴールする, の2つの場合である.

$$\therefore\ p_3 = \dfrac{1}{6} \cdot \dfrac{6}{6} \cdot \dfrac{1}{6} + \dfrac{5}{6} \cdot \dfrac{5}{6} \cdot \dfrac{1}{6} = \dfrac{31}{216}.$$ (答)

(3) n 回目 $(n \geq 4)$ でゲームが終了するのは, ①, ② より

(i) 1回目に1の目が出, 2回目に l $(1 \leq l \leq 6)$ の目が出て $2 \leq l+1 \leq 7$ に移り, 3回目から $(n-1)$ 回目まで $(n-3)$ 回続けて k $(3 \leq k \leq 7)$ にあって, n 回目にゴールするか,

(ii) 1回目に1以外の目が出て l $(2 \leq l \leq 6)$ に移り, 2回目から $(n-1)$ 回目まで $(n-2)$ 回続けて k $(3 \leq k \leq 7)$ にあって, n 回目にゴールする,

の2通りの場合があり, これらは互いに排反事象である.

$$\therefore\ p_n = \dfrac{1}{6} \cdot \dfrac{6}{6} \left(\dfrac{5}{6}\right)^{n-3} \cdot \dfrac{1}{6} + \dfrac{5}{6} \left(\dfrac{5}{6}\right)^{n-2} \cdot \dfrac{1}{6}$$
$$= \dfrac{6 \cdot 5^{n-3} + 5^{n-1}}{6^n} = \dfrac{31}{216} \cdot \left(\dfrac{5}{6}\right)^{n-3}.$$ (答)

93 【解答】

$(1)_1$ $k \cdot {}_nC_k = k \cdot \dfrac{n!}{(n-k)!k!} = n \cdot \dfrac{(n-1)!}{\{(n-1)-(k-1)\}!(k-1)!} = n \cdot {}_{n-1}C_{k-1}.$ (終)

$(1)_2$ n 人から 1 人のリーダーを含む k 人のメンバーを選ぶ方法として，
 (i) n 人から k 人のメンバーを選び，その中から 1 人のリーダーを選ぶ，
 (ii) n 人から 1 人のリーダーを選び，残り $(n-1)$ 人から残りの $(k-1)$ 人のメンバーを選ぶ，
 という 2 つの方法がある．

$$\therefore\ {}_nC_k \cdot {}_kC_1 = {}_nC_1 \cdot {}_{n-1}C_{k-1} \iff k \cdot {}_nC_k = n \cdot {}_{n-1}C_{k-1}.$$ (終)

(2) $P(X=k) = \dfrac{{}_nC_k \cdot {}_3C_1}{3^n} = \dfrac{{}_nC_k}{3^{n-1}}.\quad (1 \leq k \leq n-1)$ (答)

$(3)_1$ $P(X=0) = 1 - \sum_{k=1}^{n-1} P(X=k) = 1 - \dfrac{1}{3^{n-1}} \sum_{k=1}^{n-1} {}_nC_k$

$\qquad\qquad = 1 - \dfrac{1}{3^{n-1}}\{(1+1)^n - {}_nC_0 - {}_nC_n\} = \dfrac{3^{n-1} - 2^n + 2}{3^{n-1}}.$ (答)

$(3)_2$ n 人で 1 回ジャンケンをするとき，手の出し方は次の 3 通り．
 (i) n 人が 1 種類だけの手を出す．$\cdots\ {}_3C_1.$
 (ii) n 人が 2 種類だけの手を出す．$\cdots\ {}_3C_2 \cdot (2^n - 2).$
 (iii) n 人が 3 種類の手を出す．$\quad\cdots\ 3^n - {}_3C_1 - {}_3C_2 \cdot (2^n - 2).$

 $X = 0$ は，(i), (iii), の和事象だから

$$P(X=0) = \dfrac{3 + (3^n - 3 \cdot 2^n + 3)}{3^n} = \dfrac{3^{n-1} - 2^n + 2}{3^{n-1}}.$$ (答)

 または
 $X = 0$ は，(ii) の余事象だから

$$P(X=0) = 1 - \dfrac{3(2^n - 2)}{3^n} = \dfrac{3^{n-1} - 2^n + 2}{3^{n-1}}.$$ (答)

(4) $E(X) = \sum_{k=0}^{n} kP(X=k) = \sum_{k=1}^{n-1} k \cdot \dfrac{{}_nC_k}{3^{n-1}} = \dfrac{n}{3^{n-1}} \sum_{k=1}^{n-1} {}_{n-1}C_{k-1}\quad (\because\ (1))$

$\qquad\qquad = \dfrac{n}{3^{n-1}}\{(1+1)^{n-1} - {}_{n-1}C_{n-1}\} = \dfrac{n(2^{n-1} - 1)}{3^{n-1}}.$ (答)

94 【解答】

(1) 最初の頂点を A とし，8 個の頂点を
  $P = \{A, C, F, H\},\ Q = \{B, D, E, G\}$
 の 2 組に分ける．このとき，1 回の移動で
  $\left.\begin{array}{l} P \text{ の点から } Q \text{ の点へ，} \\ Q \text{ の点から } P \text{ の点へ} \end{array}\right\}$ 移る．
 よって，最初の頂点に戻るのは必ず偶数回目である． (終)

(2) $2(n+1)$ 回目に最初の頂点に戻るのは，
 (i) $2n$ 回目に A にいて，2 回後に A に戻る，

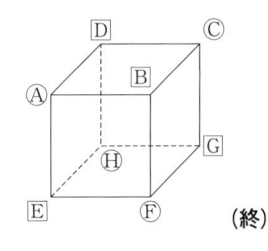

(ii) $2n$ 回目に $\{C, F, H\}$ のいずれかにいて，2回後に A に戻る
のいずれかの場合で，(i), (ii) は互いに排反事象である．

(i) の確率は，$p_n \times \left(\dfrac{1}{3}\right)^2 \times 3 = \dfrac{1}{3} p_n$,

(ii) の確率は，$(1-p_n) \times \left(\dfrac{1}{3}\right)^2 \cdot 2 = \dfrac{2}{9}(1-p_n)$.

$$\therefore \quad p_{n+1} = \dfrac{1}{3} p_n + \dfrac{2}{9}(1-p_n) = \dfrac{1}{9} p_n + \dfrac{2}{9}. \tag{答}$$

(3) (2) より，$p_{n+1} - \dfrac{1}{4} = \dfrac{1}{9}\left(p_n - \dfrac{1}{4}\right)$. $\therefore$ $p_n - \dfrac{1}{4} = \left(\dfrac{1}{9}\right)^n \left(p_0 - \dfrac{1}{4}\right)$.

$p_0 = 1$ であるから，$\qquad p_n = \dfrac{1}{4}\left\{1 + 3\left(\dfrac{1}{9}\right)^n\right\}$. (答)

95 【解答】

(1)₁ n 回目に B がサイコロを投げる確率を b_n とする．

$n+1$ 回目に A がサイコロを投げるのは
 (i) n 回目に A が投げ 1, 2, 3 の目が出る，
 (ii) n 回目に B が投げ 4, 5 の目が出る，
のいずれかの場合で，(i), (ii) は互いに排反事象である．

$$\therefore \quad a_{n+1} = \dfrac{1}{2} a_n + \dfrac{1}{3} b_n. \qquad \cdots ①$$

同様にして，$\qquad b_{n+1} = \dfrac{1}{3} a_n + \dfrac{1}{2} b_n. \qquad \cdots ②$

①+② より，$\qquad a_{n+1} + b_{n+1} = \dfrac{5}{6}(a_n + b_n)$,

①−② より，$\qquad a_{n+1} - b_{n+1} = \dfrac{1}{6}(a_n - b_n)$.

よって，$\{a_n + b_n\}$, $\{a_n - b_n\}$ は公比 $\dfrac{5}{6}$, $\dfrac{1}{6}$ の等比数列であり，

$a_1 = 1$, $b_1 = 0$ より，$a_1 + b_1 = 1$, $a_1 - b_1 = 1$.

$$\therefore \quad \begin{cases} a_n + b_n = (a_1 + b_1)\left(\dfrac{5}{6}\right)^{n-1} = \left(\dfrac{5}{6}\right)^{n-1}, & \cdots ③ \\ a_n - b_n = (a_1 - b_1)\left(\dfrac{1}{6}\right)^{n-1} = \left(\dfrac{1}{6}\right)^{n-1}. & \cdots ④ \end{cases}$$

(③+④)$\times \dfrac{1}{2}$ より，$a_n = \dfrac{1}{2}\left\{\left(\dfrac{5}{6}\right)^{n-1} + \left(\dfrac{1}{6}\right)^{n-1}\right\}$. (答)

(1)₂ n 回目 $(n \geqq 2)$ に，A, B のどちらかがサイコロを投げるのは，1回目から $n-1$ 回目まで 6 の目が出ない場合であるから，

$$a_n + b_n = \left(1 - \dfrac{1}{6}\right)^{n-1} = \left(\dfrac{5}{6}\right)^{n-1}. \quad (n=1 \text{ でも成り立つ}) \qquad \cdots ⑤$$

①，⑤ より $\quad a_{n+1} = \dfrac{1}{2} a_n + \dfrac{1}{3}\left\{\left(\dfrac{5}{6}\right)^{n-1} - a_n\right\} = \dfrac{1}{6} a_n + \dfrac{1}{3}\left(\dfrac{5}{6}\right)^{n-1}$.

$\Leftrightarrow \left(\dfrac{6}{5}\right)^{n+1} \cdot a_{n+1} = \dfrac{1}{5}\left(\dfrac{6}{5}\right)^n \cdot a_n + \dfrac{12}{25}$. （ここで $\left(\dfrac{6}{5}\right)^n \cdot a_n = A_n$ とすると）

$$A_{n+1} = \dfrac{1}{5} A_n + \dfrac{12}{25} \Leftrightarrow A_{n+1} - \dfrac{3}{5} = \dfrac{1}{5}\left(A_n - \dfrac{3}{5}\right).$$

$\left\{A_n - \dfrac{3}{5}\right\}$ は公比 $\dfrac{1}{5}$, 初項 $A_1 - \dfrac{3}{5} = \dfrac{6}{5} a_1 - \dfrac{3}{5} = \dfrac{3}{5}$ の等比数列だから

$$A_n - \dfrac{3}{5} = \dfrac{3}{5}\left(\dfrac{1}{5}\right)^{n-1}. \qquad \therefore\ A_n = \dfrac{3}{5}\left\{1 + \left(\dfrac{1}{5}\right)^{n-1}\right\}.$$

$$\therefore\ a_n = \left(\dfrac{5}{6}\right)^n \cdot A_n = \dfrac{1}{2}\left\{\left(\dfrac{5}{6}\right)^{n-1} + \left(\dfrac{1}{6}\right)^{n-1}\right\}. \qquad \text{(答)}$$

(1)$_3$ n 回目に A が投げるのは, $n-1$ 回目のまでのうち, 4, 5 の目が偶数回出て, その他の回は, 1, 2, 3 の目が出る場合だから

$$a_n = {}_{n-1}C_0 \left(\dfrac{3}{6}\right)^{n-1} + {}_{n-1}C_2 \left(\dfrac{2}{6}\right)^2 \left(\dfrac{3}{6}\right)^{n-3} + {}_{n-1}C_4 \left(\dfrac{2}{6}\right)^4 \left(\dfrac{3}{6}\right)^{n-5} + \cdots$$

$$= \dfrac{1}{2}\left[\left\{{}_{n-1}C_0 \left(\dfrac{3}{6}\right)^{n-1} + {}_{n-1}C_1 \left(\dfrac{2}{6}\right)\left(\dfrac{3}{6}\right)^{n-2} + {}_{n-1}C_2 \left(\dfrac{2}{6}\right)^2 \left(\dfrac{3}{6}\right)^{n-3} + \cdots \right\}\right.$$

$$\left. + \left\{{}_{n-1}C_0 \left(\dfrac{3}{6}\right)^{n-1} - {}_{n-1}C_1 \left(\dfrac{2}{6}\right)\left(\dfrac{3}{6}\right)^{n-2} + {}_{n-1}C_2 \left(\dfrac{2}{6}\right)^2 \left(\dfrac{3}{6}\right)^{n-3} - \cdots \right\}\right]$$

$$= \dfrac{1}{2}\left[\left(\dfrac{3}{6} + \dfrac{2}{6}\right)^{n-1} + \left(\dfrac{3}{6} - \dfrac{2}{6}\right)^{n-1}\right] = \dfrac{1}{2}\left\{\left(\dfrac{5}{6}\right)^{n-1} + \left(\dfrac{1}{6}\right)^{n-1}\right\}. \qquad \text{(答)}$$

(2) ちょうど n 回目に A が勝つのは, n 回目に A がサイコロを投げ 6 の目が出る場合だから

$$p_n = a_n \cdot \dfrac{1}{6} = \dfrac{1}{12}\left\{\left(\dfrac{5}{6}\right)^{n-1} + \left(\dfrac{1}{6}\right)^{n-1}\right\}. \qquad \text{(答)}$$

(3)
$$q_n = \sum_{k=1}^{n} p_k = \dfrac{1}{12}\left\{\dfrac{1 - \left(\dfrac{5}{6}\right)^n}{1 - \dfrac{5}{6}} + \dfrac{1 - \left(\dfrac{1}{6}\right)^n}{1 - \dfrac{1}{6}}\right\}$$

$$= \dfrac{1}{2}\left\{1 - \left(\dfrac{5}{6}\right)^n + \dfrac{1}{5} - \dfrac{1}{5}\left(\dfrac{1}{6}\right)^n\right\} = \dfrac{3}{5} - \dfrac{1}{2}\left(\dfrac{5}{6}\right)^n - \dfrac{1}{10}\left(\dfrac{1}{6}\right)^n. \qquad \text{(答)}$$

96* 【解答】

(1)

目の数 x	1	2	3	4	5	6
$x-3$	-2	-1	0	1	2	3
$(x-3)^2$	4	1	0	1	4	9

$I = (x_1 - 3)^2 + (x_2 - 3)^2 + (x_3 - 3)^2 + \cdots + (x_n - 3)^2$ とおく.

上の表より, $I = 2$ となるのは, n 回中 2 回だけ 2 または 4 の目が出て, 残りの $n-2$ 回は 3 の目が出る場合である.

$$\therefore\ P(I=2) = {}_nC_2 \left(\dfrac{2}{6}\right)^2 \left(\dfrac{1}{6}\right)^{n-2} = \dfrac{2n(n-1)}{6^n}. \qquad \text{(答)}$$

(2) (i) $I=0$ となるのは,n 回とも 3 が出る場合である.
(ii) $I=1$ となるのは,n 回中,1 回だけ 2 または 4 の目が出て,残りの $n-1$ 回は 3 の目が出る場合である.

$$\therefore P(I\geqq 3)=1-\{P(I=0)+P(I=1)+P(I=2)\}$$
$$=1-\left\{\left(\frac{1}{6}\right)^n + {}_nC_1\left(\frac{2}{6}\right)\left(\frac{1}{6}\right)^{n-1}+\frac{2n(n-1)}{6^n}\right\}=1-\frac{2n^2+1}{6^n}. \quad \text{(答)}$$

(3)$_1$ 与式の左辺を J とすると,$J=6$ となるのは,次の 2 通りの場合で互いに排反.

(i) 5 と 6 の目が 1 回ずつ,2 の目が偶数回,残りは 4 の目が出る場合で,その確率は
$$\sum_{k=0}^{\left[\frac{n-2}{2}\right]} {}_nC_1 \cdot {}_{n-1}C_1 \cdot {}_{n-2}C_{2k} \cdot \left(\frac{1}{6}\right)\left(\frac{1}{6}\right)\left(\frac{1}{6}\right)^{2k}\left(\frac{1}{6}\right)^{n-2-2k}$$
$$=\frac{n(n-1)}{6^n}({}_{n-2}C_0 + {}_{n-2}C_2 + \cdots).$$

(ii) 1 と 6 の目が 1 回ずつ,2 の目が奇数回,残りは 4 の目が出る場合で,その確率は
$$\sum_{k=1}^{\left[\frac{n-1}{2}\right]} {}_nC_1 \cdot {}_{n-1}C_1 \cdot {}_{n-2}C_{2k-1} \cdot \left(\frac{1}{6}\right)\left(\frac{1}{6}\right)\left(\frac{1}{6}\right)^{2k-1}\left(\frac{1}{6}\right)^{n-2-2k+1}$$
$$=\frac{n(n-1)}{6^n}({}_{n-2}C_1 + {}_{n-2}C_3 + \cdots).$$

$$\therefore P(J=6)=\frac{n(n-1)}{6^n}\{({}_{n-2}C_0 + {}_{n-2}C_2 + \cdots)+({}_{n-2}C_1 + {}_{n-2}C_3 + \cdots)\}$$
$$=\frac{n(n-1)}{6^n}\{{}_{n-2}C_0 + {}_{n-2}C_1 + {}_{n-2}C_2 + \cdots + {}_{n-2}C_{n-2}\}$$
$$=\frac{n(n-1)}{6^n}\cdot 2^{n-2}=\frac{n(n-1)}{4\cdot 3^n}. \quad \text{(答)}$$

(3)$_2$ $x_k-3=-2,-1,0,1,2,3$ $(k=1,2,3,\cdots,n)$ であることに注意して,
$$(x_1-3)(x_2-3)\cdots(x_n-3)=6$$
となる確率を求めればよい.

そのとき,n 個の ( ) のうち,3 の値をとる ( ) を 1 個決め,次に -2 または 2 の値をとる ( ) を 1 個決めると,残りの $n-2$ 個の ( ) は -1 か 1 の値をとる.その際,-1 が偶数個あるなら,-2 または 2 の値をとる ( ) は 2 であり,-1 が奇数個あるなら,-2 または 2 の値をとる ( ) は -2 である.

$$\therefore \frac{{}_nC_1 \cdot {}_{n-1}C_1 \cdot 2^{n-2}}{6^n}=\frac{n(n-1)}{4\cdot 3^n}. \quad \text{(答)}$$

97 【解答1】(同じものを含む順列で)

(1) 白球 2 個,赤球 3 個を順に取り出す事象 U の数は
$$\frac{5!}{2!3!}={}_5C_2=10 \text{ (通り)}.$$

そのうち,4 回目までに白球を全部($\because$ 白球 2 個,赤球 2 個)取り出す事象 B の数は,次の 4 個の○に白球 2 個と赤球 2 個を並べる方法の数に等しいから,

○○○○赤 $\dfrac{4!}{2!2!}={}_4C_2=6$ （通り）．

$$\therefore\ P(B)=\dfrac{6}{10}=\dfrac{3}{5}.\quad\text{（答）}$$

(2) U のうち，3 回目に白球を取り出す事象 A の数は，次の 4 個の○に白球 1 個と赤球 3 個を並べる方法の数に等しいから，

○○白○○ $\dfrac{4!}{1!3!}={}_4C_1=4$ （通り）．

U のうち，4 回目までに白球 2 個，赤球 2 個を取り出し，かつ，3 回目に白球を取り出す事象 $A\cap B$ の数は，次の 3 個の○に白球 1 個と赤球 2 個を並べる方法の数に等しいから，

○○白○赤 $\dfrac{3!}{1!2!}={}_3C_1=3$ （通り）．

$$\therefore\ P_A(B)=\dfrac{P(A\cap B)}{P(A)}=\dfrac{3/10}{4/10}=\dfrac{3}{4}.\quad\text{（答）}$$

【解答 2】（組合せで）

(1) 白球が 4 回目までに全部取り出されるのは，5 個から 4 個取るとき，白球 2 個と赤球 2 個を取るときであるから，

$$P(B)=\dfrac{{}_2C_2\cdot{}_3C_2}{{}_5C_4}=\dfrac{3}{5}.\quad\text{（答）}$$

(2) 3 回目に白球を取り出したとき，白球が 4 回目までに全部取り出されるのは，残り 4 個から 3 個取るときに白球 1 個と赤球 2 個を取り出すときだから，

$$P_A(B)=\dfrac{{}_1C_1\cdot{}_3C_2}{{}_4C_3}=\dfrac{3}{4}.\quad\text{（答）}$$

【解答 3】

(1) 白球が 4 回目までに全部取り出されるのは，5 回目が赤球のときであり，5 回目にどの球が取り出されるかは同様に確からしいから，

○○○○赤 $P(B)=\dfrac{3}{5}.$ （答）

(2) 3 回目に白球を取り出したとき，白球が 4 回目までに全部取り出されるのは，残りの白球 1 個を 4 回目までに取り出すときであるから，

○○白○○ $P_A(B)=\dfrac{3}{4}.$ （答）

98 【解答1】

(1) $\quad E(X_i) = 1 \cdot p + 0 \cdot (1-p) = p. \quad (i=1, 2)$

X_i	1	0
$p(X_i)$	p	$1-p$

また, X_1, X_2 は独立であるから,
$$E(Y) = E(aX_1 + bX_2 + cX_1X_2)$$
$$= aE(X_1) + bE(X_2) + cE(X_1) \cdot E(X_2)$$
$$= ap + bp + cp^2 = (a+b)p + cp^2. \quad \text{(答)}$$

(注) $\begin{cases} X_1X_2 = 1 \iff (X_1, X_2) = (1, 1), \\ X_1X_2 = 0 \iff (X_1, X_2) = (1, 0), (0, 1), (0, 0). \end{cases}$

$\therefore \begin{cases} P(X_1X_2 = 1) = p^2, \\ P(X_1X_2 = 0) = 2p(1-p) + (1-p)^2 = 1 - p^2. \end{cases}$

$\therefore E(X_1X_2) = 1 \cdot p^2 + 0 \cdot (1-p^2) = p^2 = E(X_1) \cdot E(X_2).$

【解 説】

> X, Y が任意の値 k, l をとるとき
> $$P(X=k, Y=l) = P(X=k) \cdot P(Y=l)$$
> が成り立つならば, X, Y は互いに**独立**であるという. このとき
> $$E(XY) = E(X) \cdot E(Y), \quad V(aX + bY) = a^2V(X) + b^2V(Y).$$

(2) すべての p ($0 < p < 1$) に対して,
$$E(Y) = (a+b)p + cp^2 = p$$
が成り立つ条件は, $\quad a+b = 1, \quad c = 0. \quad \cdots ①$

また, $E(X_i^2) = 1^2 \cdot p + 0^2 \cdot (1-p) = p$ であるから,
$$V(X_i) = E(X_i^2) - \{E(X_i)\}^2 = p - p^2 = p(1-p). \quad (i=1, 2)$$

よって, ① より $c = 0$ であり, X_1, X_2 は独立だから
$$V(Y) = V(aX_1 + bX_2 + cX_1X_2) = V(aX_1 + bX_2)$$
$$= a^2V(X_1) + b^2V(X_2) = (a^2 + b^2)p(1-p)$$
$$= \{a^2 + (1-a)^2\}V \quad (\text{ただし}, \ V = p(1-p) \ \text{は正の定数})$$
$$= \left\{2\left(a - \frac{1}{2}\right)^2 + \frac{1}{2}\right\}V.$$

これを最小にする a は, $a = \dfrac{1}{2}$.

これと ① より, 求める a, b, c の値は
$$a = \frac{1}{2}, \quad b = \frac{1}{2}, \quad c = 0 \quad \text{(答)}$$

【解答2】

(1) $Y = aX_1 + bX_2 + cX_1X_2$ であるから, 確率分布は次の通り.

(X_1, X_2)	$(1, 1)$	$(1, 0)$	$(0, 1)$	$(0, 0)$
Y	$a+b+c$	a	b	0
$P(Y)$	p^2	$p(1-p)$	$(1-p)p$	$(1-p)^2$

$\therefore E(Y) = (a+b+c)p^2 + ap(1-p) + b(1-p)p + 0 \cdot (1-p)^2$

$$= cp^2 + ap + bp = (a+b)p + cp^2.\qquad\text{(答)}$$

(2) $E(Y) = p$ より $(a+b)p + cp^2 = p.$
これが任意の p ($0 < p < 1$) に対して成り立つ条件は, $a+b=1$, $c=0$.　…①
このとき, $V(Y) = E(Y^2) - \{E(Y)\}^2$
$= \{(a+b+c)^2 \cdot p^2 + a^2 \cdot p(1-p) + b^2 \cdot (1-p)p\} - p^2$
$= p^2 + (a^2 + b^2)p(1-p) - p^2\quad (\because ①)$
$= \{a^2 + (1-a)^2\}V.$ (ただし, $V = p(1-p)$ は正の定数)

(以下, 同様)

99* 【解答1】 (直接計算)

勝者と勝者の出す手が決まれば, 敗者と敗者の出す手は決まるから, 残り人数の推移の確率は次の通り.

$$\left.\begin{array}{l}
3\,\text{人}\to 1\,\text{人となる確率は } \dfrac{{}_3C_1 \cdot {}_3C_1}{3^3} = \dfrac{1}{3}, \\[2pt]
3\,\text{人}\to 2\,\text{人となる確率は } \dfrac{{}_3C_2 \cdot {}_3C_1}{3^3} = \dfrac{1}{3}, \\[2pt]
3\,\text{人}\to 3\,\text{人となる確率は } \dfrac{3\cdot 2\cdot 1 + {}_3C_1}{3^3} = \dfrac{1}{3}\left(=1-\dfrac{1}{3}-\dfrac{1}{3}\right)
\end{array}\right\}\ \cdots ①$$

$$\left.\begin{array}{l}
2\,\text{人}\to 1\,\text{人となる確率は } \dfrac{{}_2C_1 \cdot {}_3C_1}{3^2} = \dfrac{2}{3}, \\[2pt]
2\,\text{人}\to 2\,\text{人となる確率は } \dfrac{{}_3C_1}{3^2} = \dfrac{1}{3}\left(=1-\dfrac{2}{3}\right)
\end{array}\right\}\ \cdots ②$$

2 人→1 人だけ $\dfrac{2}{3}$, 他はすべて $\dfrac{1}{3}$ であることに注目し, 残り人数の推移で場合分けすると次の通り.

 (i) $\underbrace{3\,3\,\cdots\cdots\,3}\ 1$ $\cdots \left(\dfrac{1}{3}\right)^n$

 (ii) $\underbrace{3\cdots 3}_{k-1}\ \underbrace{2\cdots 2}_{n-k}\ \underbrace{1}_{1}$ ($1 \le k \le n-1$) $\cdots (n-1)$ 通りは同確率.

∴ (求める確率) $= \left(\dfrac{1}{3}\right)^n + (n-1)\cdot\left(\dfrac{1}{3}\right)^{n-1}\cdot\dfrac{2}{3} = (2n-1)\cdot\left(\dfrac{1}{3}\right)^n.\qquad$(答)

【解答2】 (漸化式の利用)

n 回目に初めて 1 人の勝者が決まる確率を P_n とする.
$n+1$ 回目に初めて 1 人の勝者が決まるのは
 (i) 1 回目で 3 人になってから, $n+1$ 回目に 1 人の勝者が決まる,
 (ii) 1 回目で 2 人になってから, $n+1$ 回目に 1 人の勝者が決まる
の 2 つの場合があり, (i), (ii) は互いに排反.

$$\therefore\ P_{n+1} = \dfrac{1}{3}P_n + \dfrac{1}{3}\left(\dfrac{1}{3}\right)^{n-1}\cdot\dfrac{2}{3} \iff 3^{n+1}\cdot P_{n+1} - 3^n\cdot P_n = 2$$

$$\therefore\ 3^n P_n = 3P_1 + 2(n-1) = 2n-1.\qquad \therefore\ P_n = (2n-1)\cdot\left(\dfrac{1}{3}\right)^n.\qquad\text{(答)}$$

(発展問題)
　1人の勝者が決まるまでのジャンケンの回数の期待値を求めよ．

(解答1)　　　$E = \sum_{n=1}^{\infty} n \cdot P_n = \sum_{n=1}^{\infty} n \cdot (2n-1)\left(\frac{1}{3}\right)^n = \sum_{n=1}^{\infty} \left\{ 2n(n-1)\left(\frac{1}{3}\right)^n + n\left(\frac{1}{3}\right)^n \right\}$

$= 2 \cdot \dfrac{2\left(\frac{1}{3}\right)^2}{\left(1-\frac{1}{3}\right)^3} + \dfrac{\frac{1}{3}}{\left(1-\frac{1}{3}\right)^2} = \dfrac{9}{4}$.　　（**例題39** ②(3)を参照）　　　　　　　　**(答)**

(解答2)　2人（3人）でジャンケンをしたときの勝者が決まるまでのジャンケンの回数の期待値を m_2（m_3）とする．

（ⅰ）2人のジャンケンで1回目に2人残る（すなわち引き分けの）場合

　　勝者が決まるまでに要するジャンケンの回数の期待値は $1+m_2$ だから，② より，

$$m_2 = 1 \times \frac{2}{3} + (1+m_2) \times \frac{1}{3}. \qquad \therefore\ m_2 = \frac{3}{2}. \qquad \cdots ③$$
　　　　　(2人→1人)　(2人→2人)

（ⅱ）3人のジャンケンで1回目に2人（3人）残る場合

　　勝者が決まるまでに要するジャンケンの回数の期待値は $1+m_2$ ($1+m_3$) だから，① より

$$m_3 = 1 \times \frac{1}{3} + (1+m_2) \times \frac{1}{3} + (1+m_3) \times \frac{1}{3}. \qquad \therefore\ m_3 = \frac{9}{4}. \quad (\because\ ③) \quad \textbf{(答)}$$
　　　(3人→1人)　(3人→2人)　　(3人→3人)

MEMO

第11章 複素数平面

100 【解答1】

虚数解をもつから，判別式を D とすると

$$\frac{D}{4}=(1-p)^2-(1+p)^2=-4p<0. \quad \therefore \quad p>0.$$

このとき，2つの虚数解は

$$x=-(1-p)\pm\sqrt{(1-p)^2-(1+p)^2}$$
$$=p-1\pm 2\sqrt{p}\,i. \quad (\text{以下，複号同順}) \quad \cdots ①$$

$$\therefore \quad x^3=(p-1)^3+3(p-1)^2(\pm 2\sqrt{p}\,i)+3(p-1)(\pm 2\sqrt{p}\,i)^2+(\pm 2\sqrt{p}\,i)^3$$
$$=(p-1)^3-12(p-1)p\pm 2\sqrt{p}\,\{3(p-1)^2-4p\}i.$$

これが実数となる条件は $\quad 3(p-1)^2-4p=(3p-1)(p-3)=0.$

方程式は整数係数だから，p は整数. $\quad \therefore \quad p=3.$ **(答)**

このとき，2つの虚数解は，① より， $\quad 2\pm 2\sqrt{3}\,i.$ **(答)**

【解答2】

実数係数の2次方程式が虚数解 α, β をもつとき，

$$\beta=\overline{\alpha}, \cdots ① \qquad \alpha\neq\beta. \cdots ②$$
$$\alpha+\beta=2(p-1), \quad \alpha\beta=(1+p)^2. \cdots ③$$

また，α^3, β^3 が実数になる条件は，

$$\alpha^3=\overline{\alpha}^3, \beta^3=\overline{\beta}^3 \iff \alpha^3=\beta^3 \quad (\because ①)$$
$$\iff (\alpha-\beta)(\alpha^2+\alpha\beta+\beta^2)=0 \iff \alpha^2+\alpha\beta+\beta^2=0 \quad (\because ②)$$
$$\iff (\alpha+\beta)^2-\alpha\beta=4(p-1)^2-(p+1)^2=0 \quad (\because ③)$$
$$\iff 3p^2-10p+3=(3p-1)(p-3)=0.$$
$$\therefore \quad p=3. \,(\because \text{整数係数}) \quad \textbf{(答)}$$

このとき，元の方程式は，$x^2-4x+16=0. \quad \therefore \quad x=2\pm 2\sqrt{3}\,i.$ **(答)**

101 【解答1】

$z=\cos\theta+i\sin\theta\ (\neq 1)$ とすると，

$$1+z+z^2+\cdots+z^n=\frac{1-z^{n+1}}{1-z}. \quad \cdots ①$$

$$(\text{左辺})=1+(\cos\theta+i\sin\theta)+\cdots+(\cos n\theta+i\sin n\theta)$$
$$=(1+\cos\theta+\cdots+\cos n\theta)+i(\sin\theta+\cdots+\sin n\theta),$$

$$(\text{右辺})=\frac{1-\{\cos(n+1)\theta+i\sin(n+1)\theta\}}{1-(\cos\theta+i\sin\theta)}$$

$$=\frac{2\sin^2\dfrac{(n+1)\theta}{2}-2i\sin\dfrac{(n+1)\theta}{2}\cdot\cos\dfrac{(n+1)\theta}{2}}{2\sin^2\dfrac{\theta}{2}-2i\sin\dfrac{\theta}{2}\cdot\cos\dfrac{\theta}{2}}$$

$$= \frac{-2i\sin\frac{(n+1)\theta}{2}\left\{\cos\frac{(n+1)\theta}{2}+i\sin\frac{(n+1)\theta}{2}\right\}}{-2i\sin\frac{\theta}{2}\left(\cos\frac{\theta}{2}+i\sin\frac{\theta}{2}\right)}$$

$$= \frac{\sin\frac{(n+1)\theta}{2}\left(\cos\frac{n\theta}{2}+i\sin\frac{n\theta}{2}\right)}{\sin\frac{\theta}{2}}.$$

よって，① の両辺の実部，虚部を比較すると，それぞれから，(1), (2) の等式が得られる． (終)

【解答 2】

(1) $$2\sin\frac{\theta}{2}\cdot\left(\sum_{k=0}^{n}\cos k\theta\right)=\sum_{k=0}^{n}\left\{\sin\left(k+\frac{1}{2}\right)\theta-\sin\left(k-\frac{1}{2}\right)\theta\right\}$$

$$=\sin\left(n+\frac{1}{2}\right)\theta+\sin\frac{\theta}{2}=2\sin\frac{(n+1)\theta}{2}\cdot\cos\frac{n\theta}{2}.$$

∴ 与式 $=\sum_{k=0}^{n}\cos k\theta=\dfrac{\cos\frac{n\theta}{2}\cdot\sin\frac{(n+1)\theta}{2}}{\sin\frac{\theta}{2}}.$ (終)

(2) $$-2\sin\frac{\theta}{2}\left(\sum_{k=1}^{n}\sin k\theta\right)=\sum_{k=1}^{n}\left\{\cos\left(k+\frac{1}{2}\right)\theta-\cos\left(k-\frac{1}{2}\right)\theta\right\}$$

$$=\cos\left(n+\frac{1}{2}\right)\theta-\cos\frac{1}{2}\theta=-2\sin\frac{(n+1)\theta}{2}\cdot\sin\frac{n\theta}{2}.$$

∴ 与式 $=\sum_{k=1}^{n}\sin k\theta=\dfrac{\sin\frac{n\theta}{2}\cdot\sin\frac{(n+1)\theta}{2}}{\sin\frac{\theta}{2}}.$ (終)

(注) $\sin(A+B)-\sin(A-B)=2\cos A\cdot\sin B,$
$\cos(A+B)-\cos(A-B)=-2\sin A\cdot\sin B,$
$\sin A+\sin B=\sin\left(\dfrac{A+B}{2}+\dfrac{A-B}{2}\right)+\sin\left(\dfrac{A+B}{2}-\dfrac{A-B}{2}\right)$
$\qquad\qquad =2\sin\dfrac{A+B}{2}\cdot\cos\dfrac{A-B}{2}.$
$\cos A-\cos B=-2\sin\dfrac{A+B}{2}\cdot\sin\dfrac{A-B}{2}.$

102 【解答 1】

(1) $\alpha^5=\left(\cos\dfrac{2\pi}{5}+i\sin\dfrac{2\pi}{5}\right)^5=\cos 2\pi+i\sin 2\pi=1.$ ⋯①

∴ $\alpha^5-1=(\alpha-1)(\alpha^4+\alpha^3+\alpha^2+\alpha+1)=0.$

ここで，$\alpha \neq 1$ であるから，
$$\alpha^4 + \alpha^3 + \alpha^2 + \alpha + 1 = 0. \quad \cdots ②$$
また，$|\alpha| = 1$ より，$\alpha \bar{\alpha} = 1.$ $\quad \cdots ③$
② の両辺に $\bar{\alpha}^2$ をかけて ③ を用いると
$$\alpha^2 + \alpha + 1 + \bar{\alpha} + \bar{\alpha}^2 = 0$$
$$\Longleftrightarrow (\alpha + \bar{\alpha})^2 + (\alpha + \bar{\alpha}) - 1 = 0.$$
$\therefore \ \alpha + \bar{\alpha} = 2\cos\dfrac{2\pi}{5} = \dfrac{-1+\sqrt{5}}{2} \ (>0).$

$\therefore \ A_0A_1{}^2 = |\alpha - 1|^2 = (\alpha-1)(\bar{\alpha}-1)$
$$= \alpha\bar{\alpha} - (\alpha + \bar{\alpha}) + 1 = 1 - \dfrac{-1+\sqrt{5}}{2} + 1$$
$$= \dfrac{5-\sqrt{5}}{2}. \quad \therefore \ A_0A_1 = \dfrac{\sqrt{10-2\sqrt{5}}}{2}. \tag{答}$$

(2) $A_0A_1 \cdot A_0A_2 \cdot A_0A_3 \cdot A_0A_4 = |\alpha-1| \cdot |\alpha^2-1| \cdot |\alpha^3-1| \cdot |\alpha^4-1|$
$$= |(\alpha-1)(\alpha^2-1)(\alpha^3-1)(\alpha^4-1)|$$
$$= |\alpha^{10} - \alpha^9 - \alpha^8 + 2\alpha^5 - \alpha^2 - \alpha + 1|$$
$$= |4 - (\alpha + \alpha^2 + \alpha^3 + \alpha^4)| \ (\because \ ①)$$
$$= 5. \ (\because \ ②) \tag{答}$$

【解答 2】

(1) $\theta = \dfrac{2\pi}{5}$ とおくと，$3\theta = 2\pi - 2\theta$ であるから，
$$\sin 3\theta = \sin(2\pi - 2\theta) = -\sin 2\theta$$
$$\Longleftrightarrow 3\sin\theta - 4\sin^3\theta = -2\sin\theta \cdot \cos\theta$$
$$\Longleftrightarrow 3 - 4\sin^2\theta = -2\cos\theta. \ (\because \ \sin\theta > 0)$$
$\therefore \ 4\cos^2\theta + 2\cos\theta - 1 = 0. \quad \therefore \ \cos\theta = \cos\dfrac{2\pi}{5} = \dfrac{-1+\sqrt{5}}{4} \ (>0).$

三角形 OA_0A_1 に余弦定理を用いて
$$A_0A_1{}^2 = 1 + 1 - 2\cos\dfrac{2\pi}{5} = \dfrac{5-\sqrt{5}}{2}. \quad \therefore \ A_0A_1 = \dfrac{\sqrt{10-2\sqrt{5}}}{2}. \tag{答}$$

(2) $\cos\dfrac{4\pi}{5} = 2\left(\cos\dfrac{2\pi}{5}\right)^2 - 1 = \dfrac{6-2\sqrt{5}}{8} - 1 = \dfrac{-1-\sqrt{5}}{4}.$

$\therefore \ A_0A_2{}^2 = 1 + 1 - 2\cos\dfrac{4\pi}{5} = 2 - \dfrac{-1-\sqrt{5}}{2} = \dfrac{5+\sqrt{5}}{2}.$

$\therefore \ A_0A_1 \cdot A_0A_2 \cdot A_0A_3 \cdot A_0A_4$
$$= A_0A_1{}^2 \cdot A_0A_2{}^2 = \dfrac{5-\sqrt{5}}{2} \cdot \dfrac{5+\sqrt{5}}{2} = \dfrac{25-5}{4} = 5. \tag{答}$$

103 【解答】

(1)
$$\sqrt{3}+i=2\left(\frac{\sqrt{3}}{2}+\frac{1}{2}i\right)=2\left(\cos\frac{\pi}{6}+i\sin\frac{\pi}{6}\right).$$
$$1+i=\sqrt{2}\left(\frac{1}{\sqrt{2}}+\frac{1}{\sqrt{2}}i\right)=\sqrt{2}\left(\cos\frac{\pi}{4}+i\sin\frac{\pi}{4}\right).$$
$$\therefore\ (\sqrt{3}+i)^m=(1+i)^n$$
$$\iff 2^m\left(\cos\frac{m}{6}\pi+i\sin\frac{m}{6}\pi\right)=2^{\frac{n}{2}}\left(\cos\frac{n}{4}\pi+i\sin\frac{n}{4}\pi\right).$$

この両辺の絶対値は等しいから,
$$2^m=2^{\frac{n}{2}}.\quad \therefore\ n=2m. \qquad \cdots ①$$

よって, 与式 $\iff \cos\dfrac{m}{6}\pi=\cos\dfrac{m}{2}\pi,$ かつ, $\sin\dfrac{m}{6}\pi=\sin\dfrac{m}{2}\pi$

$$\iff \frac{m}{6}\pi=\frac{m}{2}\pi+2k\pi \iff m=-6k.\ (k:整数)$$

これをみたす最小の正の整数 m と n は
$$m=6.\quad \therefore\ n=12.\ (\because\ ①) \tag{答}$$

(2)₁ 「点 z, z' が直線 $O\alpha$ に関して対称」
$\iff$「2点 z, z' をともに O のまわりに角 $-\arg\alpha=\arg\overline{\alpha}$ だけ回転した点は互いに複素共役」
$\iff z'\cdot\dfrac{\overline{\alpha}}{|\overline{\alpha}|}=\overline{\left(z\cdot\dfrac{\overline{\alpha}}{|\overline{\alpha}|}\right)} \iff \overline{\alpha}z'=\alpha\overline{z}.$ (終)

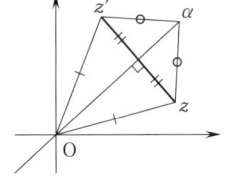

(2)₂ 点 z, z' が直線 $O\alpha$ に関して対称
$\iff \triangle z'O\alpha$ と $\triangle zO\alpha$ が逆の向きに合同
$\iff \dfrac{z'}{\alpha}=\overline{\left(\dfrac{z}{\alpha}\right)} \iff \dfrac{z'}{\alpha}=\dfrac{\overline{z}}{\overline{\alpha}} \iff \overline{\alpha}z'=\alpha\overline{z}.$ (答)

104 【解答1】

$|z|=1$ より, $z=\cos\theta+i\sin\theta\ (0\leqq\theta<2\pi)$ とおける.
$$\therefore\ |\sqrt{3}+i+z|^2=|(\sqrt{3}+\cos\theta)+(1+\sin\theta)i|^2$$
$$=(\sqrt{3}+\cos\theta)^2+(1+\sin\theta)^2=5+2(\sin\theta+\sqrt{3}\cos\theta)$$
$$=5+4\sin\left(\theta+\frac{\pi}{3}\right).$$

これを最大にする $\theta\ (0\leqq\theta<2\pi)$ は, $\theta+\dfrac{\pi}{3}=\dfrac{\pi}{2} \iff \theta=\dfrac{\pi}{6}.$

よって, 求める複素数 z は, $z=\cos\dfrac{\pi}{6}+i\sin\dfrac{\pi}{6}=\dfrac{\sqrt{3}}{2}+\dfrac{1}{2}i.$ (答)

【解答 2】

$|\sqrt{3}+i+z|\{=|z-(-\sqrt{3}-i)|\}$ は複素数平面上で，単位円 $C:|z|=1$ 上を動く点 $P(z)$ と定点 $A(-\sqrt{3}-i)$ との距離を表す．

この距離が最大になるのは，点 $P(z)$ が直線 OA と円 C との第 1 象限の交点 $B\left(\dfrac{\sqrt{3}+i}{2}\right)$ にあるときである．

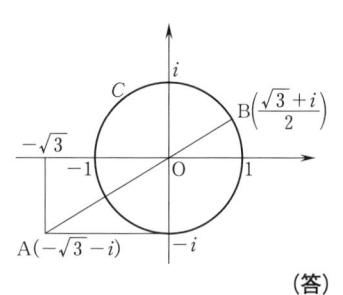

よって，求める複素数 z は $z=\dfrac{\sqrt{3}+i}{2}$． (答)

105 【解答】

(1) $\quad w=\dfrac{2iz}{z-\alpha}\ (z\neq\alpha)\ \cdots① \iff z=\dfrac{\alpha w}{w-2i}\ (w\neq 2i)\ \cdots②$

② を $|z|=|\alpha|$ に代入して，

$$\left|\dfrac{\alpha w}{w-2i}\right|=|\alpha| \iff |w|=|w-2i|\quad (\because\ |\alpha|\neq 0)$$

よって，点 w の軌跡は，

　　　　原点 O と点 $2i$ を結ぶ線分の垂直 2 等分線． (答)

(2) ① を $|w|=1$ に代入して，$\left|\dfrac{2iz}{z-\alpha}\right|=1 \iff 2|z|=|z-\alpha|$　　　　$\cdots③$

$\iff 4z\bar{z}(=(z-\alpha)(\bar{z}-\bar{\alpha}))=z\bar{z}-\alpha\bar{z}-\bar{\alpha}z+|\alpha|^2$

$\iff z\bar{z}+\dfrac{1}{3}\alpha\bar{z}+\dfrac{1}{3}\bar{\alpha}z=\dfrac{1}{3}\alpha\bar{\alpha}$

$\iff \left(z+\dfrac{\alpha}{3}\right)\left(\bar{z}+\dfrac{\bar{\alpha}}{3}\right)=\dfrac{4}{9}\alpha\bar{\alpha}$

$\iff \left|z+\dfrac{\alpha}{3}\right|^2=\dfrac{4}{9}|\alpha|^2 \iff \left|z-\left(-\dfrac{\alpha}{3}\right)\right|=\dfrac{2}{3}|\alpha|.$

よって，　　点 z が描く円 C の中心は $-\dfrac{\alpha}{3}$，　半径は $\dfrac{2}{3}|\alpha|$．

　　　　　　　　　　　　　　　　　　　　　　　　　　　　　　　　　(答)

　　また，円 C の中心 $-\dfrac{\alpha}{3}$ が i のとき，$\alpha=-3i$．

(注) ③ より，$\dfrac{|z-0|}{1}=\dfrac{|z-\alpha|}{2}$．

円 C は，2 点 O と α を $1:2$ に内分する点 $\left(\dfrac{\alpha}{3}\right)$ と外分する点 $(-\alpha)$ を直径の両端とするアポロニウスの円．

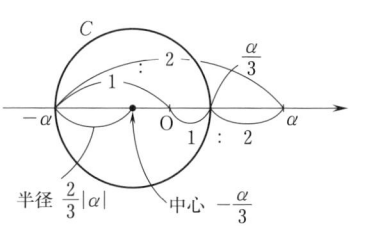

(3) $\alpha=-3i$ と ② より，$z=\dfrac{-3iw}{w-2i}$．

この z が実数 $\iff \bar{z}=z \iff \dfrac{3i\bar{w}}{\bar{w}+2i}=\dfrac{-3iw}{w-2i}$

$\iff \bar{w}(w-2i)+w(\bar{w}+2i)=0,\ w\neq 2i$

$\iff w\bar{w}+iw-i\bar{w}=0,\ w\neq 2i$

$\iff (w-i)(\overline{w}+i)=1,\ w\neq 2i$

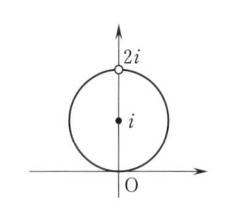

$\iff |w-i|=1,\ w\neq 2i.$

よって，点 w の軌跡は，i を中心とする半径 1 の円（ただし，$2i$ を除く）．**(答)**

106 【解答】（回転＋相似縮小）

複素数平面で考える．

n 回目に向きを変える点を $P_n(z_n)$ とすると，$\overrightarrow{P_n P_{n+1}}$ は $\overrightarrow{P_{n-1} P_n}$ を $\dfrac{\pi}{6}$ 回転し，$\dfrac{1}{2}$ 倍したものである．

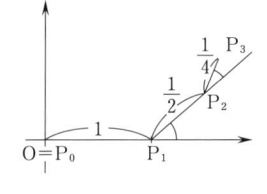

$$\alpha=\dfrac{1}{2}\left(\cos\dfrac{\pi}{6}+i\sin\dfrac{\pi}{6}\right)=\dfrac{\sqrt{3}}{4}+\dfrac{1}{4}i$$

とおき，$z_0=0,\ z_1=1$ とすると

$$z_{n+1}-z_n=\alpha(z_n-z_{n-1})\quad (n=1,\ 2,\ 3,\ \cdots)$$

$\therefore\ z_{n+1}-z_n=\alpha^n(z_1-z_0)=\alpha^n.\ (n\geq 1)$

$\therefore\ z_n=(z_n-z_{n-1})+(z_{n-1}-z_{n-2})+\cdots+(z_1-z_0)+z_0$

$=z_0+\sum_{k=0}^{n-1}(z_{k+1}-z_k)=0+\sum_{k=0}^{n-1}\alpha^k=\dfrac{1-\alpha^{n-1}}{1-\alpha}.$

ここで，$|\alpha|=\dfrac{1}{2}$ より，$\lim_{n\to\infty}\alpha^n=0$ であるから，

$$\lim_{n\to\infty}z_n=\dfrac{1}{1-\alpha}=\dfrac{1}{1-\dfrac{\sqrt{3}+i}{4}}=\dfrac{4}{4-\sqrt{3}-i}=\dfrac{4(4-\sqrt{3}+i)}{(4-\sqrt{3})^2+1}$$

$$=\dfrac{4(4-\sqrt{3}+i)}{4(5-2\sqrt{3})}=\dfrac{(4-\sqrt{3}+i)(5+2\sqrt{3})}{25-12}=\dfrac{14+3\sqrt{3}+(5+2\sqrt{3})i}{13}.$$

よって，動点 P の極限の位置は $\left(\dfrac{14+3\sqrt{3}}{13},\ \dfrac{5+2\sqrt{3}}{13}\right)$．**(答)**

107 【解答】

(1) $iz^2=x+yi\ (x,\ y\in R)\quad \cdots \text{①}$

とおく．

(i) 点 z が辺 AB 上を動くとき，

$z=t+i\ (0\leq t\leq 1).$ このとき，① は

$x+yi=i(t+i)^2=-2t+(t^2-1)i.$

$\therefore\ \begin{cases}x=-2t\\ y=t^2-1\end{cases}(0\leq t\leq 1) \iff y=\dfrac{1}{4}x^2-1.\ (-2\leq x\leq 0)$

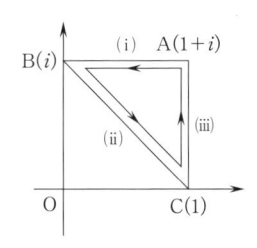

(ii) 点 z が辺 BC 上を動くとき，$z=t+(1-t)i$ $(0\leq t\leq 1)$. このとき，① は
$$x+yi=i\{t+(1-t)i\}^2=-2t(1-t)+(2t-1)i.$$
∴ $\begin{cases} x=-2t(1-t), \\ y=2t-1. \end{cases}$ $(0\leq t\leq 1)$ ⇔ $x=-(y+1)\cdot\dfrac{1-y}{2}=\dfrac{y^2-1}{2}$ $(-1\leq y\leq 1)$

(iii) 点 z が辺 CA 上を動くとき，$z=1+ti$ $(0\leq t\leq 1)$. このとき，① は
$$x+yi=i(1+ti)^2=-2t+(-t^2+1)i.$$
∴ $\begin{cases} x=-2t, \\ y=1-t^2. \end{cases}$ $(0\leq t\leq 1)$ ⇔ $y=-\dfrac{1}{4}x^2+1.$ $(-2\leq x\leq 0)$

以上の(i), (ii), (iii) より，
　　点 iz^2 の描く図形は右図の通り． **(答)**

(2) 求める面積は
$$2\int_{-2}^{0}\left(1-\dfrac{x^2}{4}\right)dx-\int_{-1}^{1}\left(0-\dfrac{y^2-1}{2}\right)dy$$
$$=\left[2x-\dfrac{x^3}{6}\right]_{-2}^{0}-2\cdot\dfrac{1}{2}\left[y-\dfrac{y^3}{3}\right]_{0}^{1}$$
$$=\left(4-\dfrac{4}{3}\right)-\left(1-\dfrac{1}{3}\right)=2. \quad \textbf{(答)}$$

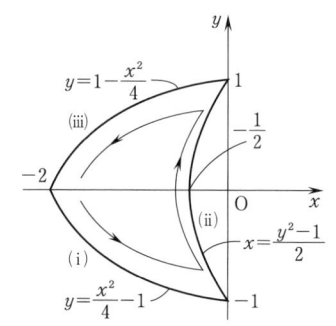

108* 【解答1】（複素数平面）

O を原点とする複素数平面を考え，各点を表す複素数を小文字で表す．
O, A, B が反時計まわりに並ぶ場合について考える．

(1) D は A を O のまわりに $-90°$ 回転した点だから，　　$d=-ia.$
　　F は B を O のまわりに $+90°$ 回転した点だから，　　$f=ib.$
$$\therefore\ r=\dfrac{f+d}{2}=\dfrac{i}{2}(b-a).$$
すなわち，$2\overrightarrow{OR}$ は $\overrightarrow{AB}$ を，$90°$ 回転したものである．
$$\therefore\ 2OR=AB,\quad OR\perp AB. \quad \textbf{(終)}$$

(2) (1)より，　　$f-a=ib-a,\quad b-d=b-(-ia)=b+ia.$
ここで，$ib-a=i(b+ia)$ であるから
$$f-a=i(b-d).$$
すなわち，$\overrightarrow{AF}$ は $\overrightarrow{DB}$ を $90°$ 回転したものである．
$$\therefore\ AF=DB,\quad AF\perp DB. \quad \textbf{(終)}$$

(3) 条件から　$p=\dfrac{a+b}{2},\ q=\dfrac{b+f}{2}=\dfrac{b+ib}{2},\ s=\dfrac{a+d}{2}=\dfrac{a-ia}{2}.$

∴ $\begin{cases} s-p=\dfrac{a-ia}{2}-\dfrac{a+b}{2}=\dfrac{-ia-b}{2}=i\cdot\dfrac{ib-a}{2} \\ q-p=\dfrac{b+ib}{2}-\dfrac{a+b}{2}=\dfrac{ib-a}{2}. \end{cases}$

$$\therefore\ s-p=i(q-p)$$

すなわち，$\vec{PS}$ は $\vec{PQ}$ を $90°$ 回転したものであるから，
　　　　三角形 PQS は QS を斜辺とする直角二等辺三角形である．　　…①
　また，三角形 OAB のかわりに三角形 ODF に対して上と同様の議論を行うと，
　　　　三角形 QRS は QS を斜辺とする直角二等辺三角形である．　　…②
　①，②から，　　　　四辺形 PQRS は正方形である．　　　　　　　（終）

【解答2】（平面幾何）
(1) 三角形 OAB の外側に2つの平行四辺形 ABGO，OBAH を作り，O を中心として G を $+90°$ 回転した点を I とする．

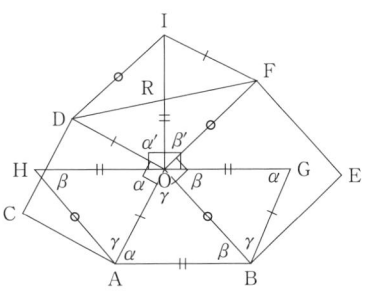

　右図のように角 $\alpha,\ \beta,\ \gamma,\ \alpha',\ \beta'$ を定めると
$$\left.\begin{array}{l}\angle\text{AOD}=\alpha+\angle\text{DOH}=90°,\\ \angle\text{HOI}=\angle\text{DOH}+\alpha'=90°.\end{array}\right\}\ \therefore\ \alpha=\alpha'$$
同様にして，　　　　　　　　　　　$\beta=\beta'$．

　よって，△OAH を O のまわりに $-90°$ 回転すると △ODI に重なり，
　　　　△OBG を O のまわりに $+90°$ 回転すると △OFI に重なる．
　よって，OD=FI，OF=DI だから，四辺形 OFID は平行四辺形．
　平行四辺形 OFID の対角線は互いに2等分するから，
$$2\text{OR}=\text{OI}=\text{OG}=\text{AB},\ \text{かつ},\ \text{OR}\perp\text{AB}.$$
　　　　　　　　　　　　　　　　　　　　　　　　　　　　　　　　（終）

(2) 右図において，△ODB を O のまわりに $+90°$ 回転すると △OAF に重なるから， 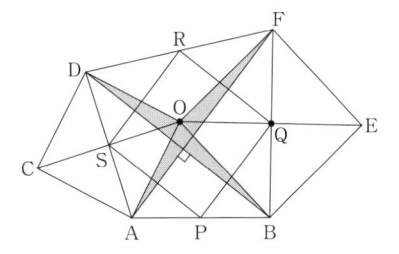
$$\triangle\text{OAF}\equiv\triangle\text{ODB}.$$
　∴　AF=DB，AF⊥DB．　…①　（終）

(3) △BAF と △DAF および △ABD と △FBD に中点連結定理を用いると，
$$\vec{PQ}=\frac{1}{2}\vec{AF}=\vec{SR},\quad \vec{PS}=\frac{1}{2}\vec{BD}=\vec{QR}.\quad \text{…②}$$
　①，② より，四辺形 PQRS は正方形である．　　　　　　　　　　（終）

109* 【解答1】（複素数平面）

　本問では三角形の大きさには無関係だから，その外接円を単位円として考えてよい．各点を表す複素数を小文字で表すことにすると， 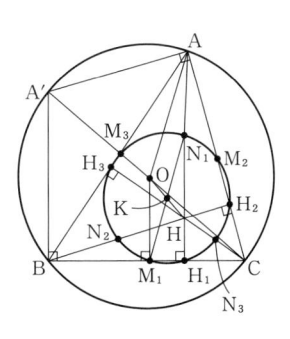
$$|a|=|b|=|c|=1\iff \bar{a}=\frac{1}{a},\ \bar{b}=\frac{1}{b},\ \bar{c}=\frac{1}{c}.\quad\text{…①}$$

　$H_1(z)$ は BC 上にあるから，$\dfrac{z-b}{c-b}$ は実数．

$$\therefore\ \frac{z-b}{c-b}=\overline{\left(\frac{z-b}{c-b}\right)}\iff (\bar{c}-\bar{b})(z-b)-(c-b)(\bar{z}-\bar{b})=0$$

$\Leftrightarrow \left(\dfrac{1}{c}-\dfrac{1}{b}\right)(z-b)-(c-b)\left(\bar{z}-\dfrac{1}{b}\right)=0 \quad (\because ①)$

$\Leftrightarrow (b-c)(z-b)+c(b-c)(b\bar{z}-1)=0 \Leftrightarrow z+bc\bar{z}=b+c. \quad (\because b \neq c) \quad \cdots ②$

$H_1(z)$ は A から BC に下ろした垂線上にあるから,

$\dfrac{z-a}{c-b}$ は純虚数 $\Leftrightarrow i\dfrac{z-a}{c-b}$ は実数

$\therefore \quad i\dfrac{z-a}{c-b}=\overline{\left(i\dfrac{z-a}{c-b}\right)} \Leftrightarrow \dfrac{z-a}{c-b}+\dfrac{\bar{z}-\bar{a}}{\bar{c}-\bar{b}}=0$

$\Leftrightarrow (\bar{c}-\bar{b})(z-a)+(c-b)(\bar{z}-\bar{a})=0$

$\Leftrightarrow \left(\dfrac{1}{c}-\dfrac{1}{b}\right)(z-a)+(c-b)\left(\bar{z}-\dfrac{1}{a}\right)=0$

$\Leftrightarrow (b-c)(z-a)-(b-c)\left(bc\bar{z}-\dfrac{bc}{a}\right)=0$

$\Leftrightarrow z-bc\bar{z}=a-\dfrac{bc}{a}. \quad (\because b \neq c) \quad \cdots ③$

($② + ③$)$\times \dfrac{1}{2}$ により, $\bar{z}$ を消去すると, $H_1(h_1)$ を表す複素数 h_1 は

$$h_1 = \dfrac{1}{2}\left(a+b+c-\dfrac{bc}{a}\right).$$

同様にして

$$h_2 = \dfrac{1}{2}\left(a+b+c-\dfrac{ca}{b}\right), \quad h_3 = \dfrac{1}{2}\left(a+b+c-\dfrac{ab}{c}\right). \quad \cdots ④$$

次に3垂線 AH_1, BH_2, CH_3 は1点で交わることを示す.

AH_1 上の点 z は, ③ より, $z-bc\bar{z}=a-\dfrac{bc}{a}$ をみたす.

BH_2 上の点 z は, 同様にして, $z-ca\bar{z}=b-\dfrac{ca}{b}$ をみたす.

これらに a, $-b$ を掛けて加えれば $\bar{z}$ が消去されて, AH_1 と BH_2 との交点 $H(h)$ (H は三角形 ABC の垂心である.) に対応する複素数 h:

$$h = a+b+c \quad \cdots ⑤$$

が得られる. これは a, b, c に関して対称だから CH_3 もまた H を通る.

線分 OH の中点が $K(k)$ であるから, $\quad k = \dfrac{1}{2}h. \quad \cdots ⑥$

BC, CA, AB の中点 M_1, M_2, M_3 は, ⑤ より

$$m_1 = \dfrac{b+c}{2} = \dfrac{1}{2}(h-a), \quad m_2 = \dfrac{1}{2}(h-b), \quad m_3 = \dfrac{1}{2}(h-c). \quad \cdots ⑦$$

AH, BH, CH の中点 N_1, N_2, N_3 は

$$n_1 = \dfrac{1}{2}(h+a), \quad m_2 = \dfrac{1}{2}(h+b), \quad m_3 = \dfrac{1}{2}(h+c). \quad \cdots ⑧$$

よって, ④, ⑤, ⑥, ⑦, ⑧ より,

第11章 複素数平面　103

$$KH_1 = \left|\frac{h}{2} - \frac{1}{2}\left(h - \frac{bc}{a}\right)\right| = \left|\frac{bc}{2a}\right| = \frac{1}{2}. \quad \text{同様に } KH_2 = KH_3 = \frac{1}{2}.$$

$$KM_1 = \left|\frac{h}{2} - \frac{1}{2}(h-a)\right| = \left|\frac{a}{2}\right| = \frac{1}{2}. \quad \text{同様に } KM_2 = KM_3 = \frac{1}{2}.$$

$$KN_1 = \left|\frac{h}{2} - \frac{1}{2}(h+a)\right| = \left|\frac{a}{2}\right| = \frac{1}{2}. \quad \text{同様に } KN_2 = KN_3 = \frac{1}{2}.$$

以上から，9点 H_i, M_i, N_i ($i=1, 2, 3$) は K を中心とする半径 $\frac{1}{2}$ の同一円周上にある． (終)

【解答2】（平面幾何）

【解答1】の図において，A′C を直径とすると，中点連結定理より
$$A'B = 2OM_1. \qquad \cdots ①$$
また，A′B∥AH₁，A′A∥BH₂ より $\overrightarrow{A'B} = \overrightarrow{AH}.$ $\qquad \cdots ②$

①，② より， $OM_1 = \frac{1}{2}A'B = \frac{1}{2}AH = N_1H.$

また，条件から，K は OH の中点だから，△KOM₁≡△KHN₁．
よって，K は直角三角形 N₁M₁H₁ の斜辺の中点であるから，
$$KM_1 = KN_1 = KH_1. \qquad \cdots ③$$
さらに，三角形 OAH に中点連結定理を用いると，
$$KN_1 = \frac{1}{2}OA = \frac{R}{2}. \text{（ただし，}R\text{ は三角形 ABC の外接円の半径）} \quad \cdots ④$$

③，④ より，3点 H_1, M_1, N_1 は K を中心とする半径 $\frac{R}{2}$ の円 C 上にある．

以下，同様にして，9点 H_i, M_i, N_i ($i=1, 2, 3$) は K を中心とする半径 $\frac{R}{2}$ の円 C 上にある． (終)

（注） 本問は**九点円の定理**の証明問題である．
　円 C を三角形 ABC の**九点円**，直線 OKH を三角形 ABC の**オイラー線**という．

第 12 章　式と曲線

110 【解答】

(1) $f(x)=\begin{cases} x+3, & (x\leq 2) \\ 3x-1, & (x\geq 2) \end{cases}$

グラフは右図の太線。　　　　　　　　　　（答）

(2) $y=f(x)$ のグラフと $y=g(x)$ のグラフは直線 $y=x$ に関して対称。

よって，$y=g(x)$ のグラフより

$g(x)=\begin{cases} x-3, & (x\leq 5) \\ \dfrac{1}{3}(x-5)+2=\dfrac{1}{3}x+\dfrac{1}{3}. & (x\geq 5) \end{cases}$

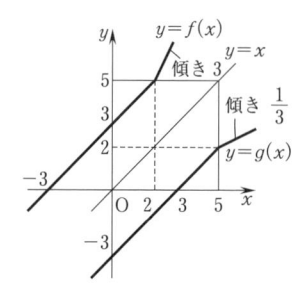

したがって，$c\neq 0$ で，$c\geq 0$ より $c>0$.

$\therefore\ g(x)=ax+b-c\left|x+\dfrac{d}{c}\right|=\begin{cases} (a+c)x+b+d, & \left(x\leq -\dfrac{d}{c}=5\right) \\ (a-c)x+b-d. & \left(x\geq -\dfrac{d}{c}=5\right) \end{cases}$

上の $g(x)$ と係数比較して

$a+c=1,\ b+d=-3,\ a-c=\dfrac{1}{3},\ b-d=\dfrac{1}{3},\ -\dfrac{d}{c}=5.$

$\therefore\ a=\dfrac{2}{3},\ b=-\dfrac{4}{3},\ c=\dfrac{1}{3},\ d=-\dfrac{5}{3}.$　　　　　（答）

111 【解答】

(1) $C_1:y=\sqrt{ax-2}-1\ \left(x\geq \dfrac{2}{a},\ y\geq -1\right)$ において，x と y を入れ換えて

$$x=\sqrt{ay-2}-1.\ \left(y\geq \dfrac{2}{a},\ x\geq -1\right)$$

これを y について解くと，

$$C_2:y=f^{-1}(x)=\dfrac{1}{a}\{(x+1)^2+2\}.\ (x\geq -1)$$　　　　　（答）

(2) (i)　　　C_1 と C_2 が異なる 2 点で交わる

$\Longleftrightarrow\ C_2$ と直線 $y=x$ が異なる 2 点で交わる

$\Longleftrightarrow\ \dfrac{1}{a}\{(x+1)^2+2\}=x,$ すなわち $x^2+(2-a)x+3=0$　　…①

が $x\geq -1$ で異なる 2 実数解をもつ．

よって，①の左辺を $g(x)$ とすると，求める a の値の範囲は，

$$\begin{cases} (①\text{の判別式})=(2-a)^2-12>0, \\ \text{軸}:x=\dfrac{a-2}{2}>-1,\ (a>0) \\ g(-1)=a+2\geq 0 \end{cases} \Leftrightarrow \begin{cases} a<2-2\sqrt{3}\ \text{または}\ a>2+2\sqrt{3}, \\ a>0, \\ a\geq -2. \end{cases}$$

$$\therefore\ a>2+2\sqrt{3}.\qquad\text{(答)}$$

(ii) ①の2解 $\alpha,\ \beta$ ($-1\leq\alpha<\beta$ とする)の差が2であるから,
$$\beta-\alpha=\sqrt{a^2-4a-8}=2. \qquad\cdots ②$$
$$\therefore\ a^2-4a-12=(a-6)(a+2)=0.$$
これと, $a>2+2\sqrt{3}$ より, $\qquad a=6.\qquad$(答)

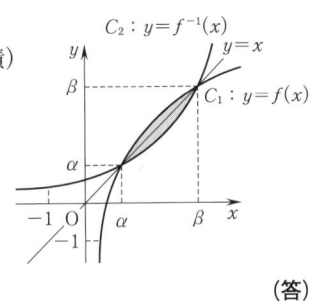

また,対称性を考慮すると,
$\quad(C_1$ と C_2 で囲まれた部分の面積$)$
$=2\times(C_2$ と $y=x$ とで囲まれた部分の面積$)$
$=2\displaystyle\int_\alpha^\beta\left[x-\dfrac{1}{6}\{(x+y)^2+2\}\right]dx$
$=2\cdot\left(-\dfrac{1}{6}\right)\displaystyle\int_\alpha^\beta(x-\alpha)(x-\beta)\,dx$
$=-\dfrac{1}{3}\cdot(-1)\cdot\dfrac{(\beta-\alpha)^3}{6}$
$=-\dfrac{1}{3}\cdot(-1)\cdot\dfrac{2^3}{6}\quad(\because ②)=\dfrac{4}{9}.\qquad$(答)

112 【解答1】

(1) $\mathrm{P}\left(t,\dfrac{1}{t}\right)$ における接線 l の方程式は
$$l:y=\dfrac{-1}{t^2}(x-t)+\dfrac{1}{t}=\dfrac{-x}{t^2}+\dfrac{2}{t}.$$
$$\therefore\ \mathrm{A}(2t,\ 0),\ \mathrm{B}\left(0,\ \dfrac{2}{t}\right).$$
$\therefore\ \mathrm{P}$ は AB の中点. (終)

(2) $\qquad\mathrm{OA}\cdot\mathrm{OB}=2t\cdot\dfrac{2}{t}=4.$ (一定) (終)

(3) 直線 $\mathrm{OP}:y=\dfrac{\frac{1}{t}}{t}x=\dfrac{1}{t^2}x. \qquad\cdots ①$

条件から, $\mathrm{OQ}\perp\mathrm{AB}$ で,
$$(\mathrm{AB}\text{の傾き})=\dfrac{\frac{2}{t}}{-2t}=-\dfrac{1}{t^2}.$$
$$\therefore\ \text{直線}\ \mathrm{OQ}:y=t^2x\Leftrightarrow x=\dfrac{1}{t^2}y. \qquad\cdots ②$$

①, ② より $\mathrm{OP},\ \mathrm{OQ}$ は直線 $y=x$ に関して対称. (終)

(4) $OP=\sqrt{t^2+\dfrac{1}{t^2}}$. また,O と $l:\dfrac{x}{t}+ty=2$ の距離は,$OQ=\dfrac{2}{\sqrt{t^2+\dfrac{1}{t^2}}}$.

$$\therefore\ OP\cdot OQ=2.\ (一定) \qquad\qquad (終)$$

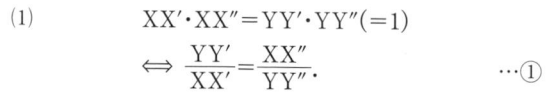

【解答2】
(1) $\qquad XX'\cdot XX''=YY'\cdot YY''(=1)$
$\qquad\Leftrightarrow\ \dfrac{YY'}{XX'}=\dfrac{XX''}{YY''}.\qquad\qquad\cdots①$

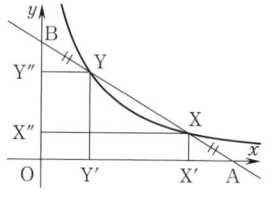

また,$\triangle AXX'\infty\triangle AYY'$,$\triangle BYY''\infty\triangle BXX''$.
よって,①は,
$\qquad\dfrac{AY}{AX}=\dfrac{BX}{BY}.\quad\therefore\ \dfrac{AY-AX}{AX}=\dfrac{BX-BY}{BY}.$

$\qquad\therefore\ \dfrac{XY}{AX}=\dfrac{XY}{BY}.\quad\therefore\ AX=BY.$

ここで,X=Y=P とすると接点 P は AB の中点. (終)

(2) 接点 P(x,y) は AB の中点で曲線上にあるから
$\qquad A(2x,0),\quad B(0,2y),\quad xy=1.$
$\qquad\therefore\ OA\cdot OB=4xy=4.\ (一定)\qquad\qquad (終)$

(3) 【解答1】の図より $\alpha=\beta$.
$\qquad\therefore\ OP と OQ は y=x に関して対称. \qquad\qquad (終)$

(4) 【解答1】より,AB=2OP.
$\qquad\therefore\ OP\cdot OQ=\dfrac{1}{2}AB\cdot OQ=\triangle OAB=\dfrac{1}{2}OA\cdot OB=2.\ (一定) \qquad (終)$

113 【解答】

(1) 2円 C_0,C の交点を R とすると,(i)より
$\angle ORQ=\dfrac{\pi}{2}$ だから,$OR^2+QR^2=OQ^2$. 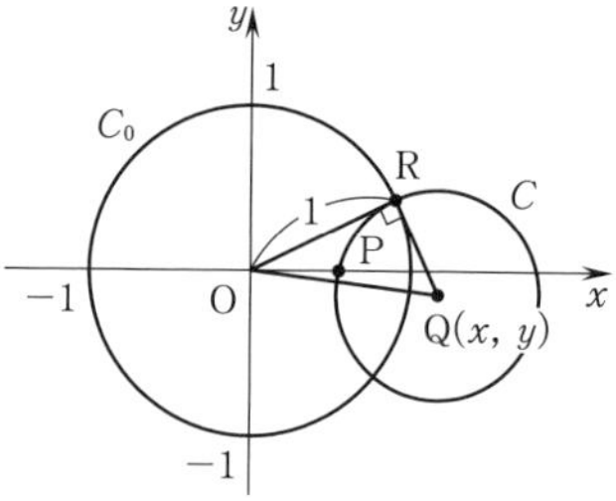
ここで,$QR=QP=\sqrt{(x-t)^2+y^2}$ だから
$\qquad 1+(x-t)^2+y^2=x^2+y^2.$
$\qquad\therefore\ x=\dfrac{t^2+1}{2t}.\qquad\qquad\cdots①$

ただし,$\qquad 0<t<1.\qquad\qquad\cdots②$

(ii)より,接線の方向ベクトル $\vec{l_P}$ は,$\vec{l_P}=(1,1)$.
$\vec{QP}=(t-x,-y)$ で $\vec{l_P}\perp\vec{QP}$ より,$\vec{l_P}\cdot\vec{QP}=t-x-y=0.$

$\qquad\therefore\ y=t-x\underset{①}{=}\dfrac{t^2-1}{2t}.\quad\cdots③\quad\therefore\ Q\left(\dfrac{t^2+1}{2t},\dfrac{t^2-1}{2t}\right).\qquad (答)$

(2) Q の軌跡を F とすると，
$$Q(x,y)\in F \iff \text{「①，②，③をみたす実数 } t \text{ が存在する」}.$$
∴ $\begin{cases} 0<t<1, \\ 2x=t+\dfrac{1}{t}, \\ 2y=t-\dfrac{1}{t} \end{cases}$ すなわち $\begin{cases} 0<t<1, \\ t=x+y, \\ \dfrac{1}{t}=x-y \end{cases}$

をみたす実数 t の存在条件より
$$F : x^2-y^2=1 \quad (0<x+y<1).$$
（右図の太線部分） **（答）**

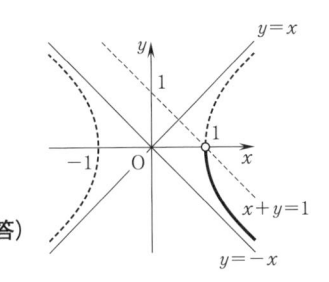

114 【解答】

(1) 円 C 上の点を $P(0, Y, Z)$ とすると，
$$Y^2+Z^2=1. \qquad \cdots ①$$
$Q(x, y, 0)$ とすると，3点 A, P, Q は一直線上にあるから，
$$\overrightarrow{OP}=\overrightarrow{OA}+t\overrightarrow{AQ} \ (t:\text{実数}) \iff \begin{pmatrix} 0 \\ Y \\ Z \end{pmatrix}=\begin{pmatrix} 1 \\ 0 \\ a \end{pmatrix}+t\begin{pmatrix} x-1 \\ y-0 \\ 0-a \end{pmatrix}.$$
∴ $1+t(x-1)=0, \ Y=ty, \ Z=a(1-t).$

これらと ① より
$$\left(-\dfrac{y}{x-1}\right)^2+\left(a+\dfrac{a}{x-1}\right)^2=1. \quad ∴ \quad y^2+a^2x^2=(x-1)^2.$$
よって，交点 $Q(x, y, 0)$ の軌跡の方程式は
$$(a^2-1)x^2+2x+y^2=1. \qquad \cdots ② \quad \text{（答）}$$

(2) 円になる $|a|$ は，$\quad a^2-1=1 \iff |a|=\sqrt{2}.$
放物線になる $|a|$ は，$\quad a^2-1=0 \iff |a|=1.$
また，$a^2-1 \neq 0, 1$ のとき，
$$② \iff (a^2-1)\left(x+\dfrac{1}{a^2-1}\right)^2+y^2=1+\dfrac{1}{a^2-1}=\dfrac{a^2}{a^2-1}.$$
よって，
楕円になる $|a|$ は，$\quad 1 \neq a^2-1>0 \iff |a|>1, \ |a|\neq\sqrt{2}.$
双曲線になる $|a|$ は，$a^2-1<0, \ a^2\neq 0 \iff 0<|a|<1.$
以上から，$\begin{cases} |a|=\sqrt{2} \text{ のとき円,} \\ |a|>1, \ |a|\neq\sqrt{2} \text{ のとき楕円,} \\ |a|=1 \text{ のとき放物線,} \\ 0<|a|<1 \text{ のとき双曲線.} \end{cases}$ **（答）**

115 【解答1】

第1象限で考えれば十分である．
楕円：$b^2x^2+a^2y^2-a^2b^2=0$ と直線：$y=mx+k \ (k>0, \ m<0)$

が接する条件は,
$$b^2x^2+a^2(mx+k)^2-a^2b^2=0 \iff (a^2m^2+b^2)x^2+2a^2mkx+a^2(k^2-b^2)=0$$
が重解をもつこと, すなわち, $\dfrac{D}{4}=(a^2mk)^2-(a^2m^2+b^2)\cdot a^2(k^2-b^2)=0.$

$\therefore\ a^2b^2k^2=(a^2m^2+b^2)a^2b^2.$ $\qquad\therefore\ k=\sqrt{a^2m^2+b^2}\ (>0).$

よって, 楕円の接線 $y=mx+\sqrt{a^2m^2+b^2}$ と $x,\ y$ 軸の交点をそれぞれ A, B とすると,
$$A\left(-\frac{\sqrt{a^2m^2+b^2}}{m},\ 0\right),\ B(0,\ \sqrt{a^2m^2+b^2}).$$

$\therefore\ \mathrm{AB}^2 = \dfrac{a^2m^2+b^2}{m^2}+a^2m^2+b^2 = a^2+b^2+a^2m^2+\dfrac{b^2}{m^2}$

$\qquad \geqq a^2+b^2+2\sqrt{a^2m^2\cdot\dfrac{b^2}{m^2}} = a^2+b^2+2ab = (a+b)^2.$

よって, $a^2m^2=\dfrac{b^2}{m^2}\ (a>0,\ b>0,\ m<0)$ より, $m=-\sqrt{\dfrac{b}{a}}$ のとき,
$$\min \mathrm{AB}=a+b. \qquad\qquad \text{(答)}$$

【解答 2】
接点を $(x_0,\ y_0)(x_0>0,\ y_0>0)$ とすると,
$$\frac{x_0^2}{a^2}+\frac{y_0^2}{b^2}=1. \qquad \cdots ①$$

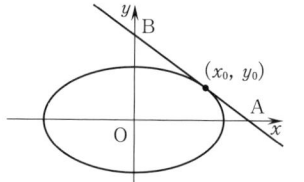

接線 $\dfrac{x_0 x}{a^2}+\dfrac{y_0 y}{b^2}=1$ と両軸の交点は

$\qquad\therefore\ A\left(\dfrac{a^2}{x_0},\ 0\right),\ B\left(0,\ \dfrac{b^2}{y_0}\right).$

$\therefore\ \mathrm{AB}^2 = \dfrac{a^4}{x_0^2}+\dfrac{b^4}{y_0^2} = \left\{\left(\dfrac{a^2}{x_0}\right)^2+\left(\dfrac{b^2}{y_0}\right)^2\right\}\left\{\left(\dfrac{x_0}{a}\right)^2+\left(\dfrac{y_0}{b}\right)^2\right\}\ (\because\ ①)$

$\qquad \geqq (a+b)^2.\ (\because\ \text{コーシー・シュワルツの不等式})$

よって, $\left(\dfrac{a^2}{x_0},\ \dfrac{b^2}{y_0}\right) /\!/ \left(\dfrac{x_0}{a},\ \dfrac{y_0}{b}\right)$ のとき, $\qquad \min \mathrm{AB}=a+b. \qquad$ (答)

【解答 3】
楕円上の点 $(a\cos\theta,\ b\sin\theta)\ \left(0<\theta<\dfrac{\pi}{2}\right)$ における接線は
$$\frac{x\cos\theta}{a}+\frac{y\sin\theta}{b}=1. \quad \therefore\ A\left(\frac{a}{\cos\theta},\ 0\right),\ B\left(0,\ \frac{b}{\sin\theta}\right).$$

よって, $\mathrm{AB}^2=\dfrac{a^2}{\cos^2\theta}+\dfrac{b^2}{\sin^2\theta}=\dfrac{a^2}{t}+\dfrac{b^2}{1-t}=f(t)\ (0<t=\cos^2\theta<1)$ とおくと,

$f'(t)=\dfrac{-a^2}{t^2}+\dfrac{b^2}{(1-t)^2}=\dfrac{b^2t^2-a^2(1-t)^2}{t^2(1-t)^2}$

$\qquad =\dfrac{-\{(a+b)t-a\}\{(a-b)t-a\}}{t^2(1-t)^2}.$

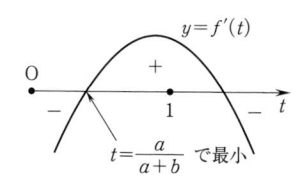

$\therefore\ \min f(t)=f\left(\dfrac{a}{a+b}\right)=\dfrac{a^2}{\dfrac{a}{a+b}}+\dfrac{b^2}{1-\dfrac{a}{a+b}}$

$$= a(a+b) + b(a+b) = (a+b)^2. \quad \therefore \min AB = a+b. \quad \text{(答)}$$

116 【解答1】

(1)
$$\frac{ax+b}{cx+d} = x. \quad \cdots ①$$

両辺に $c(cx+d)$ を掛けて整理すると
$$(f(x)=)c^2x^2 + c(d-a)x - bc = 0. \quad \cdots ②$$

$$\therefore f\left(-\frac{d}{c}\right) = d^2 - d(d-a) - bc = ad - bc < 0.$$

よって, ② は $x = -\dfrac{d}{c}$ の両側に1つずつ実数解をもち, それらは ① の分母を0にしないから, ① は相異なる2つの実数解をもつ. 　　　　(終)

(2) $y = \dfrac{ax+b}{cx+d}$ とおくと, $y = \dfrac{\dfrac{a}{c}(cx+d) - \dfrac{ad}{c} + b}{cx+d} = \dfrac{a}{c} - \dfrac{ad-bc}{c(cx+d)}. \quad \cdots ③$

ここで, (1)より $\dfrac{ax+b}{cx+d} = x$ は相異なる2つの実数解
$$\alpha, \beta \left(\alpha < -\frac{d}{c} < \beta \text{ とする}\right) \quad \cdots ④$$

をもつから, $\alpha = \dfrac{a\alpha+b}{c\alpha+d} = \dfrac{a}{c} - \dfrac{ad-bc}{c(c\alpha+d)}. \quad \cdots ⑤$

③－⑤ より, $y - \alpha = \dfrac{ad-bc}{c(c\alpha+d)} - \dfrac{ad-bc}{c(cx+d)} = \dfrac{(ad-bc)(x-\alpha)}{(cx+d)(c\alpha+d)}.$

同様に, $y - \beta = \dfrac{(ad-bc)(x-\beta)}{(cx+d)(c\beta+d)}.$

$$\therefore (y-\alpha)(y-\beta) = \dfrac{(ad-bc)^2(x-\alpha)(x-\beta)}{(cx+d)^2(c\alpha+d)(c\beta+d)}.$$

ここで, $\alpha < x < \beta$ より $(x-\alpha)(x-\beta) < 0$, かつ, ④ より $\alpha < -\dfrac{d}{c} < \beta$ であるから
$$(c\alpha+d)(c\beta+d) < 0. \quad \therefore (y-\alpha)(y-\beta) > 0.$$

すなわち, $(y=)\dfrac{ax+b}{cx+d} < \alpha,$ または, $\beta < \dfrac{ax+b}{cx+d}. \quad$ (終)

【解答2】

(1), (2) $f(x) = \dfrac{ax+b}{cx+d}$ とすると
$$f(x) = \dfrac{a}{c} + \dfrac{-(ad-bc)}{c^2} \cdot \dfrac{1}{x+\dfrac{d}{c}}.$$

よって, $y = f(x)$ のグラフは点 $\left(-\dfrac{d}{c}, \dfrac{a}{c}\right)$ を中心とする直角双曲線 C である.

これは明らかに直線 $y = x$ と2点で交わる.

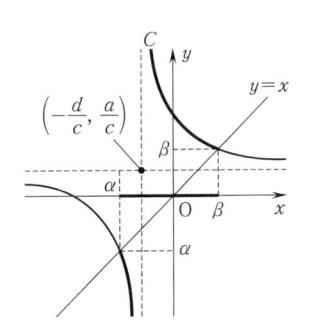

…((1)の証明終り)

また，前ページのグラフより，$\alpha < x \left(\neq -\dfrac{d}{c}\right) < \beta$ のとき．$f(x) < \alpha$ または $\beta < f(x)$．

…((2)の証明終り)

117* 【解答】

(1) 右図のように角 θ と φ を定めると，条件から，
$$\overset{\frown}{RT} = r\varphi = 1 \cdot \theta = \overset{\frown}{RT_0}. \quad \therefore \quad \varphi = \dfrac{\theta}{r}.$$

$\therefore \quad \overrightarrow{OP} = \begin{pmatrix} x \\ y \end{pmatrix} = \overrightarrow{OQ} + \overrightarrow{QP}$

$= (1-r)\begin{pmatrix} \cos\theta \\ \sin\theta \end{pmatrix} + a\begin{pmatrix} \cos(\theta-\varphi) \\ \sin(\theta-\varphi) \end{pmatrix}.$

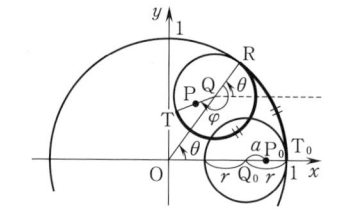

$\therefore \quad \begin{cases} x = (1-r)\cos\theta + a\cos\left(\theta - \dfrac{\theta}{r}\right), \\ y = (1-r)\sin\theta + a\sin\left(\theta - \dfrac{\theta}{r}\right). \end{cases}$ …① (答)

(2) ①で，$\cos\theta \leqq 1$，$\cos\left(\theta - \dfrac{\theta}{r}\right) \leqq 1$，$1-r > 0$，$a > 0$．

よって，最初の位置に戻る，すなわち，$x = 1-r+a$，$y = 0$ となる条件は

$$\cos\theta = 1 \text{ かつ } \cos\left(\theta - \dfrac{\theta}{r}\right) = 1$$

$$\Longleftrightarrow \theta = 2m\pi \text{ かつ } \theta - \dfrac{\theta}{r} = -2n\pi. \ (m, n：自然数)$$

$$\left(\because \ 0 < r < 1 \text{ より } \theta\left(1 - \dfrac{1}{r}\right) < 0\right)$$

θ を消去して，$\quad 1 - \dfrac{1}{r} = -\dfrac{n}{m} \Longleftrightarrow r = \dfrac{m}{m+n}.$

$\therefore$ 求める r の条件は，r が有理数であること． (答)

(3) $r = \dfrac{1}{2}$ のとき，$0 < a \leqq r = \dfrac{1}{2}$．$\begin{cases} x = \left(\dfrac{1}{2} + a\right)\cos\theta, \\ y = \left(\dfrac{1}{2} - a\right)\sin\theta. \end{cases}$ $(\because \ ①)$

(i) $0 < a < \dfrac{1}{2}$ のとき，楕円：$\dfrac{x^2}{\left(\dfrac{1}{2}+a\right)^2} + \dfrac{y^2}{\left(\dfrac{1}{2}-a\right)^2} = 1.$ (次の(図1)) (答)

(ii) $a = \dfrac{1}{2}$ のとき，線分：$y = 0. \ (-1 \leqq x \leqq 1)$ (次の(図2)) (答)

(図1)

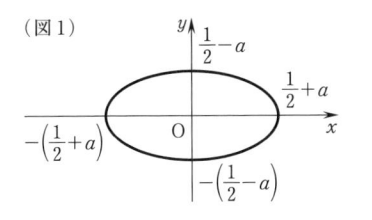

$\dfrac{1}{2}-a$, $\dfrac{1}{2}+a$, $-\left(\dfrac{1}{2}+a\right)$, $-\left(\dfrac{1}{2}-a\right)$

(図2)

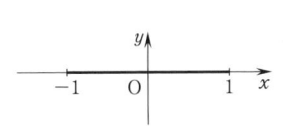

-1, 1

第13章 関数と数列の極限

118 【解答1】

$$(\text{左辺}) = \lim_{x \to \infty} x^2 \left\{ \sqrt{1 + \frac{3}{x} + \frac{1}{x^2}} - \left(a + \frac{b}{x}\right) \right\}.$$

これが収束するためには,

$$\lim_{x \to \infty} \left\{ \sqrt{1 + \frac{3}{x} + \frac{1}{x^2}} - \left(a + \frac{b}{x}\right) \right\} = 1 - a = 0,$$

すなわち, $a = 1$ であることが必要. このとき,

$$(\text{左辺}) = \lim_{x \to \infty} x \{ \sqrt{x^2 + 3x + 1} - (x + b) \}$$

$$= \lim_{x \to \infty} \frac{x\{(3 - 2b)x + 1 - b^2\}}{\sqrt{x^2 + 3x + 1} + x + b} = \lim_{x \to \infty} \frac{(3 - 2b)x + 1 - b^2}{\sqrt{1 + \frac{3}{x} + \frac{1}{x^2}} + 1 + \frac{b}{x}}.$$

これが c に収束する条件は, $3 - 2b = 0$, $\dfrac{1 - b^2}{2} = c$.

以上から, 求める a, b, c の値は,

$$a = 1, \quad b = \frac{3}{2}, \quad c = \frac{1}{2}\left(1 - \frac{9}{4}\right) = -\frac{5}{8}. \tag{答}$$

【解答2】

$$x\{\sqrt{x^2 + 3x + 1} - (ax + b)\} = \frac{x\{(1 - a^2)x^2 + (3 - 2ab)x + 1 - b^2\}}{\sqrt{x^2 + 3x + 1} + ax + b}$$

$$= \frac{(1 - a^2)x^2 + (3 - 2ab)x + 1 - b^2}{\sqrt{1 + \frac{3}{x} + \frac{1}{x^2}} + a + \frac{b}{x}}. \quad (x > 0)$$

これが $x \to \infty$ のとき c に収束する条件は,

$$1 - a^2 = 0, \quad 3 - 2ab = 0, \quad \frac{1 - b^2}{1 + a} = c \quad (\text{ただし, } a \ne -1)$$

$$\Leftrightarrow a = 1, \quad b = \frac{3}{2}, \quad c = -\frac{5}{8}. \tag{答}$$

119 【解答】

(1) $f_n(x) = e^x - \left(1 + \dfrac{x}{1!} + \dfrac{x^2}{2!} + \cdots + \dfrac{x^n}{n!}\right)$ $(x > 0)$ とおく.

(i) $n = 0$ のとき, $x > 0$ であるから, $f_0(x) = e^x - 1 > 0$ となり題意成立.

(ii) $n = k \ (\geqq 0)$ のとき,

$$f_k(x) = e^x - \left(1 + \frac{x}{1!} + \frac{x^2}{2!} + \cdots + \frac{x^k}{k!}\right) > 0 \quad (x > 0)$$

と仮定し,

$$f_{k+1}(x) = e^x - \left\{1 + \frac{x}{1!} + \cdots + \frac{x^k}{k!} + \frac{x^{k+1}}{(k+1)!}\right\}$$

とすると,

$$f'_{k+1}(x) = e^x - \left(1 + \frac{x}{1!} + \frac{x^2}{2!} + \cdots + \frac{x^k}{k!}\right) = f_k(x) > 0 \quad \text{かつ} \quad f_{k+1}(0) = 0.$$

$$\therefore \quad f_{k+1}(x) > 0 \quad (x > 0)$$

となり $n = k+1$ でも題意成立.

以上の(i), (ii)より

$$f_n(x) > 0 \iff e^x > 1 + \frac{x}{1!} + \cdots + \frac{x^n}{n!}. \quad (n = 0, 1, 2, \cdots) \tag{終}$$

$(1)_2$ 　　与式 $\iff 1 > \left(1 + \frac{x}{1!} + \frac{x^2}{2!} + \cdots + \frac{x^n}{n!}\right)e^{-x}. \quad (x > 0)$

$$f(x) = 1 - \left(1 + \frac{x}{1!} + \frac{x^2}{2!} + \cdots + \frac{x^n}{n!}\right)e^{-x} \quad (x > 0)$$

とおくと,

$$f'(x) = \left[\left(1 + \frac{x}{1!} + \cdots + \frac{x^n}{n!}\right) - \left\{1 + \frac{x}{1!} + \cdots + \frac{x^{n-1}}{(n-1)!}\right\}\right]e^{-x} = \frac{x^n}{n!}e^{-x}. \quad (x > 0)$$

よって, $f(x)$ は $x > 0$ で増加だから

$$f(x) > f(0) = 0 \quad (x > 0) \iff \text{与式}. \tag{終}$$

$(2)_1$ (1)より, $e^x > 1 + \frac{x}{1!} + \cdots + \frac{x^n}{n!} + \frac{x^{n+1}}{(n+1)!} > \frac{x^{n+1}}{(n+1)!}. \quad (x > 0)$

$$\therefore \quad 0 < \frac{x^n}{e^x} < \frac{(n+1)!}{x} \longrightarrow 0. \quad (x \to \infty) \qquad \therefore \quad \lim_{x \to \infty} \frac{x^n}{e^x} = 0. \tag{答}$$

$(2)_2$ 右図より, $e^x > x > 0$. $\therefore \quad e^{\frac{x}{n+1}} > \frac{x}{n+1} > 0$.

$$\therefore \quad (e^{\frac{x}{n+1}})^{n+1} > \frac{x^{n+1}}{(n+1)^{n+1}} > 0.$$

$$\therefore \quad 0 < \frac{x^n}{e^x} < \frac{(n+1)^{n+1}}{x} \longrightarrow 0. \quad (x \to \infty)$$

$$\therefore \quad \lim_{x \to \infty} \frac{x^n}{e^x} = 0. \tag{答}$$

$(3)_1$ (2)より $\displaystyle\lim_{t \to \infty} \frac{t^n}{e^t} = 0. \qquad \cdots ①$

ここで, $e^t = x \iff t = \log x$ とおくと

$$① \iff \lim_{x \to \infty} \frac{(\log x)^n}{x} = 0. \tag{答}$$

$$\therefore \quad \lim_{t \to \infty} \frac{(\log t)^n}{t} = 0.$$

ここで, $t = \frac{1}{x}$ とおくと, $\displaystyle\lim_{x \to +0} x(-\log x)^n = (-1)^n \cdot \lim_{x \to +0} x(\log x)^n = 0.$

$$\therefore \quad \lim_{x \to +0} x(\log x)^n = 0. \tag{答}$$

$(3)_2$ 前図より，$x > \log x > 0.$ $(x > 1)$

$$\therefore \quad x^{\frac{1}{n+1}} > \log x^{\frac{1}{n+1}} = \frac{\log x}{n+1} > 0. \quad (x > 1)$$

$$\therefore \quad x^{\frac{n}{n+1}} > \frac{(\log x)^n}{(n+1)^n} > 0 \quad (x > 1) \iff \frac{(n+1)^n}{\sqrt[n+1]{x}} > \frac{(\log x)^n}{x} > 0. \quad (x > 1)$$

$$\therefore \quad \lim_{x \to \infty} \frac{(\log x)^n}{x} = 0. \quad (\text{以下, }(3)_1 \text{と同様})$$

120 【解答1】

$$a_n - b_n = -\frac{1}{2}(a_{n-1} - b_{n-1}) = \left(-\frac{1}{2}\right)^{n-1} \cdot (a_1 - b_1). \qquad \cdots ①$$

$$a_n - c_n = -\frac{1}{2}(a_{n-1} - c_{n-1}) = \left(-\frac{1}{2}\right)^{n-1} \cdot (a_1 - c_1). \qquad \cdots ②$$

$$a_n + b_n + c_n = a_{n-1} + b_{n-1} + c_{n-1} = \cdots = a_1 + b_1 + c_1. \qquad \cdots ③$$

①+②+③ より

$$3a_n = \left(-\frac{1}{2}\right)^{n-1} \cdot (a_1 - b_1) + \left(-\frac{1}{2}\right)^{n-1} \cdot (a_1 - c_1) + a_1 + b_1 + c_1 \xrightarrow[n \to \infty]{} a_1 + b_1 + c_1.$$

$$\therefore \quad \lim_{n \to \infty} a_n = \frac{1}{3}(a_1 + b_1 + c_1).$$

これと，①，② より $\lim_{n \to \infty} b_n = \lim_{n \to \infty} c_n = \lim_{n \to \infty} a_n = \dfrac{a_1 + b_1 + c_1}{3}.$ （答）

（注） ① から，$a_n - b_n$ は 0 に収束することは言えるが，a_n, b_n が収束することは言えない．

（反例） $a_n = n + \dfrac{1}{n},\ b_n = n + \dfrac{2}{n}.$

【解答2】

$$\underbrace{a_n + b_n + c_n}_{\parallel \atop 2a_{n+1}} = a_{n-1} + b_{n-1} + c_{n-1} = \cdots = a_1 + b_1 + c_1.$$

$$\therefore \quad a_{n+1} = -\frac{1}{2}a_n + \frac{a_1 + b_1 + c_1}{2}.$$

$$\therefore \quad a_{n+1} - \frac{a_1 + b_1 + c_1}{3} = -\frac{1}{2}\left(a_n - \frac{a_1 + b_1 + c_1}{3}\right)$$

$$= \left(-\frac{1}{2}\right)^n \cdot \left(a_1 - \frac{a_1 + b_1 + c_1}{3}\right) \xrightarrow[n \to \infty]{} 0.$$

他も同様．

$$\therefore \quad \lim_{n \to \infty} a_n = \lim_{n \to \infty} b_n = \lim_{n \to \infty} c_n = \frac{a_1 + b_1 + c_1}{3}. \qquad \text{（答）}$$

第13章 関数と数列の極限 115

121 【解答】

(1) A_n の辺の数を a_n とすると,
$$a_0 = 3, \quad a_{n+1} = 4a_n.$$
$$\therefore \quad a_n = 4a_{n-1} = 4^n a_0 = 3 \cdot 4^n. \tag{答}$$

(2) A_n の1辺の長さを l_n とすると,
$$l_0 > 0, \quad l_{n+1} = \frac{1}{3}l_n. \quad \therefore \quad l_n = \left(\frac{1}{3}\right)^n l_0.$$
$$\therefore \quad L_n = a_n \cdot l_n = 3 \cdot 4^n \cdot \left(\frac{1}{3}\right)^n l_0 = 3l_0 \cdot \left(\frac{4}{3}\right)^n. \quad \therefore \quad \lim_{n \to \infty} L_n = \infty. \tag{答}$$

(3) A_{n+1} は A_n の a_n 個の各辺に, 面積
$$\frac{1}{2}(l_{n+1})^2 \sin\frac{\pi}{3} = \left\{\left(\frac{1}{3}\right)^2\right\}^{n+1} \cdot S_0 \quad (S_0 = 1)$$
の正三角形を1つずつつけ加えたものである.
$$\therefore \quad S_{k+1} - S_k = \left\{\left(\frac{1}{3}\right)^2\right\}^{k+1} \cdot a_k = \left(\frac{1}{9}\right)^{k+1} \cdot 3 \cdot 4^k = \frac{1}{3}\left(\frac{4}{9}\right)^k.$$
$$\therefore \quad S_n = S_0 + \sum_{k=0}^{n-1} \frac{1}{3}\left(\frac{4}{9}\right)^k = 1 + \frac{1}{3} \cdot \frac{1 - \left(\frac{4}{9}\right)^n}{1 - \frac{4}{9}}.$$
$$\therefore \quad \lim_{n \to \infty} S_n = 1 + \frac{1}{3} \cdot \frac{1}{1 - \frac{4}{9}} = 1 + \frac{9}{3 \cdot 5} = \frac{8}{5}. \tag{答}$$

122 【解答】

$$\underbrace{1}_{1} \mid \underbrace{2, \ 2}_{2} \mid \underbrace{3, \ 3, \ 3}_{3} \mid \underbrace{4, \ 4, \ 4, \ 4}_{4} \mid \cdots \mid \underbrace{l, \ l, \ l, \ \cdots, \ l, \ \cdots, \ l}_{\text{第 } l \text{ 群}} \mid$$

と群に分けたとき, a_n が第 l 群にあるとすると, $a_n = l.$ …①
$$\frac{(l-1)l}{2} < n \leq \frac{l(l+1)}{2}. \quad \cdots ②$$

(1) ②の辺々を l^2 で割って, $n \to \infty \ (\Leftrightarrow l \to \infty)$ とすると,
$$\lim_{n \to \infty} \frac{n}{l^2} = \frac{1}{2}. \quad \therefore \quad \lim_{n \to \infty} \frac{a_n}{\sqrt{n}} \underset{①}{=} \lim_{n \to \infty} \sqrt{\frac{l^2}{n}} = \sqrt{2}. \quad \cdots ③ \tag{答}$$

(2) $S_n = \sum_{k=1}^{n} a_k$ とおくと,
$$1 + 2 \times 2 + 3 \times 3 + \cdots + (l-1)(l-1) < S_n \leq 1 + 2 \times 2 + 3 \times 3 + \cdots + l \times l.$$
$$\therefore \quad \frac{1}{6}l(l-1)(2l-1) < S_n \leq \frac{1}{6}l(l+1)(2l+1).$$

この辺々を l^3 で割って, $n \to \infty$ とすると,
$$\lim_{n \to \infty} \frac{S_n}{l^3} \underset{①}{=} \lim_{n \to \infty} \frac{S_n}{a_n^3} = \frac{1}{3}. \quad \cdots ④$$

$$\therefore \lim_{n\to\infty}\frac{1}{n\sqrt{n}}\sum_{k=1}^{n}a_k=\lim_{n\to\infty}\frac{S_n}{n^{3/2}}=\lim_{n\to\infty}\left\{\frac{S_n}{a_n{}^3}\cdot\left(\frac{a_n}{\sqrt{n}}\right)^3\right\}$$
$$\underset{③,④}{=}\frac{1}{3}\cdot(\sqrt{2})^3=\frac{2\sqrt{2}}{3}. \hspace{2em} \text{(答)}$$

123 【解答】

(1) $f(x)$ は連続関数であるから,与式より

$$f(1)=\lim_{x\to 1}f(x)=\lim_{x\to 1}\frac{f(x)}{x-1}\cdot(x-1)=a\cdot 0=0, \hspace{2em} \cdots ①$$
$$f(2)=\lim_{x\to 2}f(x)=\lim_{x\to 2}\frac{f(x)}{x-2}\cdot(x-2)=b\cdot 0=0. \hspace{2em} \cdots ②$$

これらと与式より,

$$\left.\begin{array}{l}\displaystyle\lim_{x\to 1}\frac{f(x)-f(1)}{x-1}=\lim_{x\to 1}\frac{f(x)}{x-1}=a,\\ \displaystyle\lim_{x\to 2}\frac{f(x)-f(2)}{x-2}=\lim_{x\to 2}\frac{f(x)}{x-2}=b.\end{array}\right\} \hspace{1em} \therefore\ f'(1)=a,\ f'(2)=b. \hspace{1em} \text{(答)}$$

(2)$_1$ $g(x)=\dfrac{f(x)}{x-1}-\dfrac{f(x)}{x-2}$ とおくと,$g(x)$ は $1<x<2$ で連続で,

$$\lim_{x\to 1}g(x)=\lim_{x\to 1}\frac{f(x)}{x-1}-\lim_{x\to 1}\frac{f(x)}{x-2}=a-0=a,$$
$$\lim_{x\to 2}g(x)=\lim_{x\to 2}\frac{f(x)}{x-1}-\lim_{x\to 2}\frac{f(x)}{x-2}=0-b=-b.$$
$$\therefore\ \{\lim_{x\to 1}g(x)\}\{\lim_{x\to 2}g(x)\}=-ab<0.\ (\because\ ab>0)$$

よって,$g(x)=\dfrac{-f(x)}{(x-1)(x-2)}$ は $1<x<2$ で連続だから,中間値の定理により,

$$g(x)=0\ \text{すなわち}\ f(x)=0\ \ (1<x<2)$$

をみたす実数 x がある.

これと ①,② から,題意は成り立つ. (終)

(2)$_2$ (1)より $\hspace{3em} f(1)=f(2)=0,\ \text{かつ},\ f'(1)f'(2)=ab>0. \hspace{2em}\cdots ③$

$f(x)$ は連続関数であるから,$y=f(x)$ のグラフは,③より次図(i)または(ii)のようになる.

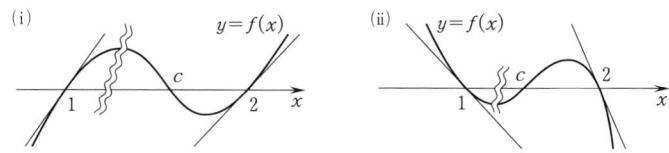

(i) $y=f(x)$ のグラフ / (ii) $y=f(x)$ のグラフ

すなわち,$1<x<2$ の範囲でグラフは x 軸と奇数回交わるから,$1\leqq x\leqq 2$ の範囲で方程式 $f(x)=0$ は少なくとも 3 個の解をもつ. (終)

124 【解答1】

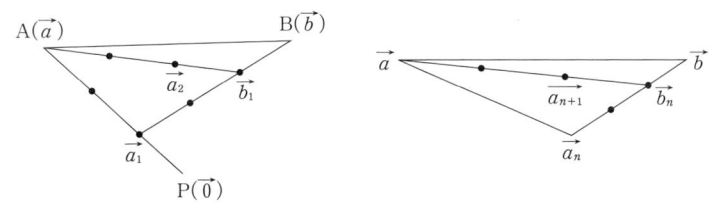

P, A, B の位置ベクトルを順に, $\vec{0}, \vec{a}, \vec{b}$ とし, P が B, A に向かって, 第 n 回目の方向を変える点の位置ベクトルをそれぞれ $\vec{a_n}, \vec{b_n}$ とすると, 条件から

$$\vec{a_{n+1}} = \frac{2\vec{b_n} + \vec{a}}{3}, \quad \cdots ① \qquad \vec{b_n} = \frac{\vec{a_n} + 2\vec{b}}{3}. \quad \cdots ②$$

② を ① を代入して,
$$\vec{a_{n+1}} = \frac{2}{9}\vec{a_n} + \frac{3\vec{a} + 4\vec{b}}{9}. \quad \cdots ③$$

ここで,
$$\vec{\alpha} = \frac{2}{9}\vec{\alpha} + \frac{3\vec{a} + 4\vec{b}}{9} \quad \cdots ④$$

とすると,
$$\vec{\alpha} = \frac{3\vec{a} + 4\vec{b}}{7}.$$

③−④ より, $\vec{a_{n+1}} - \vec{\alpha} = \frac{2}{9}(\vec{a_n} - \vec{\alpha}) = \left(\frac{2}{9}\right)^n \cdot (\vec{a_1} - \vec{\alpha}) \to \vec{0}. \quad (n \to \infty)$

∴ $\lim_{n \to \infty} \vec{a_n} = \vec{\alpha} = \frac{3\vec{a} + 4\vec{b}}{7}.$

∴ $\lim_{n \to \infty} \vec{b_n} = \frac{1}{3}\left(\frac{3\vec{a} + 4\vec{b}}{7} + 2\vec{b}\right) \quad (\because ②)$

$= \frac{\vec{a} + 6\vec{b}}{7}.$

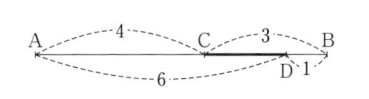

すなわち, P 君は,

線分 AB を 4 : 3 に内分する点 C と 6 : 1 に内分する点 D とを結ぶ線分 CD の間を往復し続ける. **(答)**

【解答2】

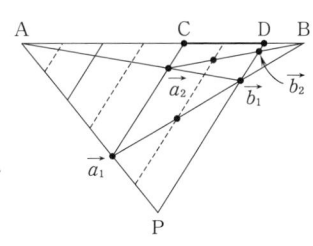

各点の定義は【解答1】と同じとする.

題意から, 右図において,

点 $A_1(\vec{a_1}), A_2(\vec{a_2}), \cdots$ は直線 A_1C 上に並び,

点 $P(\vec{0}), B_1(\vec{b_1}), B_2(\vec{b_2}), \cdots$ は直線 PD 上に並ぶ.

また, 数列 $\{CA_n\}, \{DB_n\}$ はともに, 平行線による比の移動によって, 公比

$$\frac{CA_2}{CA_1} = \frac{DB_1}{DP} = \frac{DB_1}{DB_1 \times 3 \times \frac{6}{4}} = \frac{2}{9} \quad \left(\because DP = DB_1 \cdot \frac{CA_1}{DB_1} \cdot \frac{DP}{CA_1}\right)$$

の等比数列である.

よって，
$$n\to\infty \text{ のとき，} A_n \longrightarrow C, B_n \longrightarrow D$$
であるから，P君は，

線分 AB を $4:3$ に内分する点 C と $6:1$ に内分する点 D とを結ぶ線分 CD の間を往復し続ける． (答)

125*【解答】

(1) 1辺に対する中心角は $\dfrac{2\pi}{2n}=\dfrac{\pi}{n}$.

正 $2n$ 角形の1つの内角は，
$$\dfrac{2n\pi-2\pi}{2n}=\pi\left(1-\dfrac{1}{n}\right).$$

よって，外角は，$\pi-\pi\left(1-\dfrac{1}{n}\right)=\dfrac{\pi}{n}$.

1辺の長さを a とすると，$a=2R\sin\dfrac{\pi}{2n}$.

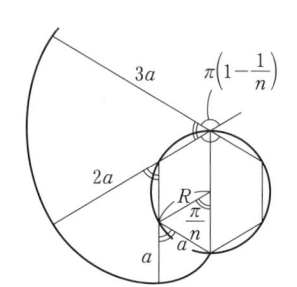

$\therefore S_{2n}=\left\{\pi a^2\cdot\dfrac{1}{2\pi}\cdot\dfrac{\pi}{n}+\pi(2a)^2\cdot\dfrac{1}{2\pi}\cdot\dfrac{\pi}{n}+\cdots+\pi(na)^2\cdot\dfrac{1}{2\pi}\cdot\dfrac{\pi}{n}\right\}\times 2$
$$+\pi(na)^2\cdot\dfrac{1}{2\pi}\cdot\pi\left(1-\dfrac{1}{n}\right)$$

$=\dfrac{\pi a^2}{n}(1^2+2^2+\cdots+n^2)+\dfrac{\pi a^2}{2}\cdot n^2\left(1-\dfrac{1}{n}\right)$

$=\dfrac{\pi a^2}{n}\cdot\dfrac{n(n+1)(2n+1)}{6}+\dfrac{\pi a^2}{2}\cdot n(n-1)$

$=\dfrac{\pi a^2}{6}\cdot(5n^2+1)=\dfrac{\pi}{6}\left(2R\sin\dfrac{\pi}{2n}\right)^2\cdot(5n^2+1)$

$=\dfrac{2\pi}{3}R^2(5n^2+1)\sin^2\dfrac{\pi}{2n}.$ (答)

(2) $\displaystyle\lim_{n\to\infty}S_{2n}=\lim_{n\to\infty}\dfrac{2\pi}{3}R^2\cdot\left(\dfrac{\sin\dfrac{\pi}{2n}}{\dfrac{\pi}{2n}}\right)^2\cdot\dfrac{\pi^2}{4}\cdot\dfrac{5n^2+1}{n^2}=\dfrac{5}{6}\pi^3R^2.$ (答)

[解説]

円の伸開線(involute)

本問で $n\to\infty$ とすると正 $2n$ 角形は半径 R の円に近づく．この場合について考える（右図参照）．円周の半分の長さ πR の糸がその一端を B に固定して巻きつけてある．この糸の他端 P を持って，ピンと張りながらほどいていくときに P の描く軌跡を円の**伸開線**という．糸と円との接点が B となるまでに糸が掃過する部分（曲線と半円周 AQB と BT とで囲まれた部分）の面積を $S_{外}$ とすると，右図より，

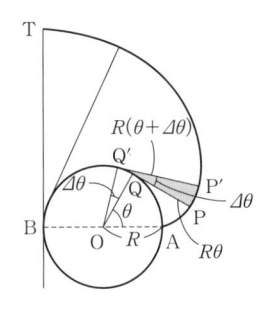

$$\Delta S_{外} = \frac{1}{2}R\theta \cdot R(\theta+\Delta\theta)\cdot \Delta\theta. \quad (\because \sin\Delta\theta \fallingdotseq \Delta\theta)$$

$$\therefore \lim_{\Delta\theta\to 0}\frac{\Delta S_{外}}{\Delta\theta} = \frac{dS_{外}}{d\theta} = \frac{1}{2}(R\theta)^2. \quad \therefore S_{外} = \int_0^\pi \frac{1}{2}(R\theta)^2 d\theta = \frac{1}{6}\pi^3 R^2.$$

よって，対称性を考慮すると，山羊が囲いの外で動き得る面積 S_{2n} の極限値 S は，

$$S = \lim_{n\to\infty} S_{2n} = \frac{\pi^3 R^2}{6}\times 2 + \frac{1}{2}\pi(\pi R)^2 = \frac{5}{6}\pi^3 R^2.$$

第 14 章 微分法とその応用

126 【解答1】(差をとる方法1)

$0<a<b$ のとき, $x=\dfrac{b}{a}$ とおくと,

$$与式 \iff 1-\dfrac{1}{x}<\log x<x-1. \quad (x>1)$$

(i) $f(x)=\log x-\left(1-\dfrac{1}{x}\right) \ (x>1)$ とおくと,

$$f'(x)=\dfrac{1}{x}-\dfrac{1}{x^2}=\dfrac{x-1}{x^2}>0 \text{ より } f(x) \text{ は単調増加.}$$

よって, $x>1$ のとき, $f(x)>f(1)=0 \iff 1-\dfrac{1}{x}<\log x$.

(ii) $g(x)=x-1-\log x \ (x>1)$ とおくと

$$g'(x)=1-\dfrac{1}{x}=\dfrac{x-1}{x}>0 \text{ より } g(x) \text{ は単調増加.}$$

よって, $x>1$ のとき, $g(x)>g(1)=0 \iff \log x<x-1$.

以上の(i), (ii) より, 　　　与不等式は成り立つ. 　　　　　　　　　(終)

【解答2】(差をとる方法2)

$a=x$ とおくと, 与不等式は

$$1-\dfrac{x}{b}<\log b-\log x<\dfrac{b}{x}-1. \quad (0<x<b)$$

(i) $f(x)=\log b-\log x-\left(1-\dfrac{x}{b}\right) \ (0<x<b)$ とおくと,

$$f'(x)=-\dfrac{1}{x}+\dfrac{1}{b}=\dfrac{x-b}{bx}<0 \text{ より } f(x) \text{ は単調減少.}$$

よって, $0<x<b$ のとき, $f(x)>f(b)=0$.

(ii) $g(x)=\dfrac{b}{x}-1-(\log b-\log x) \ (0<x<b)$ とおくと,

$$g'(x)=\dfrac{-b}{x^2}+\dfrac{1}{x}=\dfrac{x-b}{x^2}<0 \text{ より } g(x) \text{ は単調減少.}$$

よって, $0<x<b$ のとき, $g(x)>g(b)=0$.

以上の(i), (ii) より, 　　　与不等式は成り立つ. 　　　　　　　　　(終)

【解答3】（凸関数の接線の傾き（微分法）の利用）
$f(x) = \log x \ (x > 0)$ とすると，
$$f'(x) = \frac{1}{x} > 0, \ f''(x) = \frac{-1}{x^2} < 0.$$
よって，$y = f(x)$ は上に凸で，$f'(x)$ は減少関数．
$0 < a < b$ のとき，$y = f(x)$ のグラフの傾きより，
$$\frac{1}{b} < \frac{\log b - \log a}{b - a} < \frac{1}{a} \iff 1 - \frac{a}{b} < \log \frac{b}{a} < \frac{b}{a} - 1.$$
(終)

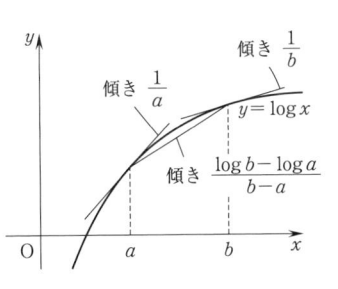

【解答4】（平均値の定理の利用）
$f(x) = \log x$ とすると，$f'(x) = \frac{1}{x}$ だから，平均値の定理より
$$\frac{f(b) - f(a)}{b - a} = f'(c) = \frac{1}{c} \quad (0 < a < c < b)$$
をみたす c が少なくとも1つ存在する．
$$\therefore \ \frac{\log b - \log a}{b - a} = \frac{1}{c} \ \text{かつ} \ \frac{1}{b} < \frac{1}{c} < \frac{1}{a}.$$
$$\therefore \ \frac{1}{b} < \frac{\log b - \log a}{b - a} < \frac{1}{a} \iff \text{与不等式．} \qquad \text{(終)}$$

【解答5】（面積の大小関係の利用）
$0 < a < x < b$ のとき，$\frac{1}{b} < \frac{1}{x} < \frac{1}{a}$．
$$\therefore \ \int_a^b \frac{1}{b} dx < \int_a^b \frac{1}{x} dx < \int_a^b \frac{1}{a} dx$$
$$\iff \frac{b - a}{b} < \log b - \log a < \frac{b - a}{a}$$
$$\iff 1 - \frac{a}{b} < \log \frac{b}{a} < \frac{b}{a} - 1. \qquad \text{(終)}$$

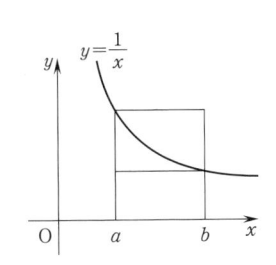

127 【解答1】

y を固定し，
$$f(x) = x - y, \quad g(x) = \sin x - \sin y, \quad h(x) = \tan x - \tan y$$
とおくと，
$$f'(x) = 1, \quad g'(x) = \cos x, \quad h'(x) = \frac{1}{\cos^2 x}.$$
よって，$\frac{\pi}{2} > x > 0$ のとき，$g'(x) < f'(x) < h'(x)$，かつ，
$$x = y \ \text{のとき，} \quad f(y) = g(y) = h(y) = 0.$$
$\therefore \ \frac{\pi}{2} > x > y > 0$ のとき，$g(x) < f(x) < h(x)$
$$\iff \sin x - \sin y < x - y < \tan x - \tan y. \qquad \text{(答)}$$

【解答2】
$$f(x)=\tan x-x, \quad g(x)=x-\sin x \quad \left(0<x<\frac{\pi}{2}\right)$$
とおくと, $f'(x)=\dfrac{1}{\cos^2 x}-1=\dfrac{\sin^2 x}{\cos^2 x}>0, \quad g'(x)=1-\cos x>0.$

よって, $f(x), g(x)$ は $0<x<\dfrac{\pi}{2}$ で増加関数.

∴ $\dfrac{\pi}{2}>x>y>0$ のとき, $f(x)>f(y), \ g(x)>g(y),$

$\iff \tan x-x>\tan y-y, \ x-\sin x>y-\sin y.$

∴ $\tan x-\tan y>x-y>\sin x-\sin y.$ (答)

【解答3】
$Y=\tan X, \ Y=X, \ Y=\sin X$ のグラフの凹凸に注目す
(下に凸) (直線) (上に凸)
ると, 各グラフの区間 $[y, x]$ $\left(0<y<x<\dfrac{\pi}{2}\right)$ における傾き
の大小より,
$$\dfrac{\tan x-\tan y}{x-y}>1>\dfrac{\sin x-\sin y}{x-y}$$
$\iff \tan x-\tan y>x-y>\sin x-\sin y.$ (答)

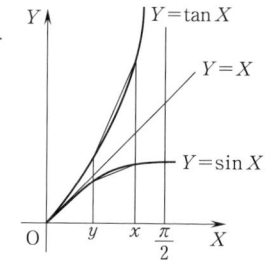

128 【解答1】

$C_1: y=e^x$ 上の点 (t, e^t) における C_1 の接線
$$l: y=e^t(x-t)+e^t$$
が $C_2: y=ax^2$ と接して, l が C_1, C_2 の共通接線となる条件は, x の2次方程式
$$ax^2-e^t x+(t-1)e^t=0$$
の判別式 $D=e^t\{e^t-4a(t-1)\}=0 \iff e^t-4a(t-1)=0.$ …①

C_1, C_2 の凹凸から, 共通接線 l の本数は, t の方程式

① $\iff a=\dfrac{e^t}{4(t-1)} \ (t\ne 1)$

の解の個数に等しい.

$f(t)=\dfrac{e^t}{4(t-1)}$ とおくと,

$f'(t)=\dfrac{e^t(t-2)}{4(t-1)^2}.$

t	$(-\infty)$	$\cdots$	1	$\cdots$	2	$\cdots$	(∞)
$f'(t)$		$-$	×	$-$	0	$+$	
$f(t)$	0	↘	$-\infty$ $+\infty$	↘		↗	$(+\infty)$

よって，$u=f(t)$ と $u=a$ のグラフの共有点の個数より，C_1, C_2 の共通接線の本数は，

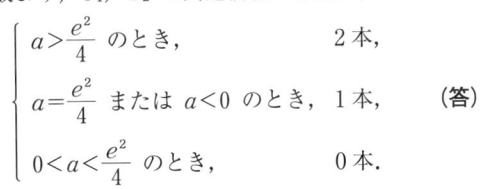

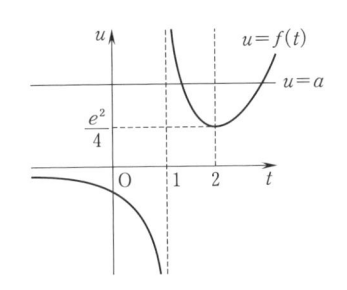

$$\begin{cases} a>\dfrac{e^2}{4} \text{ のとき,} & 2\text{本,} \\ a=\dfrac{e^2}{4} \text{ または } a<0 \text{ のとき,} & 1\text{本,} \\ 0<a<\dfrac{e^2}{4} \text{ のとき,} & 0\text{本.} \end{cases}$$ **(答)**

(注) $a<0$ のとき　　$0<a<\dfrac{e^2}{4}$ のとき　　$a=\dfrac{e^2}{4}$ のとき　　$a>\dfrac{e^2}{4}$ のとき

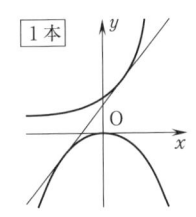

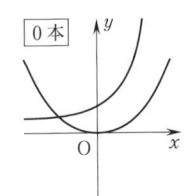

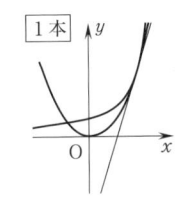

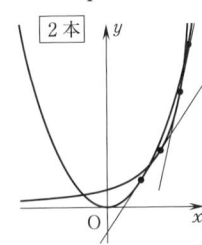

【解答2】

$C_1: y=e^x$ 上の点 (t, e^t) における接線　$y=e^t(x-t)+e^t$
と $C_2: y=ax^2$ 上の点 (s, as^2) における接線　$y=2as(x-s)+as^2$
が一致して共通接線となる条件は

$$e^t=2as \iff s=\dfrac{e^t}{2a}, \text{ かつ, } e^t(1-t)=-as^2.$$

2式から s を消去すると，

$$e^t(1-t)=-a\cdot\dfrac{e^{2t}}{4a^2} \iff e^t=4a(t-1).$$

C_1, C_2 の形から，共通接線の本数は，tu 平面上の

$$\begin{cases} u=e^t, & \cdots ② \\ u=4a(t-1) & \cdots ③ \end{cases}$$

のグラフの共有点の個数に等しい.
曲線②上の点 (p, e^p) における接線
$$u=e^p(t-p)+e^p$$
が③と一致するとき，
$$e^p=4a, \quad e^p(1-p)=-4a.$$
$$\therefore \quad p=2, \ a=\dfrac{e^2}{4}.$$

③は定点 A(1, 0) を通り，傾き $4a$ の直線である.
よって，②, ③のグラフの共有点の個数から，共通接線の本数は，

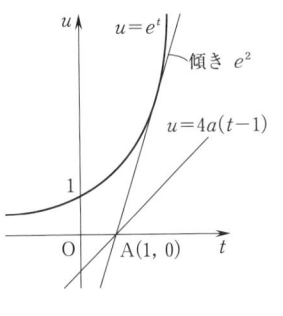

$$\begin{cases} 0<4a<e^2 \iff 0<a<\dfrac{e^2}{4} \text{ のとき,} & 0\text{本,} \\ 4a=e^2 \text{ または } 4a<0 \iff a=\dfrac{e^2}{4} \text{ または } a<0 \text{ のとき,} & 1\text{本,} \\ 4a>e^2 \iff a>\dfrac{e^2}{4} \text{ のとき,} & 2\text{本.} \end{cases}$$ (答)

129 【解答】

(1) 交点 P の x 座標を t とすると,
$$\cos t = \tan t. \quad \left(0<t<\dfrac{\pi}{2}\right)$$
$$\therefore \ \sin t = \cos^2 t. \quad \cdots ①$$
このとき, 点 P における C_1, C_2 の接線 l_1, l_2 の傾きをそれぞれ m_1, m_2 とすると
$$m_1 = (\cos x)'|_{x=t} = -\sin t,$$
$$m_2 = (\tan x)'|_{x=t} = \dfrac{1}{\cos^2 t} = \dfrac{1}{\sin t}. \ (\because ①)$$
$$\therefore \ m_1 \cdot m_2 = -1, \text{ すなわち, } l_1, l_2 \text{ のなす角 } \theta \text{ は } \dfrac{\pi}{2}. \quad \text{(答)}$$

(2) $l_1 : y = -\sin t \cdot (x-t) + \cos t$ と x 軸との交点は, $Q\left(t+\dfrac{\cos t}{\sin t}, 0\right)$.

$l_2 : y = \dfrac{1}{\cos^2 t}(x-t) + \tan t$ と x 軸との交点は, $R(t - \sin t \cdot \cos t, 0)$.

$$\therefore \ \triangle PQR = \dfrac{1}{2}\left(\dfrac{\cos t}{\sin t} + \sin t \cdot \cos t\right) \times \tan t = \dfrac{1}{2}(1+\sin^2 t).$$

ここで, ① より, $\sin^2 t + \sin t - 1 = 0. \quad \cdots ②$

$$\therefore \ \sin t = \dfrac{-1+\sqrt{5}}{2} \quad \left(\because \ 0<t<\dfrac{\pi}{2}\right).$$

$$\therefore \ \triangle PQR = \dfrac{1}{2}\{1+(1-\sin t)\} \quad (\because \ ②)$$
$$= \dfrac{1}{2}\left(2 - \dfrac{-1+\sqrt{5}}{2}\right) = \dfrac{5-\sqrt{5}}{4}. \quad \text{(答)}$$

130 【解答】

$\angle AOQ = \theta \ \left(0 \leq \theta \leq \dfrac{\pi}{2}\right)$ とおくと,
$$\overparen{CQ} = \sqrt{3}(\pi - \theta),$$
$$QD = \sqrt{(\sqrt{3}\cos\theta - 1)^2 + (\sqrt{3}\sin\theta)^2} = \sqrt{4 - 2\sqrt{3}\cos\theta}.$$
よって, 所要時間を $T(\theta)$ とすると,

$$T(\theta) = \frac{\sqrt{3}(\pi-\theta)}{2} + \sqrt{4-2\sqrt{3}\cos\theta}.$$

$$\therefore \quad T'(\theta) = -\frac{\sqrt{3}}{2} + \frac{\sqrt{3}\sin\theta}{\sqrt{4-2\sqrt{3}\cos\theta}}$$

$$= \frac{\sqrt{3}(2\sin\theta - \sqrt{4-2\sqrt{3}\cos\theta})}{2\sqrt{4-2\sqrt{3}\cos\theta}}$$

$$= \frac{-2\sqrt{3}\cos\theta\left(\cos\theta - \frac{\sqrt{3}}{2}\right)}{(2\sin\theta + \sqrt{4-2\sqrt{3}\cos\theta})\sqrt{4-2\sqrt{3}\cos\theta}}.$$

θ	0	$\cdots$	$\frac{\pi}{6}$	$\cdots$	$\frac{\pi}{2}$
$T'(\theta)$		$-$	0	$+$	
$T(\theta)$		↘		↗	

よって，$T(\theta)$ は $\theta=\dfrac{\pi}{6}$ のとき最小である．

このとき，Q の座標と所要時間は
$$Q\left(\frac{3}{2}, \frac{\sqrt{3}}{2}\right), \quad T\left(\frac{\pi}{6}\right) = \frac{5\sqrt{3}}{12}\pi + 1. \tag{答}$$

131 【解答】

(1)
$$K = \frac{2}{(b-a)^2}\{f(b) - f(a) - f'(a)(b-a)\}$$

と定めると，K は定数で，

$$f(b) = f(a) + f'(a)(b-a) + \frac{K}{2}(b-a)^2. \quad \cdots ①$$

ここで，
$$F(x) = f(b) - f(x) - f'(x)(b-x) - \frac{K}{2}(b-x)^2$$

とおくと，$F(x)$ は $[a, b]$ で連続，(a, b) で微分可能で，
$$F'(x) = -f'(x) + f'(x) - f''(x)(b-x) + K(b-x)$$

かつ，$F(a) = F(b) = 0.$（∵ ①）

よって，ロルの定理により
$$F'(c) = \{K - f''(c)\}(b-c) = 0, \ a<c<b \iff K = f''(c), \ a<c<b$$

をみたす c が少なくとも 1 つ存在する．これと ① より，
$$f(b) = f(a) + f'(a)(b-a) + \frac{f''(c)}{2}(b-a)^2, \ a<c<b \quad \cdots ②$$

をみたす c が少なくとも 1 つ存在する．　　　　　　　　　　　　　**(終)**

(2)₁ 等式 ② は，(1) の証明で $[a, b]$ を $[b, a]$，(a, b) を (b, a)，$a<c<b$ を $a>c>b$ とすれば $a>b$ の場合も成り立つ．

また，$\bar{x} = \dfrac{x_1 + x_2 + \cdots + x_n}{n}$ とおくと，$\displaystyle\sum_{k=1}^{n} x_k = n\bar{x}. \quad \cdots ③$

よって，② で $a=\bar{x}$, $b=x_k$ とすると，
$$f(x_k) = f(\bar{x}) + f'(\bar{x})(x_k - \bar{x}) + \frac{f''(c)}{2}(x_k - \bar{x})^2 \ (\bar{x} \leq c \leq x_k \ \text{または} \ \bar{x} \geq c \geq x_k)$$

をみたす c が存在する．ここで，条件より $f''(c) > 0$ だから

$$f(x_k) \geqq f(\overline{x}) + f'(\overline{x})(x_k - \overline{x}). \quad (k=1, 2, \cdots, n)$$

$$\therefore \sum_{k=1}^{n} f(x_k) \geqq nf(\overline{x}) + f'(\overline{x})\sum_{k=1}^{n}(x_k - \overline{x}) = nf(\overline{x}). \quad (\because ③)$$

$$\therefore \frac{f(x_1) + f(x_2) + \cdots + f(x_n)}{n} \geqq f(\overline{x}) = f\left(\frac{x_1 + x_2 + \cdots + x_n}{n}\right). \quad \cdots ④$$

(等号は $x_1 = x_2 = \cdots = x_n$ のときに限る.) **(終)**

(2)$_2$ $f''(x)$ がつねに正である区間内の下に凸な曲線 $y = f(x)$ 上の n 個の点

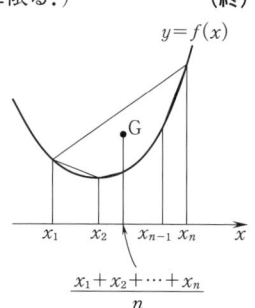

$A_1(x_1, f(x_1)), A_2(x_2, f(x_2)), \cdots, A_n(x_n, f(x_n))$

の重心の y 座標 $\dfrac{f(x_1) + f(x_2) + \cdots + f(x_n)}{n}$ は

$f\left(\dfrac{x_1 + x_2 + \cdots + x_n}{n}\right)$ より大きいか等しい. すなわち

$$\frac{f(x_1) + f(x_2) + \cdots + f(x_n)}{n} \geqq f\left(\frac{x_1 + x_2 + \cdots + x_n}{n}\right). \quad \textbf{(終)}$$

(等号は $x_1 = x_2 = \cdots = x_n$ のときに限る.)

(3) $f(x) = -\log x \ (x > 0)$ とおくと, $f'(x) = -\dfrac{1}{x},\ f''(x) = \dfrac{1}{x^2} > 0.$

よって, ④ より $x_1, x_2 \cdots, x_n$ が正のとき,

$$-\frac{\log x_1 + \cdots + \log x_n}{n} \geqq -\log \frac{x_1 + \cdots + x_n}{n}$$

$$\Leftrightarrow \log \frac{x_1 + x_2 + \cdots + x_n}{n} \geqq \frac{\log(x_1 x_2 \cdots x_n)}{n}$$

$$\Leftrightarrow \frac{x_1 + x_2 + \cdots + x_n}{n} \geqq \sqrt[n]{x_1 x_2 \cdots x_n}.$$

(等号は $x_1 = x_2 = \cdots = x_n$ のときに限る) **(終)**

132* 【解答】

$P(p, e^p),\ Q(q, -e^{2-q})$

における接線が平行だから,

$e^p = e^{2-q}. \quad \therefore\ p = 2 - q. \quad \cdots ①$

このとき, $PQ^2 = (p-q)^2 + (e^p + e^{2-q})^2 \quad \cdots ②$

が, $p = p_0,\ q = q_0 = 2 - p_0$ のとき最小になるとすると,

$\left. \dfrac{d}{dp} PQ^2 \right|_{p=p_0}$

$= \left\{ 2(p-q)\dfrac{d}{dp}(p-q) + 2(e^p + e^{2-q})\dfrac{d}{dp}(e^p + e^{2-q}) \right\}\Big|_{p=p_0}$

$= \left\{ 2(p-q)\dfrac{d}{dp}(2p-2) + 2(e^p + e^{2-q})\dfrac{d}{dp}(2e^p) \right\}\Big|_{p=p_0} \quad (\because ①)$

$= 4\{p_0 - q_0 + (e^{p_0} + e^{2-q_0})e^{p_0}\} = 0.$

$\therefore\ (p_0 - q_0) + (e^{p_0} + e^{2-q_0})e^{p_0} = \begin{pmatrix} p_0 - q_0 \\ e^{p_0} + e^{2-q_0} \end{pmatrix} \cdot \begin{pmatrix} 1 \\ e^{p_0} \end{pmatrix} = 0.$

これは直線 P_0Q_0 と P_0 における C_1 の接線が直交することを示している.　（終）

また, ①, ② より $\quad \dfrac{1}{4}PQ^2=(p-1)^2+e^{2p}=f(p)$

とおくと, $\quad f'(p)=2(p-1+e^{2p}),\ f''(p)=2+4e^{2p}>0.$

よって, $f(p)$ は $p=0$ で最小.

$\therefore\ $ (PQ の最小値) $=2\sqrt{f(0)}=2\sqrt{2}$.　（答）

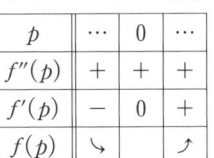

p	$\cdots$	0	$\cdots$
$f''(p)$	$+$	$+$	$+$
$f'(p)$	$-$	0	$+$
$f(p)$	↘		↗

133* 【解答】

(1)　与不等式 $\iff f_n(x)e^{-x}<1<f_n(x)e^{-x}+\dfrac{x^{n+1}}{(n+1)!}.\ (x>0)$

(i)　$F(x)=f_n(x)e^{-x}\ (x>0)$ とすると

$$F'(x)=\{f_n'(x)-f_n(x)\}e^{-x}=-\dfrac{x^n}{n!}e^{-x}<0.$$

$\therefore\ F(x)$ は $x>0$ で減少, かつ, $F(0)=1.\quad \therefore\ F(x)<1.\ (x>0)$

(ii)　$G(x)=f_n(x)e^{-x}+\dfrac{x^{n+1}}{(n+1)!}\ (x>0)$ とすると

$$G'(x)=\{f_n'(x)-f_n(x)\}e^{-x}+\dfrac{x^n}{n!}=\dfrac{x^n}{n!}(1-e^{-x})>0.\ (\because\ x>0)$$

$\therefore\ G(x)$ は $x>0$ で増加, かつ, $G(0)=1.\quad \therefore\ G(x)>1.\ (x>0)$

以上の (i), (ii) より,　　与不等式は成り立つ.　（終）

(2)　(1) から, $\quad 0<e^x-f_n(x)<\dfrac{x^{n+1}e^x}{(n+1)!}.$

$x=1$ とし, 辺々に $n!$ をかけると, $\ 0<en!-n!f_n(1)<\dfrac{e}{n+1}.\quad \cdots$①

ここで, $e=2.718\cdots$ であるから, $n\geqq 2$ のとき, $\dfrac{e}{n+1}<1.\quad \cdots$②

また, $\quad n!f_n(1)=n!\left\{1+\dfrac{1}{1!}+\dfrac{1}{2!}+\cdots+\dfrac{1}{n!}\right\}$

$\qquad\qquad\qquad =n!+n(n-1)\cdots 2+\cdots+n(n-1)+n+1.\quad \cdots$③

①, ②, ③ より

$\quad 0<en!-[n!+1+\{n+n(n-1)+\cdots+n(n-1)\cdots 2\}]<1.\quad \cdots$④　（終）

(3)　e が有理数であると仮定すると, $en!$ が整数となるような正の整数 n がある.

このとき, ④ の [ ] 内は整数であるから, ④ より, 0 と 1 の間に整数がある

ことになり矛盾. よって, e は無理数である.　（終）

第15章　積分法とその応用

134 【解答1】

(1) $f(x)$ は $x \geq 0$ で単調増加だから

$$0 \leq t \leq x \text{ のとき, } f(t) \leq f(x). \quad \cdots ①$$

この両辺を t で0から x まで積分すると

$$\int_0^x f(t)dt \leq \int_0^x f(x)dt = f(x)\int_0^x dt = xf(x). \quad (x>0)$$

$$\therefore \quad \frac{1}{x}\int_0^x f(t)dt \leq f(x). \quad (\because x>0) \quad \therefore \quad f(x) \geq g(x). \quad (x>0) \quad \text{(終)}$$

(2) $g(x)$ の定義式から $g(x)$ は $x>0$ で微分可能だから

$$g'(x) = -\frac{1}{x^2}\int_0^x f(t)dt + \frac{1}{x}f(x) = \frac{1}{x^2}\left\{xf(x) - \int_0^x f(t)dt\right\}$$

$$= \frac{1}{x^2}\left\{\int_0^x f(x)dt - \int_0^x f(t)dt\right\} = \frac{1}{x^2}\int_0^x \{f(x) - f(t)\}dt \geq 0. \quad (\because ①)$$

$$\therefore \quad g(x) \text{ も } x>0 \text{ で単調増加.} \quad \text{(終)}$$

【解答2】

(1) $g(x) = \frac{1}{x}\left\{\left[tf(t)\right]_0^x - \int_0^x tf'(t)dt\right\} = f(x) - \frac{1}{x}\int_0^x tf'(t)dt.$

$$\therefore \quad f(x) - g(x) = \frac{1}{x}\int_0^x tf'(t)dt. \quad (x>0) \quad \cdots ①$$

ここで, $f(x)$ は $x>0$ で微分可能かつ単調増加だから, $f'(x) \geq 0$.

これと①より, $f(x) \geq g(x). \quad (x>0)$ 　　　　　(終)

(2) $g(x)$ は微分可能だから

$$g'(x) = -\frac{1}{x^2}\int_0^x f(t)dt + \frac{1}{x}f(x)$$

$$= -\frac{1}{x^2}\left\{\left[tf(t)\right]_0^x - \int_0^x tf'(t)dt\right\} + \frac{1}{x}f(x)$$

$$= \frac{1}{x^2}\int_0^x tf'(t)dt \geq 0. \quad (\because x>0 \text{ で } f'(x) \geq 0)$$

$$\therefore \quad g(x) \text{ も } x>0 \text{ で単調増加.} \quad \text{(終)}$$

【解答3】

(1) 積分法の平均値の定理より, $\int_0^x f(t)dt = xf(x_1) \quad (0<x_1<x)$ をみたす x_1 が存在し, かつ, $f(x)$ は $x>0$ で単調増加だから

$$g(x) = \frac{1}{x}\int_0^x f(t)dt = \frac{1}{x} \cdot xf(x_1) \leq f(x). \quad \therefore \quad f(x) \geq g(x). \quad (x>0) \quad \text{(終)}$$

(2) $g(x)$ は微分可能だから $xg(x) = \int_0^x f(t)dt$ の両辺を x で微分して

$g(x)+xg'(x)=f(x) \iff g'(x)=\dfrac{f(x)-g(x)}{x} \geq 0. \quad (x>0) \quad (\because (1))$

$\therefore \ g(x)$ も $x>0$ で単調増加. (終)

135 【解答】

2曲線 $\begin{cases} y=a\sin x, \\ y=\cos x \end{cases} \left(0 \leq x \leq \dfrac{\pi}{2}\right)$

の交点の x 座標を α とすると,

$$\cos\alpha=a\sin\alpha \iff \tan\alpha=\dfrac{1}{a}.$$

$\therefore \ \cos\alpha=\dfrac{a}{\sqrt{a^2+1}}, \ \sin\alpha=\dfrac{1}{\sqrt{a^2+1}}. \quad \cdots ①$

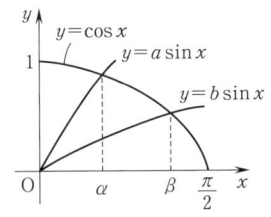

ところで, $\displaystyle\int_0^{\frac{\pi}{2}}\cos x\,dx=\Big[\sin x\Big]_0^{\frac{\pi}{2}}=1$ であるから, 題意より,

$$\int_0^\alpha(\cos x-a\sin x)\,dx=\dfrac{1}{3}.$$

(左辺) $=\Big[\sin x+a\cos x\Big]_0^\alpha=\sin\alpha+a\cos\alpha-a$

$=\dfrac{1}{\sqrt{a^2+1}}+\dfrac{a^2}{\sqrt{a^2+1}}-a \ (\because ①)=\sqrt{a^2+1}-a=\dfrac{1}{3}$ (右辺).

これを解いて, $a=\dfrac{4}{3}$. (答)

同様に, $\sqrt{b^2+1}-b=\dfrac{2}{3}$ を解いて, $b=\dfrac{5}{12}$.

136 【解答1】

(1) 右図において, $y=b^{x_1}=a^{x_2}$ より

$$x_1=\dfrac{\log y}{\log b}, \ x_2=\dfrac{\log y}{\log a}.$$

$\therefore \ S=\displaystyle\int_1^e(x_2-x_1)\,dy$

$=\left(\dfrac{1}{\log a}-\dfrac{1}{\log b}\right)\displaystyle\int_1^e\log y\,dy$

$=\left(\dfrac{1}{\log a}-\dfrac{1}{\log b}\right)\Big[y\log y-y\Big]_1^e$

$=\left(\dfrac{1}{\log a}-\dfrac{1}{\log b}\right)(e-e+1)=\dfrac{1}{\log a}-\dfrac{1}{\log b}.$ (答)

(2) $\displaystyle\lim_{b\to a}\dfrac{S}{b-a}=\lim_{b\to a}\dfrac{1}{\log a\cdot\log b}\cdot\dfrac{\log b-\log a}{b-a}$

$=\dfrac{1}{(\log a)^2}[(\log x)']_{x=a}=\dfrac{1}{a(\log a)^2}.$ (答)

【解答2】

(1) $S=\int_0^{\frac{1}{\log b}}(b^x-a^x)dx+\int_{\frac{1}{\log b}}^{\frac{1}{\log a}}(e-a^x)dx$　　($a^x=e^{x\log a}$ であるから)

$=\left[\dfrac{b^x}{\log b}-\dfrac{a^x}{\log a}\right]_0^{\frac{1}{\log b}}+\left[ex-\dfrac{a^x}{\log a}\right]_{\frac{1}{\log b}}^{\frac{1}{\log a}}$　　$\left(a^{\frac{1}{\log a}}=a^{\log_a e}=e\ \text{であるから}\right)$

$=\dfrac{1}{\log b}(e-1)-\dfrac{1}{\log a}\left(a^{\frac{1}{\log b}}-1\right)+e\left(\dfrac{1}{\log a}-\dfrac{1}{\log b}\right)-\dfrac{1}{\log a}\left(e-a^{\frac{1}{\log b}}\right)$

$=\dfrac{1}{\log a}-\dfrac{1}{\log b}.$　　　　　　　　　　　　　　　　　　　　　　　　　（答）

(2) $\displaystyle\lim_{b\to a}\dfrac{S}{b-a}=-\lim_{b\to a}\dfrac{\dfrac{1}{\log b}-\dfrac{1}{\log a}}{b-a}=-\left[\left(\dfrac{1}{\log x}\right)'\right]_{x=a}=\dfrac{1}{a(\log a)^2}.$　　（答）

137 【解答1】

(1) $I=\int e^{-x}\sin x\,dx=-e^{-x}\sin x+\int e^{-x}\cos x\,dx$

$=-e^{-x}\sin x-e^{-x}\cos x-\int e^{-x}\sin x\,dx$

$=-e^{-x}(\sin x+\cos x)-I.$

∴ $I=-\dfrac{1}{2}e^{-x}(\sin x+\cos x)+C.$　（C：積分定数）　　（答）

(2) $S_n=\int_0^{n\pi}e^{-x}|\sin x|dx=\displaystyle\sum_{k=1}^{n}\int_{(k-1)\pi}^{k\pi}e^{-x}|\sin x|dx.$　　……①

ここで，$(k-1)\pi\leqq x\leqq k\pi$ のとき，
　　$|\sin x|=(-1)^{k-1}\sin x.$

∴ $S_n=\displaystyle\sum_{k=1}^{n}(-1)^{k-1}\int_{(k-1)\pi}^{k\pi}e^{-x}\sin x\,dx$

$=\displaystyle\sum_{k=1}^{n}(-1)^{k-1}\left[-\dfrac{1}{2}e^{-x}(\sin x+\cos x)\right]_{(k-1)\pi}^{k\pi}$

$=\displaystyle\sum_{k=1}^{n}(-1)^k\cdot\dfrac{1}{2}\{e^{-k\pi}\cdot(-1)^k-e^{-(k-1)\pi}\cdot(-1)^{k-1}\}$

$=\dfrac{1}{2}\displaystyle\sum_{k=1}^{n}e^{-(k-1)\pi}\cdot(e^{-\pi}+1)=\dfrac{1+e^{-\pi}}{2}\sum_{k=1}^{n}(e^{-\pi})^{k-1}.$

∴ 与式$=\displaystyle\lim_{n\to\infty}S_n=\dfrac{1}{2}\cdot\dfrac{1+e^{-\pi}}{1-e^{-\pi}}=\dfrac{e^{\pi}+1}{2(e^{\pi}-1)}.$　　（答）

【解答2】

(1) $\begin{cases}(e^{-x}\sin x)'=-e^{-x}\sin x+e^{-x}\cos x, & \cdots② \\ (e^{-x}\cos x)'=-e^{-x}\cos x-e^{-x}\sin x. & \cdots③\end{cases}$

（②+③）$\times\left(-\dfrac{1}{2}\right)$ の両辺を積分して

$\int e^{-x}\sin x\,dx=-\dfrac{1}{2}e^{-x}(\sin x+\cos x)+C.$　（C：は積分定数）　　（答）

(2) ① より,$S_n = \sum_{k=1}^{n} \int_{(k-1)\pi}^{k\pi} e^{-x} |\sin x| dx$

($\sin x$ は $(k-1)\pi < x < k\pi$ で定符号であるから)

$$= \sum_{k=1}^{n} \left| \int_{(k-1)\pi}^{k\pi} e^{-x} \sin x \, dx \right| = \sum_{k=1}^{n} \left| \left[-\frac{1}{2} e^{-x} (\sin x + \cos x) \right]_{(k-1)\pi}^{k\pi} \right|$$

$$= \frac{1}{2} \sum_{k=1}^{n} \left| -\{ e^{-k\pi} \cdot (-1)^k - e^{-(k-1)\pi} \cdot (-1)^{k-1} \} \right|$$

$$= \frac{1}{2} \sum_{k=1}^{n} \left| -(-1)^k \cdot (e^{-\pi} + 1) e^{-(k-1)\pi} \right| = \frac{1}{2} (e^{-\pi} + 1) \sum_{k=1}^{n} (e^{-\pi})^{k-1}.$$

∴ 与式 $= \lim_{n \to \infty} S_n = \dfrac{e^{-\pi} + 1}{2(1 - e^{-\pi})} = \dfrac{e^{\pi} + 1}{2(e^{\pi} - 1)}.$ (答)

138 【解答】

$$\int_{-1}^{1} |x| \left(1 + \frac{x}{2} + \frac{x^2}{3} + \frac{x^3}{4} + \cdots + \frac{x^{2n}}{2n+1} \right) dx$$

$$= 2 \int_{0}^{1} x \left(1 + \frac{x^2}{3} + \frac{x^4}{5} + \cdots + \frac{x^{2n}}{2n+1} \right) dx$$

$$= 2 \left[\frac{x^2}{2} + \frac{x^4}{3 \cdot 4} + \frac{x^6}{5 \cdot 6} + \cdots + \frac{x^{2n+2}}{(2n+1)(2n+2)} \right]_{0}^{1}$$

$$= 2 \left\{ \left(\frac{1}{1} - \frac{1}{2} \right) + \left(\frac{1}{3} - \frac{1}{4} \right) + \left(\frac{1}{5} - \frac{1}{6} \right) + \cdots + \left(\frac{1}{2n+1} - \frac{1}{2n+2} \right) \right\}$$

$$= 2 \left\{ \frac{1}{1} + \frac{1}{2} + \frac{1}{3} + \cdots + \frac{1}{2n+2} - 2 \left(\frac{1}{2} + \frac{1}{4} + \frac{1}{6} + \cdots + \frac{1}{2n+2} \right) \right\}$$

$$= 2 \left\{ \frac{1}{1} + \frac{1}{2} + \frac{1}{3} + \cdots + \frac{1}{2n+2} - \left(\frac{1}{1} + \frac{1}{2} + \frac{1}{3} + \cdots + \frac{1}{n+1} \right) \right\}$$

$$= 2 \left\{ \frac{1}{n+2} + \frac{1}{n+3} + \cdots + \frac{1}{2n+2} \right\}$$

$$= 2 \left\{ \left(\frac{1}{n+1} + \frac{1}{n+2} + \cdots + \frac{1}{n+n} \right) - \frac{1}{n+1} + \frac{1}{2n+1} + \frac{1}{2n+2} \right\}.$$

∴ $\lim_{n \to \infty} \int_{-1}^{1} |x| \left(1 + \frac{x}{2} + \frac{x^2}{3} + \frac{x^3}{4} + \cdots + \frac{x^{2n}}{2n+1} \right) dx$

$$= 2 \lim_{n \to \infty} \left\{ \frac{1}{n} \sum_{k=1}^{n} \frac{1}{1 + \frac{k}{n}} - \frac{1}{n+1} + \frac{1}{2n+1} + \frac{1}{2n+2} \right\}$$

$$= 2 \int_{0}^{1} \frac{dx}{1+x} = 2 \Big[\log(x+1) \Big]_{0}^{1} = 2 \log 2.$$ (答)

139 【解答】

(1) $\dfrac{1}{2}(I_{2n-1}+I_{2n+1}) = \dfrac{1}{2}\int_0^1 \dfrac{(x^{2n-2}+x^{2n})(1-x^2)}{1+x^2}dx = \dfrac{1}{2}\int_0^1 x^{2n-2}(1-x^2)dx$

$= \dfrac{1}{2}\left(\dfrac{1}{2n-1}-\dfrac{1}{2n+1}\right) = \dfrac{1}{(2n-1)(2n+1)}.$ (終)

(2) $0<x<1$ のとき,$0<\dfrac{1-x^2}{1+x^2}<1.$ ∴ $0<\dfrac{x^{n-1}(1-x^2)}{1+x^2}<x^{n-1}.$

∴ $0<\int_0^1 \dfrac{x^{n-1}(1-x^2)}{1+x^2}dx<\int_0^1 x^{n-1}dx = \dfrac{1}{n} \longrightarrow 0.\ (n\to\infty)$

∴ $\lim_{n\to\infty}I_n=0.$ …① (答)

(3) $S_N=\sum_{n=1}^N (-1)^{n-1}\cdot\dfrac{1}{(2n-1)(2n+1)}$ とおくと,(1) より

$S_N=\sum_{n=1}^N (-1)^{n-1}\cdot\dfrac{1}{2}(I_{2n-1}+I_{2n+1}) = \dfrac{1}{2}\sum_{n=1}^N \{(-1)^{n-1}\cdot I_{2n-1}-(-1)^n\cdot I_{2n+1}\}$

$=\dfrac{1}{2}\{I_1-(-1)^N\cdot I_{2N+1}\} \xrightarrow[N\to\infty]{} \dfrac{1}{2}I_1.\ (\because\ ①)$

ここで,$I_1=\int_0^1 \dfrac{1-x^2}{1+x^2}dx = \int_0^1 \left(-1+\dfrac{2}{1+x^2}\right)dx$ $\left(x=\tan\theta \longrightarrow dx=\dfrac{1}{\cos^2\theta}d\theta\right)$

$=-1+2\int_0^{\frac{\pi}{4}} \dfrac{1}{1+\tan^2\theta}\cdot\dfrac{1}{\cos^2\theta}d\theta = -1+2\int_0^{\frac{\pi}{4}} d\theta = -1+\dfrac{\pi}{2}.$

∴ 与式 $=\lim_{N\to\infty} S_N = \dfrac{\pi-2}{4}.$ (答)

140 【解答】（放射能の半減期の問題）

(1) 条件から,$\dfrac{dN}{dt}=kN$ (k は負の定数) とおくと,

$$N=Ce^{kt}.\ (C：定数)$$

$t=0$ のとき,$N=N_0$ だから,$C=N_0(>0).$ ∴ $N=N_0 e^{kt}.$ (答)

(2) $t=5$ のとき,$N=N_0 e^{5k}=\dfrac{N_0}{10}.$ ∴ $e^{5k}=\dfrac{1}{10}.$ …①

T 年後に $N=\dfrac{N_0}{2}$ とすると,$N_0 e^{kT}=\dfrac{N_0}{2}.$ ∴ $e^{kT}=\dfrac{1}{2}.$ …②

①,② を恒等式 $(e^{5k})^T=e^{5kT}=(e^{kT})^5$ に代入して,

$$\left(\dfrac{1}{10}\right)^T=\left(\dfrac{1}{2}\right)^5 \Longleftrightarrow 10^T=2^5.$$

∴ $T=5\log_{10}2=5\times 0.30=1.50.$ ∴ 1年半後. (答)

141 【解答1】

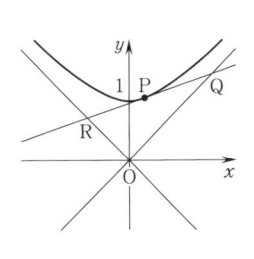

P$(t, f(t))$ における C の接線は
$$l : y = f'(t)(x-t) + f(t)$$

l と $y=x$ の交点は
$$Q\left(\frac{f(t)-tf'(t)}{1-f'(t)}, \frac{f(t)-tf'(t)}{1-f'(t)}\right).$$

l と $y=-x$ の交点は
$$R\left(\frac{-f(t)+tf'(t)}{1+f'(t)}, \frac{f(t)-tf'(t)}{1+f'(t)}\right).$$

P$(t, f(t))$ は QR の中点だから
$$2t = \frac{f(t)-tf'(t)}{1-f'(t)} + \frac{-f(t)+tf'(t)}{1+f'(t)}.$$

$\therefore\ 2t\{1-(f'(t))^2\} = 2f'(t)\{f(t)-tf'(t)\} \Longleftrightarrow 2t = 2f(t)f'(t)$

$\therefore\ \{(f(t))^2\}' = (t^2)'.\quad \therefore\ (f(x))^2 = t^2 + C$

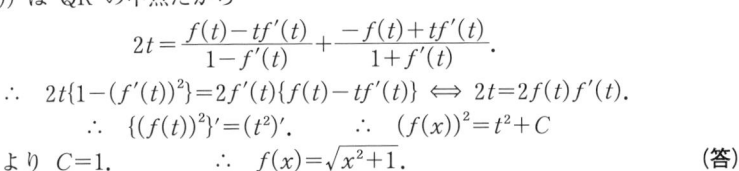

$f(0)=1$ より $C=1$. $\quad\therefore\ f(x)=\sqrt{x^2+1}.$ (答)

【解答2】

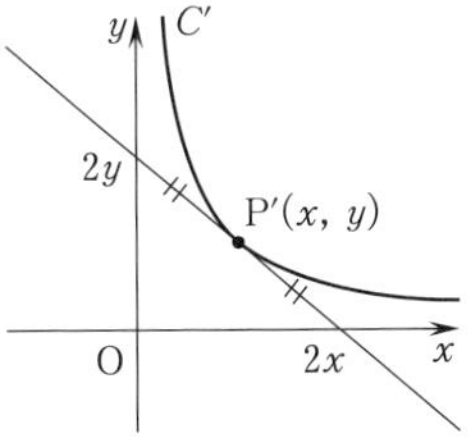

C を O の周りに $-\dfrac{\pi}{4}$ 回転した曲線を C' とすると，
条件から，$\dfrac{dy}{dx} = -\dfrac{2y}{2x} = -\dfrac{y}{x}$. $\quad\therefore\ \displaystyle\int \dfrac{dy}{y} = \int -\dfrac{dx}{x}$.

$\therefore\ \log|y| = -\log|x| + C_1$. $\quad\therefore\ xy = C_2$.

これが点 $\left(\dfrac{1}{\sqrt{2}}, \dfrac{1}{\sqrt{2}}\right)$ を通るから，
$$C' : xy = \dfrac{1}{2}.\ (x>0, y>0)$$

これを O の周りに $+\dfrac{\pi}{4}$ 回転して元へ戻すと
$$C : y^2 - x^2 = 1.\ (y>0) \quad\therefore\ f(x) = \sqrt{x^2+1}.\quad\text{(答)}$$

142 【解答1】

(1) (i)で $x=0$ として，$f(0) \geq 1$. …①

(ii)で $x=h=0$ として，$f(0)(1-f(0)) \geq 0$. $\quad\therefore\ 1 \geq f(0) \geq 0$. …②

①かつ②より，$f(0)=1$. …③ (答)

(2) (i)と③より．$f(x) - f(0) \geq x$.

$x>0$ のとき $\dfrac{f(x)-f(0)}{x} \geq 1$. $\quad\therefore\ f'_+(0) \geq 1$.

$x<0$ のとき $\dfrac{f(x)-f(0)}{x} \leq 1$. $\quad\therefore\ f'_-(0) \leq 1$.

これらと，導関数 $f'(x)$ が存在することから，
$$f'(0) = f'_+(0) = f'_-(0) = 1. \quad\text{(答)}$$

【解答2】($f(x)$ を先に求めてしまう)

(ii)で $h=x$ として,$f(2x) \geq \{f(x)\}^2 \geq 0$. ∴ $f(x) \geq 0$. (x:任意の実数)
(i) より,$f(h) \geq h+1$.
この両辺に $f(x)$ (≥ 0) をかけると,(ii) より
$$f(x+h) \geq f(x)f(h) \geq f(x)h + f(x) \iff f(x+h) - f(x) \geq f(x)h.$$

$h>0$ のとき,$\dfrac{f(x+h)-f(x)}{h} \geq f(x)$. ∴ $f'_+(x) \geq f(x)$. ……④

$h<0$ のとき,$\dfrac{f(x+h)-f(x)}{h} \leq f(x)$. ∴ $f'_-(x) \leq f(x)$. ……⑤

$f'(x)$ が存在するから,$f'_+(x) = f'_-(x) = f'(x)$. ……⑥

④,⑤,⑥ から,$f'(x) = f(x)$. ∴ $e^{-x}\{f'(x) - f(x)\} = 0$.

∴ $\dfrac{d}{dx}\{e^{-x}f(x)\} = 0 \iff e^{-x}f(x) = C$.(定数)

③ より,$C=1$. ∴ $f(x) = e^x$.

これは,(i),(ii)をみたし,適する.よって,(1) $f(0)=1$,(2) $f'(0)=1$. **(答)**

143 【解答】

与式の両辺を x で微分すると,$g(f(x)) \cdot f'(x) = \dfrac{1}{2}x^{\frac{1}{2}}$. ……①

ここで,$g(x) = f^{-1}(x)$ であるから,$g(f(x)) = f^{-1}(f(x)) = x$.

よって,① は $xf'(x) = \dfrac{1}{2}x^{\frac{1}{2}}$. ∴ $f'(x) = \dfrac{1}{2}x^{-\frac{1}{2}}$.($\because x>0$)

∴ $f(x) = \displaystyle\int \dfrac{1}{2}x^{-\frac{1}{2}}dx = x^{\frac{1}{2}} + C$.($C$:積分定数) ……②

ところで,$f(x) = x^{\frac{1}{2}} + C = 1 \iff x = (1-C)^2$ のとき,与式は
$$\int_1^1 g(t)dt = 0 = \dfrac{1}{3}\left\{(1-C)^{2 \cdot \frac{3}{2}} - 8\right\}.$$
∴ $(1-C)^3 = 8$,すなわち,$C = -1$.

∴ $f(x) = \sqrt{x} - 1$.(これは条件式をみたし,適する) **(答)**

(② 以下の別解) $f(x) = 1$ のとき,与式は
$$\int_1^1 g(t)dt = 0 = \dfrac{1}{3}(x^{\frac{3}{2}} - 8). \quad \therefore x=4.$$
このとき ② より,$f(4) = 4^{\frac{1}{2}} + C = 1$. ∴ $C = -1$. ∴ $f(x) = \sqrt{x} - 1$. **(答)**

144 【解答1】

$\dfrac{b}{a} = t$ とおくと,$\displaystyle\int_a^b f(x)dx = \int_a^{at} f(x)dx$.

これが t のみで定まり,a は $a>0$ で任意だから $a=1$ として
$$\int_a^{at} f(x)dx = \int_1^t f(x)dx.$$

a を定数とみて両辺を t で微分すると，$af(at)=f(t)$．
$t=1$ として，$\quad af(a)=f(1)=c$．（定数）
a を x と書き直して，$\quad f(x)=\dfrac{c}{x}$．（c：定数） （終）

【解答2】

$\dfrac{b}{a}=t$ とおくと，条件から，$\displaystyle\int_a^{at} f(x)dx = F(t)$ …①

とおける．a を定数とみて両辺を t で微分すると

$$af(at)=F'(t). \quad \cdots ②$$

$at=x$ とおくと，$\quad f(x)=\dfrac{tF'(t)}{x}$．

ここで，t を定数と見直して，$tF'(t)=c$ とおくと

$$f(x)=\dfrac{c}{x}. \quad (c：定数) \quad \text{（終）}$$

（② 以下の別解）　②で a を x と書き直し，$t=1$，$F'(1)=c$（定数）とすると，

$$xf(x)=c \iff f(x)=\dfrac{c}{x}. \quad (\because x>0) \quad \text{（終）}$$

（注）$f(x)=\dfrac{c}{x}$ に対して，例えば，$\dfrac{b}{a}=t=2$ のとき，$a=1, 2, 3, 4$ に対して，① は

$$\int_1^2 f(x)dx = \int_2^4 f(x)dx = \int_3^6 f(x)dx = \int_4^8 f(x)dx$$
$$= \int_a^{2a} \dfrac{c}{x}dx = c\log\dfrac{2a}{a} = c\log 2 = F(2). \text{（面積はすべて同じ!!）}$$

何となく解けたではなく，題意を正しく把握して問題の意味を理解することが大切．

145 【解答1】

$f_a(x)|\cos ax|$ は偶関数であるから，

$$\int_{-\pi}^{\pi} f_a(x)|\cos ax|dx = 2\int_0^{\pi} f_a(x)|\cos ax|dx.$$

ここで，

$$\begin{cases} 0 \leq x \leq 2a \text{ のとき，} f_a(x)=\dfrac{2a-x}{2a^2}, \\ 2a \leq x \leq \pi \text{ のとき，} f_a(x)=0. \end{cases}$$

また，$a\to 0$ の場合を考えるから，ax は 0 に近いので，$\cos ax>0$．

$$\therefore\ I = 2\int_0^{2a} \dfrac{2a-x}{2a^2}\cos ax\,dx = \dfrac{1}{a^2}\left\{\left[\dfrac{(2a-x)\sin ax}{a}\right]_0^{2a} + \dfrac{1}{a}\int_0^{2a}\sin ax\,dx\right\}$$

$$= \dfrac{1}{a^2}\left\{0 + \dfrac{1}{a}\left[-\dfrac{\cos ax}{a}\right]_0^{2a}\right\} = \dfrac{1}{a^4}(1-\cos 2a^2) = \dfrac{2\sin^2 a^2}{a^4}$$

$$= 2\left(\dfrac{\sin a^2}{a^2}\right)^2. \quad \therefore\ \text{与式} = \lim_{a\to 0} I = 2. \quad \text{（答）}$$

【解答2】

$-\pi \leqq x \leqq \pi$, $0 < a < \dfrac{\pi}{2}$ で, $a \to 0$ の場合を考えるから, $|ax| \leqq a\pi \left(< \dfrac{\pi}{2}\right)$.

$$\therefore \ \cos a\pi \leqq \cos|ax| = \cos ax = |\cos ax| \leqq 1. \quad \cdots ①$$

また, $f_a(x)$ の定義から, $f_a(x) \geqq 0$ で,【解答1】の $f_a(x)$ のグラフより

$$\int_{-\pi}^{\pi} f_a(x)\,dx = \dfrac{1}{2} \cdot 4a \cdot \dfrac{1}{a} = 2. \quad \cdots ②$$

①, ② より, $0 < a < \dfrac{\pi}{2}$ のとき,

$$2\cos a\pi \leqq \int_{-\pi}^{\pi} f_a(x)|\cos ax|\,dx \leqq \int_{-\pi}^{\pi} f_a(x)\,dx = 2.$$

ここで, $a \to 0$ とすると, ハサミウチの原理より, 与式 $= 2$. (答)

146 【解答】

(1)$_1$ ①, ② より, $x > 0$ で, $x^2 + \dfrac{1}{(4x)^2} = 1$.

$$\therefore \ (4x^2)^2 - 4(4x^2) + 1 = 0.$$
$$\therefore \ 4x^2 = 2 \pm \sqrt{3}. \ (x > 0) \quad \cdots ③$$

ここで, ①, ② の交点を $\left(\cos\dfrac{\theta}{2}, \sin\dfrac{\theta}{2}\right)$ とおくと,

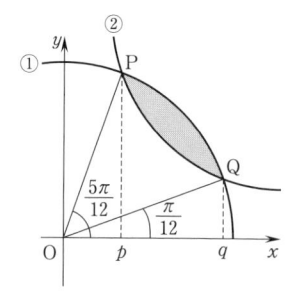

$$x = \cos\dfrac{\theta}{2} \ (0 < \theta < \pi)$$

であるから, $\cos\theta = 2\cos^2\dfrac{\theta}{2} - 1 = 2x^2 - 1 = \dfrac{2 \pm \sqrt{3}}{2} - 1 = \pm\dfrac{\sqrt{3}}{2}$.

$$\therefore \ \theta = \dfrac{\pi}{6}, \ \dfrac{5\pi}{6} \iff \dfrac{\theta}{2} = \dfrac{\pi}{12}, \ \dfrac{5\pi}{12}.$$

これと $p = \cos\dfrac{\alpha}{2} < q = \cos\dfrac{\beta}{2}$ より, $\alpha = \dfrac{5\pi}{6}, \ \beta = \dfrac{\pi}{6}$. (答)

(1)$_2$ ①, ② の交点 (x, y) は $\left(\cos\dfrac{\theta}{2}, \sin\dfrac{\theta}{2}\right) (0 < \theta < \pi)$ とおけて, かつ, ② より,

$$4\cos\dfrac{\theta}{2}\cdot\sin\dfrac{\theta}{2} = 1. \quad \therefore \ \sin\theta = \dfrac{1}{2}. \quad \therefore \ \theta = \dfrac{\pi}{6}, \ \dfrac{5\pi}{6}.$$

これと $p = \cos\dfrac{\alpha}{2} < q = \cos\dfrac{\beta}{2}$ より, $\alpha = \dfrac{5\pi}{6}, \ \beta = \dfrac{\pi}{6}$. (答)

(2) 求める面積 $S = $

$$= \dfrac{1}{2}\cdot 1^2 \cdot \left(\dfrac{5\pi}{12} - \dfrac{\pi}{12}\right) - \left(\dfrac{1}{2}\cdot p \cdot \dfrac{1}{4p} + \int_p^q \dfrac{1}{4x}\,dx - \dfrac{1}{2}q\cdot\dfrac{1}{4q}\right)$$

$$= \dfrac{\pi}{6} - \dfrac{1}{4}\Big[\log x\Big]_p^q = \dfrac{\pi}{6} - \dfrac{1}{4}\log\dfrac{q}{p}.$$

ここで, ③ より, $p = \sqrt{\dfrac{2-\sqrt{3}}{4}}$, $q = \sqrt{\dfrac{2+\sqrt{3}}{4}}$ であるから

第15章　積分法とその応用　137

$$\frac{q}{p}=\sqrt{\frac{2+\sqrt{3}}{2-\sqrt{3}}}=\sqrt{(2+\sqrt{3})^2}=2+\sqrt{3}. \qquad \therefore\ S=\frac{\pi}{6}-\frac{1}{4}\log(2+\sqrt{3}). \quad \text{(答)}$$

147* 【解答】

点 P, Q がすべることなく転がった後の点をそれぞれ P′, Q′ とする.

$C: y=\frac{2}{3}x^{\frac{3}{2}}\ (x\geqq 0)$ より, $y'=x^{\frac{1}{2}}$.

$$\therefore\ \widehat{PQ}=\int_0^1 \sqrt{1+y'^2}\,dx$$
$$=\int_0^1 (1+x)^{\frac{1}{2}}\,dx$$
$$=\left[\frac{2}{3}(1+x)^{\frac{3}{2}}\right]_0^1=\frac{2}{3}(2\sqrt{2}-1).$$

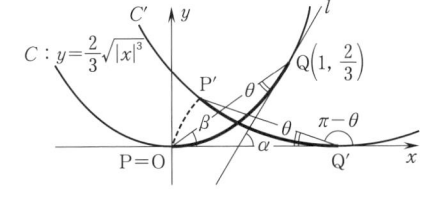

$\overline{OQ'}=\widehat{PQ}$ より,　$Q'\left(\frac{2}{3}(2\sqrt{2}-1),\,0\right)$.

点 $Q\left(1,\,\frac{2}{3}\right)$ における C の接線 l と x 軸とのなす角を α, 直線 PQ と x 軸とのなす角を β, l と PQ のなす角を θ とすると,

$$\tan\alpha=(l\text{ の傾き})=1,\quad \tan\beta=(\text{PQ の傾き})=\frac{2}{3}.$$

よって,

$$\tan\theta=\tan(\alpha-\beta)=\frac{\tan\alpha-\tan\beta}{1+\tan\alpha\cdot\tan\beta}=\frac{1-\frac{2}{3}}{1+1\cdot\frac{2}{3}}=\frac{1}{5},\quad \tan(\pi-\theta)=-\frac{1}{5}.$$

また, $\overline{Q'P'}=\overline{PQ}=\sqrt{1^2+\left(\frac{2}{3}\right)^2}=\frac{\sqrt{13}}{3}$ であるから,

$$\overrightarrow{OP'}=\overrightarrow{OQ'}+\overrightarrow{Q'P'}=\begin{pmatrix}\frac{2}{3}(2\sqrt{2}-1)\\ 0\end{pmatrix}+\frac{\sqrt{13}}{3}\cdot\frac{1}{\sqrt{26}}\begin{pmatrix}-5\\ 1\end{pmatrix}=\begin{pmatrix}\frac{2}{3}(2\sqrt{2}-1)-\frac{5\sqrt{2}}{6}\\ \frac{\sqrt{2}}{6}\end{pmatrix}.$$

$$\therefore\ P'\left(\frac{\sqrt{2}}{2}-\frac{2}{3},\,\frac{\sqrt{2}}{6}\right). \quad \text{(答)}$$

148 【解答1】

$l: y=\cos t\ \left(0\leqq t\leqq \frac{\pi}{2}\right)$ とすると, F の面積は

$$S(t)=2\int_0^t (\cos x-\cos t)\,dx$$
$$=2\bigl[\sin x-x\cos t\bigr]_0^t$$
$$=2(\sin t-t\cos t).$$

よって, F の通過部分 K の体積は

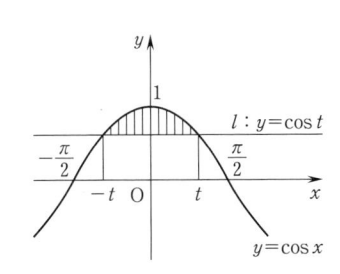

$$V = \int_0^1 S(t)\,dy \quad (y = \cos t \text{ の置換})$$

$$= \int_{\frac{\pi}{2}}^0 S(t) \cdot \frac{dy}{dt}\,dt = \int_{\frac{\pi}{2}}^0 2(\sin t - t\cos t)(-\sin t)\,dt$$

$$= \int_0^{\frac{\pi}{2}} (2\sin^2 t - 2t\sin t \cdot \cos t)\,dt = \int_0^{\frac{\pi}{2}} (1 - \cos 2t - t\sin 2t)\,dt$$

$$= \left[t - \frac{1}{2}\sin 2t \right]_0^{\frac{\pi}{2}} - \left\{ \left[t\left(-\frac{1}{2}\cos 2t\right) \right]_0^{\frac{\pi}{2}} + \int_0^{\frac{\pi}{2}} \frac{1}{2}\cos 2t\,dt \right\}$$

$$= \frac{\pi}{2} - \left\{ \frac{\pi}{4} + \left[\frac{1}{4}\sin 2t \right]_0^{\frac{\pi}{2}} \right\} = \frac{\pi}{4}. \quad \text{(答)}$$

【解答 2】

x 軸に垂直な平面 $x=t$ による立体 K の断面積を $S(t)$ とすると, $\quad S(t) = \frac{1}{2}\cos^2 t.$

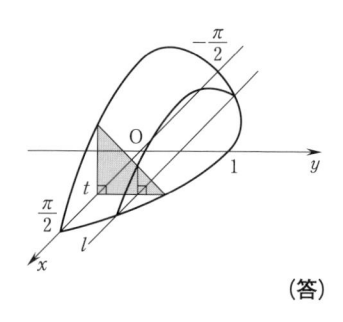

$\therefore\quad V = 2\int_0^{\frac{\pi}{2}} S(t)\,dt = 2 \cdot \frac{1}{2}\int_0^{\frac{\pi}{2}} \cos^2 t\,dt$

$$= \int_0^{\frac{\pi}{2}} \frac{1 + \cos 2t}{2}\,dt$$

$$= \frac{1}{2}\left[t + \frac{1}{2}\sin 2t \right]_0^{\frac{\pi}{2}} = \frac{\pi}{4}. \quad \text{(答)}$$

149* 【解答】

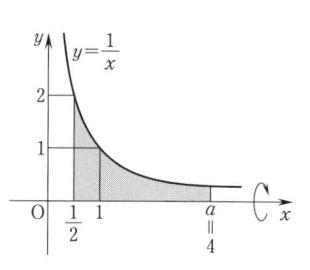

F の体積を V とすると,

$$V = \int_{\frac{1}{2}}^a \pi\left(\frac{1}{x}\right)^2 dx = \pi\left[-\frac{1}{x}\right]_{\frac{1}{2}}^a = \pi\left(2 - \frac{1}{a}\right) = \frac{7}{4}\pi.$$

$\therefore\quad \frac{1}{a} = 2 - \frac{7}{4} = \frac{1}{4}. \quad \therefore\quad a = 4.$

平面 $x=t$ $\left(\frac{1}{2} \leq t \leq 1\right)$ による F の切り口 (これは半径 $\frac{1}{t}$ の円板) の平面 $z=1$ による切り口は

長さ $\dfrac{2\sqrt{1-t^2}}{t}$ の線分.

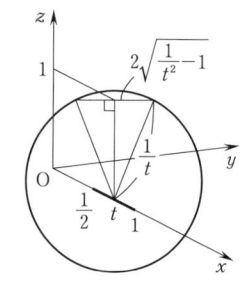

よって, 平面 $z=1$ による F の切り口の面積は

$$S = \int_{\frac{1}{2}}^1 2 \cdot \frac{\sqrt{1-t^2}}{t}\,dt \quad \left(\begin{array}{l} t = \sin\theta \text{ の置換で,} \\ dt = \cos\theta\,d\theta \end{array}\right)$$

$$= 2\int_{\frac{\pi}{6}}^{\frac{\pi}{2}} \frac{\cos^2\theta}{\sin\theta}\,d\theta = 2\int_{\frac{\pi}{6}}^{\frac{\pi}{2}} \left(\frac{1}{\sin\theta} - \sin\theta\right)d\theta$$

$$= 2\left[\log\left(\tan\frac{\theta}{2}\right) + \cos\theta \right]_{\frac{\pi}{6}}^{\frac{\pi}{2}} \quad \left(\because\quad \frac{1}{\sin\theta} = \frac{1}{2\sin\frac{\theta}{2}\cdot\cos\frac{\theta}{2}} = \frac{\frac{1}{2}\cdot\frac{1}{\cos^2\frac{\theta}{2}}}{\tan\frac{\theta}{2}} = \frac{\left(\tan\frac{\theta}{2}\right)'}{\tan\frac{\theta}{2}}\right)$$

$$= 2\left\{0 - \left(\log\tan\frac{\pi}{12} + \cos\frac{\pi}{6}\right)\right\}$$

$$= 2\left\{-\log(2-\sqrt{3}) - \frac{\sqrt{3}}{2}\right\} \quad \left(\because \ \tan^2\frac{\pi}{12} = \frac{1-\cos\frac{\pi}{6}}{1+\cos\frac{\pi}{6}} = \frac{2-\sqrt{3}}{2+\sqrt{3}} = (2-\sqrt{3})^2\right)$$

$$= 2\log(2+\sqrt{3}) - \sqrt{3}. \qquad \text{(答)}$$

150* 【解答1】

(1) 平面 $z=\theta$ $\left(0\leq\theta\leq\dfrac{\pi}{2}\right)$ による立体 K の切り口は右図の網目部分で，それを xy 平面上へ正射影したものが次の図である．

$$S_1 = \frac{1}{2}\theta\cos\theta\cdot\theta\sin\theta = \frac{1}{4}\theta^2\cdot\sin 2\theta.$$

$$S_2 = \int_{\theta\sin\theta}^{\frac{\pi}{2}} x\,dy = \int_{\theta}^{\frac{\pi}{2}} x\frac{dy}{dt}dt$$

$$= \int_{\theta}^{\frac{\pi}{2}} t\cos t\cdot(\sin t + t\cos t)\,dt$$

$$= \int_{\theta}^{\frac{\pi}{2}} \frac{1}{2}t\sin 2t\,dt + \int_{\theta}^{\frac{\pi}{2}} \frac{1}{2}(t^2 + t^2\cos 2t)\,dt.$$

ここで，

$$\int_{\theta}^{\frac{\pi}{2}} \frac{t^2\cos 2t}{2}dt = \left[\frac{t^2\sin 2t}{4}\right]_{\theta}^{\frac{\pi}{2}} - \int_{\theta}^{\frac{\pi}{2}} \frac{t\sin 2t}{2}dt$$

$$= -\frac{\theta^2}{4}\sin 2\theta - \int_{\theta}^{\frac{\pi}{2}} \frac{1}{2}t\sin 2t\,dt.$$

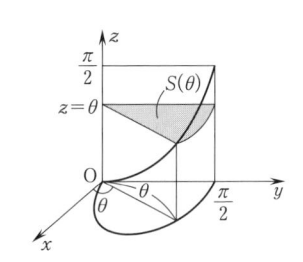

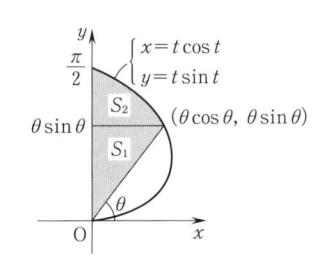

$$\therefore\ S(\theta) = S_1 + S_2 = \frac{1}{4}\theta^2\cdot\sin 2\theta + \left(-\frac{1}{4}\theta^2\cdot\sin 2\theta + \int_{\theta}^{\frac{\pi}{2}} \frac{1}{2}t^2 dt\right)$$

$$= \left[\frac{t^3}{6}\right]_{\theta}^{\frac{\pi}{2}} = \frac{1}{6}\left(\frac{\pi^3}{8} - \theta^3\right). \qquad \text{(答)}$$

(2) $\quad V = \displaystyle\int_0^{\frac{\pi}{2}} S(\theta)\,d\theta = \frac{1}{6}\left\{\frac{\pi^3}{8}\cdot\frac{\pi}{2} - \frac{1}{4}\left(\frac{\pi}{2}\right)^4\right\} = \frac{1}{6}\left(\frac{\pi}{2}\right)^4\left(1 - \frac{1}{4}\right) = \frac{\pi^4}{8\cdot 16} = \frac{\pi^4}{128}.$ (答)

【解答2】

(1) $\theta \to \theta + \Delta\theta$ に対応する面積 S の増加分 ΔS は

$$\Delta S = \frac{1}{2}r\cdot(r+\Delta r)\cdot\Delta\theta. \quad (\because\ \sin\Delta\theta \doteqdot \Delta\theta)$$

$$\therefore\ \lim_{\Delta\theta\to 0}\frac{\Delta S}{\Delta\theta} = \frac{dS}{d\theta} = \frac{1}{2}r^2.$$

$$\therefore\ S = \int \frac{1}{2}r^2\,dt.$$

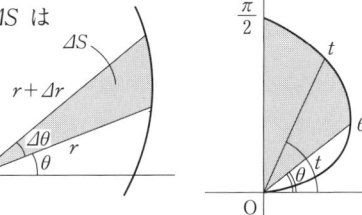

本問の場合，$r=t$ であるから，$S(\theta) = \displaystyle\int_{\theta}^{\frac{\pi}{2}} \frac{1}{2}t^2\,dt = \left[\frac{t^3}{6}\right]_{\theta}^{\frac{\pi}{2}} = \frac{1}{6}\left(\frac{\pi^3}{8} - \theta^3\right).$ (答)

(2) $t \to t + \Delta t$ に対応する体積 V の増加分 ΔV は

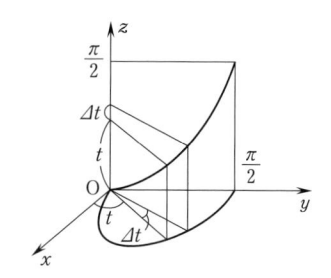

$$\Delta V = \frac{1}{2} t^2 \cdot \Delta t \cdot (t + \Delta t).$$

$$\therefore \lim_{\Delta t \to 0} \frac{\Delta V}{\Delta t} = \frac{dV}{dt} = \frac{1}{2} t^3.$$

$$\therefore V = \int_0^{\frac{\pi}{2}} \frac{1}{2} t^3 dt = \left[\frac{1}{8} t^4 \right]_0^{\frac{\pi}{2}} = \frac{\pi^4}{128}. \qquad \textbf{(答)}$$

25220

KP
KAWAI PUBLISHING

KP
KAWAI PUBLISHING

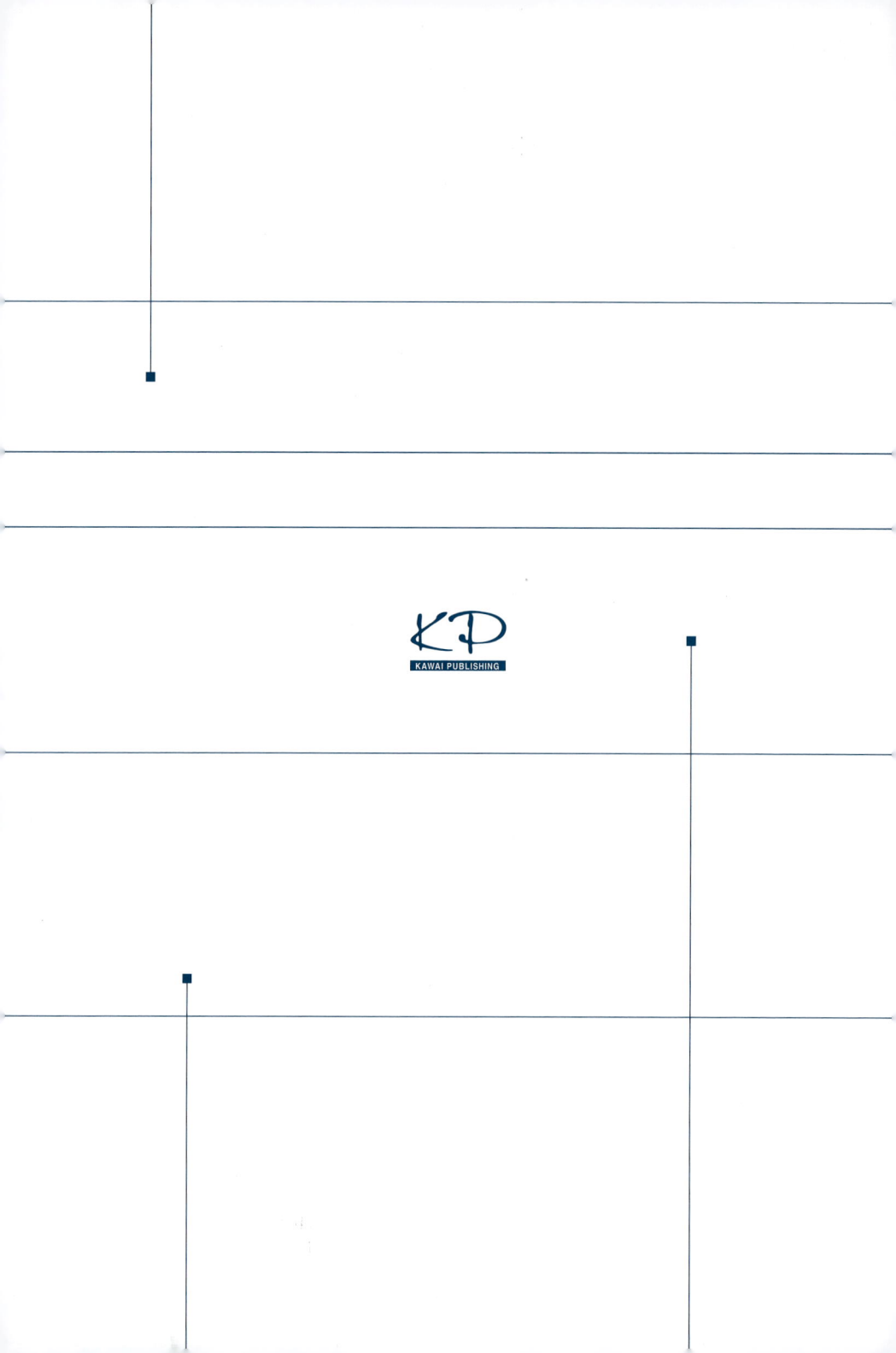